森林资源功能成分
加工原理与技术

付玉杰　王立涛　赵春建　刘志国　聂思铭　著

科学出版社

北京

内 容 简 介

我国森林资源储量丰富，开发其中对人类健康有益的各种活性功能成分逐渐成为林业产业化及现代化的一个重要方向和途径。本书首先对森林资源功能成分的发展历史和发展战略进行了介绍，然后重点对森林资源中所存在的功能成分的加工原理及技术进行了详细介绍，最后对森林资源功能成分加工未来趋势进行了展望。本书是作者研究团队在林源功能成分开发利用领域多年代表性研究成果的总结，同时系统地参考并凝练了相关著作及最新国内外研究成果，具有较强的参考性、实用性和可操作性。

本书可供林下经济加工利用、林产化学、森林食品、药学、植物学等相关研究领域从业人员及高等院校本科生、研究生使用。

图书在版编目（CIP）数据

森林资源功能成分加工原理与技术／付玉杰等著. —北京：科学出版社，2021.9

ISBN 978-7-03-069864-3

Ⅰ. ①森…　Ⅱ. ①付…　Ⅲ. ①森林资源管理　Ⅳ. ①S78

中国版本图书馆 CIP 数据核字（2021）第 195360 号

责任编辑：张会格　刘　晶／责任校对：宁辉彩
责任印制：吴兆东／封面设计：刘新新

科 学 出 版 社 出版
北京东黄城根北街 16 号
邮政编码：100717
http://www.sciencep.com

北京虎彩文化传播有限公司 印刷
科学出版社发行　各地新华书店经销

*

2021 年 9 月第 一 版　开本：720×1000　1/16
2022 年 1 月第二次印刷　印张：21
字数：420 000

定价：**180.00 元**
（如有印装质量问题，我社负责调换）

前　言

19 世纪以来，人类对森林资源的开发与利用开始逐步深入，森林资源中的各种功能成分可以开发新型药物、功能食品、食品添加剂和植物农药等产品。森林资源功能成分是林源药品、林源食品、林源饲料、林源添加剂、林源香精香料等重要的物质基础，是非木质资源加工利用的重要目标，也是林下经济产业发展的重要经济增长点之一。坚持自主科技创新，解决非木质资源加工利用产业的关键技术难点和瓶颈，开发具有自主知识产权的深加工产品，开拓国内外市场，进一步提高经济效益和出口创汇能力是发展森林资源功能成分加工产业的重要任务。

我国森林资源中蕴藏着种类繁多的天然功能成分，其含量一般都较低，大部分以结合态或加合物的形式存在，因而提取分离十分困难。目前我国大多数森林资源功能产品深加工技术水平不高，大多以原料或者初加工产品形式销售，产品附加值较低，资源浪费严重。因此，针对上述国内森林资源的开发与利用存在的问题，亟待创新与集成森林资源加工与利用的理论及关键技术，显著提高森林资源的综合利用水平，提升林业产业高质量发展。目前国内对森林资源的加工利用技术方面鲜有系统性的论著，希望本书可以为森林资源功能成分开发利用的专业技术人员、企业科技人员和高校学生等提供有益帮助和参考。

书中介绍了我们研究团队在近 20 年来所取得的代表性研究成果，为了反映在此领域的最新前沿并丰富本书的内容，我们也精选总结了国际上的一些最新的研究报道。本书是在研究团队共同努力下完成的，我作为本书的主编，为本书的策划、组织和撰写投入了大量时间和精力。团队中的王立涛博士、赵春建教授、刘志国教授和聂思铭老师等对本书部分内容也做出了大量贡献，在此表示感谢！感谢国家自然科学基金重点项目(31930076)、高等学校学科创新引智计划(111 计划)项目(B20088)、中央高校基本科研业务费专项资金(2572020DR07)及黑龙江头雁创新团队(林木遗传育种创新团队)项目对本书的资助！

由于作者水平有限，本书在内容选择、观点阐述的深度和广度等方面难免会有不足之处，恳请各位专家和同仁不吝指正！我们非常欢迎读者们的宝贵意见，请将您的邮件寄往 yujie_fu@163.com。

付玉杰

2021 年 1 月

目　　录

第1章 概　　论

　　森林资源是以林木资源为主，集林中和林下植物、野生动物、土壤微生物及其他自然环境因子等资源形成的一个森林有机体的统称。我国是一个原生林较少的国家，但又是世界上人工林面积最大的国家，储藏着丰富的森林生物资源，因此对森林资源进行开发利用是极其必要的。森林生物资源中的植物、动物、微生物在生理代谢过程中往往会产生大量的生物小分子物质，这些生物分子除被用于自身生长发育外，还能与自身或者其他生命体相互作用产生一类对人类健康具有生理促进作用的功能成分。而林木资源是生产这类功能成分的重要资源，例如，红豆杉中存在的紫杉醇对癌症具有很好的治疗作用，其他林木资源产生的功能成分，如生物碱类、黄酮类、萜类、木脂素类、糖类及挥发油类等物质也具有不同的生物活性，因而科研工作者可以利用这些森林资源功能成分开发新型药物、功能食品、食品添加剂和植物农药等产品，实现森林资源的高质化加工与利用。虽然森林资源中拥有种类繁多的天然分子，但其含量较少，体系复杂，因而提取分离十分困难。随着以森林资源功能成分为重要物质基础的高附加值林业产业的快速发展，森林资源功能成分的高质化加工与利用逐渐成为现代林业重点关注的技术问题。本书就森林资源中所存在的功能成分的加工原理及技术进行了详细介绍，希望可以为今后森林资源功能成分的开发利用提供参考。

1.1　森林资源功能成分及其相关术语

1.1.1　林下药材

　　林下药材是指与森林资源或林地空间相关的，具有特殊活性成分和医疗保健作用的药用植物，主要包括以下三种类型：非木质资源药用林(红豆杉、喜树、银杏、降香紫檀、杜仲等)，林下药用灌木(刺五加、金银花、萝芙木、木豆、五味子等)，林下药用草本(黄芪、人参、天麻、砂仁、三七、甘草等)。林下药材能够把中药材种植和林木资源培育有机结合起来，是林业发展和中药材生产相结合的产物，既可以大幅拓宽中药材产业发展空间，又可以有效巩固生态林业建设成果，是实现生态林业、民生林业和绿色中药材可持续发展的重要途径之一，是林下经济的一个重要组成部分。

　　林下药材的种植经营管理模式主要包括两种：林下药材与林木资源的混合经营管理模式；林下药材不同物种间的混种模式。林下药材与林木资源的混合经营管理模式，主要是利用生物间的共生关系，按照各自的不同生理特性，把两种或两种以上的药用植物种群合理地有机组合在一起，并使之产生最大的经济效益。关于林下药材不同物种间的混种模式，主要有喜阳的高层药用林与耐阴的低层药用灌木混种、深根性的药用林与浅根性的林下药材混种、多年生的药用林与短期生长的药用草本混种等多种模式，从而达到充分利用土地、光能、空气、水肥和热量等自然资源，获取较高生物产量和药材质量的目的。林下药材与林木培育相结合，可形成多种植物、多种层次、多种次序的立体混合经营管理模式，使能量物质转化率及生物产量均比单一纯林培育大幅度提高。

　　林下药材生长于林地自然环境中，与大田栽培中药材相比，林下药材活性成分含量高、品质佳，不与农作物种植争地，可增加植物多样性，蓄水保土，维护森林生态系统的稳定性，同时又可缩短林业经济周期、增加林业附加值、促进林业绿色可持续发展，对林业产业从单纯利用林木资源向综合利用林地资源的成功转型与升级具有重要意义。

　　林下药材是植物性农药、兽药、化妆品及保健产品的重要原料。近年来，随着中药材需求量的日益增加、林下药材人工种植技术的不断完善以及林下药材自身的质量优势，林下药材将成为我国林业产业的新经济增长点，其市场潜力巨大。

1.1.2　森林资源功能成分

　　森林资源功能成分是指来源于森林生物资源，对生物体具有一定的预防保健和治疗功能的一类化学组分或单体成分。森林资源功能成分结构复杂，种类繁多，是生物体防御外界影响和调节自身生命活动过程的次生代谢产物，可分为黄酮类、生物碱类、萜类、挥发油、醌类、内酯类、苷类等，具有活性好、毒性低的特点。

1.1.3　森林资源功能成分提取技术

　　森林资源功能成分的提取过程是通过物理、化学或生物等手段，利用适当的溶剂或方法将目标活性物从森林生物资源材料中完全提取出来的过程，并希望最大限度地提取出森林生物资源中的目标物质，避免有效成分的分解流失，且最低限度地浸出无效甚至有害的成分，以提高治疗效果，降低不良反应。

　　森林资源功能成分提取过程一般可分为浸润渗透、解吸溶解、扩散和溶剂置换三个阶段，目前常用的提取技术有经典的水蒸气蒸馏法、升华法及溶剂提取法等，近年相继出现超声波提取、微波提取、负压空化提取、超临界流体提取、半仿生提取、亚临界水提取、加速溶剂提取、酶解提取等新型提取技术，这些技术在目标成分的选择性、提取工作效率、工艺节能和环保等方面具有明显的优越性，应用前景广阔。

1.1.4 森林资源功能成分分离技术

森林资源功能成分分离过程是将提取物中所含的各种成分——分开,并将得到的单体加以精制的过程。

森林资源材料所含成分种类繁多,体系复杂,既有有效成分,又有无效成分和有毒成分。森林资源功能成分生产加工过程中,一般从森林资源材料的前处理到提炼精制处理,之后经过高值化加工生产为高附加值林业产品。其中,提炼精制处理的本质是通过"分离",从森林资源材料中去粗存精、去伪存真,从而获取功能成分的过程。高附加值林业产品生产的每一个阶段都包括一个或若干个混合物的分离操作,分离过程就是将某种混合物转变为组成互不相同的两种或几种产物的操作,其目的是最大限度地保留有效成分或有效部位,去除无效和有害的成分,即分离纯化的目的是得到"有效成分",以达到为不同类别高附加值林业产品提供合格的原料和半成品的目的。森林资源功能成分分离是获得高含量化学组分和高纯度单体化合物的重要步骤,常用的纯化方法有分馏法、结晶法、色谱法、膜分离技术、分子印迹技术、毛细管电泳技术及各种联用技术,这种将森林资源功能成分分离后获得的以生物小分子或大分子为主体的活性成分,是以生物质为原料的林业生物产业的重要组成部分,是发展高附加值林业生物产品的重要物质基础之一。

森林资源功能成分已经被广泛应用于医药、食品添加剂、功能食品、日用化学品、植物农药和植物兽药等生产领域。随着我国以森林资源功能成分为重要物质基础的林业生物制剂产业的快速发展,森林资源功能成分的需求量与日俱增,明确森林资源功能成分和作用机制、建立森林资源功能成分的质量评价体系与标准以及研制高端制剂产品,是提升我国林源生物制品的质量及在国际市场上的竞争力的重要科学任务。因此,以森林资源功能成分为主体的林业生物产业发展亟须森林资源功能成分的产业化系列创新技术,以促进我国森林资源功能成分的快速发展。随着高附加值林业产业的蓬勃发展和绿色经济理念的深入人心,我国森林资源功能成分加工与利用将是一个方兴未艾的高科技产业。

1.2 森林资源功能成分的发展历史与战略

1.2.1 森林资源功能成分的发展历史

植物次生代谢产物种类繁多,根据结构可以大致分为:糖和苷类、醌类、苯丙素类、黄酮类、多酚类、生物碱类、甾体、萜类和挥发油等。次生性代谢产物是植物对昆虫进行防御的一个主要手段。由于植物本身缺乏移动的能力,在进化的过程中不得不依赖次生性代谢产物来避免动物的侵害,此为这些有防御效应的物质最原始、最主要的生态功能[1]。植物次生代谢产物研究一直是高附加值林业产业的研究热点，它不仅是植物的保护屏障，而且对人类也具有相当大的应用价值，特别是在药用方面。植物成药的历史相当悠久，最初是以药酒、茶、膏状药、粉末等形式用药。直到19世纪，人们开始从植物中提取生物活性成分，如从鸦片中提取吗啡，首次开创了植物有效成分利用的先河。临床常用的可卡因、奎宁等都属于早期植物提取药。进入20世纪，天然药物化学迅速发展，尤其是运用色谱技术分离和纯化天然化合物，并进行结构鉴定和生物活性试验。此后，人们不断从植物中提取药物活性成分。随着药物研发技术的逐步标准化，植物药物活性成分也逐渐走向市场化，并在许多已知的重大疾病中发挥作用[2]。

在这些植物次生代谢产物为人们所利用的过程中，来源于森林资源的次生代谢产物同样扮演着重要的角色。在我国诸多药典古籍中，关于林木植物入药均有记载，《本草纲目》中有专门的篇章介绍木部入药。例如，杜仲具有治疗腰膝酸痛、益精气、壮筋骨的功效；槐树嫩芽可以治疗邪气产生的绝伤及瘾症，槐花还可治吐血、鼻出血和血崩等疾病。在《神农本草经》一书中也有关于木本植物入药的记载，如"辛夷，味辛温。主五脏，身体寒风，头脑痛，面䵳。久服，下气轻身，明目，增年耐老"，这说明辛夷(又名木兰)具有轻身明目的功效；此外，"女贞实，味苦平，主补中，安五藏，养精神，除百疾"，意为女贞果实能够改善脾胃虚弱的症状。以上的例子均表明木本植物作为药用植物为人们所用的历史由来已久。早在1960年，美国研究人员在太平洋红豆杉中首次发现紫杉醇这一化合物，随后进行了广泛的活性研究，结果表明，紫杉醇具有广谱抗肿瘤效果。紫杉醇能够"可逆性地"结合微管，诱导和促进微管蛋白的聚合、稳定微管、防止解聚，导致染色体错误分离并抑制细胞复制和移行，从而阻碍肿瘤细胞周期的运行[2]。现代研究表明，红豆杉茎皮中紫杉醇的含量最高，约为枝叶的8倍，目前主要用于提取紫杉醇[3]。红豆杉作为世界公认的稀有濒危植物，是尤为珍贵的药用植物资源。为了更好地保护红豆杉野生植物资源，在红豆杉资源的研究、开发方面，应该着重利用栽培资源来加强我国红豆杉野生资源的可持续利用。可作为药用木本植物进行抗癌药物提取的不仅有红豆杉，还有喜树和三尖杉属等植物树种[4]。

森林资源功能成分的价值不仅体现在药用方面，在其他生活领域也有诸多应用。例如，来自于马尾松茎干上的树脂，即松脂，在加工过后可制成松香。松香具有天然可再生、生物可降解等优良特性。其主要成分为具有三环二萜结构和两类活性基团(碳碳双键和羧基)的松香树脂酸，松香树脂酸主要包括枞酸、新枞酸、长叶枞酸和左旋海松酸等化合物，且在一定温度条件下($\geq 120\,℃$)，除左旋海松酸以外的其他树脂酸均可以通过互变异构转化为左旋海松酸。松香本身具有防潮、绝缘、乳化、黏合、防腐等性能，早期直接应用于造纸、涂料、油墨等领域[5]。松香本身是一种天然的萜类化合物，可作为中药入药，具有祛风燥湿、排脓拔毒、生肌止痛、杀虫止痒等药效，其改性得到的产物具有良好的药理活性[6]。此外，松香可以作为黏合剂进行工业上的应用，还可作为纸张施胶剂应用于造纸行业，而且其可以增加涂料色泽用于涂装行业。

冷杉为松科冷杉属植物，是塔状高大挺直的常绿乔木。冷杉胶是由冷杉树分泌的树脂加工而成的，冷杉树脂由杉油(30%～35%)、冷树脂酸(30%～45%)、中性物(20%～28%)、氧化树脂酸(4%～10%)、少量果酸和单宁及微量脂肪酸所组成。在医药生产上，冷杉树脂是膏药的良好基质，还可以黏合药丸。冷杉胶是优良的光学玻璃胶合剂。尽管现代合成光学树胶的发展日新月异，但由于冷杉胶质量优越、资源较多，且生产成本低廉，目前仍然是光学用胶的一个重要来源。此外，冷杉树脂可用于绘画颜料的生产，将冷杉树脂、橡胶或其他树脂的混合物在真空中加热，然后加入植物油或矿物油，便是一种很好的瓶口密封剂。冷杉油可直接用作溶剂，也可用于油漆和纺织工业(制造媒染剂、染料及毛织物的洗涤去脂等)，还可用作除臭剂及印刷油墨、杀虫剂等的添加物[7]。

在林木植物资源利用中，还有一种重要的功能成分，即精油，如香樟精油。樟树是樟科樟属植物中经济价值较高的树种之一，主要分布于中国南方各省的亚热带地区。从樟树叶中提取的挥发性精油富含芳樟醇、1,8-桉叶油素、樟脑、异-橙花叔醇和龙脑等功能成分，且具有芳香、医疗和驱虫等作用，已成为医药卫生、化工、食品、香料的天然原料。此外，樟树叶为可再生资源，其应用前景广阔。根据樟树枝叶精油中所含主成分的不同，可将樟树分为脑樟(主要含有樟脑)、芳樟(芳樟醇)、油樟(桉油素)、异樟(异-橙花叔醇)和龙脑樟(右旋龙脑)等 5 种化学类型[8]。此外，其他树种也可生产精油，如冷杉精油。冷杉的针叶、嫩枝和树皮中含有挥发油，可用来制备冷杉精油。据介绍，冷杉精油中萜二烯含量比较高，并为左旋。左旋萜二烯可作为调和化妆品的香精、皂用香精和柠檬香精等，用于喷雾香精、香皂、牙膏、制药及食品中，还可作为合成薄荷脑等香料的原料[9]。

植物源农药的重要来源之一是树木提取物的活性成分，主要可分为生物碱类、萜烯类、黄酮类、精油类等。目前我国开发的植物源农药以杀虫剂和杀菌剂为主。从楝科植物提取的川楝素、印楝素对多种害虫有很好的防治作用。苦楝、川楝为国内原产树种，印楝是世界公认的理想杀虫植物，从 20 世纪 80 年代开始在国内引种，迄今已在海南、云南、四川、广西、广东种植 12 000 hm² 以上。印楝素、川楝素属萜烯类，对害虫有拒食、忌避、抑制生长发育的功效，兼有触杀和胃毒作用，可杀 8 目 200 多种农林、仓库和家庭害虫。1997 年我国第一个印楝素植物性杀虫剂获得农药登记和投产上市。目前，四川、广东、云南、海南等地已建成印楝农药生产厂[10]。

以上情况都表明森林资源功能成分在药用、工业生产领域发挥着至关重要的作用，而且为人类生产生活服务的历史悠久。因此，我们要可持续利用森林资源，加强森林功能成分的开发，充分利用森林资源功能成分。

1.2.2　各国森林资源功能成分的发展战略

　　林木提取物是指通过物理、化学或生物方法，从林木中提取分离获得的森林资源功能成分。树木是陆地上最大的植物类群，林木提取物在植物提取物中占据了主要地位。森林资源中含有许多重要的功能成分，因其卓越的化学活性或生物活性而具有林木本身所不具有的医疗价值和经济潜力。随着植物化学和现代分析手段的逐步提高，森林资源功能成分加工迅速发展成为一种新兴产业。由于该产业具有开发成本低、技术含量高、产品附加值大、国际市场广泛等优势和特点，目前在国内已呈遍地开花之势，带动了地方经济的发展[10]。森林资源的利用本质上是森林资源功能成分及其功能的利用。林木提取物开发利用的科学基础是植物化学，它运用有机化学的基础和手段，对植物体中次生代谢产物进行提取分离、分子结构鉴定、化学修饰与合成，揭示其物理化学特性和生物功能特性，从而实现提取物的开发利用。随着近 30 年来用于植物化学研究的分离技术和分析技术不断进步，我国林木提取物开发利用研究与产业开发取得迅速的发展，利用天然林木提取物的化学特性和生物活性开发的各种精细化学品、天然保健品、药品、营养品、化妆品、食品添加剂、生物农药等层出不穷，产生了显著的社会效益和经济效益。

　　20 世纪以来，随着化学合成工业的发展，一些化学合成药品、色素、食品添加剂逐渐取代了由植物提取的天然产品。但是其中仍有相当一部分，由于难以化学合成而仍然采用天然化合物。从药品来看，据统计，目前国际市场上药品总值约为 150 亿美元，其中约有 20%，即 30 亿美元为植物提取的药物[11]，因此森林功能成分和天然产物的开发具有极大的市场价值。

　　随着我国经济的发展，对林产化工产品的需求将进一步扩大。今后高附加值林业产业的发展趋势包括以下几个方面：①种植能源植物、发展生物质能源将是高附加值林业产业发展的一个重要内容；②加强创新研究、发展深加工技术是进一步发展高附加值林业产业的关键[12]。此外，从国家发展战略层面出发，我国森林资源利用及功能成分的开发基于以下几个方面：①要向高技术领域延伸；②积极参与经济区域发展；③向有影响的行业渗透；④把科技力量延伸至国际市场[13]。

　　由于森林资源功能成分开发潜力巨大，拥有庞大的市场价值，各国也纷纷推出各自的发展战略。以森林覆盖率 66% 的日本为例，日本林野厅于 1989 年推出"促进林木提取物利用"计划[14]，与民间企业共同投资对林木提取物利用技术进行开发和研究，时间为 4 年。研究分四大项目，即精油、树脂、配糖体及残渣利用。日本开发林木提取物的利用方向主要为杀虫剂、除臭剂、抗菌保鲜剂(在日本青森县工试所曾进行罗汉柏精油开发试验，从 1 t 罗汉柏可提取获得精油 10 kg，其中 10% 为酸性油,从酸性油中可得 200 g β-异丙烯基卓酚酮。此外,松柏醇具有很强的抗菌性,大部分中性油可作为肥皂香料与保鲜剂)、抗氧化剂、医药、农药等产品。

其他发达国家发展森林资源功能成分战略及对我国政策制定的影响体现在以下几个方面。①从利用天然野生资源转向资源基地化。例如,美国松香产业发展稳定,年产量控制在 100 000 t 的水平,这是由于近年来美国大面积发展高脂木材,不仅提高了松脂产量,也为造纸工业提供了原料基地。南非和阿根廷分别对黑荆树林和坚木林实行高度集约经营,从而使黑荆树拷胶和坚木拷胶优质稳产,取得了拷胶主产国的优势。②由原料的单一产品生产转向原料的综合利用,提倡一种原料生产多种产品。③开发一代产品的深加工技术,扩大精油产品的种类,把林化工业建成天然有机物质的完整加工利用体系[15]。

综上所述,各国为了大力发展森林功能成分和林源天然产物的开发与利用,制定了高效有序的方针战略。这也表明森林资源功能成分的可发掘潜力巨大,而且在我们日常生活中扮演着越来越重要的角色,因此要合理利用森林资源功能成分,实现可持续发展战略。

1.3 森林资源功能成分在林业现代化和林业产业化中的作用

我国林业经过多年的改革与发展,目前正在由传统林业向现代林业过渡,实施林业产业化是实现林业现代化的重要途径。传统林业是单一木材生产的产业,这是对林业产业认识的不全面。从理论上说,林业产业结构的转换包括林业产业数量的构成及其质态的变化,而这种变化取决于产业地位的更迭和它们在经济发展中作用的变化。当今社会,森林资源产业、林业高新技术产业及高附加值林业产业等现代林业产业逐渐崛起,并且在经济可持续发展中占据越来越重要的地位[16]。

现代林业是指以可持续发展理论为指导,以科技进步为动力,适应社会主义市场经济要求,实现林业资源、环境和产业协调发展,经济、环境与社会效益高度统一的现代林业体系。现代林业具有以下基本特征:①充分发挥森林的多种效能;②依靠高新技术从事生产经营活动;③以市场为导向从事生产经营活动;④以森林资源为基础,包融多产业于一体,形成结构合理、布局科学的产业体系;⑤社会的广泛参与[17]。

林业现代化内涵就是以可持续发展理论为指导,以生态环境建设为重点,以产业化发展为动力,以全社会共同参与和支持为保障,实现林业资源、环境和产业协调发展,经济、生态和社会的高度统一。概括地说,林业现代化是通过科学技术的渗透、工业部门的介入、现代要素的投入、市场机制的引入和服务体系的建立,充分依靠现代化工业装备林业,充分利用现代科学技术和手段,全社会广泛参与保护和培育森林资源，高效发挥森林的多种功能和多重价值的可持续发展的产业过程。林业现代化要使林业成为科学化、集约化、社会化、持续化的，具有当今世界先进水平的现代林业[18]。

目前，我国林业产业比较落后，林业的物质生产还不能完全地满足社会和人们生产与生活的需求，其物质生产还有待于进一步扩大、提高和丰富，这需要通过工业化、专业化和规模化来提高林业的物质生产能力，增加物质产出的数量来满足人们和社会的需求[19]。林业产业化是对林业经营方式的根本变革，是对林业产业组织的重构，它是以森林资源和生态环境产业为基础、以综合效益发挥为核心，通过分区、分类生产，协同经营，所形成的结构合理、产业链完整的林业产业体系。森林资源和生态环境产业的基础性林业是受资源约束较强的产业，而我国森林资源存量少且分布不均，再加上产出效率低下、结构失衡等问题的存在，致使我国森林资源功能成分的加工产业不具有比较优势。但森林资源加工产业是林业产业化的基础，是林业产业化发展的核心和带动力量。林业所具有的其他行业无法比拟的优势，如资源丰富、产业门类齐全、地域广阔等，为林业产业化的发展提供了广阔的空间[16]。在实现林业经济现代化的过程中必然要依靠工业化来实现其产业化和专业化的转变。林业产业化以森林资源为依托，以市场为导向，以提高经济效益为中心，对林业主导产业实行区域化布局、规模化生产、集约化经营、社会化服务，建立产供销贸工林一体化生产经营体制，实现林业自我调节、自我发展的良性可持续循环[17]。

科学的森林资源加工技术是林业产业化发展的强大支撑，没有先进的科学技术，就没有林业产业化的快速发展，林业产业的高质化加工与利用需要林业高新技术的支撑[20]。目前我国林业的科学技术整体水平仍然较为落后，构成了对森林资源加工产业化的制约。一是林业产业科技含量低。大多数企业多是生产初级产品，深加工、精加工产品较少，科学技术进步对经济发展的贡献份额较低。二是科技成果转化缓慢。尽管近几年来我国林业科研水平有了很大提高，取得了众多国际、国内领先水平的科研成果，但真正应用于实践、转化为现实生产力的成果很少[16]。

目前，我国仍属于森林资源贫乏的国家，因此必须在加快林业发展步伐的同时，提高对森林资源的综合利用率。森林资源可以分成两大类：一类是木质资源，即利用木材的纤维素、半纤维素和木质素；另一类是非木质资源，即林木分泌物和林木提取物，如萜类、黄酮类、生物碱、多酚、脂肪酸、多糖等各种森林资源功能成分[21]。林木提取物的主要来源是树皮、树叶、果壳等森林剩余物，我国拥有分布广、品种多、数量大的天然可再生资源，林木提取物的开发利用是我国森林资源可持续高效利用的一个重要组成部分。林业产业化经营的物质基础是森林资源，林业产业化经营体系所建立起的产业链都离不开森林资源为其提供加工或生产对象，正是依托森林资源，林业产业化不同层次的多条产业链才得以形成[22]。森林资源加工是林业产业化的基础，森林资源为林业产业化体系中各条产业链提供了加工或生产对象，是林业产业化经营的基本保障。各条产业链是林业产业化的载体。林业产业链要有足够的长度，形成规模，且各条产业链之间有相当的关联度，才能建成结构合理、有机构成的多条产业链组成的复合产业体系，囊括第一产业到第三产业、低级层次生产到高级层次加工的产品生产。通过有效建立各产业链的构建，形成产业之间的密切联系和协作、有机构成的产业组织体系，使各产业间利益分配趋于合理，从而使各产业得到产业链升级，实现林业的可持续发展是林业产业化的目的[17]。

　　森林资源功能成分是植物药制剂的主要原料，已广泛应用于保健食品、植物药和化妆品等行业，是天然医药保健品市场的核心产品。森林资源功能成分产品自身拥有三大优势。一是从药用领域来看，森林资源功能成分以森林资源材料为原料，运用提取、分离和浓缩等现代制药技术加工而成，是现代林药先进技术的载体。相对化学药物而言，森林资源功能成分毒副作用小，不易产生抗药性。二是森林资源功能成分的有效成分已知且可量化，容易被各国尤其是西方发达国家普遍认可和接受，所以森林资源功能成分产品是传统草药进入国际市场的可接受的共同产品形式。三是森林资源功能成分开发投入成本相对少，技术含量高，附加值大，国际市场应用广泛，市场发展空间大[23]。由于植物化学、分析化学和医药学的发展，大量的森林资源功能成分在人体抗肿瘤、抗氧化、抗衰老、抗病毒、抗疲劳等方面的药效和保健功能被明确，为其在天然药物、天然保健品方面的应用开拓了新的途径。从森林资源中提取的活性物质如精油、多酚、黄酮类、有机酸等，具有不同的生物活性，非常适合在各种各样天然化妆品中应用。随着社会经济的发展和人们生活水平的提高，人类健康已成为当今世界研究的主题，人们对天然药物和天然保健品的需求越来越广泛和迫切，推动森林资源功能成分加工形成了一个新兴产业[10, 23]。

　　林业不同于其他的产业，其除了经济效益外，还具有独特的社会效益和生态效益，也就是说，林业在实现现代化的过程中，不仅要把林业工业化的实现程度作为林业现代化的一个主要标志，而且在林业现代化的同时要凸显社会效益和生态效益。森林资源功能成分加工产业的发展不仅提供社会所需要的原料和深加工产品，而且促进林业可持续发展和生物多样性保护，对于提高林农收入、增加就业机会也有显著的社会效益[21]。森林资源功能成分加工产业化经营无论是从多产业链的构建，还是从高新技术、现代管理方式等的运用，都能够提高林业生产的综合素质，建立起高产优质高效的林业生产体系，实现林业可持续发展，从而促进我国林业由传统林业走向现代林业[17]。

参 考 文 献

[1] 金鑫, 吕长利, 孙守慧, 等. 林木次生代谢产物提取方法的研究进展[J]. 中国森林病虫, 2008, (01): 31-34.

[2] 王红晓, 闵军霞. 植物次生代谢产物及其衍生物的抗肿瘤成药研究进展[J]. 生命科学, 2015, 27(08): 1005-1019.

[3] 潘瑞, 瞿显友, 蒋成英, 等. 红豆杉资源保护与利用的研究进展[J]. 重庆中草药研究, 2019, (01): 48-50.

[4] 叶功富, 洪志猛. 树木生物活性物质利用的研究概况与展望[J]. 世界林业研究, 2003, (03): 16-20.

[5] 马晓霖, 胡琳莉, 李水清, 等. 松香及其衍生物的应用研究进展[J]. 广州化工, 2019, 47(24): 37-40.

[6] 李经纬, 余瀛鳌, 欧永欣. 中医大辞典 [M]. 北京: 人民卫生出版社, 1995.

[7] 樊金拴, 王性炎. 冷杉树脂及其利用[J]. 陕西林业科技, 1991, (04): 63-69,76.

[8] 李嘉欣, 孟斌斌, 朱凯. 樟树叶精油组成分析及抗氧化活性研究[J]. 林产化学与工业, 2020, 40(01): 84-90.

[9] 方纪, 侯林英, 侯祥瑞. 冷杉的开发与利用概况[J]. 长春大学学报, 2006, (02): 67-69.

[10] 陈笳鸿. 我国树木提取物开发利用现状与展望[J]. 林产化学与工业, 2008, (03): 111-116.

[11] 沈兆邦. 我国森林资源化学利用的发展前景[J]. 林产化学与工业, 1999, (04): 3-5.

[12] 宋湛谦. 森林植物资源与林产化学工业[C]. 首届国际生物经济高层论坛, 中国北京, 2005: 171.

[13] 李宗来. 试论我国森林资源化学利用的发展战略[J]. 林业经济, 1988, (04): 3-8.

[14] 俞恒. 日本树木提取物的利用现状和展望[J]. 林业科技开发, 1991, (01): 54-55.

[15] 陈素文. 国外林化工业发展趋势和我们的对策[J]. 世界林业研究, 1988, (04):36-40,65.

[16] 耿玉德. 林业产业化研究 [D]. 哈尔滨: 东北林业大学博士学位论文, 2002.

[17] 洪名勇. 林业经济学 [M]. 北京: 中国经济出版社, 2012.

[18] 宋明, 杜林盛. 现代化与林业现代化[J]. 林业经济问题, 2005, 025(005): 298-301.

[19] 张建云, 黄小伟, 孙延琴. 浅谈林业技术创新在现代化林业发展中的重要性[J]. 现代园艺, 2019, (22): 14.

[20] 侯威武. 林业技术在林业建设中的重要性及发展对策[J]. 种子科技, 2020, 38(06): 91-92.

[21] 宋湛谦. 我国林产化学工业发展的新动向[J]. 中国工程科学, 2001, (02): 1-6.

[22] 林超岱. 植物提取物产业化前景与发展策略[J]. 中国中医药信息杂志, 2002, (06): 33-34.

[23] 钟根秀, 任琰, 于志斌, 等. 我国植物提取物产业发展状况及建议[J]. 中国现代中药, 2015, 17(10): 1087-1090.

第 2 章　森林资源功能成分分类与结构

2.1　糖类和苷类功能成分

2.1.1　糖类功能成分

糖类化合物(saccharide)是多羟基醛或多羟基酮及其衍生物、聚合物的总称，多数具有 $C_x(H_2O)_y$ 的通式，因此又被称为碳水化合物(carbohydrate)。

糖类是生命活动所需能量的主要来源。除了作为植物的营养储存物质和骨架成分外，一些糖类化合物还具有特殊的生物活性，如香菇多糖具有抗肿瘤活性、黄芪多糖具有调节免疫功能的作用等。一些具有滋补、强壮作用的药物，如五味子、灵芝、枸杞子、刺五加等都含有大量具有生物活性的糖类化合物。

糖类化合物在自然界分布广泛，在植物的根、茎、叶、花、果实、种子等各个部位中均含有糖类化合物，一般能够占到植物干重的80%以上。

1. 糖的分类与结构

根据糖类化合物是否能水解和水解后生成单糖的数目，科学界将糖类化合物分为单糖(monosaccharide)、低聚糖(oligosaccharide)、多聚糖(polysaccharide)三大类。单糖是组成糖类及其衍生物的基本单元，是不能再被水解的最简单的糖类，如葡萄糖、果糖等。低聚糖也称为寡糖，一般由2～9个单糖聚合而成，如蔗糖、芸香糖、麦芽糖等。多聚糖是一类由10个以上单糖聚合而成的高分子化合物，一般是由几百甚至几千个单糖组成，如淀粉、纤维素等。

1) 单糖

已发现的天然单糖有200余种，其中以五碳糖、六碳糖为多。植物中常见的单糖及其衍生物类型如下。

(1) 五碳糖。常见的有 D-木糖(D-xylose)、L-阿拉伯糖(L-arabinose)、D-脱氧核糖(D-deoxyribose)、D-核糖(D-ribose)、L-岩藻糖(L-fucose)、D-鸡纳糖(D-quinovose)和 L-鼠李糖(L-rhamnose)等，其中核糖是构成遗传物质的重要物质。

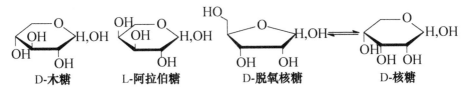

D-木糖　　　　L-阿拉伯糖　　　　D-脱氧核糖　　　　　D-核糖

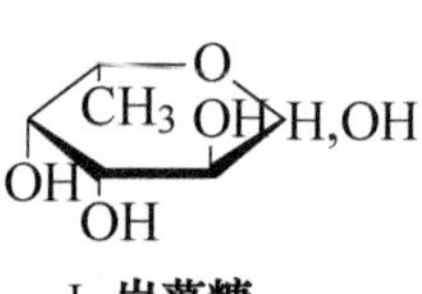

L-岩藻糖 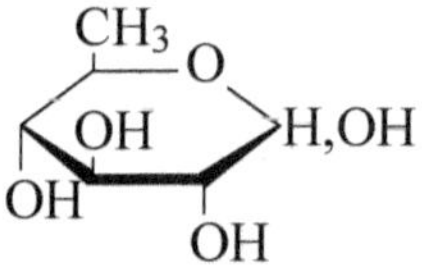 D-鸡纳糖 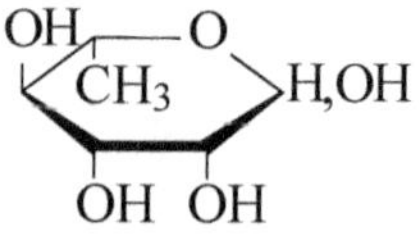 L-鼠李糖

(2) 六碳糖。常见的有 D-葡萄糖(D-glucose)、D-甘露糖(D-mannose)、D-半乳糖(D-galactose)、D-果糖(D-fructose)等。

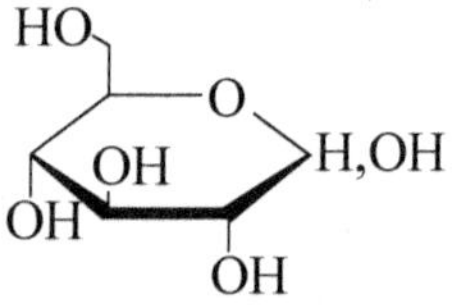

D-葡萄糖 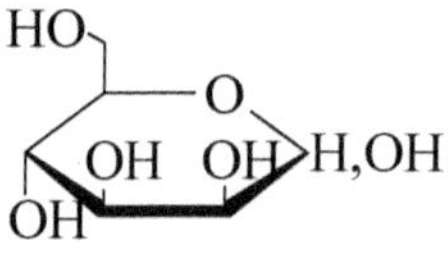 D-甘露糖 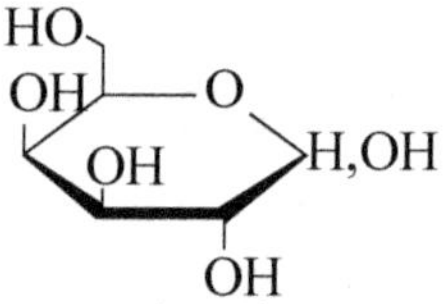 D-半乳糖

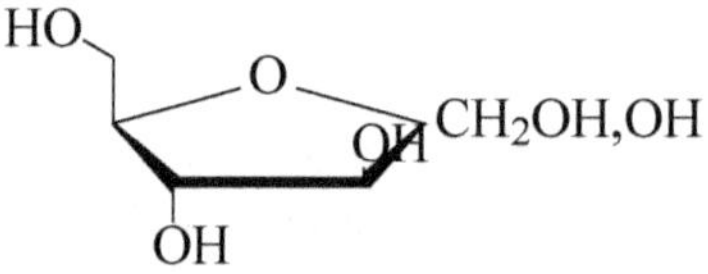

D-果糖

(3) 其他单糖。单糖的伯醇羟基被氧化形成羧基，被称为糖醛酸，主要存在于苷类化合物中。常见的糖醛酸有 D-葡萄糖醛酸(D-glucuronic acid)和 D-半乳糖醛酸(D-galacturonic acid)等。

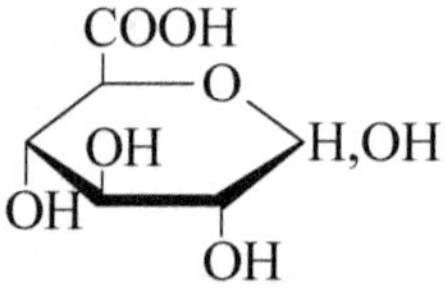

D-葡萄糖醛酸 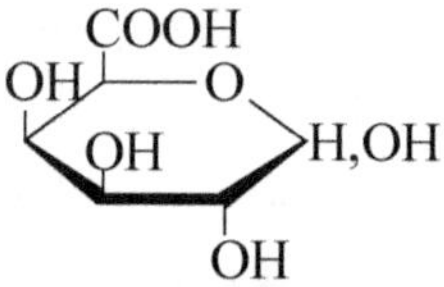 D-半乳糖醛酸

2) 低聚糖

按低聚糖中单糖基数目的多少，可将低聚糖分为二糖、三糖、四糖等。常见的二糖有麦芽糖(maltose)、芸香糖(rutinose)、蔗糖(sucrose)、蚕豆糖(vicianose)、槐糖(sophorose)、新橙皮糖(neohesperidose)等。

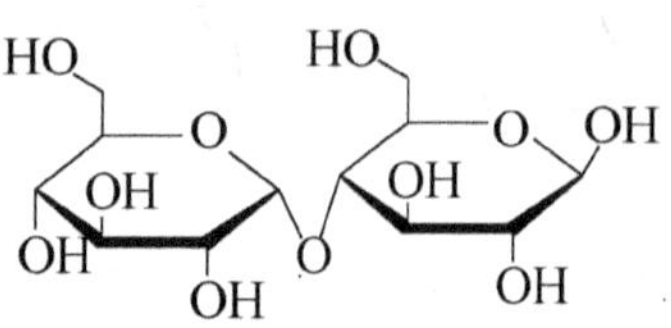

麦芽糖 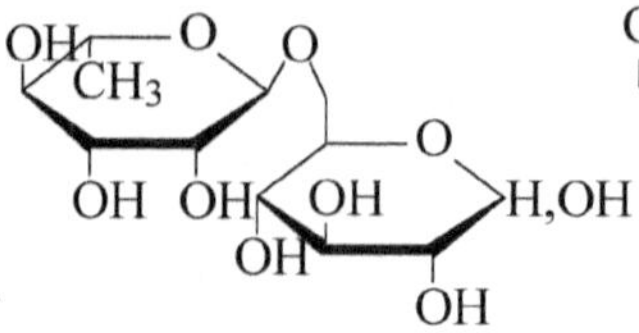 芸香糖 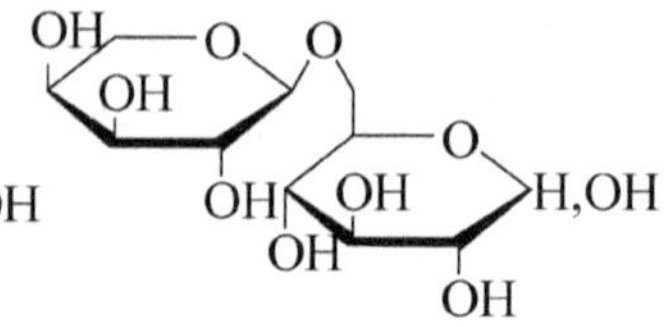 蚕豆糖

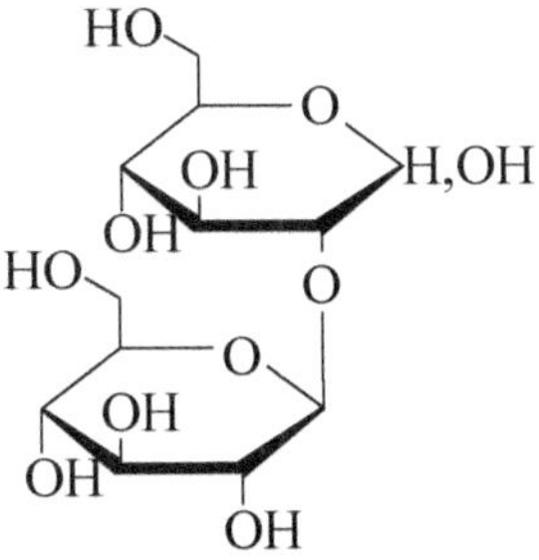

槐糖 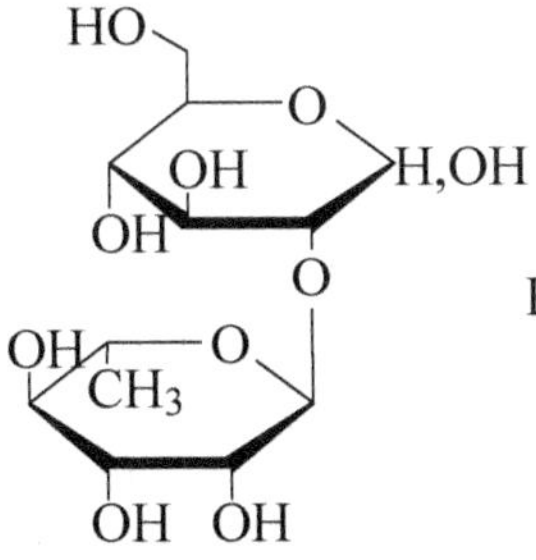　　　　　　　新橙皮糖 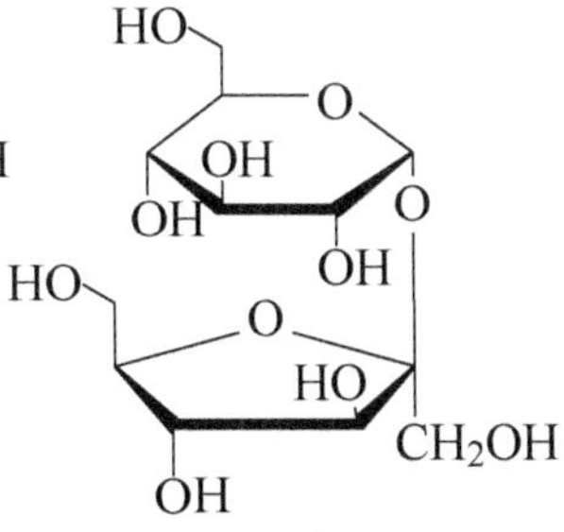　　　　　　蔗糖

　　绝大多数天然存在的三糖都是在蔗糖的基础上连接一个单糖形成的，如棉子糖(raffinose)等。四糖、五糖又大多是在棉子糖的结构上连接一个或两个单糖延长糖链，如水苏糖(stachyose)。

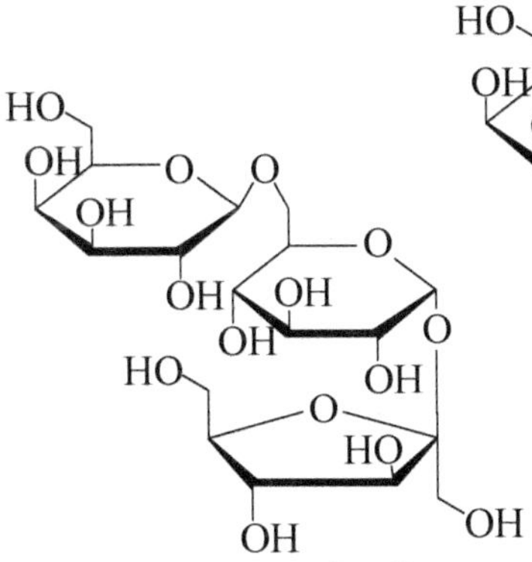

棉子糖 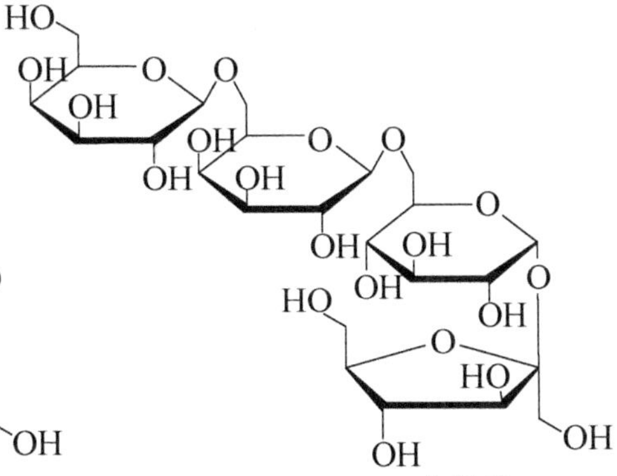　　　　　　　　　　　水苏糖

　　低聚糖根据是否含有游离的半缩醛(酮)羟基，可以被分为还原糖和非还原糖：含有游离的半缩醛(酮)羟基的糖为还原糖，植物中常见的如槐糖、芸香糖等；若单糖都以半缩醛羟基或半缩酮羟基脱水缩合，形成的低聚糖就没有还原性，称为非还原糖，如最常见的蔗糖。

　　低聚糖的结构中除了常见的单糖外，经常还含有糖的衍生物，如糖醛酸、糖醇、氨基糖等。通常采用单糖的缩写符号简明地表示低聚糖的结构，如棉子糖可以表示为 β-D-Galp-(1→6)-α-D-Glcp(1→2)-β-D-Fruf，数字表示糖与糖之间的连接位置，单糖的缩写符号后面的"p"表示该单糖是吡喃型，"f"表示呋喃型。

3) 多聚糖

　　多聚糖简称为多糖(polysaccharide)，是由糖苷键结合的糖链，超过 10 个单糖组成的聚合糖高分子碳水化合物，可用通式 $(C_6H_{10}O_5)_n$ 表示。近年来，人们发现多糖除了储存能量和支持结构外，还广泛参与到细胞的各种生命活动和生理调节过程当中。许多森林植物中含有的多糖具有较强的生物活性，较为人们熟知的如人参多糖、黄芪多糖、茯苓多糖等。因此，植物多糖作为一种重要的生物活性物质具有重要的经济价值和开发潜力。

　　一般组成多糖的单糖都在 100 个以上，多的可达几千个，因此多糖的分子质量较大，与单糖相比，多糖的性质发生了很大的变化，一般没有甜味，也没有还原性。按多糖在植物体内的功能不同可以分为两类：一类是存在于植物中起支持作用的组织，如植物中的纤维素，这类成分不溶于水，分子呈直链型；另一类是存在于植物中起储存作用的营养物质，如淀粉，这类成分可溶于热水形成胶体溶液，经酶催化水解后可释放出单糖为植物提供能量，分子多数呈支链型。

　　多糖按其组成又可分为均多糖(homosaccharide)和杂多糖(heterosaccharide)。由同种单糖组成的为均多糖，由两种以上单糖组成的为杂多糖。

　　(1) 纤维素(cellulose)。自然界分布最广、存在最多的多糖，主要存在于植物细胞中，一般由 3000~5000 分子的 D-葡萄糖通过 1→4β 糖苷键聚合而成，分子为直线链状结构，是植物细胞壁的主要组成成分。

　　纤维素是白色高分子化合物，不易被稀酸或稀碱水解，不溶于水，也不溶于乙醇、乙醚、苯等有机溶剂。食草动物消化道内能分泌纤维素酶，可将其水解利用，而人类及食肉动物体内能水解 β 糖苷键的酶很少，不能水解消化纤维素。因此，被摄入消化道的纤维素可促进肠蠕动排空，起到通便的作用。

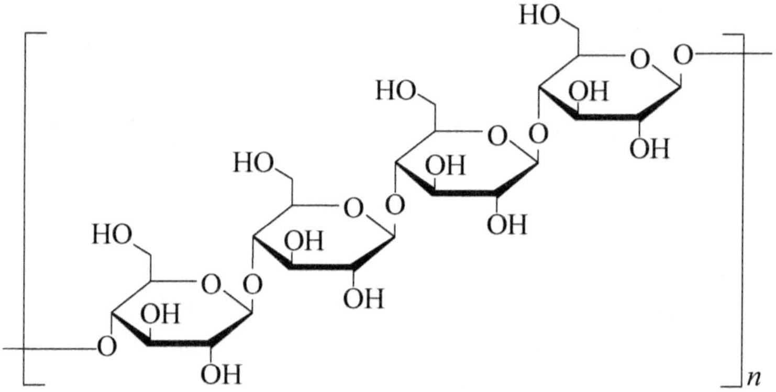

纤维素

　　(2) 淀粉(starch)。广泛存在于植物体中，以果实、根、茎及种子中含量较高，是植物体中储存养分的主要形式。淀粉通常为白色粉末，是葡萄糖的高聚物，大约含有 27%的直链淀粉和 73%的支链淀粉。直链淀粉为 1→4α-糖苷键连接的 D-葡聚糖，聚合度一般为 300~350，能溶于热水；支链淀粉中的葡聚糖，除 1→4α-糖苷键连接之外，还有 1→6α-糖苷键支链，支链平均为 25 个葡萄糖单位，直链淀粉聚合度为 3000 左右，在热水中呈黏胶状，不溶于冷水。淀粉分子呈螺旋状结构，每一螺环有 6 个葡萄糖单位。碘分子或离子可以进入螺旋通道形成有色包结化合物，故淀粉遇碘显色。所显颜色与聚合度有关，随着聚合度增高，颜色逐渐加深(由红色→紫色→蓝色)。糖淀粉遇碘显蓝色，支链淀粉聚合度虽高，但螺旋结构的通道在分支处中断，其支链的平均聚合度只有 20~25，所以遇碘仅显紫红色。

(3) 黏液质(mucilage)。植物种子、果实、根、茎和海藻中存在的一类多糖，在植物中主要起着保持水分的作用。从化学结构上看，黏液质属于杂多糖类，如从海洋药物昆布或海藻中提取的褐藻酸，是由 L-古洛糖醛酸与 D-甘露糖醛酸聚合而成的多糖。以褐藻酸为原料制成的褐藻酸钠注射液，用来增加血容量和维持血压。在医药上，黏液质常作为润滑剂、混悬剂及辅助乳化剂。黏液质可溶于热水，冷却后呈胶冻状，不溶于有机溶剂。在用水作为溶剂提取森林资源中的活性成分时，黏液质的存在会使水溶液黏稠性增大而极难过滤，可在水溶液中加入乙醇使其沉淀，或利用分子中的游离羧基加入石灰水使其形成钙盐沉淀，过滤除去。

(4) 树胶(gum)。树胶是植物在受到伤害或被毒菌类侵袭后分泌的物质，干燥后呈半透明块状，遇水能膨胀或形成黏稠状的胶体溶液，在乙醇及多数有机溶剂中均不溶解。从化学结构上看，树胶属于杂多糖类，如森林产品中常见的没药内含 64%树胶，是由 D-半乳糖、L-阿拉伯糖和 4-甲基-D-葡萄糖醛酸组成的酸性杂多糖，在医药上树胶常作为乳化剂、助悬剂等。

(5) 菌类多糖。菌类多糖主要以 $1 \rightarrow 3\beta$-糖苷键连接的 D-葡萄糖为主，少数含有 $1 \rightarrow 6\beta$-、$1 \rightarrow 4\beta$-葡萄糖和其他糖。近年研究发现，菌类多糖有多种生物活性，如抗肿瘤、免疫调节、抗衰老等。菌类多糖是多糖研究较早、进展较快的领域，受关注较多的有猪苓多糖(polyporus polysaccharide)、灵芝多糖(ganoderma lucidum polysaccharide)和茯苓多糖(pachyman polysaccharide)等。

2. 糖的物理和化学性质

1) 物理性质

(1) 性状。单糖、低聚糖以及大部分的糖的衍生物分子质量较小，一般为无色或白色晶体，有甜味。多聚糖常为无色或白色无定形粉末，不能形成晶体，基本无甜味。

(2) 溶解性。单糖和低聚糖易溶于水，尤其易溶于热水，可溶于稀醇，不溶于亲脂性有机溶剂。多聚糖一般难溶于水，也难溶于有机溶剂，少数在水中可形成胶体溶液。

糖的水溶液浓缩时不易析出结晶，常得到黏稠的糖浆。

(3) 旋光性。大多数天然单糖均具有旋光性，且多为右旋。在水溶液中单糖分子一般是环状和开链式结构共存的平衡体系，所以单糖多表现出变旋现象，如β-D-葡萄糖的比旋光度是+113°，α-D-葡萄糖是+19°，在水溶液中两种构型通过开链式结构互相转变，达到平衡时葡萄糖水溶液的比旋光度为+52.5°。

2) 化学性质

糖的化学性质在有机化学中已有详细论述，这里仅介绍与糖的检识有关的氧化反应和糠醛形成反应。

(1) 氧化反应。还原糖分子中有醛(酮)基、醇羟基及邻二醇等结构单元，通常醛基最易被氧化，伯醇基次之。在控制反应条件的情况下，不同的氧化剂可选择性地氧化某些特定基团，如 Ag^+、Cu^{2+}以及溴水可将醛基氧化成羧基，硝酸能将伯醇基氧化成羧基，过碘酸可氧化邻二羟基。常见的反应有费林反应(Fehling reaction)、托伦反应(Tollen reaction)及过碘酸氧化反应。

费林试剂可以将还原糖中游离的醛(酮)基氧化成羧基，同时费林试剂中的铜离子由二价还原成一价，生成氧化亚铜砖红色沉淀，称为费林反应。

$$R\text{-}CHO+Cu(OH)_2+NaOH\longrightarrow R\text{-}COONa+Cu_2O\downarrow+3H_2O$$

类似费林反应，还原糖中的醛(酮)基也可被托伦试剂氧化成羧基，同时托伦试剂中的银离子被还原成金属银，生成银镜或黑褐色银沉淀，称为托伦反应或银镜反应。

$$R\text{-}CHO+2Ag(NH_3)_2OH+2H_2O\longrightarrow R\text{-}COONH_4+2Ag\downarrow+3NH_3\cdot H_2O$$

过碘酸不仅能氧化邻二醇，而且能氧化α-羟基醛(酮)、α-羟基酸、α-氨基醇、邻二酮等。过碘酸氧化反应在糖苷类的结构研究中是一个常用的反应。

(2) 糠醛形成反应。单糖在浓酸的作用下，加热脱去三分子水，可生成具有呋喃环结构的糠醛及其衍生物。糠醛衍生物可以和许多芳胺、酚类及具有活性次甲基的化合物缩合生成有色产物。许多糖的显色剂就是根据这一反应配制而成的，如邻苯二甲酸和苯胺是常用的糖的色谱显色剂。

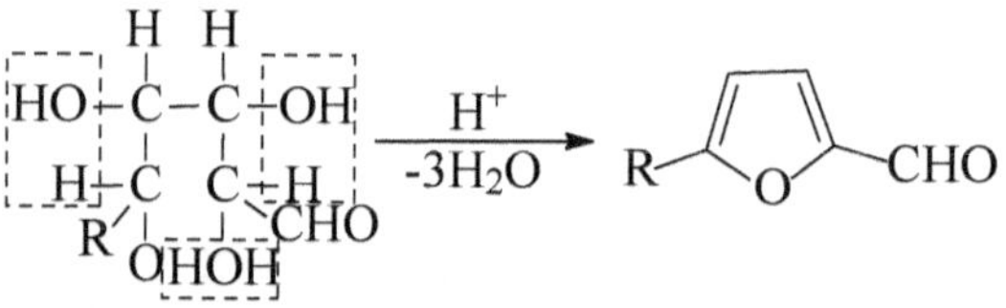

五碳糖	R=H	糠醛
甲基五碳糖	R=CH₃	5-甲基糠醛
六碳糖	R=CH₂OH	5-羟甲基糠醛
六碳糖醛酸	R=COOH	5-羧基糠醛

由于不同类型的糖形成糠醛衍生物的难易不同、产物不同，与芳胺、酚类等形成的缩合物颜色也不相同，因此可以利用这一反应来区别不同类型的糖。检测糖和苷类化合物常用 Molish 试剂(浓硫酸和α-萘酚组成)。Molish 反应一般是取少量样品溶于水中，加5%α-萘酚乙醇液 3 滴，摇匀后沿试管壁慢慢加入浓硫酸 1mL，若两液面间产生紫色环，即为阳性。

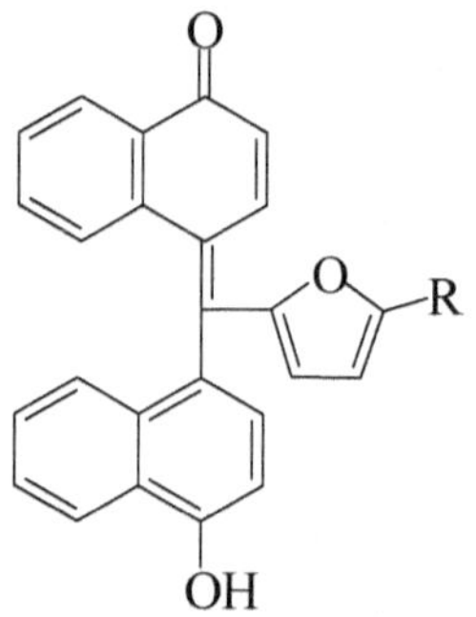

糠醛及衍生物与α-萘酚缩合物(紫色) 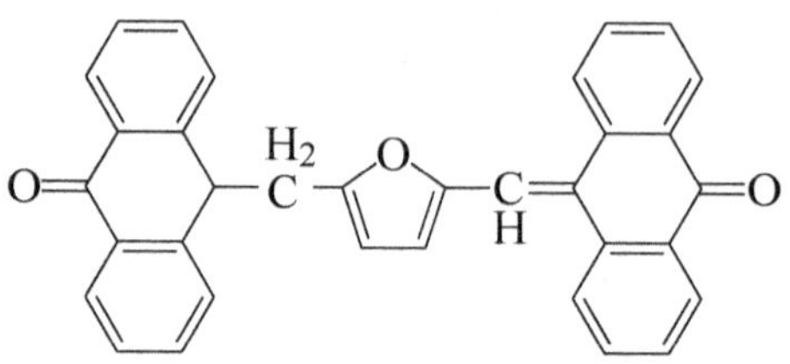　　5-羟甲基糠醛与蒽酮的缩合物(蓝色)

2.1.2　苷类功能成分

苷类(glycoside)是糖或糖的衍生物通过糖端基碳上的半缩醛羟基或半缩酮羟基与非糖分子缩合脱水形成的一类化合物，又称为配糖体。苷的非糖部分称为苷元(genin)或配基(aglycone)，苷元与端基碳连接的原子称为苷键原子，端基碳与苷键原子之间连接的键称为苷键。苷类化合物在植物中分布广泛，尤其以高等植物分布最多。

1. 苷的结构与分类

苷类化合物种类多样，虽然糖基部分有着相似的理化性质，但苷元部分的结构类型差别很大，因此形成的苷类化合物在理化性质和药理活性上差异也较大。苷类的分类方法有多种，现介绍使用较多的一种分类方法，即根据苷键原子的不同，可将苷类分为氧苷、硫苷、氮苷和碳苷。

1) 氧苷

苷键原子来自苷元上的醇羟基、酚羟基、羧基和α-羟基腈，分别形成醇苷、酚苷、酯苷和氰苷。植物中常见的苷为醇苷和酚苷，酯苷和氰苷比较少见。

(1) 醇苷。苷元上的醇羟基与糖端基碳上的半缩醛羟基脱水形成的苷。例如，具有抗菌和杀虫作用的毛茛苷(ranunculin)、具有提高氧耐量作用的红景天苷(rhodioloside)等。

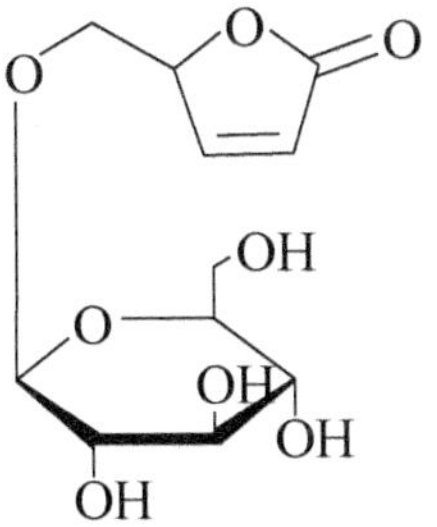

毛茛苷 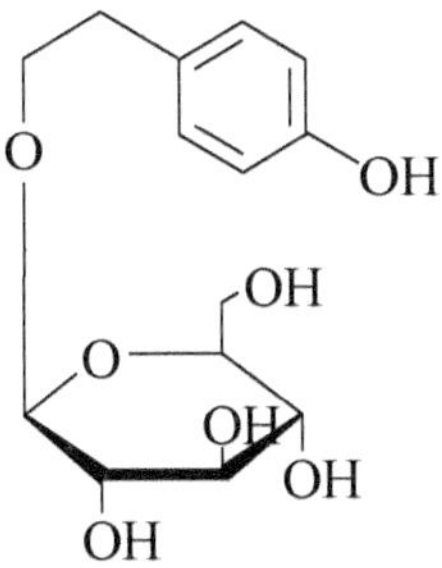　　　　　　　　**红景天苷**

(2) 酚苷。苷元上的酚羟基与糖端基碳上的半缩醛羟基脱水形成的苷。酚苷包括苯酚苷、萘酚苷、蒽酚苷、香豆素苷、黄酮苷、木脂素苷等。许多含有酚苷的中药具有不同的生物活性，如熊果中具有抗炎作用的熊果苷等。

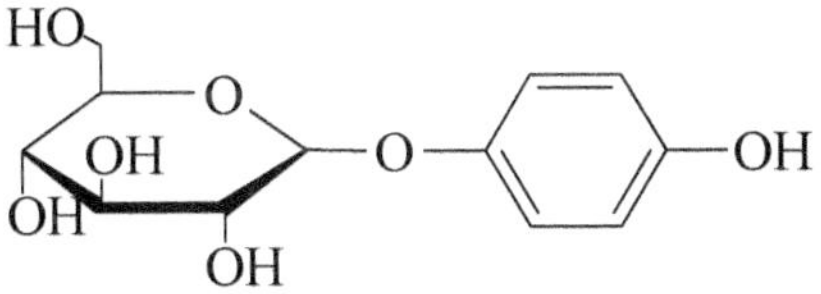

熊果苷

(3) 酯苷。苷元上的羧基与糖端基碳上的半缩醛羟基反应生成酯苷，苷键具有缩醛和酯的化学性质，容易被稀酸或稀碱水解。酯苷山慈菇苷 A 和 B(tuliposide A and B)被水解后，苷元立即环合生成环化的苷元山慈菇内酯 A 和 B(tulipalin A and B)。此外，一些酯苷，如二萜酯苷和三萜皂苷也容易被水解。

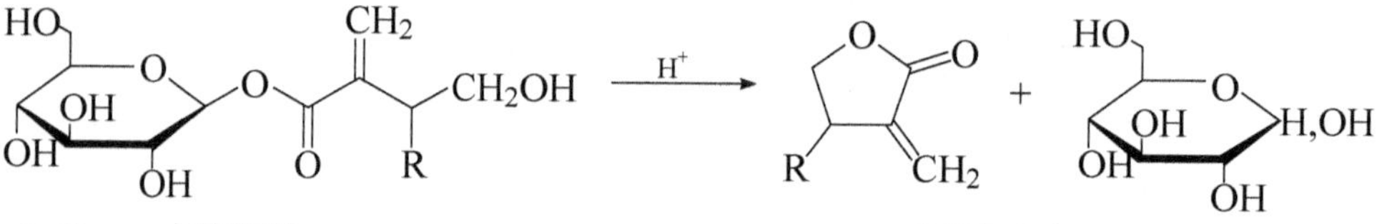

R=H　**山慈菇苷**A
R=OH　**山慈菇苷**B

R=H　**山慈菇内酯**A
R=OH　**山慈菇内酯**B

(4) 氰苷。是指来自α-羟基腈的羟基与糖端基碳上的半缩醛羟基反应生成氰苷，如苦杏仁苷(amygdalin)、野樱苷(prunasin)和亚麻氰苷(linustatin)等。由于氰苷化学性质不稳定，易被水解，特别是酶水解，生成的苷元α-羟基腈很不稳定，立即分解成氢氰酸和醛(或酮)。若在浓酸作用下，氰苷中的腈基易被氧化成羧基并产生铵盐；在碱性条件下，氰苷中的苷元容易发生异构化而生成α-羟基羧酸盐。氰苷的分解过程如下。

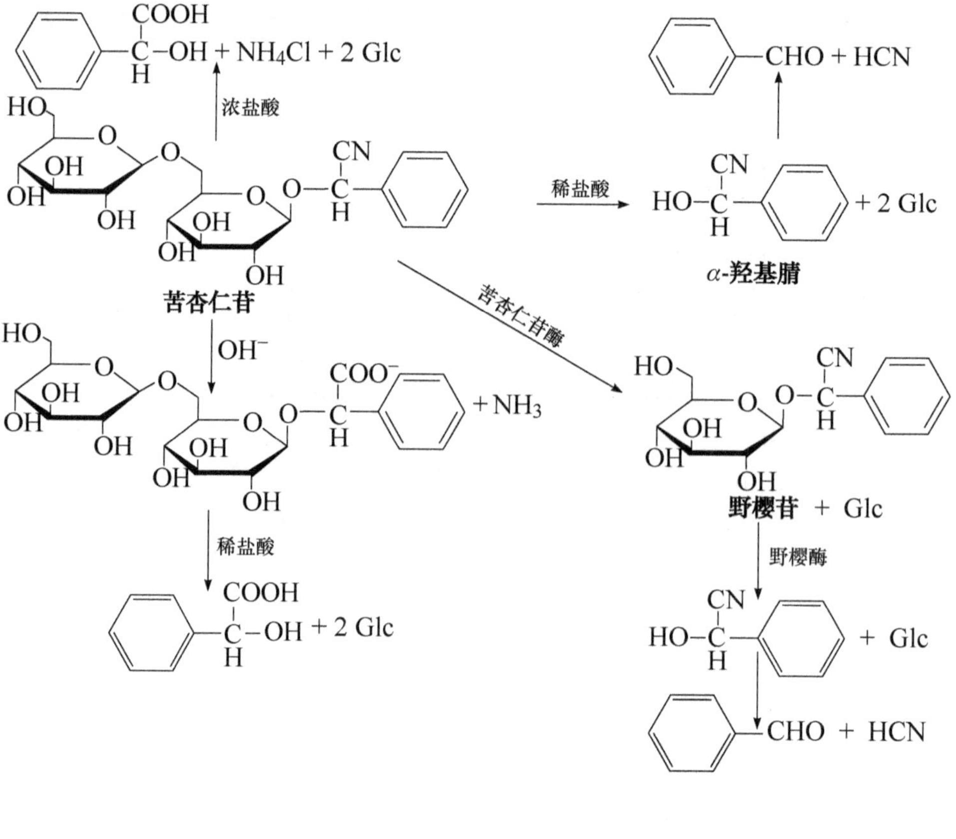

苦杏仁苷

α-羟基腈

野樱苷 + Glc

2) 硫苷

苷元上的巯基与糖端基碳上的半缩醛羟基缩合而成的苷称为硫苷，其糖基多为葡萄糖。硫苷在植物中数量并不多，常见于具有特殊风味的植物中，如萝卜 (*Raphanus Sativus*) 中的萝卜苷 (glucoraphenin)、黑芥子 (*Brassica nigra*) 中的黑芥子苷 (sinigrin)、白芥 (*Sinapis alba*) 中的白芥子苷 (sinalbin)，以及白花菜子苷 (glucocapparin) 和葡萄糖金莲橙苷 (glucotropaeolin) 等。

硫苷易被水解酶(称为芥子酶的葡糖硫苷酶)水解，当新鲜组织加水粉碎时，硫苷被酶解成异硫氰酸酯类、硫酸氢根离子和葡萄糖，因此在水解产物中不能获得真正的苷元。有别于其他苷类化合物的是，硫苷的真正苷元发生重排，异硫氰酸酯没有游离的巯基。

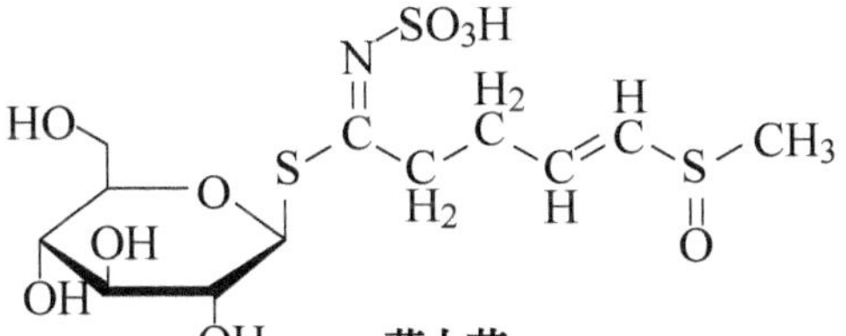

萝卜苷

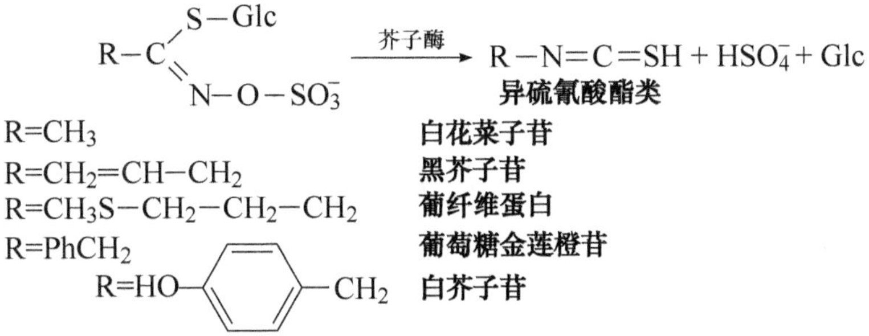

R=CH₃ 　　　　　　　　　　　　　白花菜子苷
R=CH₂=CH−CH₂ 　　　　　　　　黑芥子苷
R=CH₃S−CH₂−CH₂−CH₂ 　　　　葡纤维蛋白
R=PhCH₂ 　　　　　　　　　　　葡萄糖金莲橙苷
R=HO—⟨⟩—CH₂ 　　白芥子苷

3) 氮苷

苷元上的胺基与糖端基碳上的半缩醛羟基缩合而成的苷称为氮苷，其糖基常为核糖。氮苷是遗传物质核酸的重要组成物质，包括腺苷 (adenosine)、鸟苷 (guanosine)、胞苷 (cytidine)、尿苷 (uridine) 等。另外，巴豆中的巴豆苷 (crotonoside) 化学结构与腺苷相似，其水解后产生的巴豆毒素具有很强的毒性。

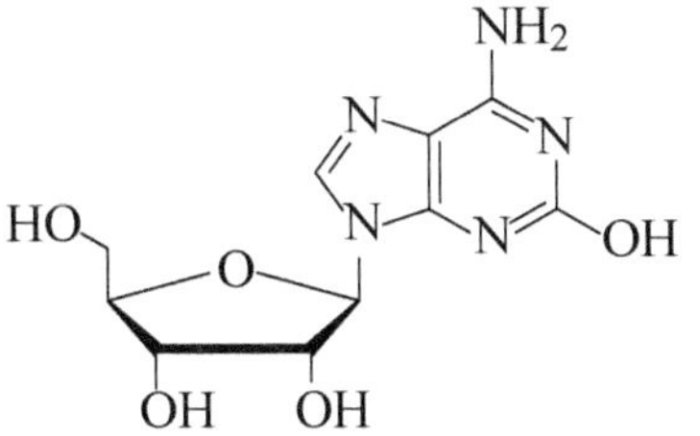

巴豆苷

4) 碳苷

苷元碳原子上的氢与糖端基碳上的半缩醛羟基脱水缩合而成的苷称为碳苷，水溶性较差，与其他糖苷相比较难水解。

碳苷的苷元一般为黄酮类和蒽醌类化合物，尤其以黄酮类化合物最为多见。例如，存在于马鞭草科和桑科植物中，具有抗肿瘤、抗炎、解痉和降血压作用的牡荆素(vitexin)，以及具有泻下作用的芦荟苷(aloin)等。

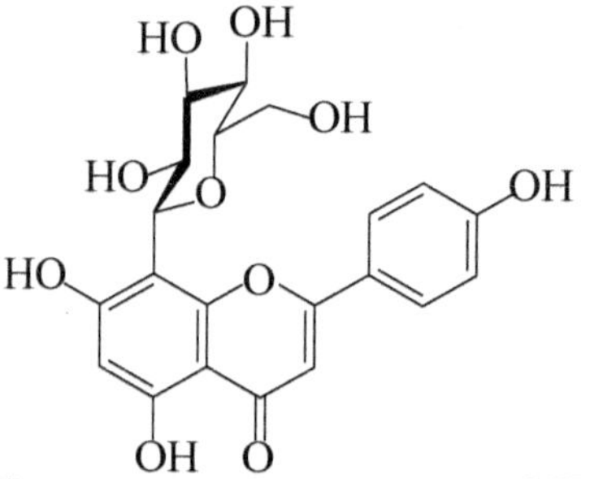

牡荆素

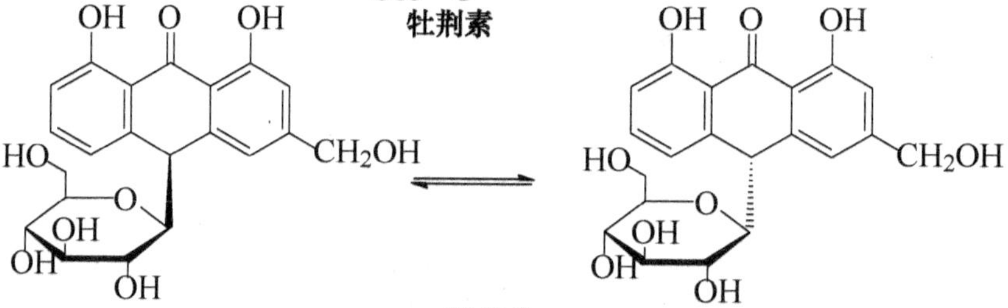

芦荟苷

苷类化合物还有其他一些分类方法。根据苷在植物体内是否被水解，可将原存在于植物体内、未发生水解的苷称为原生苷(primary glycoside)，原生苷经水解失去一部分糖后而形成的苷称为次生苷(secondary glycoside)。例如，苦杏仁苷为原生苷，经水解生成葡萄糖和野樱苷，野樱苷即为次生苷。根据苷连接的糖基不同，可分为葡萄糖苷、木糖苷、2-去氧葡萄糖苷、果糖苷、半乳糖苷等；根据苷元的结构类型不同，可分为蒽醌苷、黄酮苷、环烯醚萜苷、木脂素苷或甾体苷等。

2. 苷类的理化性质

1) 性状

苷类化合物均为固体，其中极性较小的小分子苷可能会以结晶形式存在，大分子苷常为无定形粉末。苷的颜色取决于苷元结构中共轭系统情况和助色团的存在与否；苷类化合物一般无味，但有的也表现出特殊的味道，如人参皂苷具有苦味、甘草皂苷具有甜味。有些苷类化合物对黏膜具有刺激性作用，如皂苷、强心苷等。

2) 旋光性

苷类具有旋光性，多数苷呈左旋，但苷类水解后的混合物呈右旋，是由于生成的糖是右旋的。苷类旋光度的大小与苷元和糖的结构，以及苷元和糖、糖和糖之间的连接方式均有一定的关系。

3) 溶解度

苷类化合物一般可溶于水、甲醇、乙醇和含水的正丁醇溶剂中，难溶于石油醚、苯、三氯甲烷、乙醚等非极性有机溶剂，但碳苷较为特殊，在水或其他溶剂中的溶解度都很小。一般来说，极性取代基团越多，亲水性越强，反之亲脂性越强。相同糖基的苷，苷元上亲水性取代基越多，极性越大，亲水性越强，反之亲脂性越强。相同苷元的苷，糖基的羟基数目越多，极性越大，反之亲脂性越强。苷的溶解度还与其分子中苷元和糖对其贡献的大小有关，若苷元为非极性大分子(如甾醇或三萜醇)，而糖基为单糖，形成单糖苷，由于糖基所占比例小，往往可以溶于低极性的有机溶剂，如人参皂苷 Rh2 可溶于乙醚，难溶于水。有些苷类化合物虽然含有多个糖基，但难溶于水，如含 3-去氧糖的洋地黄毒苷。

苷元一般具有亲脂性，难溶于水，可溶于甲醇和乙醇及非极性有机溶剂，但有些苷元可溶于水，如环烯醚萜苷元易溶于水和甲醇，难溶于三氯甲烷、乙醚和苯等非极性有机溶剂。

4) 苷键的裂解

常见的苷键裂解的方法有酸水解、碱水解、酶催化水解、乙酰解反应和氧化开裂反应等。苷键具有缩醛或缩酮结构，在稀酸或酶作用下可发生水解生成苷元和糖。某些特殊结构的苷元形成的苷可在稀碱性条件下水解，生成苷元和糖，如酚苷和酯苷等。苷键的裂解可用于苷结构的研究。

一般情况下，酸催化水解反应在水或稀醇中进行，所用的酸有盐酸、硫酸、乙酸和甲酸等。苷键酸水解首先是苷键原子发生质子化，然后苷键断裂产生苷元和糖的正碳离子中间体，在水中，正碳离子经溶剂化再脱去氢离子而形成糖分子。苷键具有缩醛或缩酮结构，一般对稀碱较稳定，但有些苷键易被碱水解，包括酯苷、酚苷、烯醇式苷和 β 位具吸电子基团的苷，如山慈菇苷 A(tuliposide A)、水杨苷(salicin)、海韭菜苷(triglochinin)和番红花苦苷(picrocrocin)等。

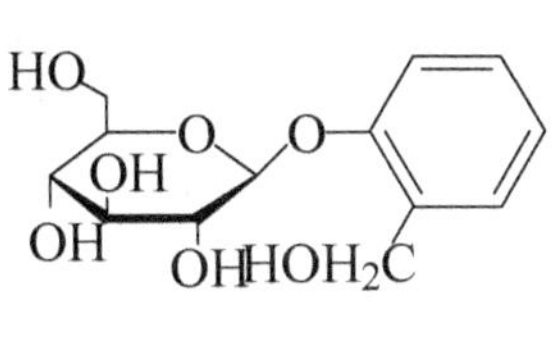

| 水杨苷 | 海韭菜苷 | 番红花苦苷 |

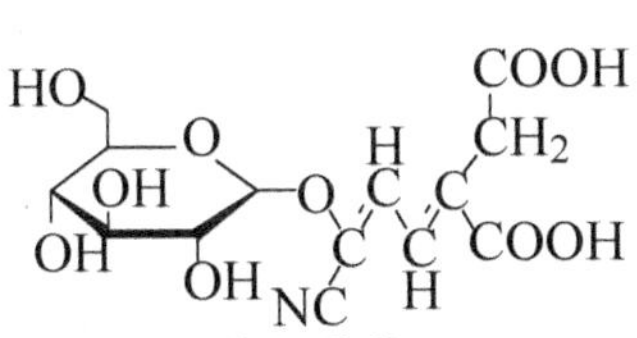

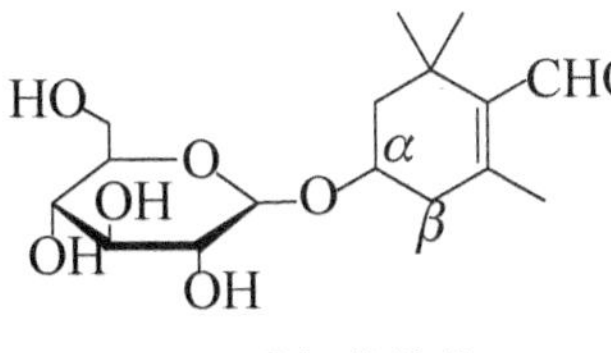

对于难于被酸或碱水解的或不稳定的苷，常采用酶催化水解以获得真正的苷元。酶催化水解条件温和(30～40℃)，可以避免苷元结构被破坏，酶的高度专属性和水解的渐进性还可以提供更多苷结构的信息。

酶催化水解的专属性强，如 α-苷酶只能水解 α-苷，β-苷酶只能水解 β-苷。某些酶的专属性与苷元和糖结构有关，例如，麦芽糖酶(maltase)只能水解α-葡萄糖苷键；苦杏仁酶(emulsin)专属性较差，主要可以水解六碳糖的β糖苷键。酶的专属性可使一些原生苷被催化水解产生次生苷，因此可以获得一些苷分子中的糖类型、苷键构型、苷元与糖和糖与糖之间的连接方式等相关结构信息，但高纯度的酶价格昂贵，而且酶水解产物无法重复应用于苷结构研究。

一些混合酶也常被用于催化水解不同的苷，如陈皮苷酶(hesperidinase)、淀粉酶(amylase)及纤维素酶(cellulase)等。值得注意的是，含苷的森林产品往往也同时含有可水解相应苷的酶，因此在森林产品(林药)采收、加工和储藏过程中，应注意避免酶对苷的水解，以免苷结构发生变化。林药采收后，一般采用高温灭活、烈日暴晒、快速干燥等方法抑制酶的活性，药材储藏也应在阴凉和干燥地方，有利于苷结构的稳定。药材中苷的提取应采用沸水、高浓度甲醇或乙醇溶剂，也可以采用新鲜植物加硫酸铵水溶液共研磨促进酶变性，或提取前加入一定量的碳酸钙拌匀使酶变性，从而达到抑制酶活性的目的。

乙酰解反应试剂为乙酸酐与不同酸的混合液，常用的酸有硫酸、高氯酸或Lewis酸(如氯化锌、三氟化硼等)。乙酰解反应操作简单，可将苷溶于乙酸酐与冰醋酸的混合液中，加入硫酸至浓度为3%～5%，在室温下放置1～10天，反应后将反应液倒入冰水中，并以碳酸氢钠调节pH至3～4，再用氯仿萃取其中的乙酰化糖用于糖的鉴定。

2.1.3　含多糖功能成分的森林资源

1) 枸杞子

枸杞子为茄科多年生植物宁夏枸杞(*Lycium barbarum*)的干燥成熟果实，是中国特有的药食同源类中药材，其应用历史悠久，始载于《神农本草经》中[1]。枸杞子味甘、性平，归肝、肾经，具有滋补肝肾、益精明目的功效，常用于治疗虚劳精亏、眩晕耳鸣、内热消渴、血虚萎黄、目昏不明等症[2]。

枸杞多糖是枸杞子中最主要的活性成分之一，大量的研究证明，枸杞多糖具有延缓衰老、抑制肿瘤细胞生长、提高免疫功能以及降血糖和降血脂等方面的作用[3]。枸杞多糖以阿拉伯糖、鼠李糖、木糖、甘露糖、半乳糖、葡萄糖、半乳糖醛酸组成的酸性杂多糖与多肽或蛋白质构成的复合多糖为主；还含有中性杂多糖、葡聚糖与多肽或蛋白质构成的复合多糖;复合多糖中的糖链呈多分枝的复杂结构，肽链的氨基酸含量在5%～30%[4]。

2) 灵芝

灵芝又名赤芝、木灵芝等，是多孔菌科真菌灵芝(*Ganoderma lucidum*)的子实体[5]。灵芝富含多糖、三萜、核苷、生物碱等多种活性成分，药理研究表明灵芝具有增强免疫力、延缓衰老、抗肿瘤、抗病毒、保肝护胆、降低胆固醇、降血脂、降血糖等活性[6,7]。

　　灵芝多糖是灵芝发挥药理学活性的主要有效成分之一，到目前为止已有报道的灵芝多糖约有 200 多种。灵芝多糖一般由 D 型葡萄糖、半乳糖、甘露糖、木糖及 L 型岩藻糖、鼠李糖、阿拉伯糖等单糖组成，主要以杂糖形式存在，包括酸性、碱性多糖及水溶性多糖等[8-10]。

2.2　醌类功能成分

2.2.1　概述

　　醌类化合物是植物中含有的一类具有醌式结构的化学成分，其结构类型主要有 4 种，分别为苯醌、萘醌、菲醌和蒽醌。

　　醌类化合物在植物中的分布非常广泛，如蓼科的何首乌(*Fallopia multiflora*)、虎杖(*Reynoutria japonica*)，茜草科的茜草(*Rubia cordifolia*)，豆科的决明子(*Cassia tora*)、番泻叶(*Cassia angustifolia*)，鼠李科的鼠李(*Rhamnus davurica*)，唇形科的丹参(*Salvia miltiorrhiza*)等，均含有醌类化合物。醌类化合物多数存在于植物的根、皮、叶及心材中，在植物的茎、果实和种子中也有分布，在一些低等植物如地衣类和菌类的代谢产物中也发现了醌类化合物。

　　醌类化合物具有多种药理活性，如番泻叶中的番泻苷类化合物具有较强的致泻作用，大黄中游离的羟基蒽醌类化合物对金黄色葡萄球菌具有较强的抑制作用，茜草中特有的茜草素类成分具有止血作用，紫草中的一些萘醌类色素具有抗菌、抗病毒及止血作用，丹参中的丹参醌类具有活血化瘀、通经止痛、镇静、抗菌消炎、抗氧化和扩张血管的作用，在中医药领域用来治疗冠心病、心肌梗死等心血管疾病。此外，还有一些醌类化合物具有驱虫、解痉、利尿、利胆、镇咳、平喘等作用。

2.2.2　醌类功能成分的结构与分类

1. 苯醌类

　　苯醌类(benzoquinone)化合物主要分为邻苯醌和对苯醌两大类。邻苯醌分子的结构很不稳定，极易分解，故天然存在的苯醌化合物多数为对苯醌的衍生物。

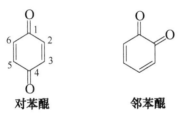

对苯醌　　　　　　邻苯醌

植物中存在的苯醌类化合物多为黄色或橙色的结晶，如多花勾儿茶(*Berchemia floribunda*)中的 2,6-二甲氧基对苯醌、白花酸藤果(*Embelia ribes*)中的信筒子醌(embelin)等。

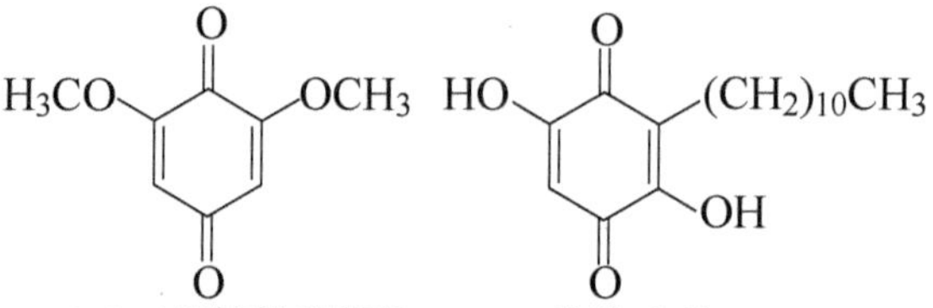

2,6-二甲氧基对苯醌　　　信筒子醌

具有苯醌类结构的泛醌类(ubiquinone)参与植物体内氧化还原过程，是植物氧化反应的一类辅酶，称为辅酶 Q 类(coenzymes Q)，辅酶 Q_{10} 常用于治疗心脏病、高血压及肿瘤疾病。

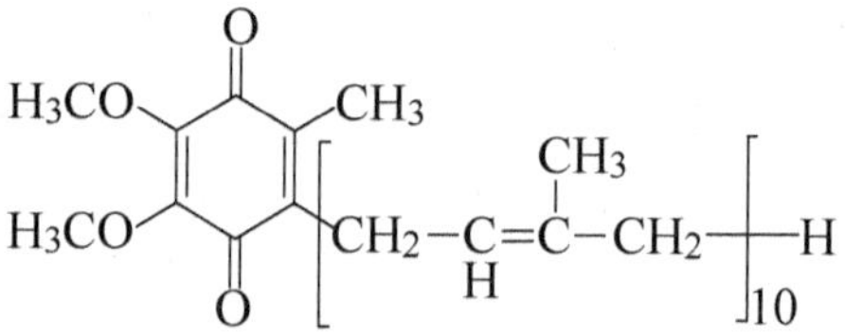

辅酶Q_{10}

2. 萘醌类

萘醌类(naphthoquinone)化合物分为 α-(1, 4)、β-(1, 2)及 amphi-(2, 6)三种类型，但植物体内天然存在的大多为 α-萘醌类衍生物，它们多为橙色或橙红色结晶，少数呈紫色。

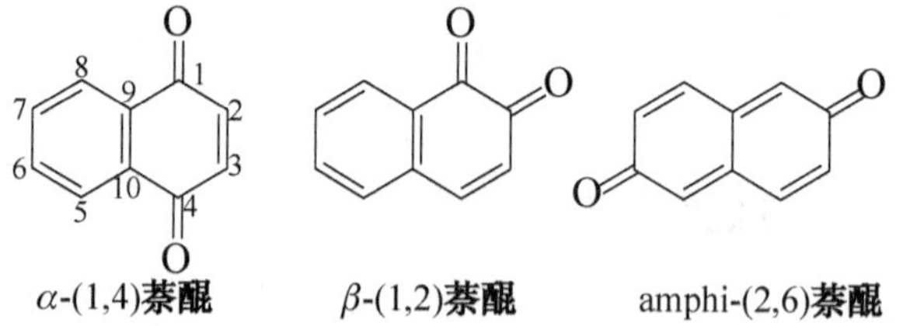

α-(1,4)萘醌　　　β-(1,2)萘醌　　　amphi-(2,6)萘醌

具有 α-萘醌基本母核的胡桃醌(juglone)具有抗菌、抗癌及中枢神经镇静作用，蓝雪醌(plumbagin)具有抗菌、止咳及祛痰作用，拉帕醌(lapachol)具有抗肿瘤作用。紫草中也含有多种萘醌类化合物，且多数是以结合成酯的形式存在。

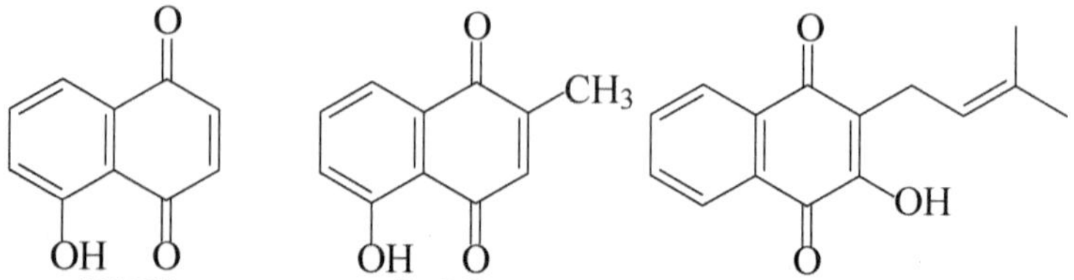

胡桃醌　　　蓝雪醌　　　拉帕醌

3. 菲醌类

天然菲醌类(phenanthraquinone)分为邻菲醌及对菲醌两种类型，例如，从丹参根中分离得到的多种菲醌衍生物，分属于邻菲醌类和对菲醌类化合物。

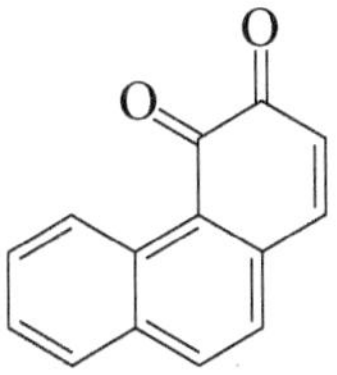

邻菲醌 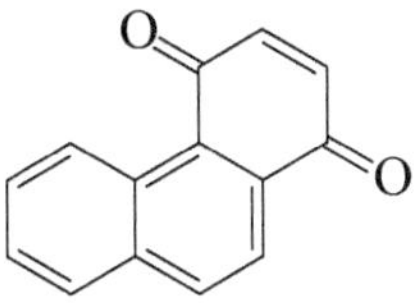　　　　　　　　对菲醌

丹参醌ⅡA	R$_1$=CH$_3$	R$_2$=H
丹参醌ⅡB	R$_1$=CH$_2$OH	R$_2$=H
羟基丹参醌ⅡA	R$_1$=CH$_3$	R$_2$=OH
丹参酸甲酯	R$_1$=COOCH$_3$	R$_2$=H

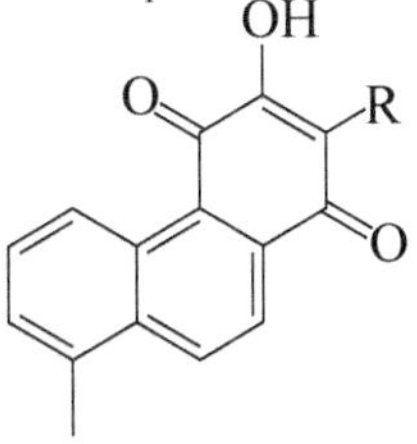

丹参新醌甲	R=CH(CH$_3$)CH$_2$OH
丹参新醌乙	R=CH(CH$_3$)$_2$
丹参新醌丙	R=CH$_3$

4. 蒽醌类

蒽醌类(anthraquinone)化合物可分为单蒽核及双蒽核两大类。

1) 单蒽核类

(1) 天然蒽醌

天然蒽醌以 9,10-蒽醌最为常见，整个分子形成一个大的共轭体系，C9、C10又处于最高氧化水平，因此比较稳定。天然存在的蒽醌类化合物在母核上常有一些取代基团，如羟基、羟甲基、甲基、甲氧基和羧基等，并常以游离或与糖结合成苷的形式存在于植物体内。蒽醌苷大多形成氧苷，但也有一些化合物以碳苷形式存在，如芦荟苷(barbaloin)。

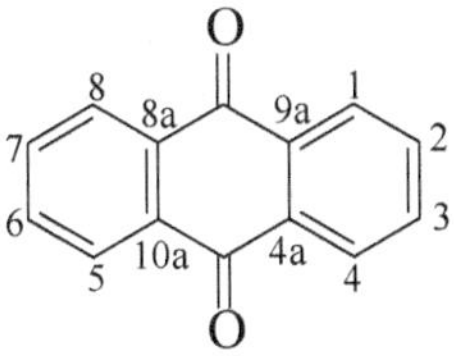

1,4,5,8位为α位
2,3,6,7位为β位
9,10位为meso位，又叫中位

根据羟基在蒽醌母核上的分布情况，又可进一步将羟基蒽醌衍生物分为大黄

素型和茜草素型两种类型。大黄素型化合物的羟基分布在两侧的苯环上，多数呈黄色。大黄中的主要蒽醌类成分多属于这一类型。

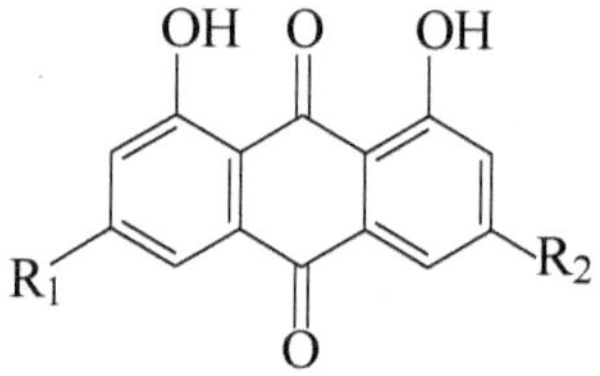

大黄酚	R_1=H	R_2=CH_3
大黄素	R_1=OH	R_2=CH_3
大黄素甲醚	R_1=OCH_3	R_2=CH_3
芦荟大黄素	R_1=H	R_2=CH_2OH
大黄酸	R_1=H	R_2=COOH

茜草素型化合物的羟基一般仅分布在一侧的苯环上，日光下颜色较深，多呈现橙黄色至橙红色，如茜草中的茜草素等。

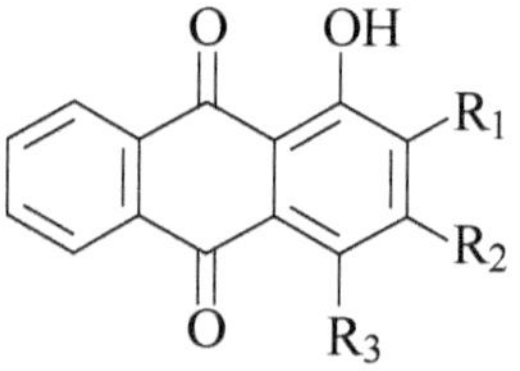

茜草素	R_1=OH	R_2=H	R_3=H
羟基茜草素	R_1=OH	R_2=H	R_3=OH
伪羟基茜草素	R_1=OH	R_2=COOH	R_3=OH

(2) 蒽酚或蒽酮衍生物

蒽酚(或蒽酮)衍生物一般存在于新鲜植物中，新鲜大黄储存 2 年以上则检测不到蒽酚。如果蒽酚衍生物的中位羟基与糖缩合生成苷，则性质比较稳定，经水解除去糖后才易于被氧化转变成蒽醌衍生物。蒽醌苷类衍生物在植物体内除了以氧苷形式存在外，还有以碳苷形式存在的，如芦荟致泻的主要有效成分芦荟苷就属于碳苷类化合物。

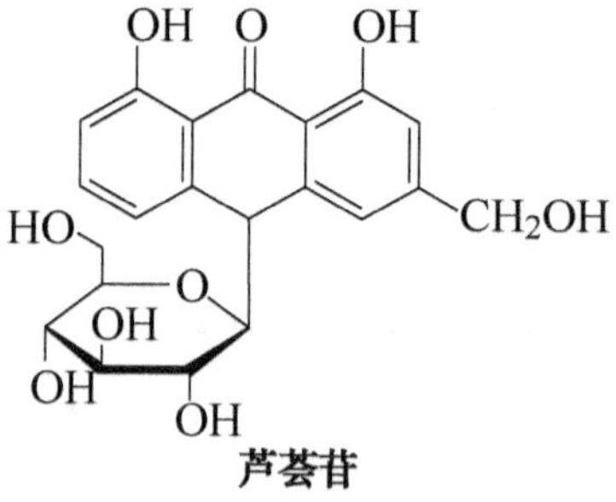

芦荟苷

2) 双蒽核类

(1) 二蒽酮类

二蒽酮类是由两分子蒽酮脱去一分子氢而通过 C—C 键结合而成的化合物，多为 C10—C10′结合，也有其他位置连接。例如，大黄及番泻叶的主要有效成分番泻苷(sennoside)A、B、C、D 等皆为二蒽酮衍生物。

番泻苷 A(sennoside A)是一种呈黄色片状的结晶，经酸水解后生成两分子葡萄糖和一分子番泻苷元 A(sennidin A)。番泻苷元 A 是两分子的大黄酸蒽酮通过 C10—C10′相互结合而成的二蒽酮类衍生物，其 C10—C10′为反式连接。番泻苷

B(sennoside B)是番泻苷 A 的异构体，经水解后生成两分子葡萄糖和番泻苷元B(sennidin B)，其 C10—C10′为顺式连接。番泻苷 C(sennoside C)是一分子大黄酸蒽酮与一分子芦荟大黄素蒽酮通过 C10—C10′反式连接而形成的二蒽酮二葡萄糖苷。番泻苷 D(sennoside D)是番泻苷 C 的异构体，其 C10—C10′为顺式连接。

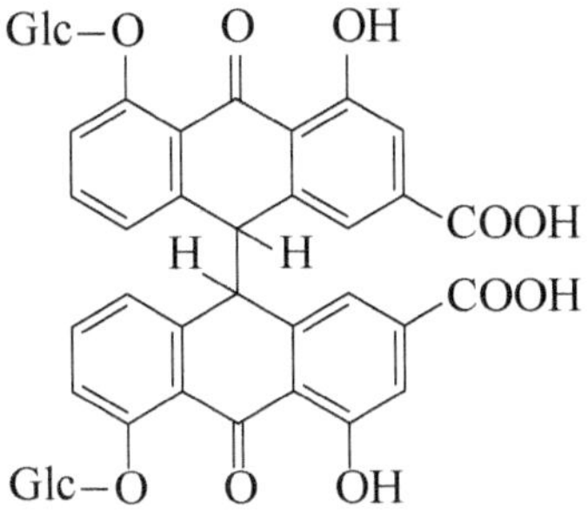

番泻苷A 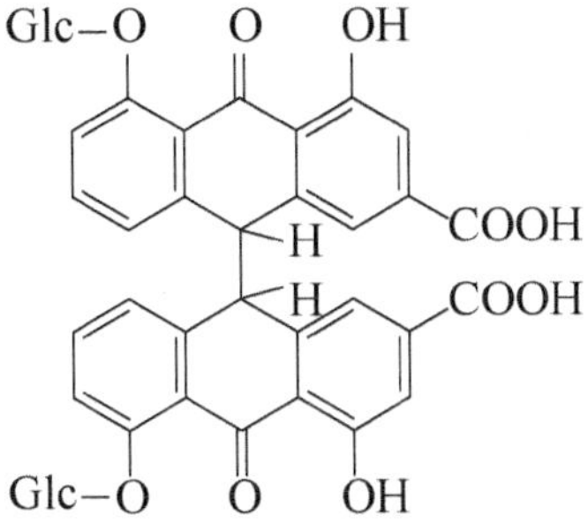　　　番泻苷B

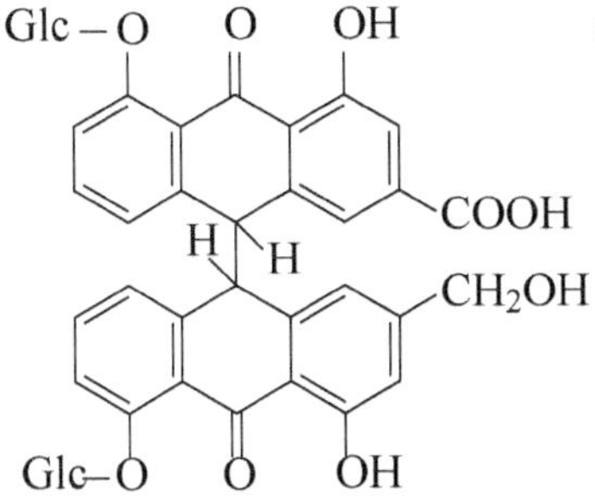

番泻苷C 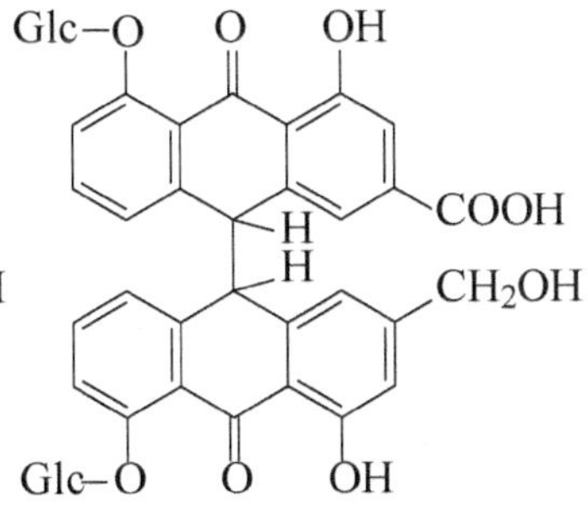　　　番泻苷D

(2) 二蒽醌类

蒽醌类脱氢缩合或二蒽酮类氧化可以形成二蒽醌类。

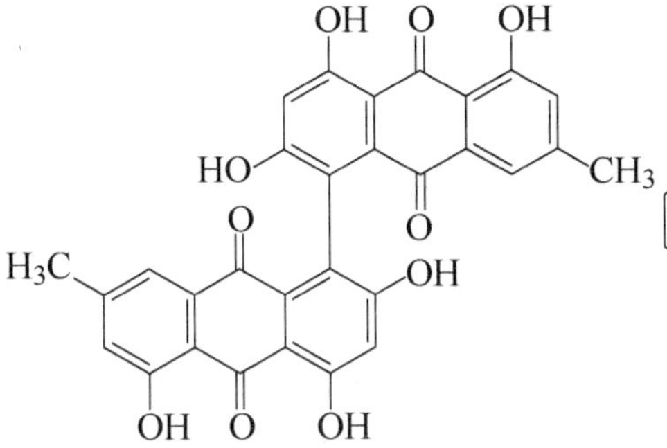

天精 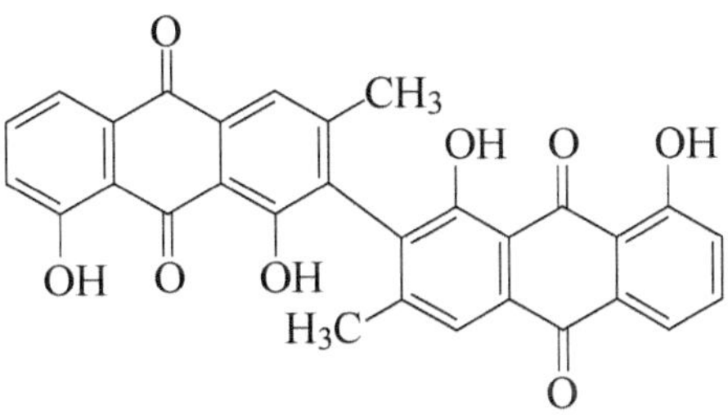　　　山扁豆双醌

2.2.3　醌类化合物的理化性质

1. 物理性质

醌类化合物母核本身不具有颜色，当母核上引入酚羟基等助色团时呈一定的

颜色，并随助色团的增多颜色逐渐加深，分别呈黄色、橙色、棕红色乃至紫红色等。游离醌类化合物一般为结晶型固体，与糖结合成苷后较难得到结晶。苯醌、萘醌多以游离形式存在，蒽醌一般以苷的形式存在于植物体中。

游离的醌类化合物一般具有升华性。小分子的苯醌及萘醌类还具有挥发性，能随水蒸气蒸馏，利用这些性质可对其进行分离和纯化。游离醌类化合物极性较小，一般溶于甲醇、乙醇、丙酮、乙酸乙酯、三氯甲烷、乙醚、苯等有机溶剂，几乎不溶于水。与糖结合成苷后极性显著增大，易溶于甲醇、乙醇中，在热水中也可溶解，但在冷水中溶解度较小，几乎不溶于苯、乙醚、三氯甲烷等极性较小的有机溶剂。蒽醌的碳苷在水中的溶解度很小，亦难溶于有机溶剂，但易溶于吡啶中。

有些醌类成分不稳定，应注意避光处理或保存。

2. 化学性质

1) 酸碱性

醌类化合物多具有酚羟基或羧基，因此具有一定的酸性，可溶于碱水，经酸化后又可游离析出。醌类化合物因分子中羧基的有无及酚羟基的数目与位置不同，酸性强弱表现出显著差异。一般情况下，含有羧基的醌类化合物的酸性强于不含羧基者，酚羟基数目增多则酸性增强，β-羟基醌类化合物的酸性强于α-羟基醌类化合物。例如，2-羟基苯醌或在萘醌的醌核上有羟基时，具有插烯酸结构，因此表现出与羧基相似的酸性，可溶于碳酸氢钠水溶液中，而α位上的羟基，因与羰基缔合形成氢键，表现出较弱的酸性，只能溶于氢氧化钠水溶液中。

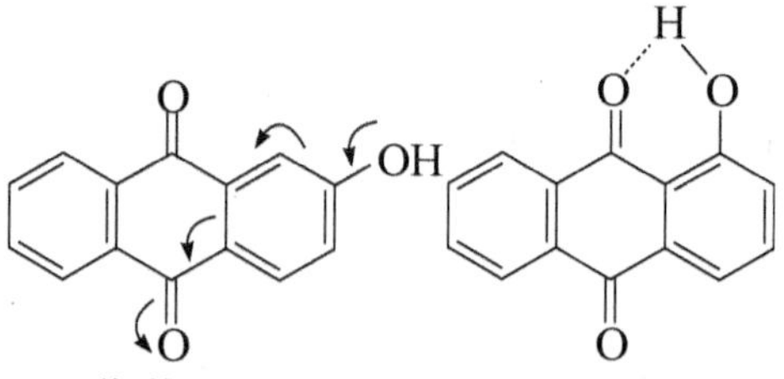

β-羟基蒽醌　　　　　　α-羟基蒽醌

根据醌类化合物酸性强弱的差别，可用 pH 梯度萃取法进行分离。以游离蒽醌类衍生物为例，酸性强弱按下列顺序排列：含—COOH＞含两个或两个以上β-OH＞含一个β-OH＞含两个或两个以上α-OH＞含一个α-OH。因此，可以依次用 5%碳酸氢钠、5%碳酸钠、1%氢氧化钠及 5%氢氧化钠水溶液进行梯度萃取，从而达到分离的目的。

由于羰基上氧原子的存在，蒽醌类成分也具有微弱的碱性，能溶于浓硫酸中生成盐再转成正碳离子，同时伴有颜色的显著改变。例如，大黄酚为暗黄色，溶于浓硫酸中转为红色，而大黄素可由橙红色变为红色，其他羟基蒽醌类化合物在浓硫酸中一般呈红色至红紫色。

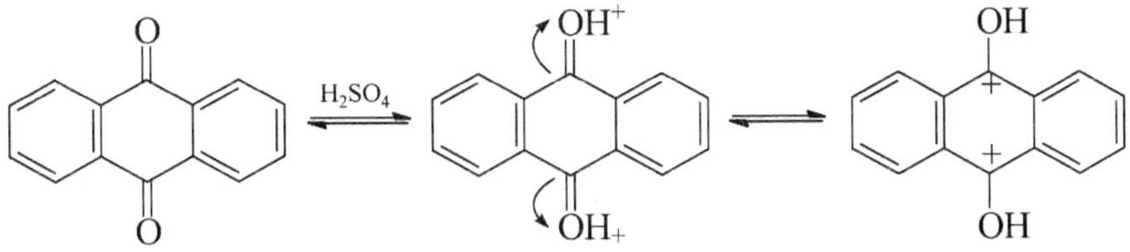

2) 颜色反应

醌类化合物的颜色反应主要基于其氧化还原性质以及分子中酚羟基的性质。

(1) Feigl 反应。醌类衍生物在碱性条件下经加热能迅速与醛类及邻二硝基苯反应生成紫色化合物，其反应机理如下：

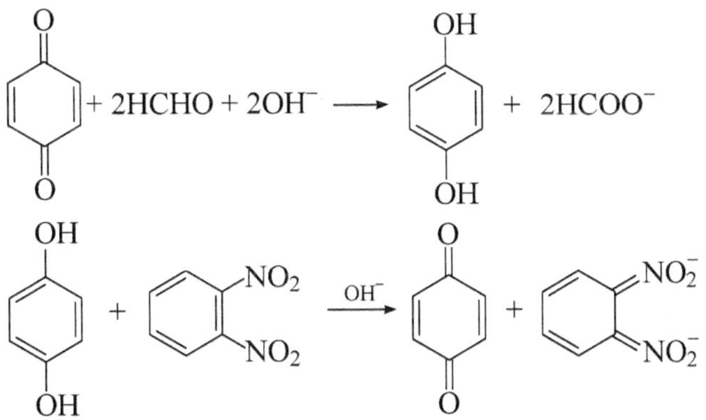

在该反应前后，醌类化合物无变化，只起传递电子的媒介作用。醌类成分含量越高，反应速度也就越快。实验时可取醌类化合物的水或苯溶液 1 滴，加入 25% 碳酸钠水溶液、4%甲醛及 5%邻二硝基苯的苯溶液各 1 滴，混合后置水浴上加热，在几分钟内即产生显著的紫色。

(2) 无色亚甲蓝显色反应。无色亚甲蓝溶液为苯醌类及萘醌类的专用显色剂。此反应可在薄层板(TLC)上进行，样品在 TLC 上呈蓝色斑点，可与蒽醌类化合物相区别。

(3) Bornträger 反应。羟基醌类在碱性溶液中颜色会加深，多呈现橙色、红色、紫红色及蓝色。羟基蒽醌以及具有游离酚羟基的蒽醌苷均可呈色，但蒽酚、蒽酮、二蒽酮类化合物则需氧化形成羟基蒽醌类化合物后才能呈色。

用本反应检查中药中是否含有蒽醌类成分时，可取样品粉末约 0.1 g，加 10% 硫酸水溶液 5 mL，置水浴上加热 2~10 min 趁热过滤，滤液冷却后加乙醚 2 mL 振摇，静置后分取醚层溶液，加入 5%氢氧化钠水溶液 1 mL，振摇，如有羟基蒽醌存在，醚层则由黄色褪为无色，而水层显红色。

(4) Kesting-Craven 反应。当苯醌及萘醌类化合物的醌环上有未被取代的位置时，可在碱性条件下与一些含有活性次甲基试剂(如丙二酸酯、丙二腈等)的醇溶液反应，生成蓝绿色或蓝紫色化合物。以萘醌与丙二酸酯的反应为例，反应时丙二酸酯先与醌核生成产物①，再进一步经电子转位生成产物②而显色。萘醌的苯环上如有羟基取代，此反应即会受到抑制。

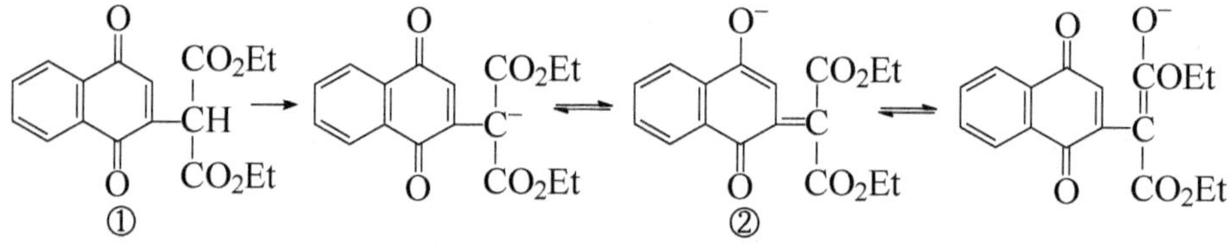

蒽醌类化合物因醌环两侧有苯环，不能发生该反应，可以用来区分蒽醌类化合物。

(5) 对亚硝基-二甲苯胺反应。9 位或 10 位未取代的羟基蒽酮类化合物，尤其是 1,8-二羟基衍生物，其羰基对位的亚甲基上的氢很活泼，可与 0.1%对亚硝基-二甲苯胺的吡啶溶液缩合而产生各种颜色。缩合物的颜色随分子结构不同而呈紫色、绿色、蓝色及灰色等不同颜色，1,8-二羟基者均呈绿色。

此反应可用作蒽酮化合物的定性检查，通常用纸色谱以吡啶-水-苯(1:3:1)的水层为展开剂，以对亚硝基-二甲苯胺的乙醇液作显色剂，在滤纸上发生颜色变化。例如，大黄酚蒽酮-9 在滤纸上开始呈蓝色而后立即变绿，芦荟大黄素蒽酮-9 在滤纸上开始呈绿色很快变蓝。本反应可作为蒽酮类化合物的定性鉴别反应。

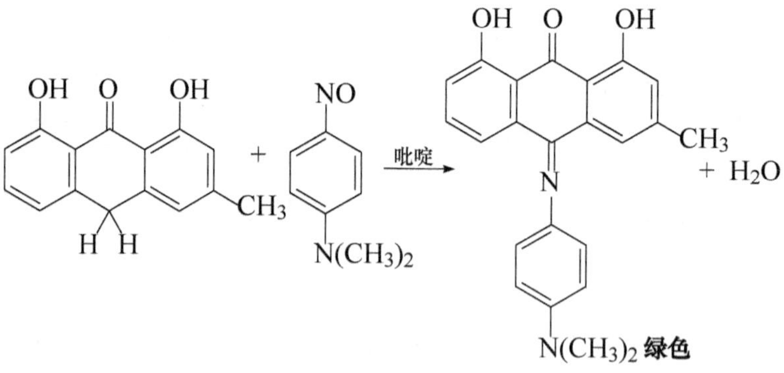

2.2.4 含醌类功能成分的森林资源

1. 紫草

紫草(*Lithospermum erythrorhizon*)为紫草科紫草属植物，紫草根是常用中药材，具凉血活血、清热解毒等功效。现代药理研究表明其有显著的抗肿瘤、保肝、抗菌、抗病毒、抗炎、抗生育和免疫调节等活性，临床用于治疗褥疮、麻疹、外阴部湿疹、阴道炎、子宫颈炎、婴儿皮炎及烧烫伤等[11]。

紫草中的次生代谢成分以紫草素(shikonin)及其衍生物为主,从结构上看,这类物质的母核都为 5,8-二羟基萘醌,都具有异己烯侧链,如曾由软紫草根中分离得到的 6 种色素,其结构和主成分如下[12]:

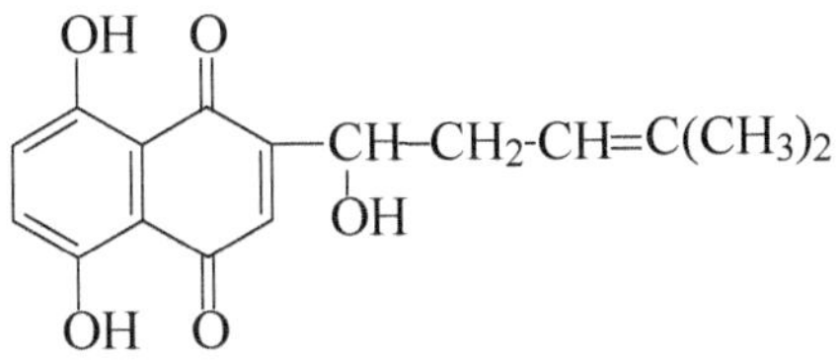

紫草素

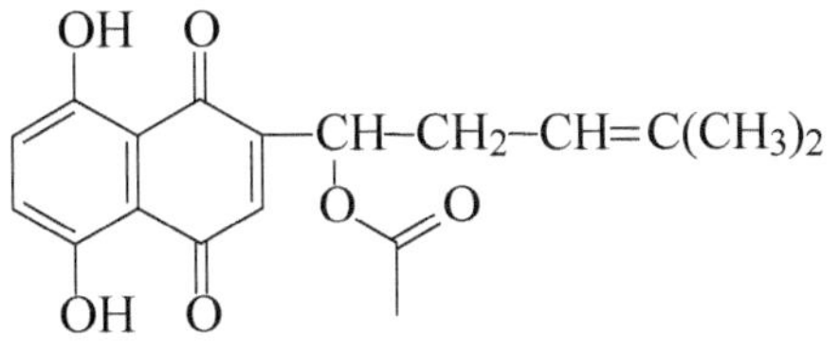

乙酰紫草素

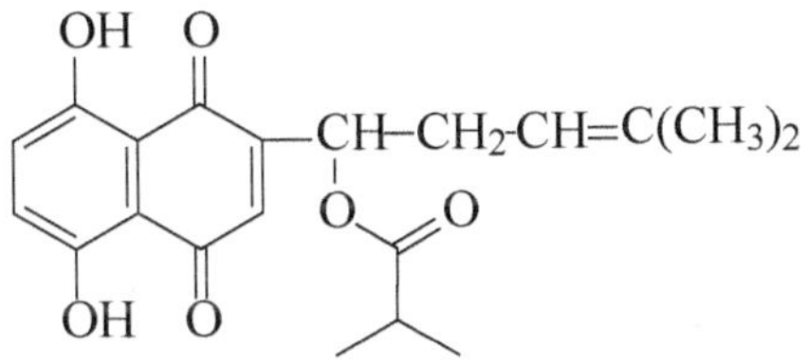

异丁酰紫草素

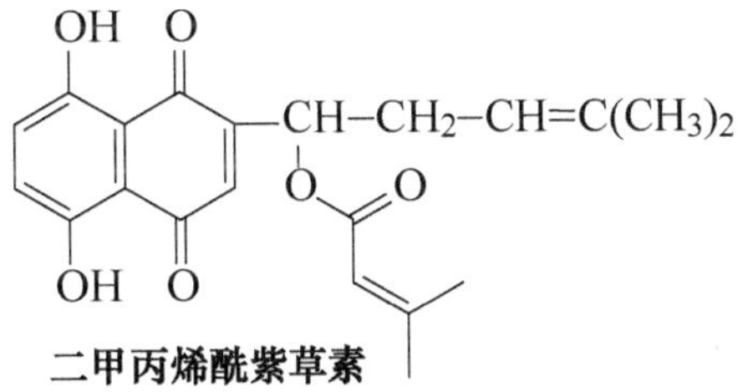

二甲丙烯酰紫草素

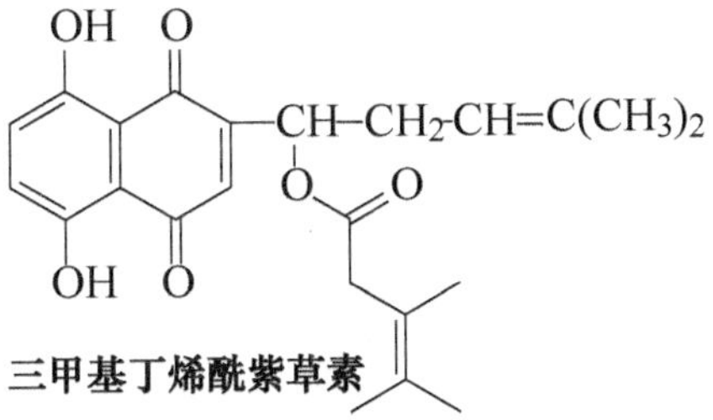

三甲基丁烯酰紫草素

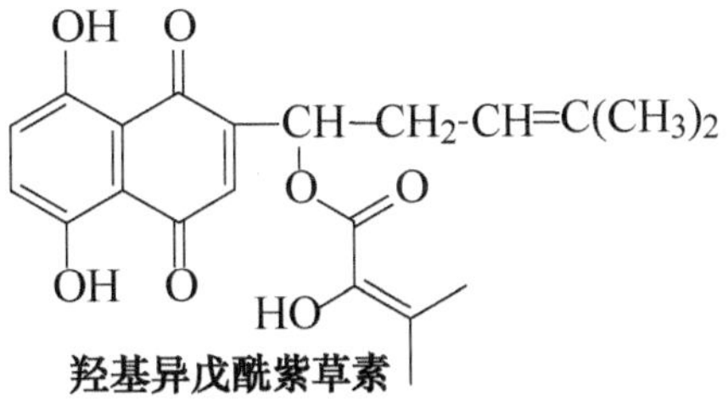

羟基异戊酰紫草素

2. 丹参

丹参是唇形科丹参(*Salvia miltiorrhiza*)的干燥根及根茎,具有活血化瘀、养血安神、调经止痛、凉血消痈等功效。现代药理研究表明,丹参具有改善外周循环、提高机体耐缺氧能力、扩张冠状动脉与外周血管、增加冠脉血流量、改善心肌收缩力等作用,临床上用以治疗冠心病。此外,丹参还具有抗菌、抗肿瘤、镇静、镇痛、解热、祛痰和保肝等作用[13]。

丹参中的主要化学成分可分为脂溶性成分和水溶性成分两大类[14]。脂溶性成分为菲醌衍生物,有丹参醌Ⅰ(tanshinone Ⅰ)、丹参醌ⅡA(Tanshinone ⅡA)、丹参醌ⅡB(tanshinone ⅡB)、羟基丹参醌(hydroxytanshinone)、丹参酸甲酯(methyl tanshinonate)、隐丹参醌(cryptotanshinone)、次甲基丹参醌(methylene tanshinone)、二氢丹参醌Ⅰ(dihydrotanshinone Ⅰ)、丹参新醌甲和乙及丙(neotanshinone A、B、C)等。水溶性成分主要为丹参素[D-(+)-*β*-(3,4-dihydroxyphenyl)-lactic acid]、原儿茶醛(protocatechuic aldehyde)和原儿茶酸(protocatechuic acid)等。

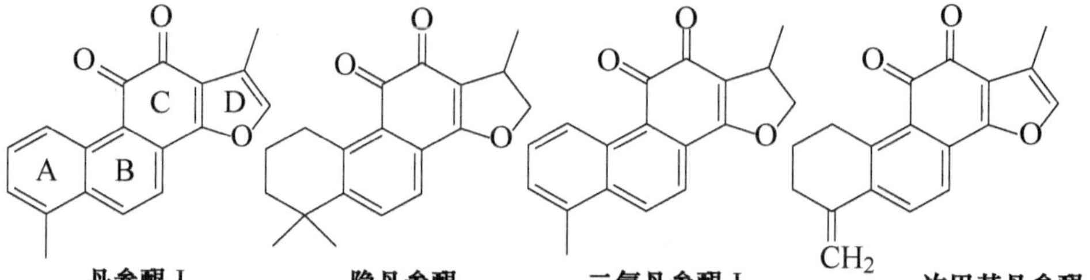

丹参醌 I　　　　隐丹参醌　　　　二氢丹参醌 I　　　　次甲基丹参醌

3. 大黄

　　药用植物大黄是蓼科多年生草本植物掌叶大黄(*Rheum palmatum*)、唐古特大黄(*Rheum tanguticum*)或药用大黄(*Rheum officinale*)的干燥根及根茎[5]。现代药理研究证明，大黄具有：泻下作用，有效成分为番泻苷类，游离蒽醌类的泻下作用较弱；抗菌作用，其中以芦荟大黄素、大黄素及大黄酸作用较强，它们对多数革兰氏阳性细菌均有抑制作用；此外，还具有抗肿瘤、利胆保肝、利尿、止血作用等，临床可用于便秘、高热神昏、热毒疮痈、肠痈腹痛、湿热黄疸、血热引起的上部出血症及下焦瘀血等症[15]。

　　大黄的化学成分研究始于 19 世纪初，化学结构已被阐明的至少已有 130 种以上，主要为大黄酚、大黄素、芦荟大黄素、大黄素甲醚和大黄酸等蒽醌类化合物。而大黄中大多数蒽醌是以苷的形式存在，如大黄酚葡萄糖苷、大黄素葡萄糖苷、大黄酸葡萄糖苷、芦荟大黄素葡萄糖苷，以及一些双葡萄糖链苷和少量的番泻苷 A、B、C、D 等[16]。大黄中除了上述成分外，还含有蒽酮类、二苯乙烯类、鞣质、脂肪酸，以及少量的土大黄苷(rhaponticin)和土大黄苷元[6]。土大黄苷及其苷元在结构上为二苯乙烯的衍生物，属于芪苷，也存在于其他大黄属植物的根茎中。一般认为在大黄中，土大黄苷的含量越高其质量越差，不少国家的药典中规定大黄中不得检出这一成分。

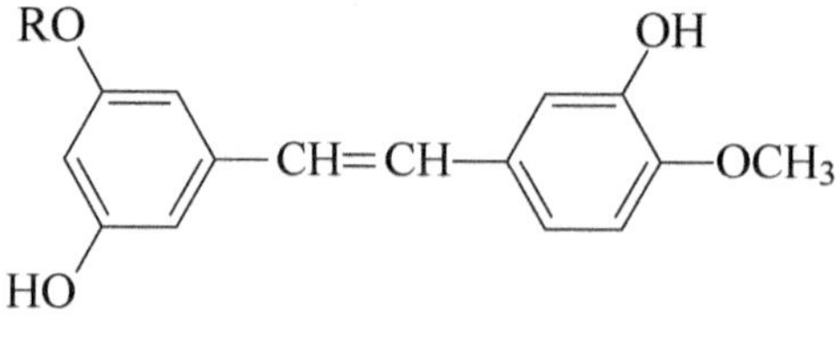

土大黄苷元　　R=H
土大黄苷　　　R=Glc

4. 番泻叶

　　番泻叶是豆科决明属植物狭叶番泻(*Cassia angustifolia*)或尖叶番泻(*Cassia acutifolia*)的干燥小叶，原产国外，清代以后引入中国供药用。番泻叶是一种常用的泻下药[17]。现代药理研究表明，其具有抗菌、止血、致泻、肌肉松弛、解痉等作用，临床上可用于治疗便秘以及急性胃、十二指肠出血。此外，番泻叶浸剂灌肠可用于腹部术后恢复，以及治疗急性胰腺炎、胆囊炎、胆石症、急性菌痢等症[7]。

　　两种番泻叶所含成分相似，主要成分为二蒽酮类衍生物，是番泻叶中含量较高的有效部位，也是番泻叶泻下、止血的活性成分[18]。通常尖叶番泻叶的含量较狭叶番泻叶为高，其中以番泻苷 A 和 B 为主，番泻苷 C 和 D 含量较少[18]。

　　在尖叶番泻叶中还发现少量的游离蒽醌(如大黄酸、芦荟大黄素、大黄酚等)以及它们的氧苷及碳苷。此外，还含有一些游离糖类成分，如葡萄糖、蔗糖、右旋肌醇甲醚(pinitol)等。狭叶番泻叶中还含有黄酮类化合物，如异鼠李素(isorhamnetin)、山柰酚(kaempferol)等[8]。

2.3　苯丙素类功能成分

2.3.1　概述

　　苯丙素类(phenylpropanoid)化合物是指一类结构中含有一个或几个 C6—C3 单元的天然成分，苯丙素类成分广泛存在于植物中，具有多种生理活性。广义苯丙素类化合物包括简单苯丙素类(simple phenylpropanoid)、香豆素类(coumarin)、木脂素类(lignan)、木质素类(lignin)和黄酮类(flavonoid)，涵盖了多数的天然芳香族化合物。狭义苯丙素类化合物是指简单苯丙素类、香豆素类、木脂素类。苯丙素类是由桂皮酸途径合成而来。桂皮酸途径是苯丙氨酸在苯丙氨酸脱氨酶的作用下，脱去氨基生成桂皮酸衍生物，从而形成了 C6—C3 基本结构单元。桂皮酸衍生物经羟化、氧化、还原、醚化等反应，分别生成了苯丙烯、苯丙醇、苯丙醛、苯丙酸等简单苯丙素类化合物。在此基础上再经异构、环合反应生成香豆素类化合物，经缩合反应生成木脂素类化合物。

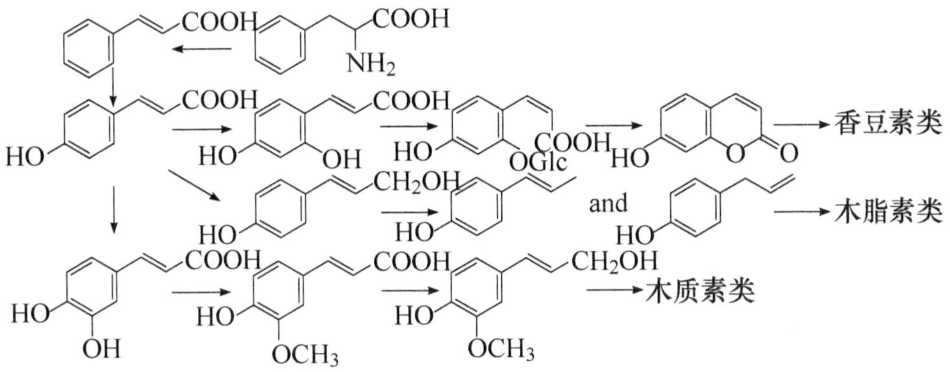

2.3.2　简单苯丙素类

1. 简单苯丙素类的结构与分类

　　简单苯丙素类(simple phenylpropanoid)在结构上属于苯丙烷衍生物，依 C3 侧链的类型不同，可分为苯丙烯、苯丙醇、苯丙醛、苯丙酸等，是植物中比较常见的芳香族化合物。

1) 苯丙烯类

丁香挥发油的主要成分丁香酚(eugenol)、八角茴香挥发油的主要成分茴香脑(anethole)，以及细辛、菖蒲、石菖蒲挥发油中的主要成分α-细辛醚(α-asarone)和β-细辛醚(β-asarone)等都属于苯丙烯类化合物。

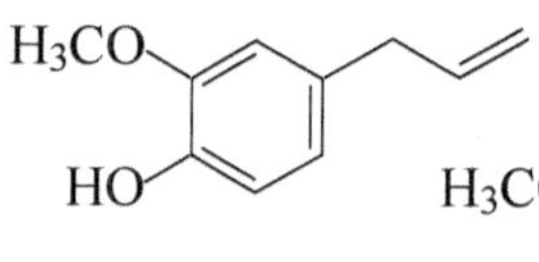

丁香酚 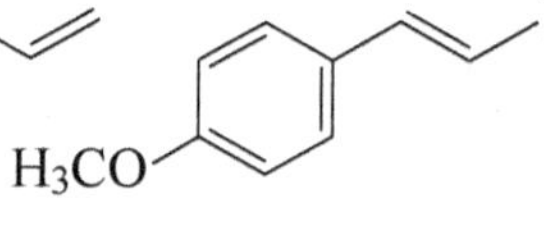　　　　　　茴香脑　　　　　　α-细辛醚　　　　　　β-细辛醚

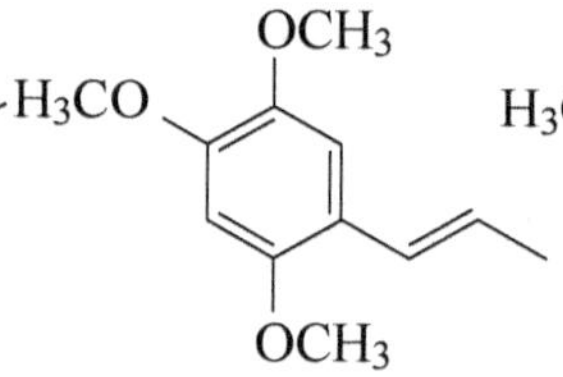

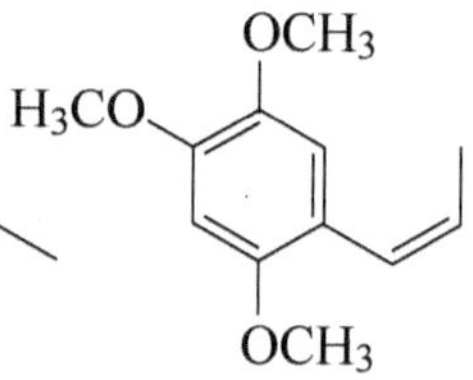

2) 苯丙醇类

松柏醇(coniferol)是常见的苯丙醇类化合物，在植物体内发生缩合后可形成木质素。从刺五加中得到的紫丁香酚苷(syringin)即属于苯丙醇苷。

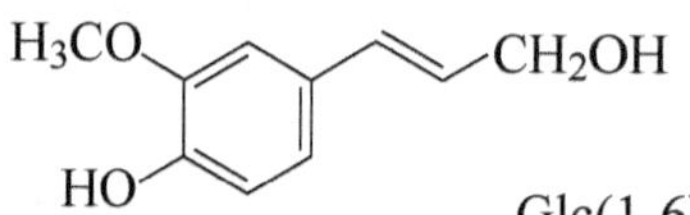

松柏醇 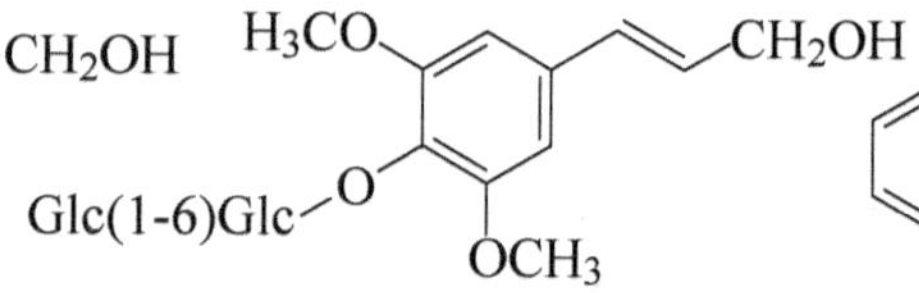　　　　　　　紫丁香酚苷 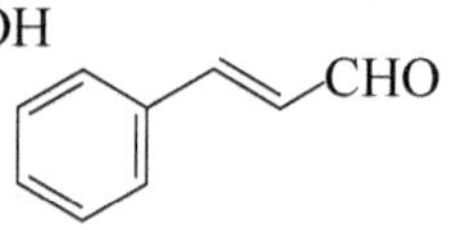　　　　　　桂皮醛

3) 苯丙醛类

桂皮醛(cinnamaldehyde)是桂皮的主要成分，大量存在于肉桂植物体内，属苯丙醛类衍生物。

4) 苯丙酸类

苯丙酸衍生物及其酯类是中药中重要的简单苯丙素类化合物。存在于蒲公英中的咖啡酸(caffeic acid)、当归中的阿魏酸(ferulic acid)以及丹参中具有活血化瘀作用的水溶性成分丹参素(danshensu)等均属苯丙酸类。

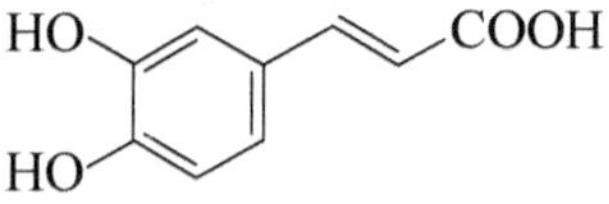

咖啡酸 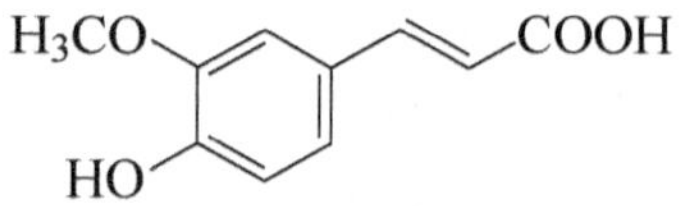　　　　　　　阿魏酸 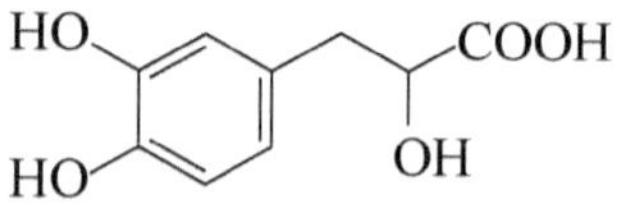　　　　　　　丹参素

苯丙酸衍生物还可与糖或多元醇缩合，以苷或酯的形式存在于植物中，此类化合物往往具有较强的生理活性。例如，茵陈的利胆成分绿原酸(chlorogenic acid)、金银花的抗菌成分 3,4-二咖啡酰基奎宁酸(3,4-dicaffeoyl quinic acid)、南沙参(*Adenophora tetraphylla*)中的酚性成分沙参苷Ⅰ(shashenoside Ⅰ)，以及有抗血小板聚集作用的荷包花苷 A(calceolarioside A)等。

此外，简单苯丙酸衍生物还可通过分子间缩合形成多聚体，如丹参中含有的水溶性成分迷迭香酸(rosmarinic acid)。

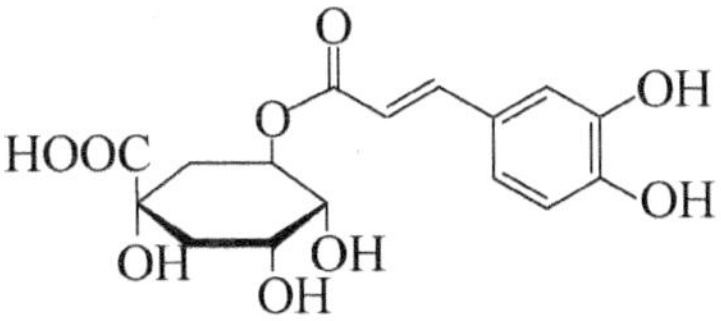

绿原酸 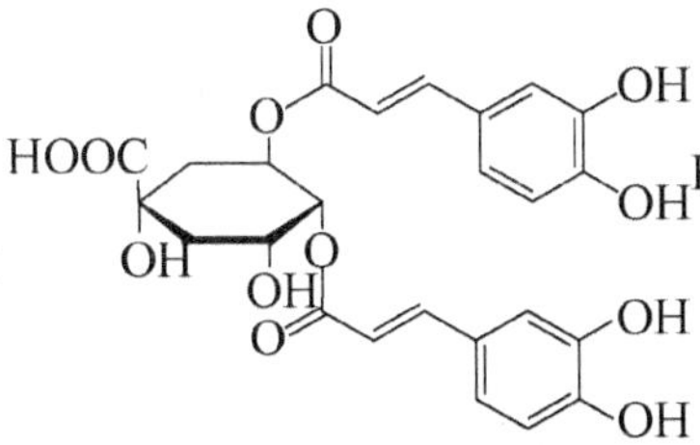　　　　　　　　3,4-二咖啡酰基奎宁酸 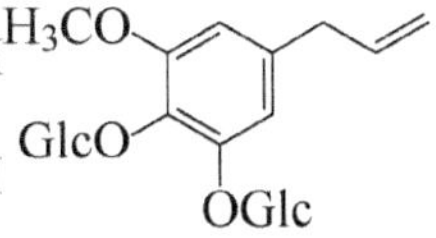　　　　　沙参苷 I

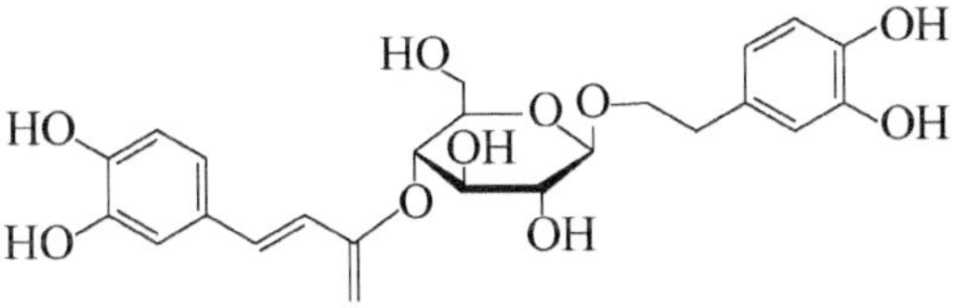

荷包花苷A 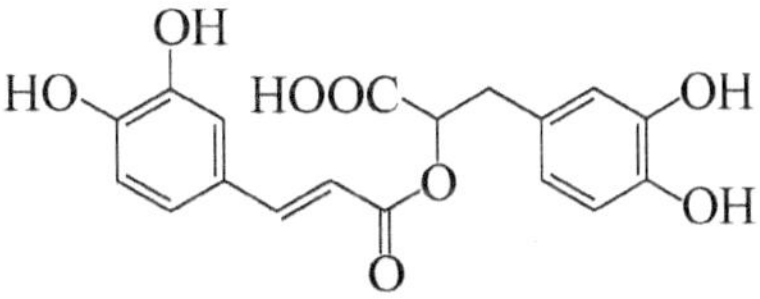　　　　　　　　　　　迷迭香酸

2. 简单苯丙素类的理化性质

简单苯丙素类以分子形式游离存在时多为油状液体或结晶性固体，例如，苯丙烯、苯丙醛及苯丙酸的简单酯类衍生物多为液态，具有挥发性，是挥发油中芳香族化合物的主要组成部分，具有芳香气味，能通过水蒸气蒸馏的方式进行提取。苯丙素苷类一般呈粉末或结晶状，不具挥发性。

多数游离苯丙素类成分易溶于有机溶剂，如乙醚、氯仿、乙酸乙酯、乙醇等，难溶于水。苯丙酸衍生物是植物中的酸性成分，大多数具有一定的水溶性，常与其他酚酸、鞣质等混合在一起，进行分离时有一定困难，可用有机酸的常规方法提取。苯丙素苷类易溶于甲醇、乙醇，可溶于水，难溶于乙醚、氯仿、乙酸乙酯等低极性有机溶剂。

2.3.3　香豆素类

香豆素类(coumarin)化合物是一类具有苯骈α-吡喃酮基本母核的天然化合物的总称，在结构上可以看成是顺式邻羟基桂皮酸脱水而形成的内酯类化合物。1812年从植物高山瑞香(*Daphne chingshuishaniana*)中首次得到香豆素类化合物瑞香苷(daphnin)，但直到 1930 年才确定其化学结构为 8-羟基-7-*O*-β-D-葡萄糖基-香豆素。目前已经分离得到的天然香豆素类化合物约 1200 个，是林产化学成分中的一个重要类群。

香豆素类化合物在生物合成上起源于对羟基桂皮酸，因此，在 7 位一般有含氧官能团取代。在目前得到的天然香豆素成分中，大多数均在 7 位连接含氧官能团，因此，无论是从生源途径还是从化学结构上看，7-羟基香豆素(umbelliferone,

伞形花内酯)都可看成是香豆素类化合物的基本母核。

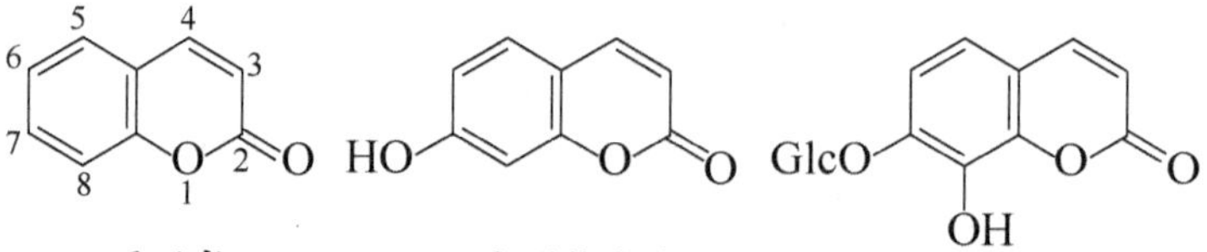

香豆素　　　　　　　伞形花内酯　　　　　　　瑞香苷

香豆素类化合物广泛分布在高等植物中，只有少数来自微生物(如黄曲霉菌、假蜜环菌等)及动物。富含香豆素类成分的植物类群有伞形科、芸香科、菊科、豆科、茄科、瑞香科、兰科、木犀科、五加科、藤黄科等，如独活、白芷、前胡、蛇床子、九里香、茵陈、补骨脂、秦皮、续随子等都含有香豆素类成分。在植物体内，香豆素类成分可分布于花、叶、茎、皮、果(种子)、根等各个部位，通常以根、果(种子)、皮、幼嫩的枝叶中含量较高。同科属植物中的香豆素类成分常具有类似的结构特点，往往是一族或几族混合物共存于同一植物中。

香豆素类具有多样生物活性。秦皮中的七叶内酯(esculetin)和七叶苷(esculin)是治疗痢疾的有效成分，后者还有利尿和保护血管通透性的作用。茵陈中的滨蒿内酯(scoparone)、假蜜环菌中的亮菌甲素(armillarisin A)具有解痉、利胆作用。前胡中的香豆素具有血管扩张作用。蛇床子中蛇床子素(osthol)可用于杀虫止痒。补骨脂中的呋喃香豆素类化合物具有光敏活性，临床上用于治疗白斑病。胡桐中的香豆素(+)calanolide A 是一种强大的 HIV-1 逆转录酶抑制剂，美国 FDA 已经批准其作为抗艾滋病药物制剂进入三期临床研究。

1. 香豆素的结构与分类

大多香豆素类成分只在苯环一侧有取代，部分香豆素类成分在α-吡喃酮环上有取代。在苯环上各个位置(5、6、7、8)均可能有含氧官能团取代，常见的含氧官能团为羟基、甲氧基、糖基、异戊烯基及其衍生物等。因为 C6、C8 的电负性较高，易于烷基化，因此，在 6、8 位也常见异戊烯基及其衍生物取代，并可进一步和 7 位氧原子环合形成呋喃环或吡喃环。在α-吡喃酮环一侧，3、4 位均可能有取代，常见的取代基团是小分子烷基、苯基、羟基、甲氧基等。

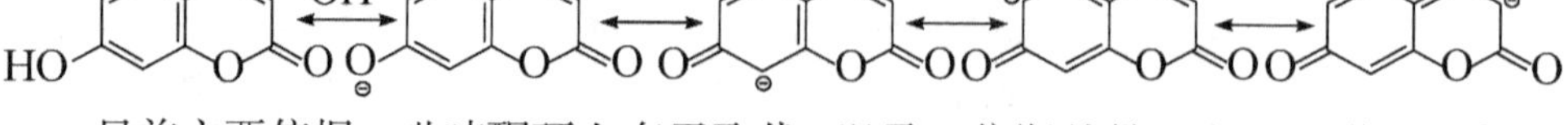

目前主要依据α-吡喃酮环上有无取代，以及 7 位羟基是否和 6、8 位异戊烯基缩合形成呋喃环、吡喃环等将香豆素类化合物大致分为四类。

1) 简单香豆素类

简单香豆素类是指在苯环一侧有取代，且 7 位羟基未与 6(或 8)位取代基形成呋喃环或吡喃环的香豆素类。广泛存在于伞形科植物中的伞形花内酯、秦皮中的七叶内酯和七叶苷、茵陈中的滨蒿内酯、蛇床子中的蛇床子素、独活中的当归内酯及瑞香中的瑞香内酯等均属简单香豆素类。

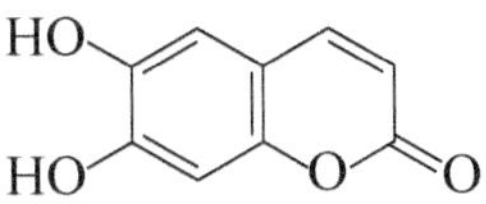

七叶内酯 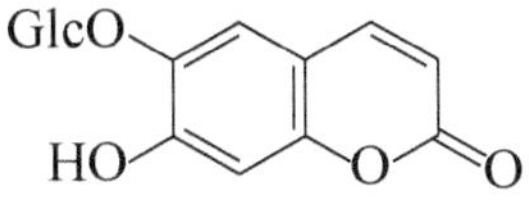　　　　　　　**七叶苷** 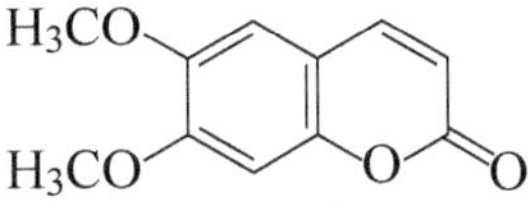　　　　　　　**滨蒿内酯**

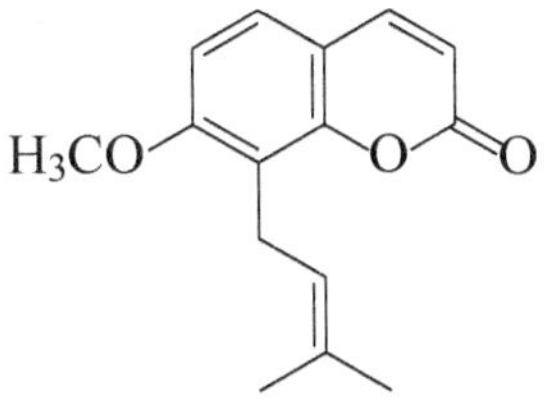

蛇床子素 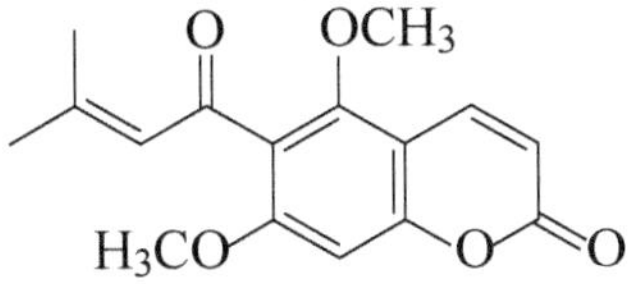　　　　　　　**当归内酯** 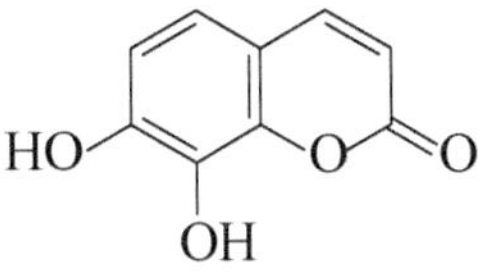　　　　　　　**瑞香内酯**

2) 呋喃香豆素类

香豆素类成分如 7 位羟基和 6(或 8)位异戊烯基缩合为呋喃环，形成呋喃香豆素类。呋喃香豆素类还可进一步根据呋喃环的相对位置以及呋喃环是否饱和分为不同的类型。例如，若 6 位异戊烯基与 7 位羟基形成呋喃环，则呋喃环与苯环、α-吡喃酮环处在一条直线上，称为线型(linear)呋喃香豆素；若 8 位异戊烯基与 7 位羟基形成呋喃环，则呋喃环与苯环、α-吡喃酮环处在一条折线上，称为角型(angular)呋喃香豆素；若呋喃环外侧被氢化，称为二氢呋喃香豆素。

存在于补骨脂中的补骨脂素(psoralen)、牛尾独活(*Heracleum hemsleyanum*)中的佛手柑内酯(bergapten)，以及白芷中的欧前胡素(imperatorin)均属线型呋喃香豆素类。紫花前胡(*Angelica decursiva*)中的紫花前胡苷(nodakenin)及其苷元(nodakenetin)和云前胡(*Peucedanum rubricaule*)中的石防风素(deltoin)等均属线型二氢呋喃香豆素类。

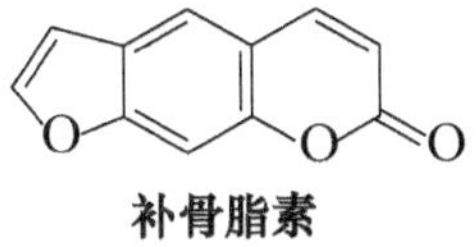

补骨脂素 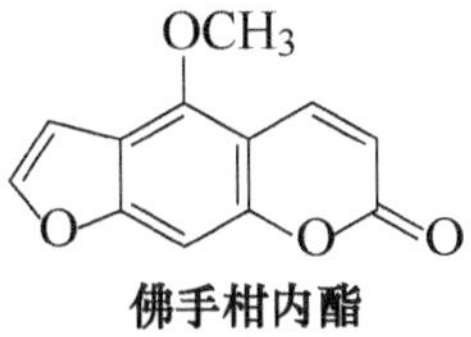　　　　　　　**佛手柑内酯** 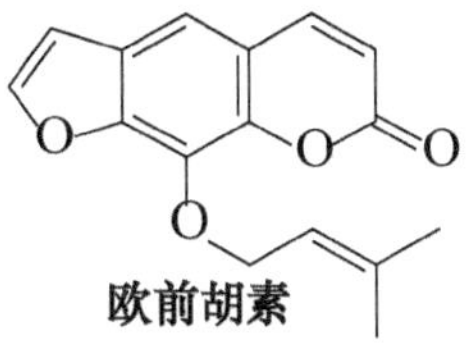　　　　　　　**欧前胡素**

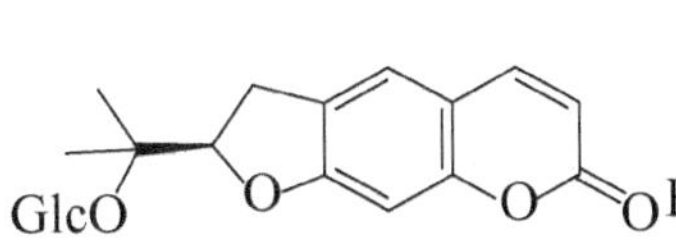

紫花前胡苷 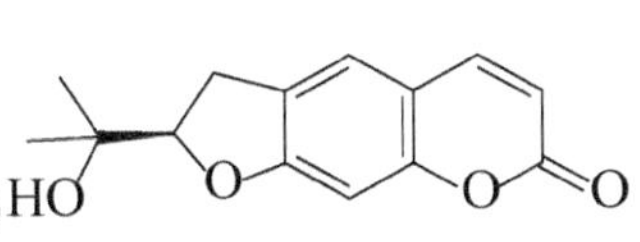　　　　　　　**紫花前胡苷元** 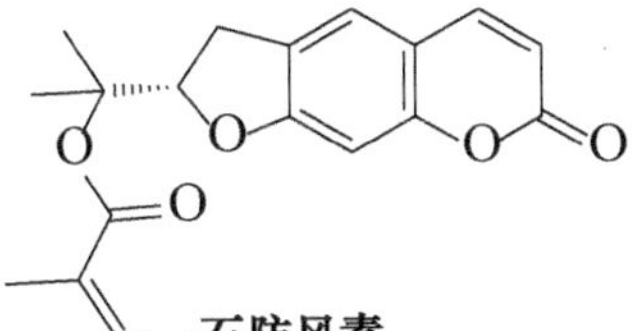　　　　　　　**石防风素**

存在于当归中的当归素(angelicone)、牛尾独活中的虎耳草素(pimpinellin)以及异佛手柑内酯(isobergapten)等属角型呋喃香豆素类。独活中的哥伦比亚内酯

(columbianadin)及旱前胡中的旱前胡甲素、乙素(daucoidin A、B)等均属角型二氢呋喃香豆素类。

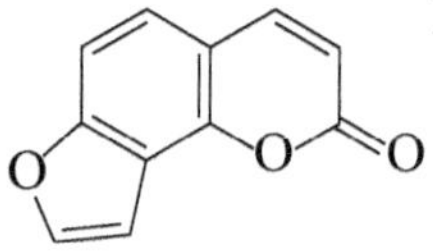

当归素 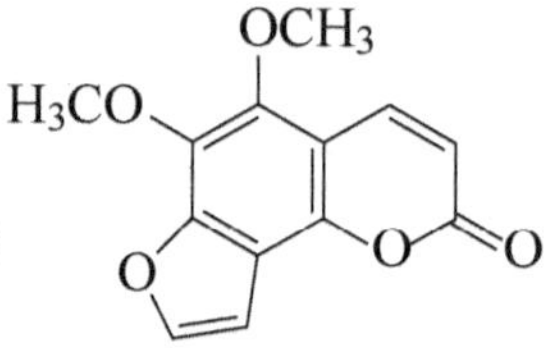　　　　　　　　虎耳草素 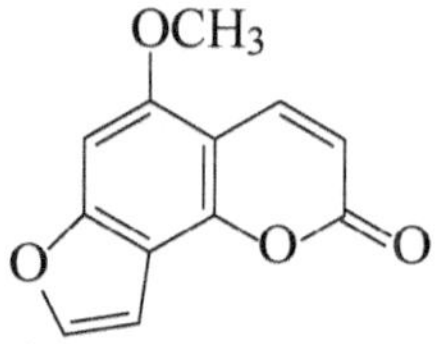　　　　　　异佛手柑内酯

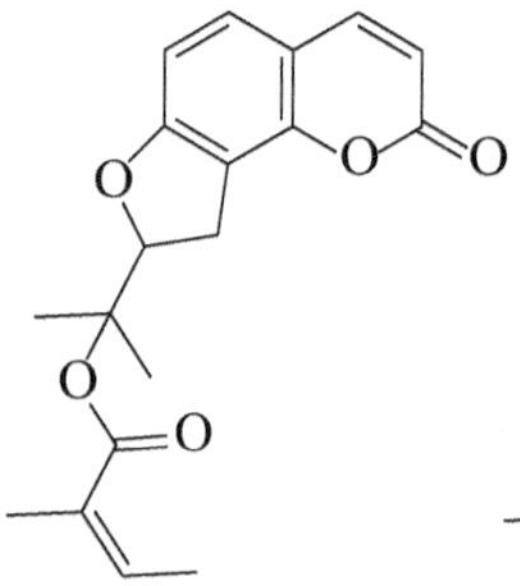

哥伦比亚内酯 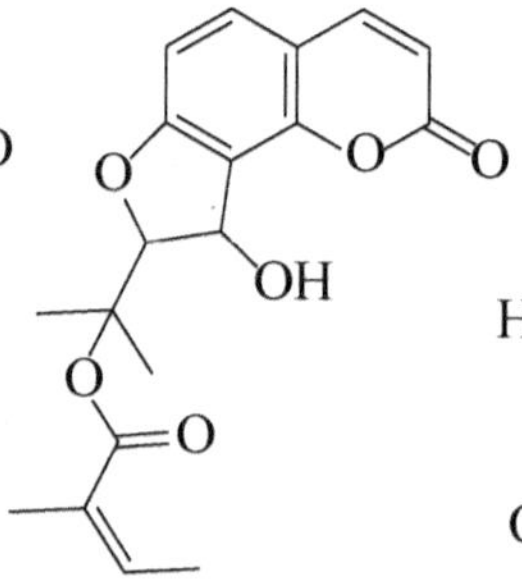　　　　旱前胡甲素 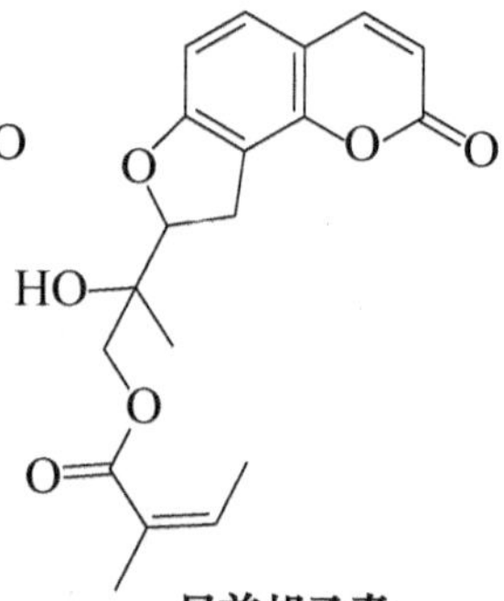　　　　　旱前胡乙素

3) 吡喃香豆素类

与呋喃香豆素类相似，7 位羟基和 6(或 8)位异戊烯基缩合形成吡喃环，即属吡喃香豆素类。6 位异戊烯基与 7 位羟基形成吡喃环香豆素，称为线型吡喃香豆素；8 位异戊烯基与 7 位羟基形成吡喃环香豆素，称为角型吡喃香豆素。吡喃环被氢化，则称为二氢吡喃香豆素。

从紫花前胡中得到一系列具有抗血小板聚集活性的线型吡喃香豆素，如紫花前胡素 (decursidin)、紫花前胡醇 (l-decursidinol) 等。白花前胡 (*Peucedanum praeruptorum*)中的角型二氢吡喃香豆素成分多为凯尔内酯(khellactone)衍生物，亦具有抗血小板聚集、扩张冠状动脉等活性，如北美芹素(pteryxin)、白花前胡丙素[(+)-praeruptorin C]以及白花前胡苷Ⅱ (praeroside Ⅱ)等。

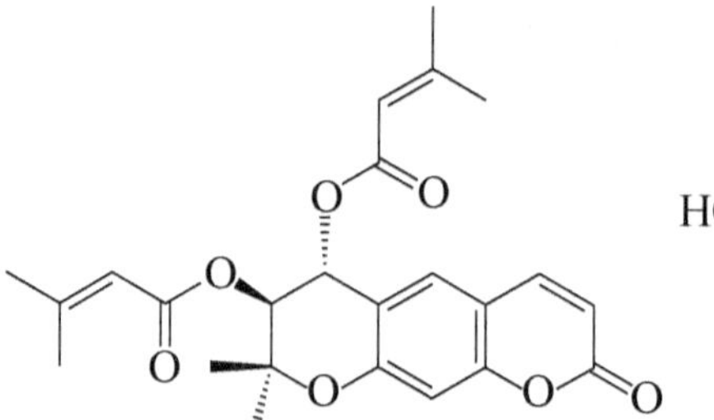

紫花前胡素 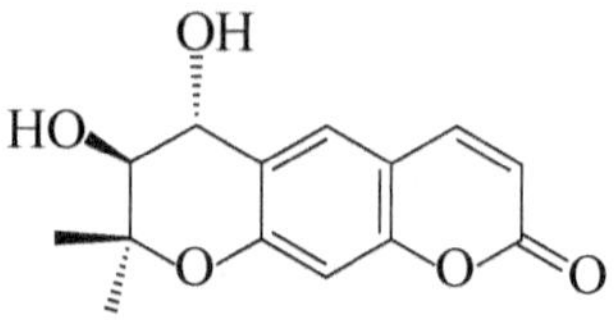　　　　　　　　　　　紫花前胡醇

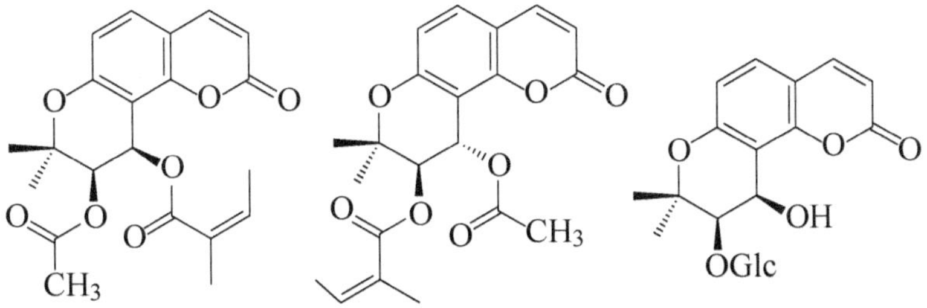

北美芹素　　　　　白花前胡丙素　　　　白花前胡苷Ⅱ

在生物合成中，简单香豆素、呋喃香豆素、吡喃香豆素结构的转化过程是简单香豆素类在 6 或 8 位烷基化，取代异戊烯基进一步与 7 位羟基环合转化为二氢呋喃香豆素类或二氢吡喃香豆素类，再进一步形成呋喃香豆素类或吡喃香豆素类。这种结构的转化与异构过程在植物化学分类学上具有一定的意义。

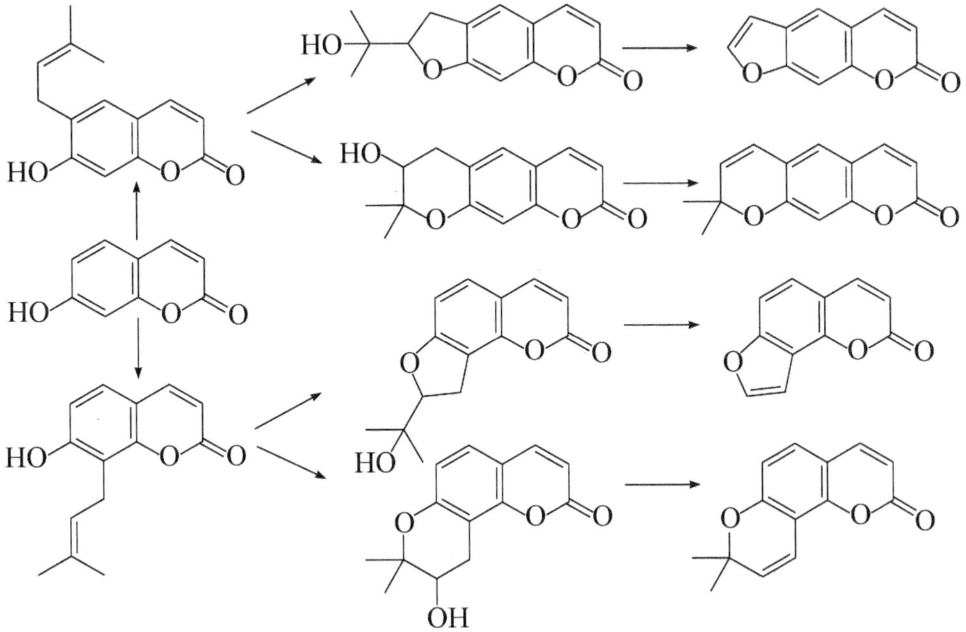

4) 其他香豆素类

天然发现的香豆素类成分，有的不能归属于上述三个类型，可以归为其他香豆素类，其中主要包括在 α-吡喃酮环上有取代的香豆素类，例如，从胡桐中得到的 (+)calanolide A 在 4 位是烷基取代，具有显著的抑制 HIV-1 逆转录酶作用。另外，还存在香豆素的二聚体和三聚体等衍生物，如从续随子中得到的双七叶内酯 (bisaesculetin) 是香豆素的二聚体，而从茵陈中得到的茵陈内酯 (capillarin) 则属于异香豆素类成分。

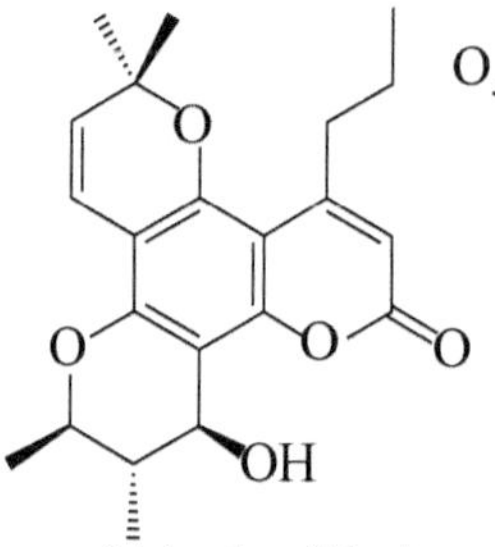

（＋）calanolide A 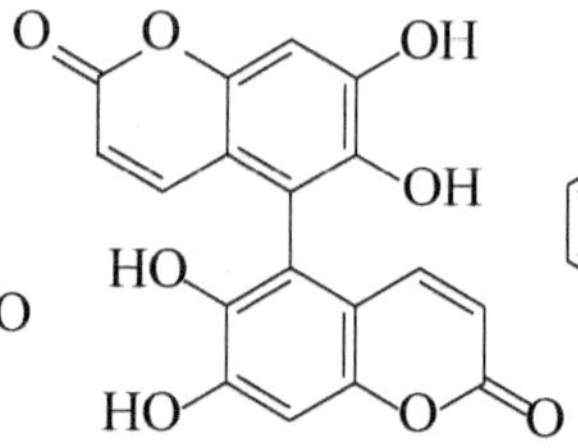　　　**双七叶内酯** 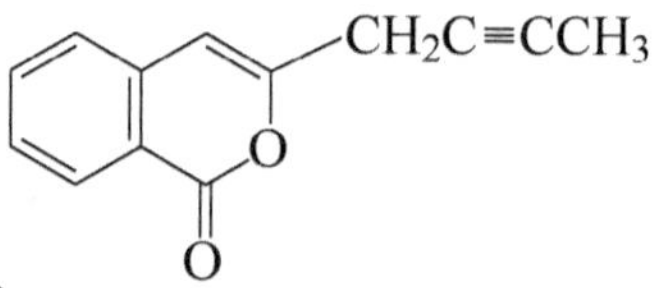　　　**茵陈内酯**

2. 香豆素的理化性质

(1) 性状：游离香豆素类成分多为结晶性物质，有比较敏锐的熔点，但也有很多香豆素类成分呈玻璃态或液态。分子质量小的游离香豆素类化合物多具有芳香气味与挥发性，能随水蒸气蒸馏出来，且具升华性。香豆素苷类一般呈粉末或晶体状，不具挥发性，也不能升华。在紫外光照射下，香豆素类成分多显现蓝色或紫色荧光。

(2) 溶解性：游离香豆素类成分易溶于乙醚、氯仿、丙酮、乙醇、甲醇等有机溶剂，也能部分溶于沸水，但不溶于冷水。香豆素苷类成分易溶于甲醇、乙醇，可溶于水，难溶于乙醚、三氯甲烷等低极性有机溶剂。

3. 显色反应

(1) 异羟肟酸铁反应。香豆素类成分具有内酯结构，在碱性条件下开环后可与盐酸羟胺缩合生成异羟肟酸，在酸性条件下再与 Fe^{3+} 络合而显红色。

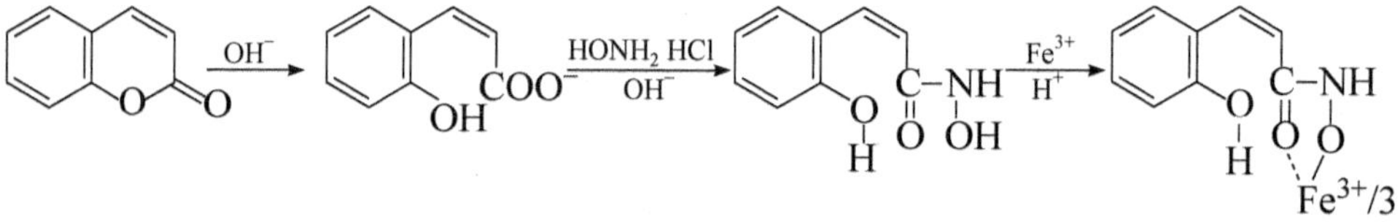

(2) 酚羟基反应。香豆素类成分常具有酚羟基取代，可与三氯化铁溶液反应产生绿色至墨绿色。若其酚羟基的邻、对位无取代，可与重氮化试剂反应而显红色至紫红色。

(3) Gibb's 反应。在碱性条件(pH 9～10)下，香豆素类成分内酯环水解生成酚羟基，如果其对位(6 位)无取代，则与 2,6-二氯苯醌氯亚胺(Gibb's 试剂)反应而显蓝色。利用此反应可判断香豆素分子中 C6 位是否有取代基存在。

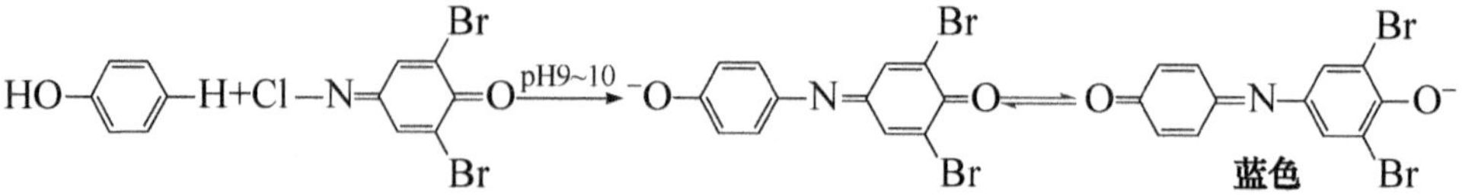

(4) Emerson 反应。与 Gibb's 反应类似，香豆素类成分如在 6 位无取代，内酯环在碱性条件下开环后与 Emerson 试剂(4-氨基安替比林和铁氰化钾)反应生成

红色。此反应也可用于判断香豆素 C6 位有无取代基存在。

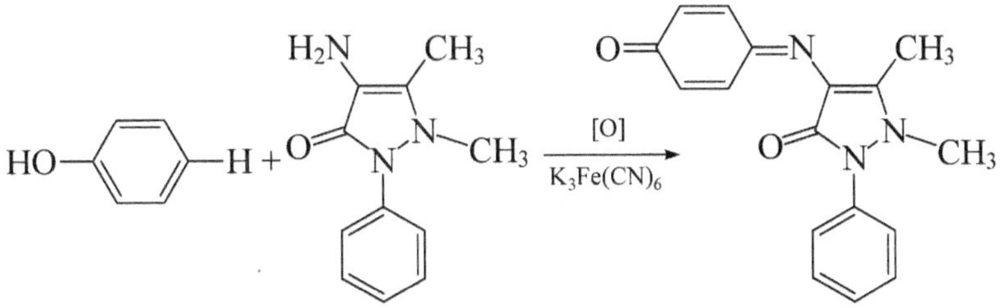

4. 含香豆素类化合物的植物

1) 白蜡树

木犀科植物苦枥白蜡树(*Fraxinus rhynchophylla*)、白蜡树(*Fraxinus chinensis*)、宿柱白蜡树(*Fraxinus stylosa*)的干燥枝皮及干皮中含有大量香豆素类化合物,主要包括七叶内酯、七叶苷、秦皮素等。七叶内酯为黄色针状结晶(稀醇)或黄色叶状结晶(真空升华),熔点为 268~270℃,易溶于甲醇、乙醇、乙酸和稀碱液,可溶于丙酮,不溶于乙醚和水,显蓝色荧光。七叶苷为浅黄色针状结晶(热水),为倍半水合物,熔点为 204~206℃,易溶于甲醇、乙醇、乙酸及稀碱液,可溶于沸水,也具蓝色荧光。

2) 补骨脂

豆科植物补骨脂(*Psoralea corylifolia*)的干燥成熟果实中分离的化合物有香豆素类、黄酮类、单萜酚类,以及豆甾醇、谷甾醇葡萄糖苷、十三烷、棉子糖等 40 余种,其中香豆素类成分具有雌激素样作用,还具有抗肿瘤、抗菌、逆转多药耐药性等多种药理活性。补骨脂素、异补骨脂素及其糖苷补骨脂苷、异补骨脂苷是补骨脂的主要活性成分,具有良好的开发应用前景。

补骨脂素　　　　　　　　　**异补骨脂素**

2.3.4　木脂素

木脂素类化合物(lignan)是一类由两分子(少数为三分子或四分子)苯丙素衍生物聚合而成的天然产物,主要存在于植物的木质部和树脂中,多数呈游离状态,少数与糖结合成苷。

木脂素类化合物在自然界中分布较广,且具有多方面生物活性。例如,五味子中的五味子酯甲、乙、丙和丁(schisantherin A、B、C、D)能保护肝脏和降低血清 GPT 水平;从愈创木树脂中分得的二氢愈创木脂酸(dihydroguaiaretic acid,DGA)是一个具有广泛生物活性的化合物,尤其对合成白三烯的脂肪氧化酶和环氧化酶具有抑制作用;小檗科鬼臼属八角莲所含的鬼臼毒素类木脂素具有很强的抑制癌细胞增殖作用；厚朴中的厚朴酚(magnolol)与和厚朴酚(honokiol)则具有持久的肌肉松弛作用和强的抑菌作用。

1. 木脂素的结构与分类

组成木脂素的单体有桂皮酸、桂皮醇、丙烯苯、烯丙苯等四种。前两种单体的侧链 γ 碳原子是氧化型的，而后两种单体的 γ-碳原子是非氧化型的。由于组成木脂素的 C6—C3 单体缩合位置不同及其侧链 γ-碳原子上的含氧基团相互脱水缩合等反应，从而形成了不同类型的木脂素。最早 Haworth 把 C6—C3 单元侧链通过 β 碳聚合而成的化合物称为木脂素类化合物，后来 Gottlich 把新发现的由其他位置连接生成的化合物称为新木脂素(neolignan)类化合物。近年来出现的另一种分类法是将由 γ-氧化型苯丙素生成的木脂素称为木脂素类化合物，而由 γ-非氧化型苯丙素生成的木脂素称为新木脂素类化合物，但按这一分类方法，原定义中有些化合物如奥托肉豆蔻脂素(otobain)应归属于新木脂素类化合物。

1) 简单木脂素

简单木脂素由两分子苯丙素仅通过 β 位碳原子(C8—C8′)连接而成。此类化合物也是一些其他类型木脂素的生源前体。二氢愈创木脂酸、叶下珠脂素是分别从愈创木树脂及珠子草中分离得到的简单木脂素类化合物。

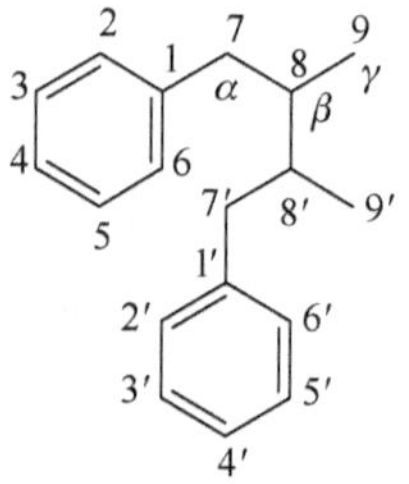

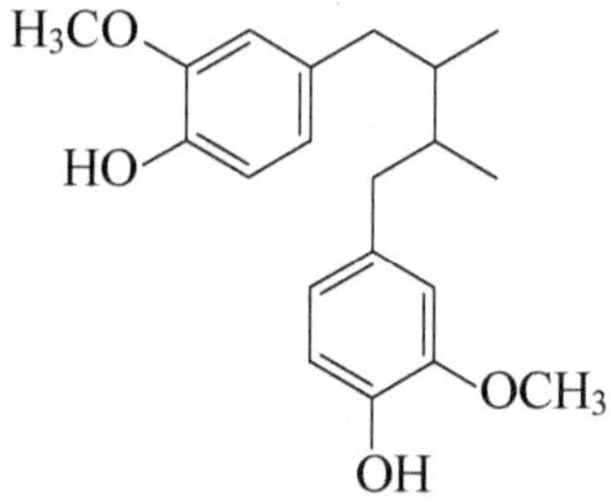

二氢愈创木脂酸 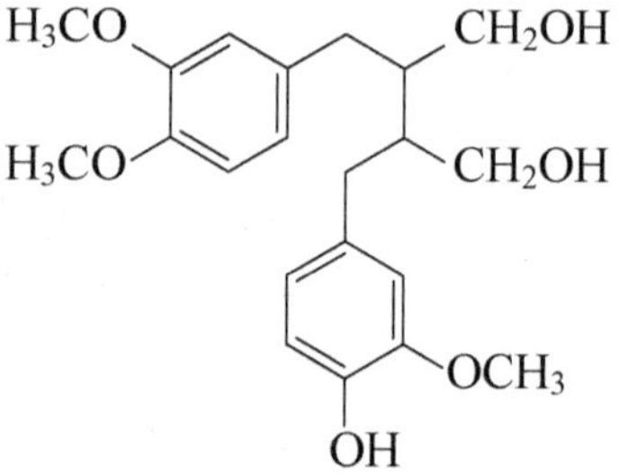　　　　叶下珠脂素

2) 单环氧木脂素

两分子 C6—C3 除 C8—C8′相连外，还存在 7-O-7′或 9-O-9′或 7-O-9′等形成的单环氧结构，即形成呋喃或四氢呋喃结构。

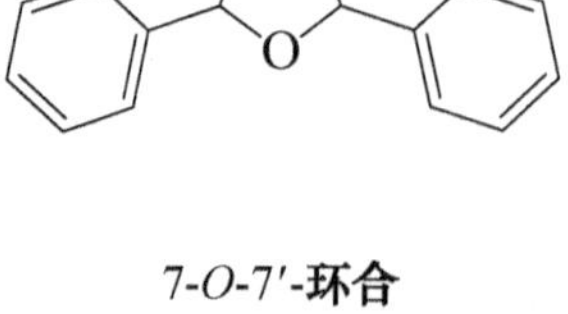

7-O-7′-环合 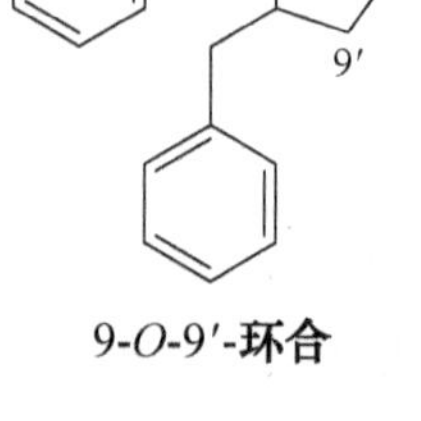　　　　9-O-9′-环合 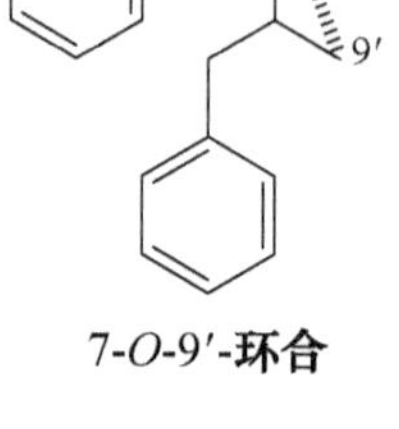　　　　7-O-9′-环合

3) 木脂内酯

该类木脂素是在简单木脂素基础上，9-9'位环氧、C9 为羰基，即单环氧木脂素中的四氢呋喃环氧化成内酯环。木脂内酯常与其单去氢或双去氢化合物共存于同一植物中。

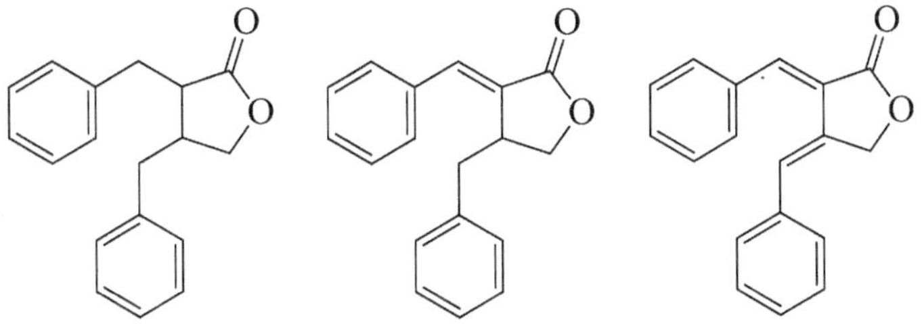

4) 环木脂素

在简单木脂素基础上，通过一个 C6—C3 单元的 6 位与另一个 C6—C3 单元的 7 位环合而成的木脂素，又称芳基萘类木脂素，可分为苯代四氢萘、苯代二氢萘及苯代萘等结构类型，自然界中以苯代四氢萘型木脂素居多。例如，从中国红豆杉 (*Taxus cuspidata*)中分离得到的异紫杉脂素(isotaxiresinol)、从鬼臼属植物中分离得到的去氧鬼臼毒脂素葡萄糖酯苷都具有苯代四氢萘的结构；来自奥托肉豆蔻(*Myristica otoba*)果实中的奥托肉豆蔻烯脂素(otoboene)具有苯代二氢萘的基本结构[19]。

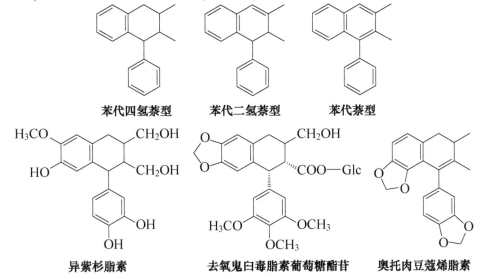

苯代四氢萘型　　苯代二氢萘型　　苯代萘型

异紫杉脂素　　去氧鬼臼毒脂素葡萄糖酯苷　　奥托肉豆蔻烯脂素

5) 环木脂内酯

环木脂内酯是环木脂素 C9—C9'间环合而成的内酯结构，又称芳基萘内酯类。按其内酯环上羰基的取向可分为上向和下向两种类型，上向的称为 4-苯代-2,3-萘内酯，下向的称为 1-苯代-2,3-萘内酯。例如，l-鬼臼毒脂素(l-podophyllotoxin)及其葡萄糖苷为 1-苯代-2,3-萘内酯，赛菊芋脂素(helioxanthin)属于 4-苯代-2,3-萘内酯。

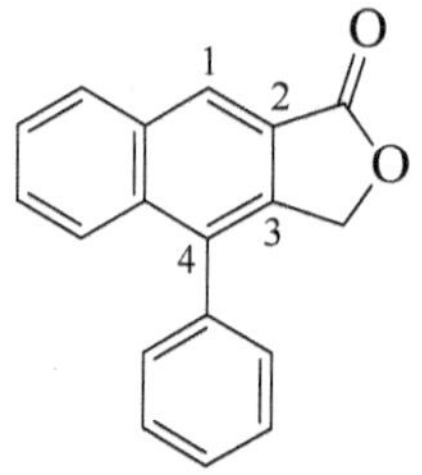

4-苯代-2,3-萘内酯 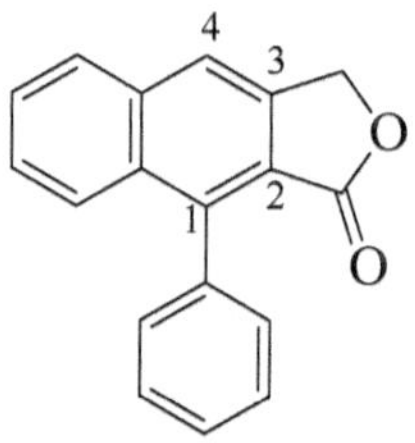 1-苯代-2,3-萘内酯

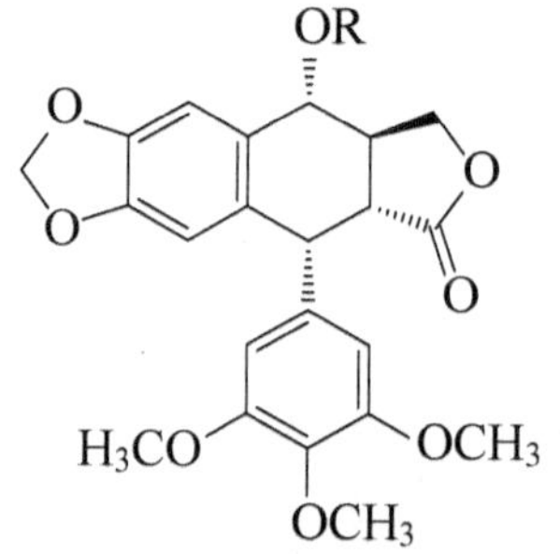

R=H　1-鬼臼毒脂素
R=Glc　1-鬼臼毒脂素-*β-O*-葡萄糖苷　　　赛菊芋脂素

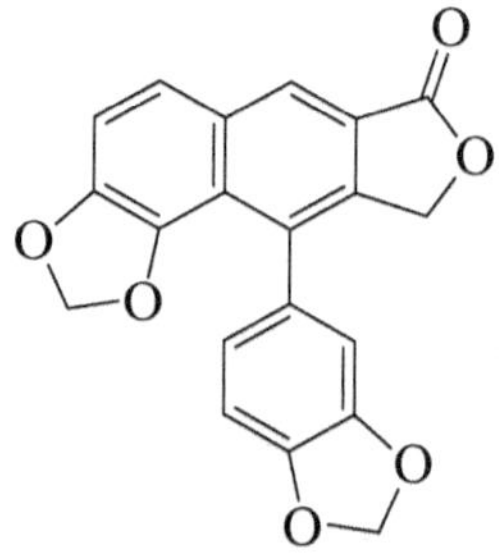

鬼臼毒脂素类木脂素多具有较强的抗肿瘤活性，主要存在于小檗科的八角莲属、山荷叶属、桃儿七属及足叶草属植物中，其合成衍生物依托泊苷(etoposide)是目前常规用于恶性肿瘤的化疗药物。

6) 双环氧木脂素

这是由两分子苯丙素侧链相互连接形成两个环氧结构的一类木脂素，即具有双骈四氢呋喃环结构。该类型存在许多光学异构体，常见的有以下 4 种光学异构体。

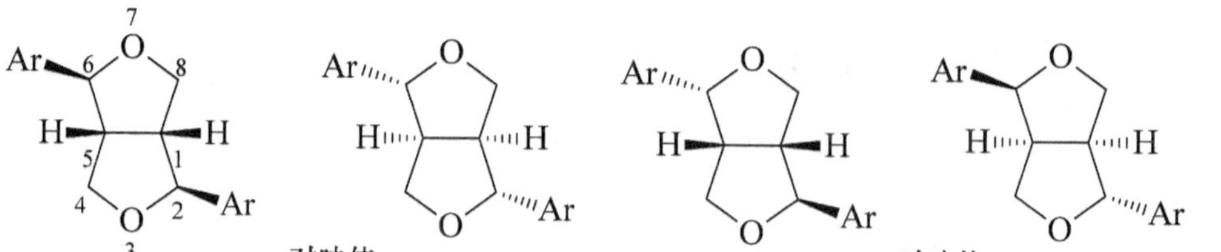

对映体　　　　　　　　　　对映体

Ar为芳香基

从连翘中分离得到的连翘脂素(phillygenol)及连翘苷(phillyrin)、刺五加中的丁香脂素(syringaresinol)和细辛中的 l-细辛脂素(l-asarinin)等都是双环氧木脂素类化合物。

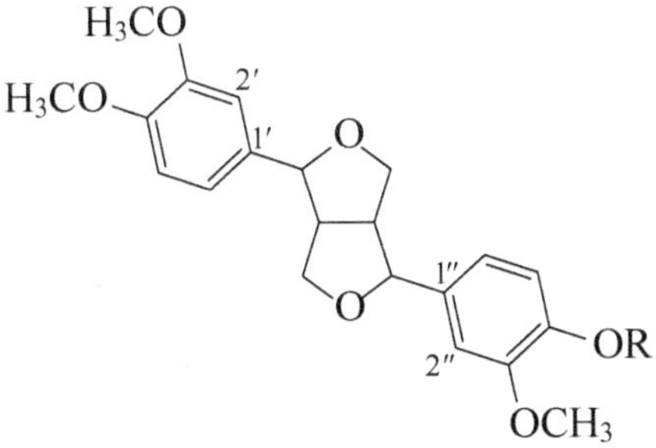

连翘脂素　R=H
连翘苷　　R=Glc

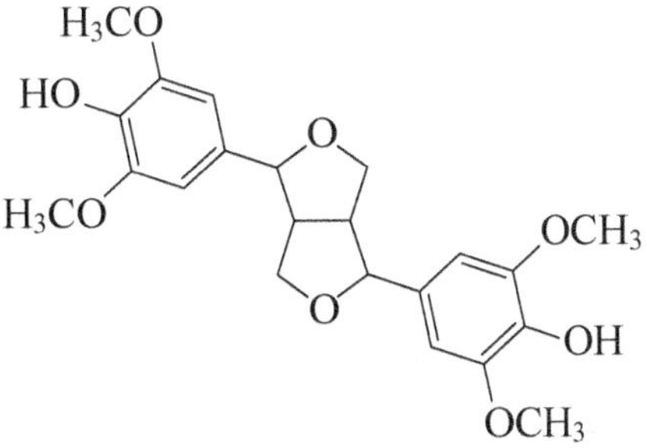

丁香脂素

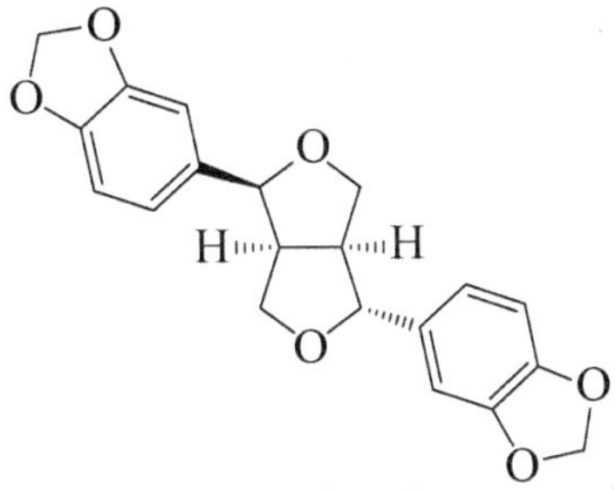

1-细辛脂素

7) 联苯环辛烯型木脂素

这类木脂素的结构中既有联苯的结构，又有联苯与侧链环合成的八元环状结构。至今已发现 60 多个化合物，其主要来源是五味子属植物。

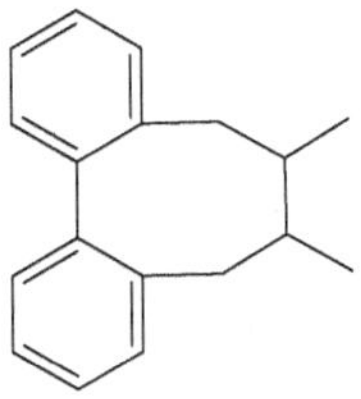

联苯环辛烯型 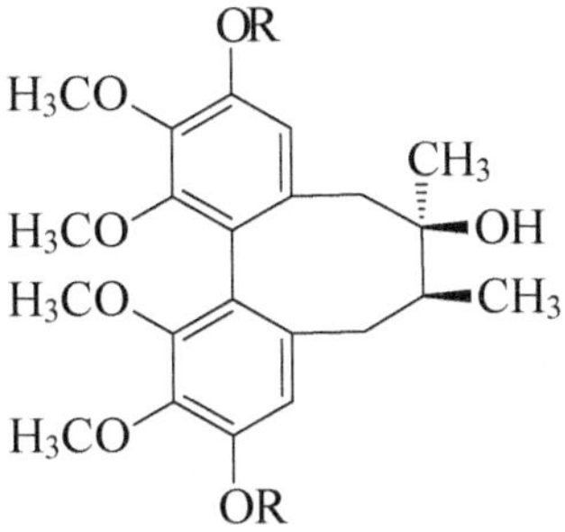　　　R=H　**五味子醇**　　　　γ-**五味子素**
　　　　　　　　　R=CH₃　**五味子素**

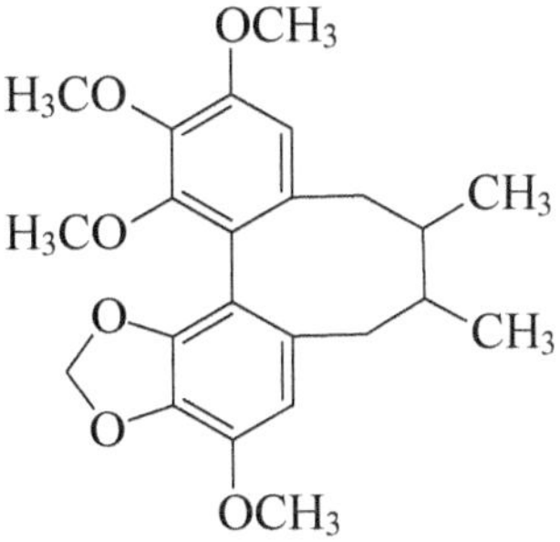

8) 联苯型木脂素

这类木脂素中两个苯环通过 3-3′直接相连而成，其侧链为未氧化型。从中药厚朴树皮中分离得到的厚朴酚及日本厚朴树皮中分离到的和厚朴酚是典型的联苯型木脂素类化合物。

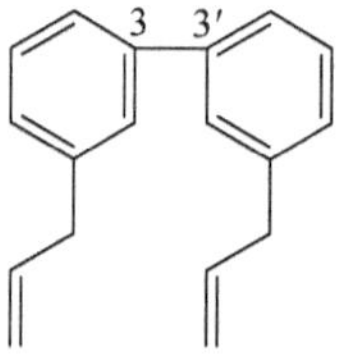

联苯类 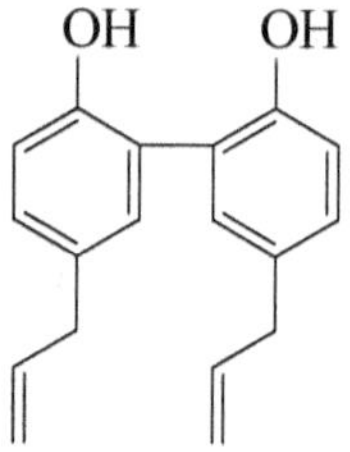　　　　　　　厚朴酚 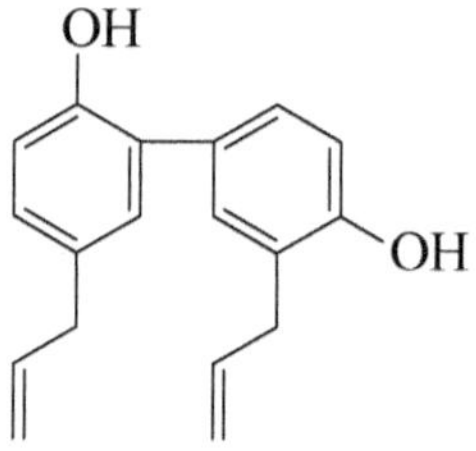　　　　　　　和厚朴酚

9) 苯并呋喃木脂素

该类型木脂素为苯环与侧链连接后形成呋喃氧环的一类木脂素，如马尾松苷C(massonianoside C)和珠子草素(phyllnirurin)等。

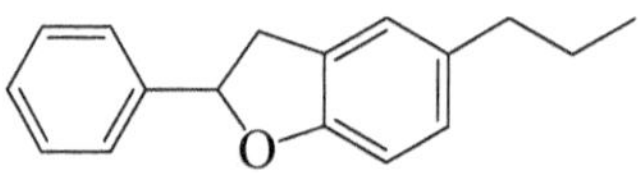

苯并呋喃类 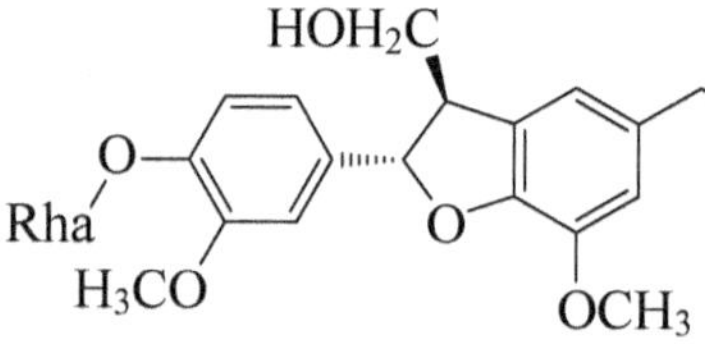　　　　　　　　　　马尾松苷C

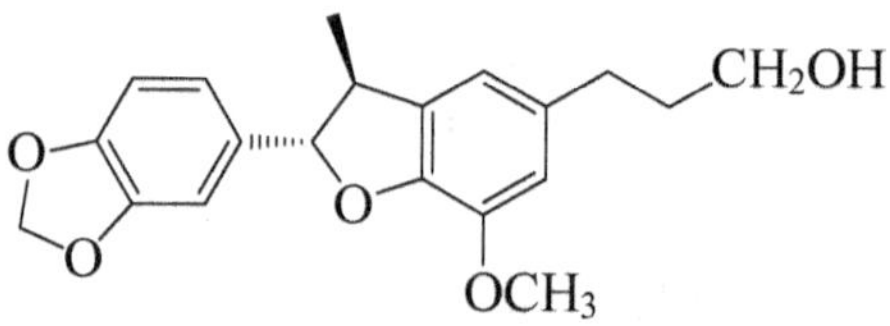

珠子草素

10) 其他类

近年来从中药及天然药物中分离得到一些化学结构不属于以上9种结构类型的木脂素，本书中统称为其他木脂素。例如，从伞形科北沙参(*Glehnia littoralis*)中得到的橙皮素 A(citrusin A)为两个苯丙素结构之间通过碳氧键相互连接的新木脂素类化合物，严格意义上讲，该类化合物属于传统的苯丙醚类，但是由于习惯，通常也归为木脂素类；从樟科植物坤甸铁樟(*Eusideroxylon zwageri*)中的获得的优西得灵(eusiderin)则为具有苯骈二氧六环特征的新木脂素类化合物。

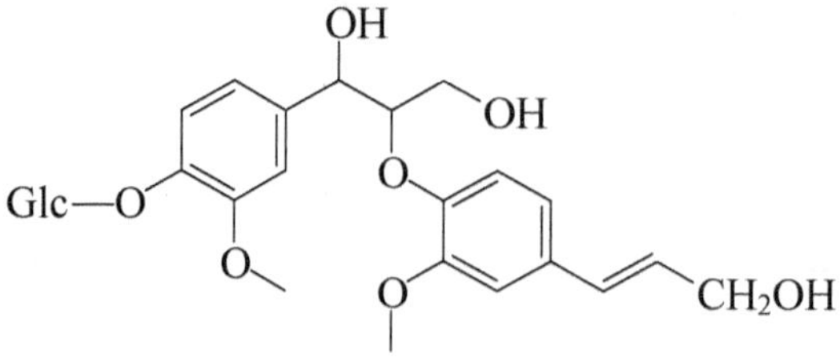

橙皮素A 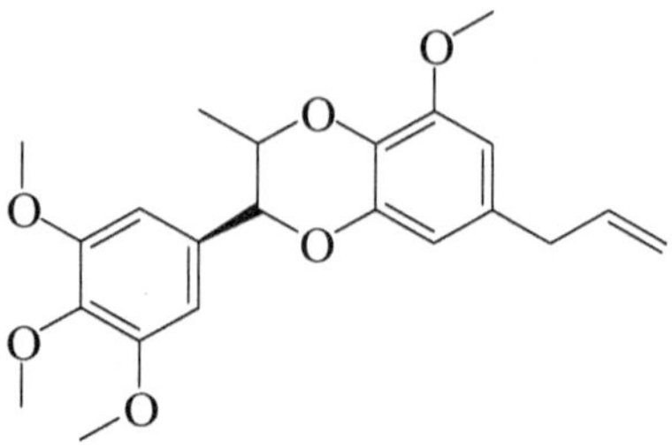　　　　　　　　　　　　优西得灵

具有保肝作用的水飞蓟素(silymarin)既具有木脂素结构，又具有黄酮结构，作为保肝药物在临床上用以治疗急性、慢性肝炎和肝硬化。

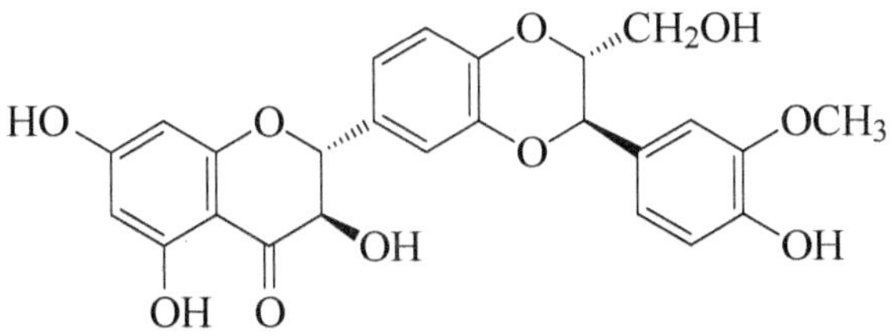

水飞蓟素

三白草属植物 *Saururus cernuus* 的毒性成分 saucerneol、manassantin A 和 manassantin B 属于四氢呋喃型的三聚和四聚木脂素。

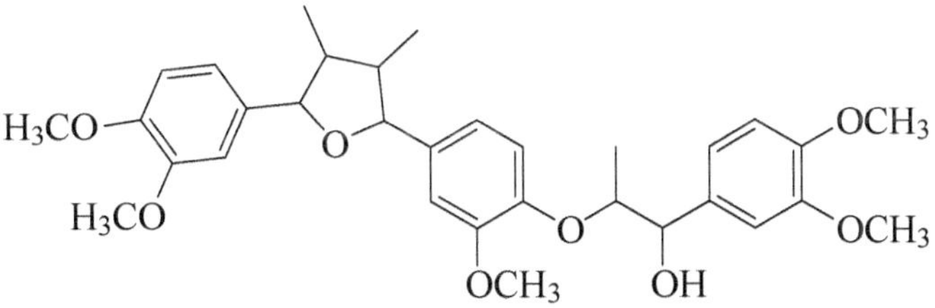

saucerneol

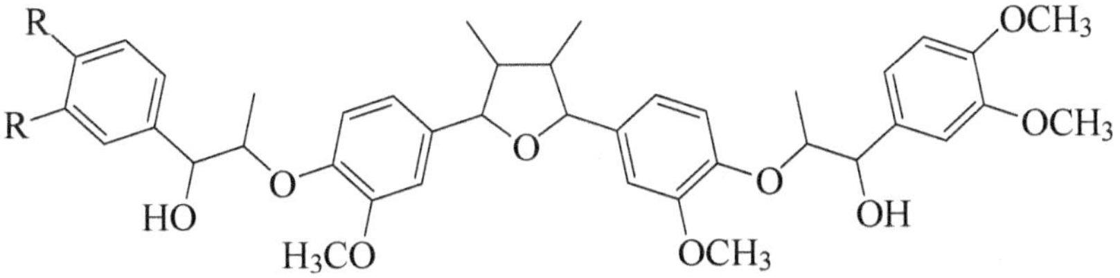

R=OCH₃　　　manassantin A
R=OCH₂O　　manassantin B

| R=OCH$_3$ | manassantin A |
| R=OCH$_2$O | manassantin B |

2. 木脂素的理化性质

多数木脂素化合物是无色结晶，一般无挥发性，少数具升华性，如二氢愈创木脂酸。游离木脂素多具有亲脂性，一般难溶于水，易溶于苯、乙醚、三氯甲烷及乙醇等有机溶剂，具有酚羟基的木脂素类可溶于碱性水溶液中。木脂素苷类水溶性增大。

木脂素常有多个手性碳原子或手性中心，大部分具有光学活性，遇酸易异构化。例如，天然鬼臼毒脂素具有苯代四氢萘环和 $2\alpha,3\beta$ 反式构型的内酯环结构，其抗癌活性与分子中 C1—C2 顺式和 C2—C3 反式的构型有关，在光学活性上为左旋性。当在碱溶液中时，其内酯环很容易转变为 $2\beta,3\beta$ 顺式结构，所得异构体苦鬼臼脂素(picropodophyllin)的旋光性为右旋性，并且失去了抗肿瘤活性。

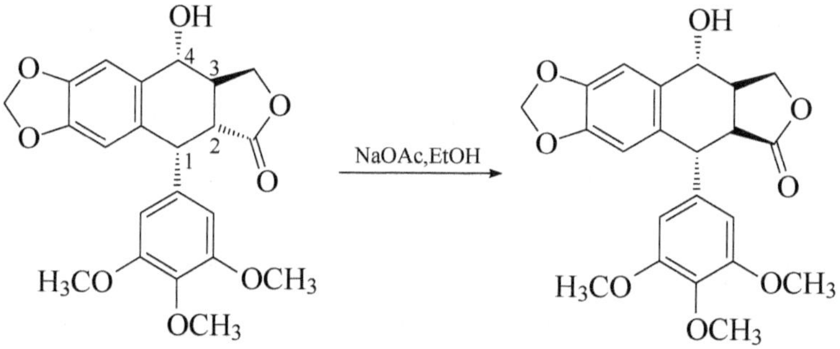

鬼臼毒脂素　　　　　　　　　　　　　　苦鬼臼脂素

3. 含木脂素类化合物的资源植物实例

1) 五味子

五味子是木兰科植物五味子(*Schisandra chinensis*)的干燥成熟果实，是传统的中医滋补用药，习称北五味子，性温，味酸、甘，归肺、心、肾经，具有收敛固涩、益气生津、补肾宁心之功效，用于久咳虚喘、梦遗滑精、遗尿尿频、久泻不止、自汗盗汗、津伤口渴、短气脉虚、内热消渴、心悸失眠等症[20]。

五味子果实及种子中含多种联苯环辛烯型木脂素成分，以及挥发油、三萜类、甾醇和游离脂肪酸类等成分[21]。五味子中木脂素的研究始于 20 世纪 60 年代初期，目前已经从中分离得到五味子素(又称五味子醇 A，schisandrol A)、去氧五味子素(deoxyschisandrin)、γ-五味子素(γ-schisandrin)、五味子醇(schisadrol)、伪 γ-五味子素(pseudo-γ-schisandrin)等一系列木脂素化合物[21,22]。

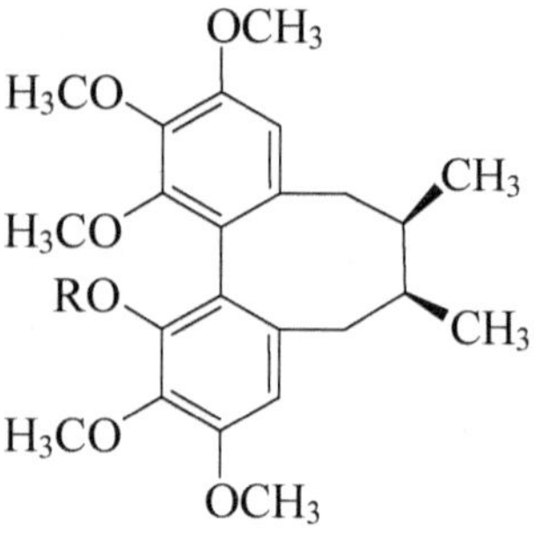

R=H 五味子素　　　　　　　　　γ-五味子素 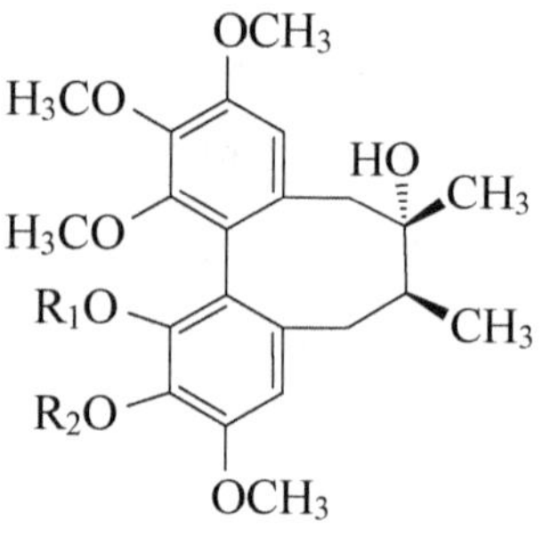　　　　　　　　$R_1=R_2=CH_3$ 五味子醇甲
R=CH₃ 去氧五味子素　　　　　　　　　　　　　　　　　　　　　　$R_1=R_2=CH_2$ 五味子醇乙

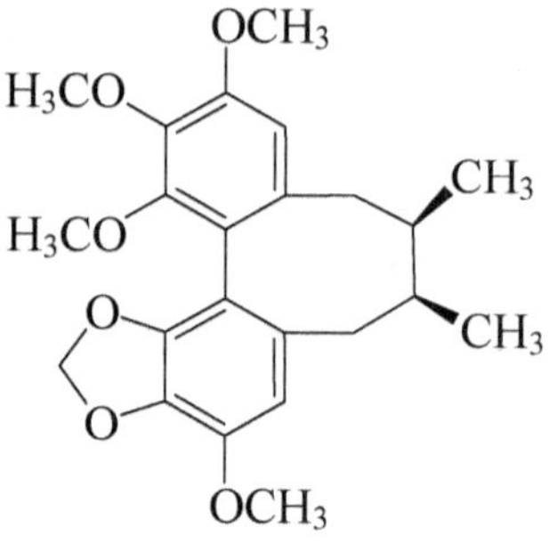

　　20 世纪 70 年代初，我国医药工作者在临床研究中发现五味子能显著降低肝炎患者血清谷丙转氨酶(SGPT)水平，从而引发了五味子的研究热潮[23]。大量实验表明，其所含的联苯环辛烯类木脂素对肝功能的保护作用是其作为抗氧剂、抗癌剂、滋补强壮剂和抗衰老剂的药理学基础，并由此开发出治疗肝炎药物联苯双酯[23]。五味子在治疗放射伤害、炎症、缺血再灌注损伤、应激损伤和运动医学等方面也有重要作用，而且其所含的木脂素还是很多合成药物的潜在原料[24]。

2) 连翘

　　连翘是木犀科植物连翘(*Forsythia suspensa*)的干燥果实，具有清热解毒、消肿散结之功效，用于痈疽瘰疬、乳痈丹毒、风热感冒、温病初起、温热入营、高热烦渴、神昏发斑、热淋尿闭等症[25]。现代药理学研究表明连翘有显著的抑菌作用，其煎剂有镇吐和抗肝损伤等作用[25]。

　　连翘果实中多含木脂素类及黄酮类化合物，其中木脂素类化合物主要为连翘酯苷、连翘脂素、β-羟基连翘酯苷等，都具有较强的抑菌活性。连翘中的木脂素类还有显著的抑制磷酸二酯酶活性的作用[26]。

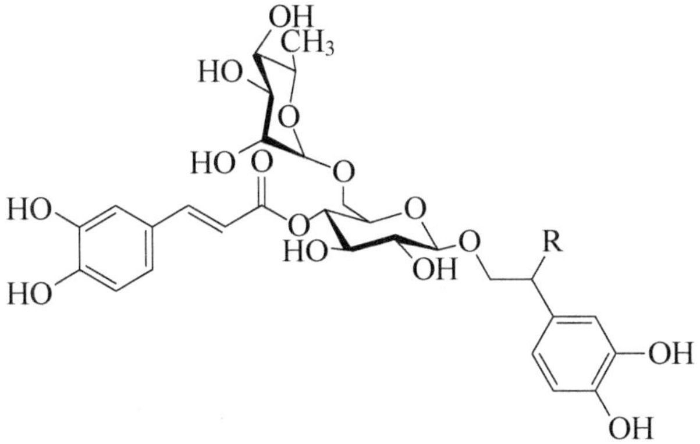

R=H　　**连翘酯苷**
R=OH　β-**羟基连翘酯苷**

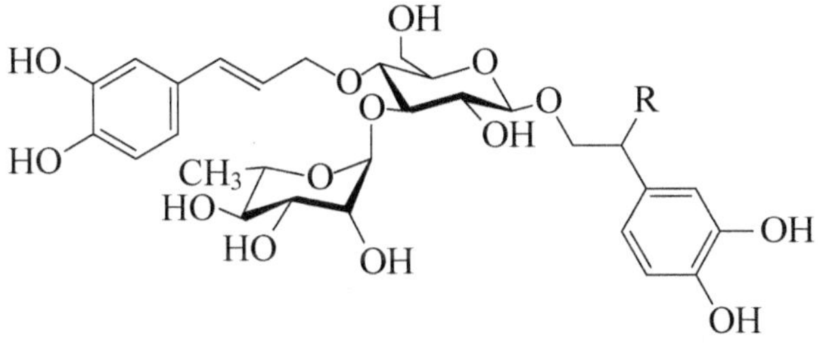

R=H　　**毛蕊花糖苷**
R=OH　β-**羟基毛蕊花糖苷**

2.4 黄酮类功能成分

2.4.1 概述

黄酮类化合物(flavonoid)是广泛存在于自然界、种类繁多且具有广泛生物活性的一类重要成分。由于此类化合物大都呈黄色或淡黄色，且分子中多含有酮基而被称为黄酮。黄酮类化合物主要是指基本母核为 2-苯基色原酮(2-phenylchromone)的一系列化合物，现在也泛指两个苯环(A 环与 B 环)通过三个碳原子相互连接而成的一系列化合物，大多具有 C6-C3-C6 的基本骨架。

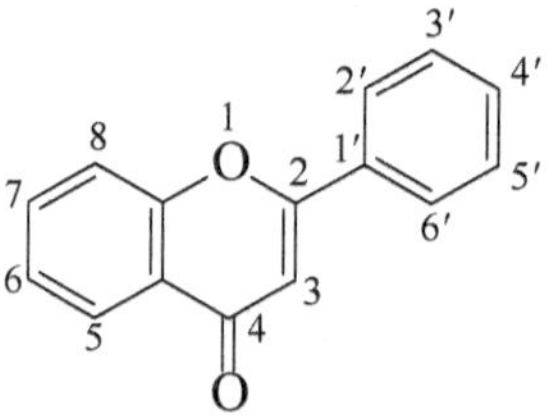

2-苯基色原酮 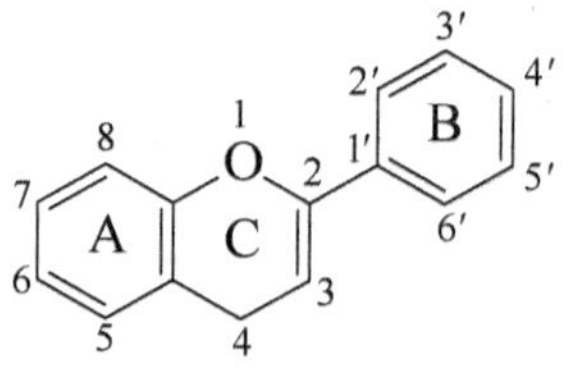   C6−C3−C6

黄酮类化合物广泛存在于高等植物中，而在菌类、藻类、地衣类等低等植物中较少存在。黄酮类化合物在植物体内多以与糖结合成苷的形式存在，一部分以游离形式存在。在植物的花、叶、果实等组织中，多为苷类，而在木质部机械组织中，则多为游离的苷元。

黄酮类化合物是森林资源功能成分中一类重要的有效成分，具有多种生理活性。例如，芦丁(rutin)、橙皮苷(hesperidin)等成分具有降低血管通透性及抗毛细血管脆性的作用；槲皮素(quercetin)、葛根素(puerarin)等具有扩张冠状血管的作用；儿茶素(catechin)和水飞蓟素(silymarin)作为治疗急、慢性肝炎和保肝作用的药物具有较好的疗效。木犀草素(luteolin)、黄芩苷(baicalin)、黄芩素(baicalein)等均有一定程度的抗菌作用，近年来还有桑色素(morin)、二氢槲皮素(dihydroquercetin)及山奈酚(kaempferol)等抗病毒作用的报道。

黄酮类化合物不仅具有多种生物活性和药用价值，以其作为先导化合物进行结构修饰也引起医药界的高度重视。

2.4.2 黄酮类功能成分的结构与分类

根据黄酮类化合物 A 环和 B 环之间的三碳链的氧化程度、三碳链是否构成环状结构、3 位是否有羟基取代以及 B 环连接的位置等差异，将主要的天然黄酮类功能成分进行分类(表 2-1)。

表 2-1　黄酮类化合物苷元的主要结构类型

类型	基本结构	类型	基本结构
黄酮 (flavone)	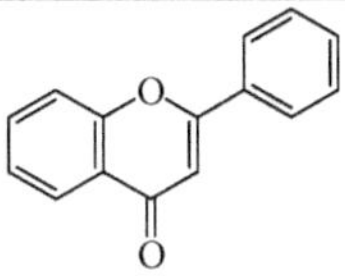	二氢查尔酮 (dihydrochalcone)	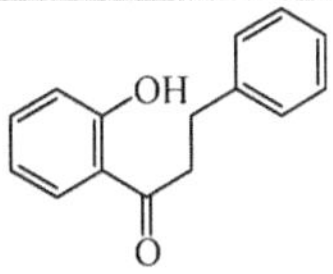
黄酮醇 (flavonol)	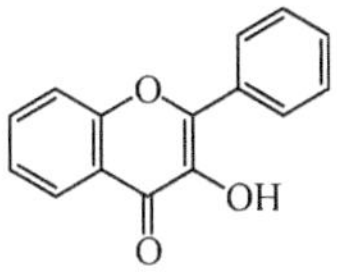	橙酮(噢咔) (aurone)	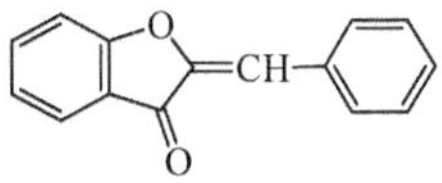
二氢黄酮 (flavanone)	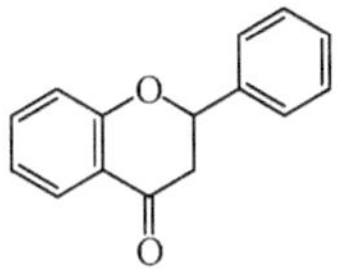	花色素 (anthocyanidin)	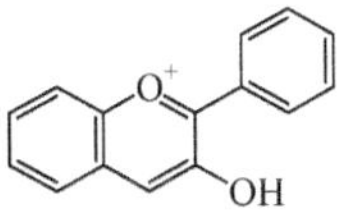
二氢黄酮醇 (flavanonol)	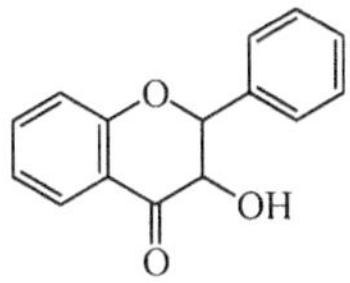	黄烷-3-醇 (flavan-3-ol)	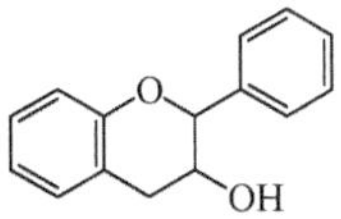
异黄酮 (isoflavone)	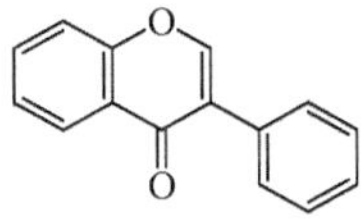	黄烷-3,4-二醇 (flavan-3,4-diol)	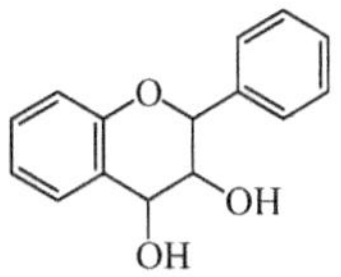
二氢异黄酮 (isoflavanone)	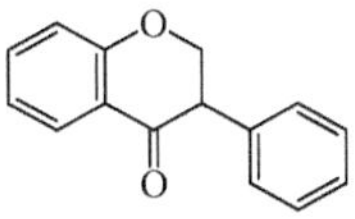	双黄酮 (bisflavonoid)	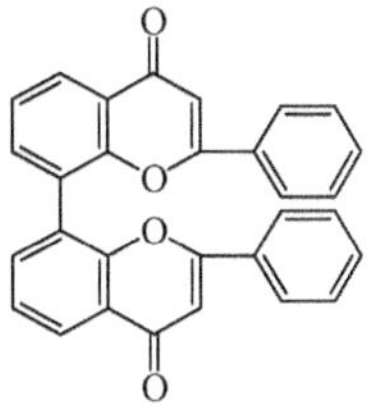
查耳酮 (chalcone)	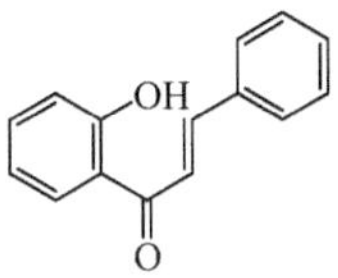	呫酮 (xanthone)	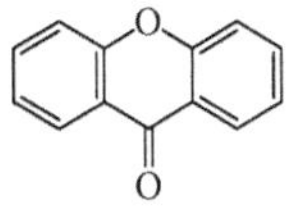

　　天然黄酮类化合物多为上述基本母核的衍生物，常见的取代基有羟基、甲氧基及异戊烯基等。黄酮类化合物在森林资源中大多以苷类形式存在，由于苷元以及糖的种类、数量、连接位置、连接方式的不同，形成了数目众多、结构各异的黄酮苷类化合物。组成黄酮苷的糖类主要有以下几类。

　　单糖类：D-葡萄糖、D-半乳糖、D-木糖、L-鼠李糖、L-阿拉伯糖及 D-葡萄糖醛酸等。

双糖类：槐糖、龙胆二糖、芸香糖、新橙皮糖、刺槐二糖等。

三糖类：龙胆三糖、槐三糖等。

酰化糖类：2-乙酰基葡萄糖(2-acetylglucose)、咖啡酰基葡萄糖(caffeoylglucose)等。

在 o-黄酮苷中，糖的连接位置与苷元结构类型有关。例如，黄酮、二氢黄酮和异黄酮苷类，多在 7-OH 上形成单糖链苷。黄酮醇和二氢黄酮醇苷类中多在 3、7、3′、4′的羟基上形成单糖链苷，或在 3, 7-、3′, 4′-及 7, 4′-二羟基上形成双糖链苷。在花色苷类中，多在 3-OH 连接一个糖或形成 3, 5-二葡萄糖苷。

除常见的 o-苷外，在植物体中还发现 C-苷，在 C-苷中，糖多连接在 6 位或 8 位或 6,8 位，如牡荆素、葛根素等。

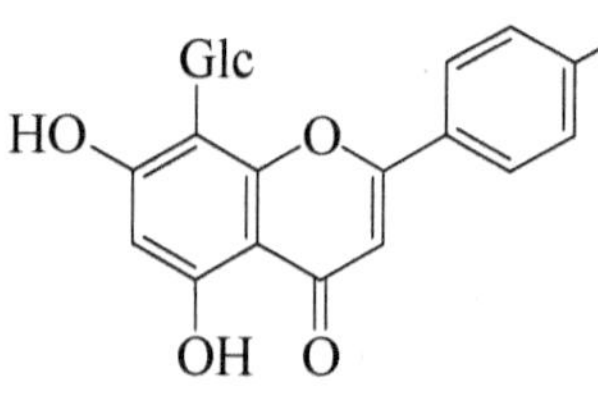

牡荆素 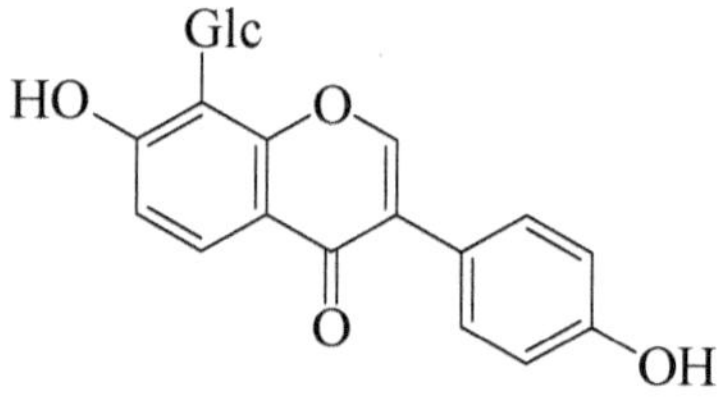　　　　　　　　葛根素

1. 黄酮类

黄酮类即以 2-苯基色原酮为基本母核且 3 位上无含氧基团取代的一类化合物，广泛分布于被子植物中，以芸香科、石楠科、唇形科、玄参科、爵麻科、苦苣苔科、菊科等植物中存在较多。

常见的黄酮及其苷类包括芹菜素、木犀草素和黄芩苷等。芹菜中的芹菜素具有抗乳腺及生殖系统癌症的作用；金银花中的木犀草素具有抗氧化和抗肿瘤的作用；黄芩中的黄芩苷具有抗菌抗炎，以及利胆、抗过敏、解热和解毒作用，用于治疗传染性肝炎，对降低急性黄疸型、无黄疸型及慢性肝炎活动期中谷丙转氨酶的效果良好。

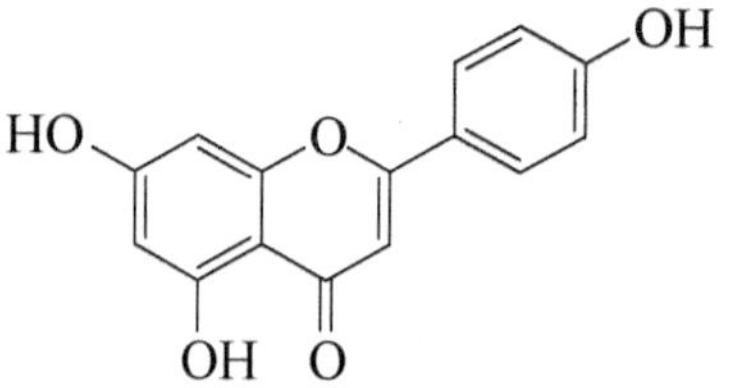

芹菜素 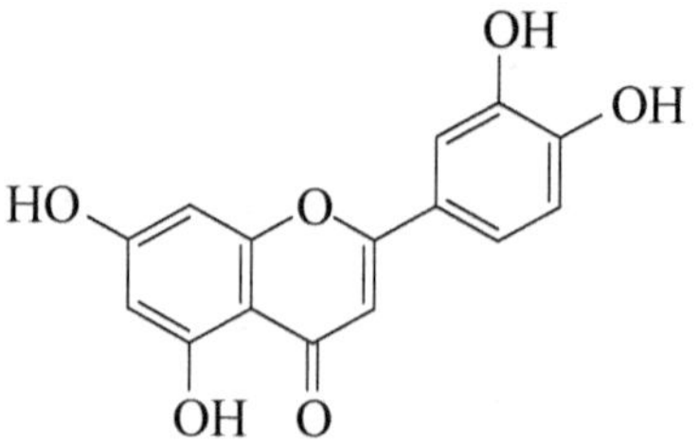　　　　　　　　木犀草素

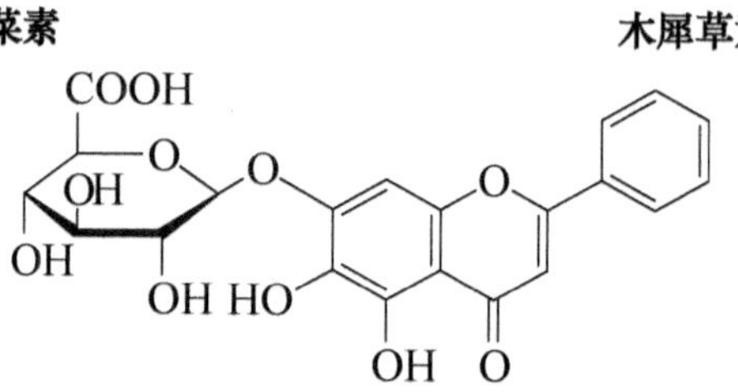

黄芩苷

2. 黄酮醇类

黄酮醇类的结构特点是在黄酮基本母核的 3 位上连有羟基或其他含氧基团，较广泛分布于双子叶植物中，尤其在一些木本植物的花和叶中。

常见的黄酮醇及其苷类有山奈酚、槲皮素、杨梅素、芦丁、淫羊藿苷等。山奈酚主要来源于姜科植物山奈(*Kaempferia galanga*)的根茎，具有抗肿瘤、抗炎、抗氧化、抗菌、抗病毒等多种功效；槲皮素存在于 100 多种中草药中，具有抗氧化及清除自由基的作用；芦丁是槐米中的主要有效成分，可用于治疗毛细血管脆性引起的出血症，并用作高血压辅助治疗剂；淫羊藿总黄酮为淫羊藿主要有效成分，包括淫羊藿苷、淫羊藿次苷(icariside)、淫羊藿新苷(epimedoside A～E)、去甲淫羊藿苷(noricaritin)、淫羊藿脂素(icariresinol)等。

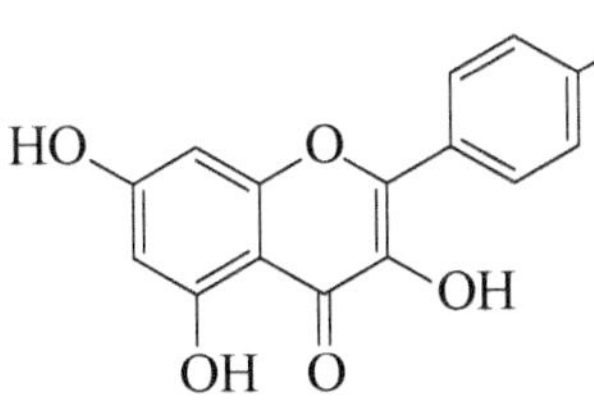

山奈酚 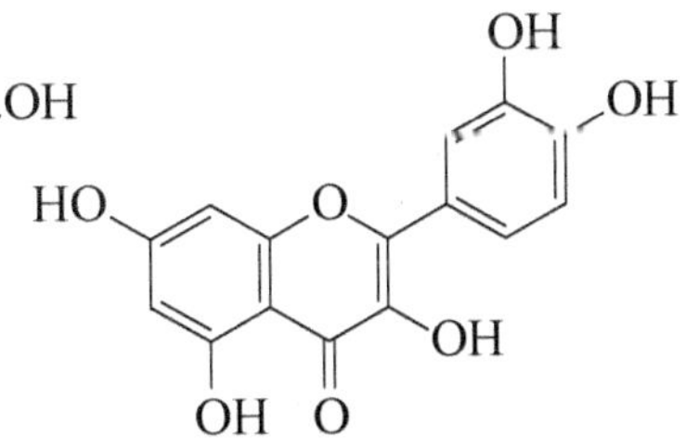　　　　　　**槲皮素**

3. 二氢黄酮类

二氢黄酮类结构可视为黄酮基本母核的 2、3 位双键被氢化而成，其分布较普遍，在蔷薇科、芸香科、豆科、杜鹃花科、菊科、姜科中较为常见。

从芸香科植物陈皮中分离得到的橙皮苷和橙皮素即为二氢黄酮类化合物。橙皮苷具有维持血管正常渗透压、降低血管脆性、缩短流血时间的作用，临床上常作为治疗高血压的辅助药和止血药。甘草(*Glycyrrhiza uralensis*)中对消化性溃疡有抑制作用的甘草素(liquiritigenin)和甘草苷(liquiritin)亦为二氢黄酮类化合物。

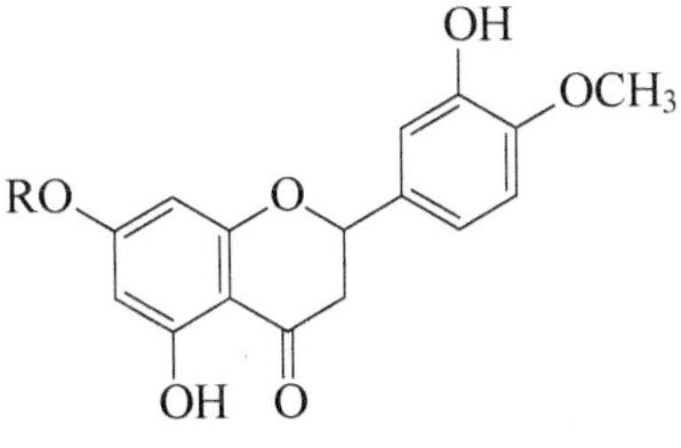

| **橙皮素** | R=H |
| **橙皮苷** | R=芸香糖基 |

| **甘草素** | R=H |
| **甘草苷** | R=Glc |

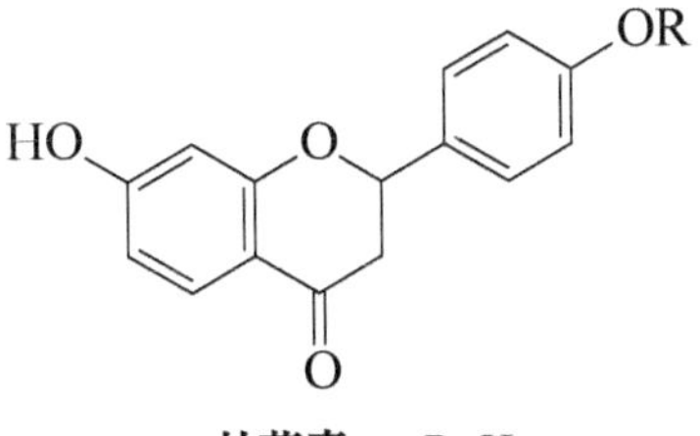

4. 二氢黄酮醇类

二氢黄酮醇类具有黄酮醇的 2、3 位被氢化的基本母核结构，在双子叶植物中较普遍存在，尤以豆科植物中较为常见，在裸子植物、单子叶植物姜科等少数植物中也有存在。

黄柏(*Phellodendron chinense*)中的黄柏素-7-*O*-葡萄糖苷(phellamurin)具有一定的抗肿瘤活性，胡桃科黄杞(*Engelhardtia roxburghiana*)根皮中的落新妇苷(astilbin)具有多种显著的生物活性，包括抑制辅酶 A 还原酶、抑制醛糖还原酶、保护肝脏、镇痛、抗水肿等作用。另外，落新妇苷还具有显著的选择性免疫抑制作用。

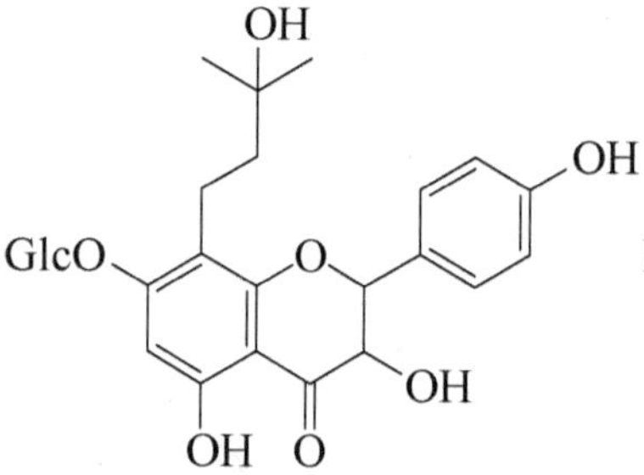

黄柏素-*O*-葡萄糖苷 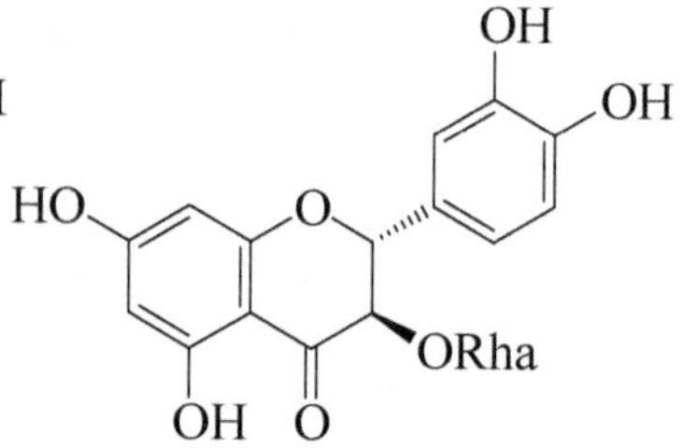　　　　　　**落新妇苷**

二氢黄酮与二氢黄酮醇常共存于同一植物体中，例如，兴安杜鹃(*Rhododendron dauricum*)叶(满山红)中的二氢槲皮素(dihydroquercetin)和槲皮素共存，桑枝中的二氢桑色素(dihydromorin)和桑色素共存。

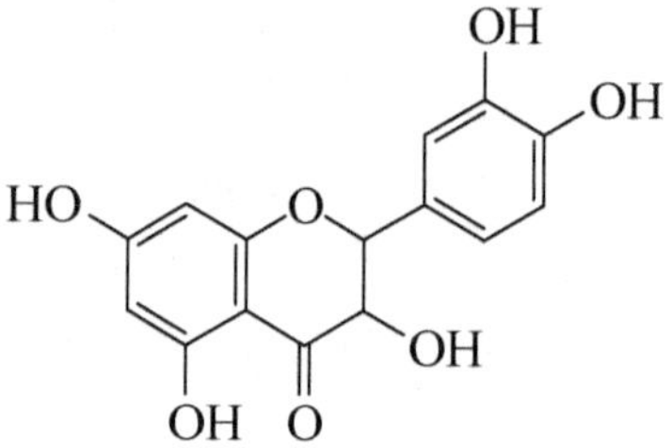

二氢槲皮素 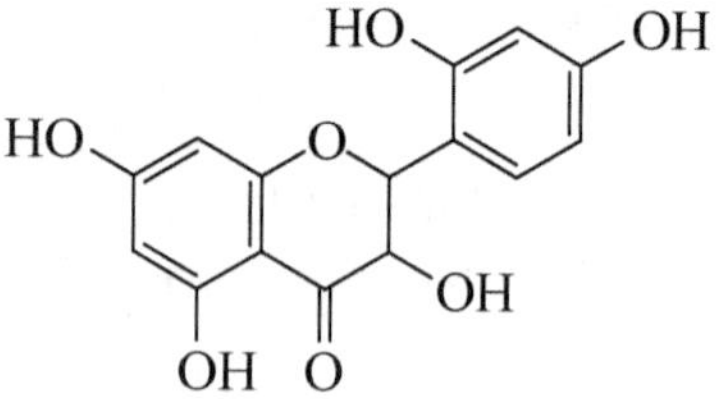　　　　　　**二氢桑色素**

5. 异黄酮类

异黄酮类基本母核为 3-苯基色原酮，即 B 环连在 C 环的 3 位上。该类型主要分布在被子植物中，在豆科蝶形花亚科和鸢尾科植物中存在较多。

豆科植物葛根中所含的大豆素、大豆苷(daidzin)、大豆素-7,4′-二葡萄糖苷(daidzien-7, 4′-diglucoside)、葛根素(puerarin)等均属异黄酮类化合物。其中，葛根总黄酮有增加冠状动脉血流量及降低心肌耗氧量的作用，大豆素具有类似罂粟碱的解痉作用，大豆苷、葛根素及大豆素均能缓解高血压患者的头痛等症状。

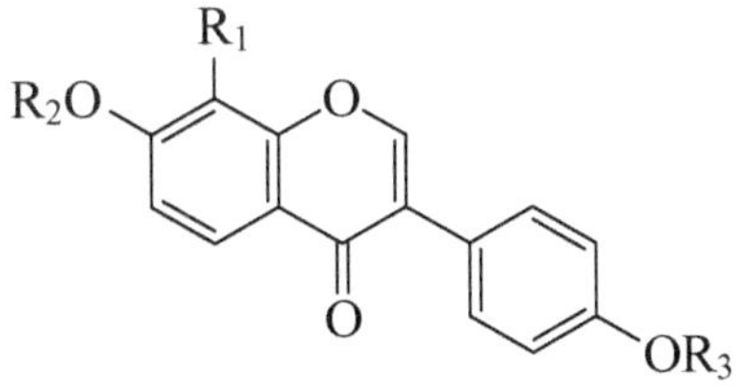

大豆素	$R_1=R_2=R_3=H$
大豆苷	$R_1=R_3=H$ $R_2=Glc$
葛根素	$R_2=R_3=H$ $R_1=Glc$
大豆素-7,4'-二葡萄糖苷	$R_1=H$ $R_2=R_3=Glc$

　　豆科车轴草属植物红车轴草(*Trifolium pretense*)在抗肿瘤、预防骨质疏松、促进伤口愈合、改善妇女围绝经期综合征等方面均有良好的疗效。其中所含的染料木素(genistein)、刺芒柄花素(formononetin)等均属于异黄酮的衍生物。

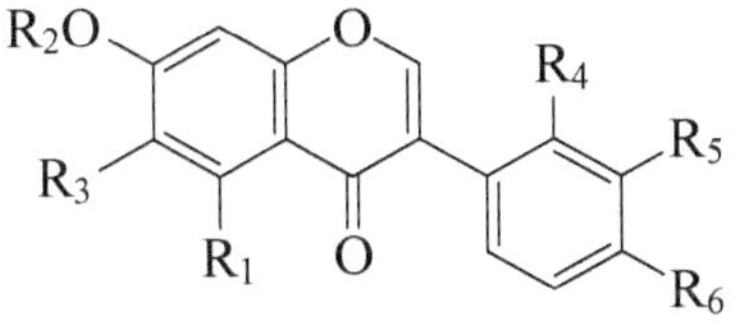

染料木素	$R_2=R_3=R_4=R_5=H$ $R_1=R_6=OH$
刺芒柄花素	$R_1=R_2=R_3=R_4=R_5=H$ $R_6=OCH_3$

6. 二氢异黄酮

　　二氢异黄酮具有由异黄酮的 2、3 位被氢化的基本母核结构。广豆根(*Sophora subprostrata*)中所含有的紫檀素(pterocarpin)、三叶豆紫檀苷(trifolirhizin)和高丽槐素(maackiain)等均属二氢异黄酮衍生物，具有一定的抗肿瘤活性。

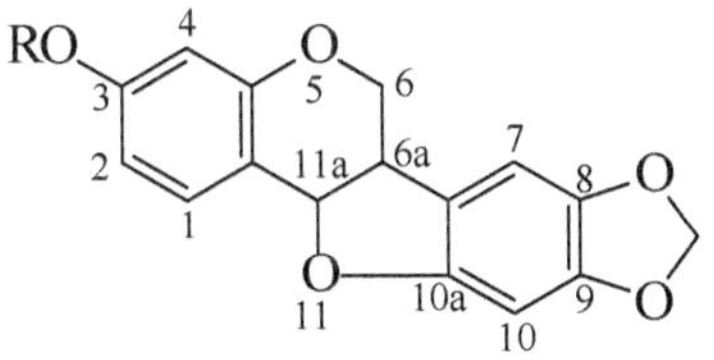

紫檀素	$R=CH_3$
三叶豆紫檀苷	$R=Glc$
高丽槐素	$R=H$

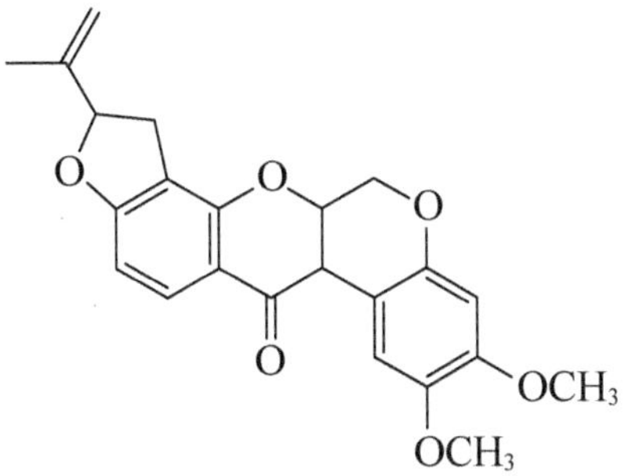

鱼藤酮

　　毛鱼藤(*Derris elliptica*)中所含的鱼藤酮(rotenone)也属于二氢异黄酮的衍生物，具有较强的杀虫和毒鱼作用，但对人畜无害，可作为农药杀虫剂。

7. 查尔酮类

　　查尔酮具有由二氢黄酮 C 环的 1、2 位键断裂所得的开环衍生物的基本母核结构，较多分布于菊科、豆科、苦苣苔科植物中。其 2'-羟基衍生物为二氢黄酮的异构体，两者可以相互转化，在酸性条件下转化为无色的二氢黄酮，碱化后即可转化为深黄色的 2'-羟基查尔酮。

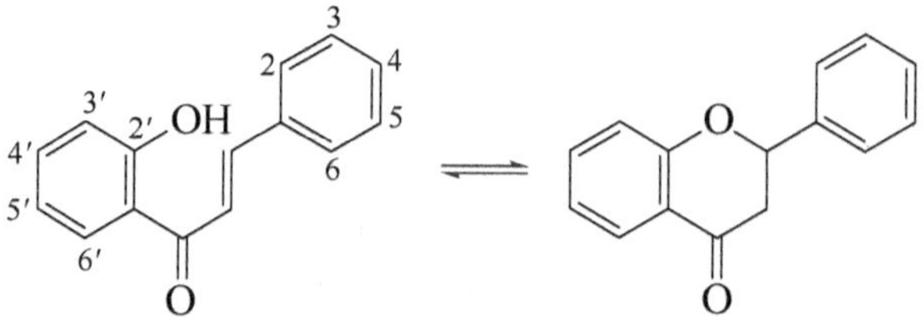

2'-羟基查尔酮　　　　　　　　**二氢黄酮**

红花主要含有红花苷(carthamin)、新红花苷(neocarthamin)和醌式红花苷(carthamone)。红花在开花初期，花中主要含有无色的新红花苷及微量的红花苷，故花冠呈淡黄色；开花期由于花中主要含有红花苷而呈深黄色；开花后期则因氧化变成红色的醌式红花苷而显红色。

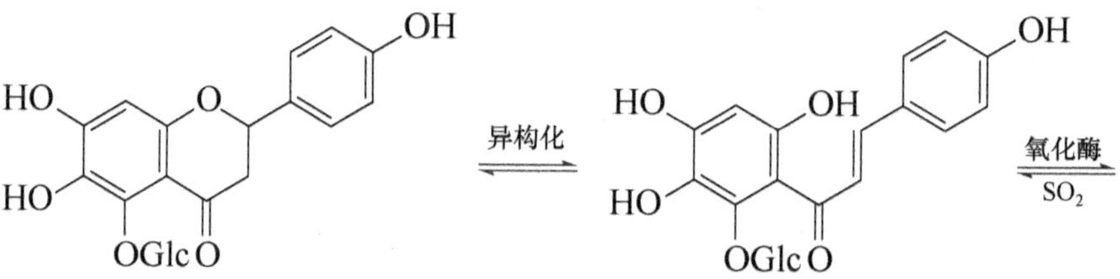

新红花苷　　　　　　　　　　**红花苷(黄色)**

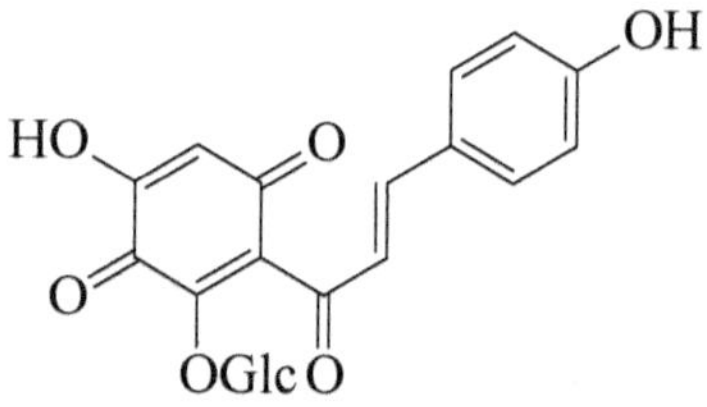

醌式红花苷(红色)

8. 二氢查尔酮类

二氢查耳酮为查尔酮的 α、β 位双键氢化而成，在植物界分布极少，主要在菊科、蔷薇科、杜鹃花科、山矾科等植物中可见。苹果中含有的抗糖尿病活性成分根皮苷(phlorizin)属于此类化合物。

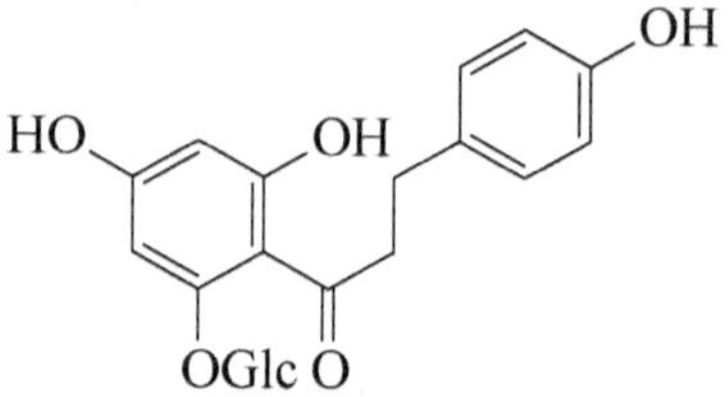

根皮苷

9. 橙酮类

橙酮类又称噢咔类，其结构特点是 C 环为含氧五元环，在玄参科、菊科、苦苣苔科及单子叶植物莎草科中有分布，但数量很少。例如，黄花波斯菊中的硫磺菊素(sulphuretin)即属于此类。

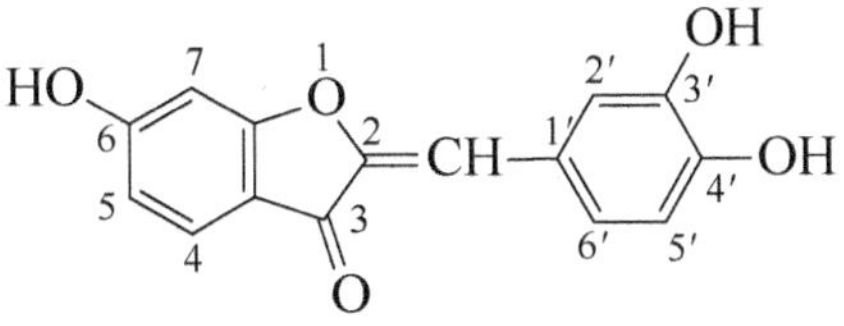

硫磺菊素

10. 花色素类

花色素类的基本母核中 C 环无羰基，1 位氧原子以锌盐形式存在，广泛分布于被子植物中，是使植物的花、果实、叶、茎等呈现蓝、紫、红等颜色的色素，在植物体内多与糖结合形成苷。

目前常见的花色素类有 6 种,分别为矢车菊素(cyanidin)、飞燕草素(delphinidin)、天竺葵素(pelargonidin)、牵牛花色素(petunidin)、芍药色素(peonidin)和锦葵色素(malvidin)。在不同 pH 条件下，花色素因分子结构不同而呈红色-粉色-无色-蓝色变化。

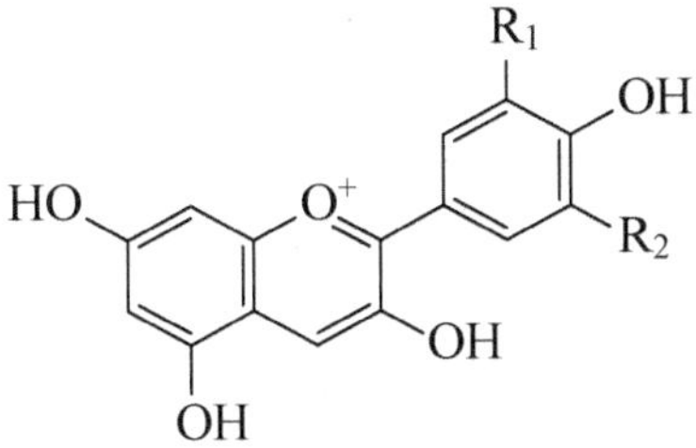

矢车菊素	R_1=OH R_2=H
飞燕草素	R_1=R_2=OH
天竺葵素	R_1=R_2=H

11. 黄烷醇类

黄烷醇类化合物在植物体内可作为鞣质的前体，根据其 C 环的 3、4 位所连羟基的不同可分为两类：黄烷-3-醇(flavan-3-ol)和黄烷-3, 4-二醇(flavan-3, 4-diol)。

黄烷-3-醇类，又称为儿茶素类，在植物中分布较广，主要存在于含鞣质的木本植物中。儿茶素为中药儿茶(*Acacia catechu*)的主要成分，具有很强的抗氧化活性和一定的抗肿瘤活性，有 4 个光学异构体，但在植物中主要存在 2 个，即(+)儿茶素和(−)表儿茶素(epicatechin)。

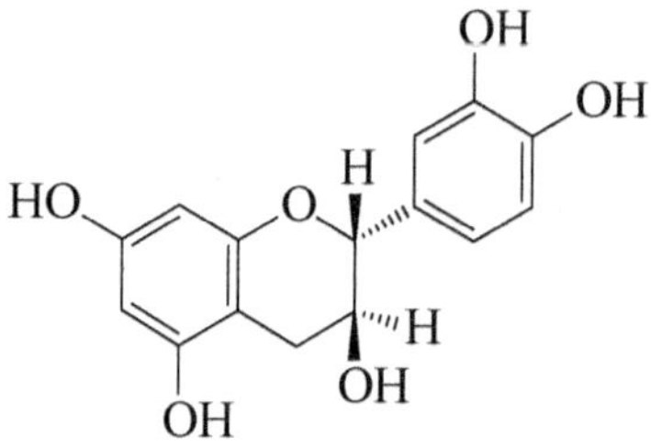

(+)儿茶素 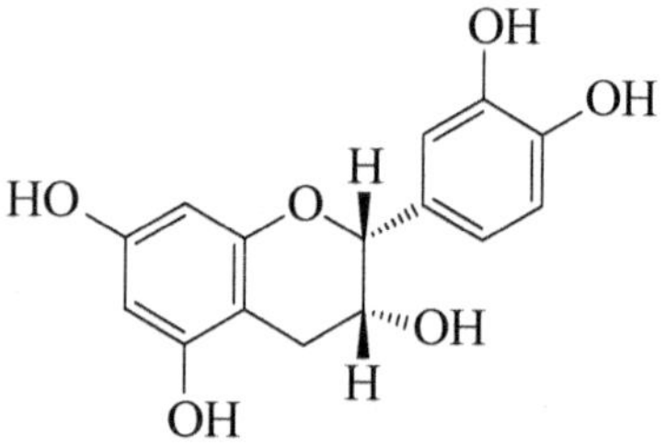　　　　　　　　　　　(-)表儿茶素

金荞麦(*Fagopyrum dibotrys*)中的双聚原矢车菊苷元(dimeric proanthocyanidin)是黄酮-3-醇的双聚物。现代研究表明，双聚原矢车菊苷元具有抗炎、解热、祛痰、抑制血小板聚集与提高机体免疫的作用，同时具有一定的抗肿瘤活性，临床用于治疗肺脓肿及其他感染性疾病。

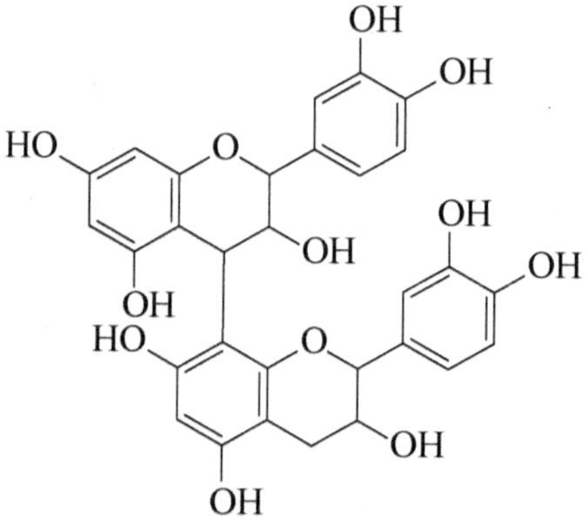

双聚原矢车菊苷元

黄烷-3,4-二醇，又称为无色花色素类，本身无色，在紫外灯下没有荧光或荧光很弱，在氢氧化钠水溶液中显黄色，如无色矢车菊素(leucocyanidin)、无色飞燕草素(leucodelphindin)和无色天竺葵素(leucopelargonidin)等。这类成分在植物界分布很广，尤以含鞣质的木本植物和蕨类植物中较为多见。

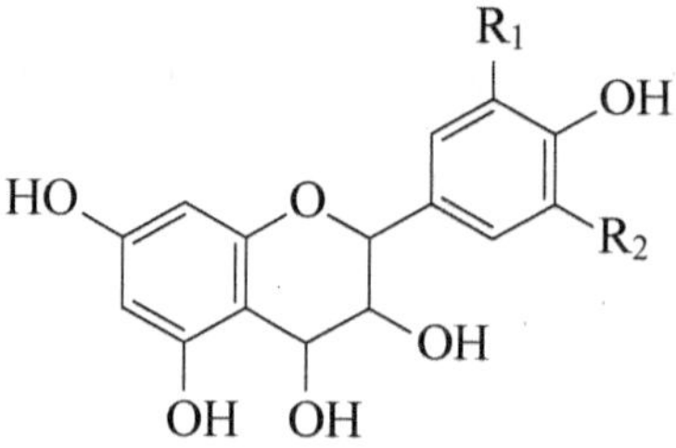

无色矢车菊素　　$R_1=OH\ R_2=H$
无色飞燕草素　　$R_1=R_2=OH$
无色天竺葵素　　$R_1=R_2=H$

12. 双黄酮类

双黄酮类较集中地分布于除松科以外的裸子植物中，尤以银杏纲最为普遍，蕨类植物的卷柏属、双子叶植物中亦有分布。

双黄酮(biflavone)是由两分子黄酮衍生物聚合生成的二聚物。常见的天然双黄酮由两分子芹菜素或其甲醚衍生物构成，根据它们的结合方式不同又分为以下 4 类。

(1) 3′, 8″-双芹菜素型，银杏叶分离出的银杏素(ginkgetin)、异银杏素(isoginkgetin)和白果素(bilobetin)等即为此种类型的化合物。银杏双黄酮具有解痉、降压和扩张冠状血管的作用，临床上常用于治疗冠心病。

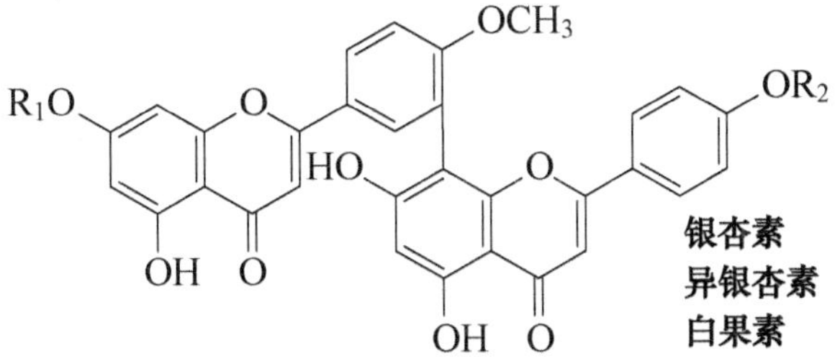

银杏素　$R_1=CH_3$　$R_2=H$
异银杏素　$R_1=H$　　$R_2=CH_3$
白果素　$R_1=R_2=H$

(2) 6, 8″-双芹菜素型，如野漆(*Rhus succedanea*)核果中的贝壳杉黄酮(agathisflavone)。

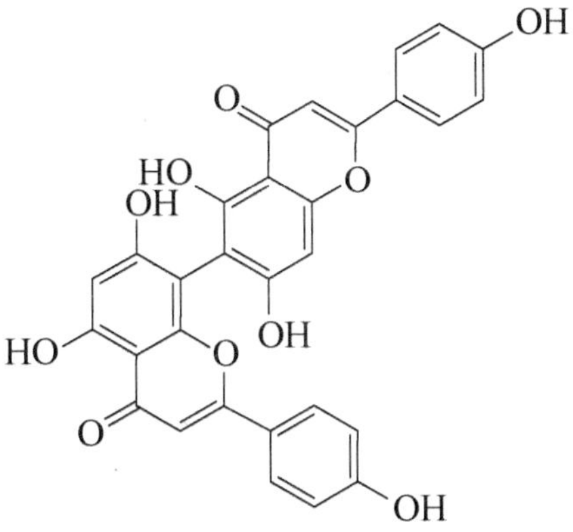

贝壳杉黄酮

(3) 8, 8″-双芹菜素型，如柏黄酮(cupresuflavone)。

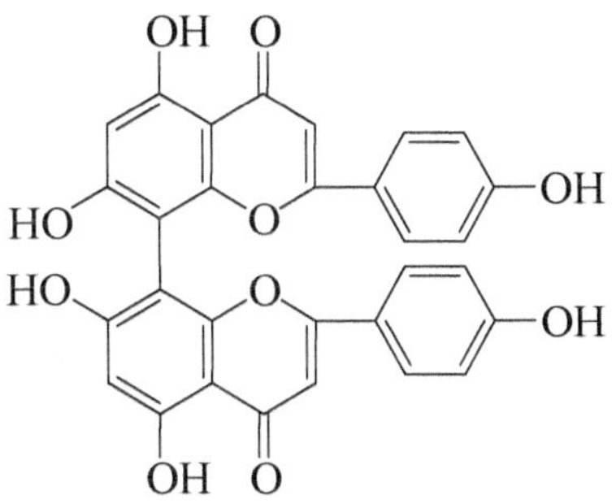

柏黄酮

(4) 双苯醚型，如扁柏黄酮(hinokiflavone)由两分子芹菜素通过 *C*4′—*O*—*C*6″ 醚键连接而成。

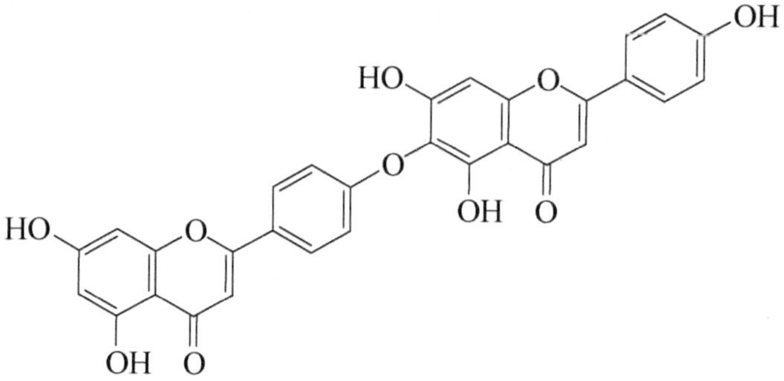

扁柏黄酮

13. 其他黄酮类

1) 𠮿酮类

𠮿酮又称苯并色原酮或双苯吡酮，其基本母核由苯环与色原酮的 2, 3 位骈合而成，是较为特殊的黄酮类化合物，常存在于龙胆科、藤黄科植物中，在百合科植物中也有分布。例如，异芒果素(isomangiferin)存在于石韦、芒果和知母中，有止咳祛痰作用。

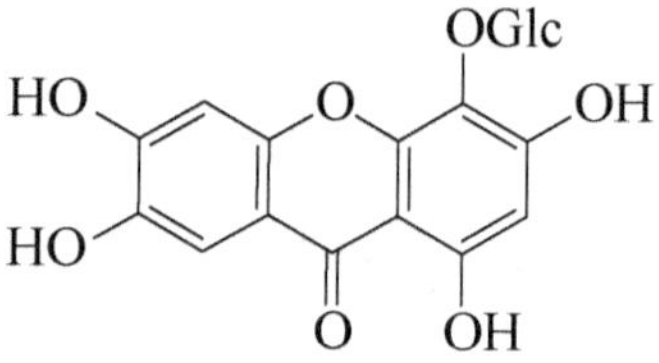

异芒果素

中药决明子中含有的红链霉素(rubrofusarin)、去甲红链霉素(nor-rubrofusarin)、红链霉素-6-β-龙胆二糖苷(rubrofusarin-6-β-gentiobioside)等均为𠮿酮类化合物。

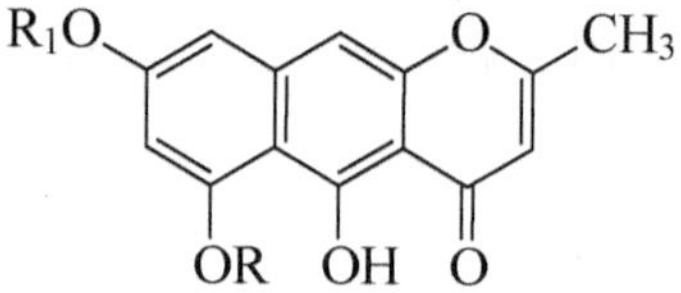

红链霉素	R=H	R$_1$=CH$_3$
去甲红链霉素	R=R$_1$=H	
红链霉素-6-β-龙胆二糖苷	R=β-龙胆二糖基	R$_1$=CH$_3$

2) 呋喃色原酮类

呋喃色原酮类在植物界分布较少，如凯刺种子和果实中得到的凯林(khellin)即属于呋喃色原酮类化合物。凯林为最早发现的一种有扩张冠状血管作用的黄酮类化合物。

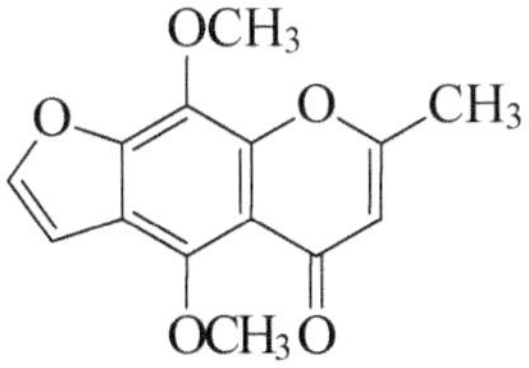

凯林

3) 新黄酮类

新黄酮类主要分布在豆科蝶形花亚科植物中。例如，中药降香中存在的黄檀内酯(dalbergin)即属于新黄酮类化合物，也具有 C6—C3—C6 的通式，但结构与一般黄酮类化合物有较大的区别，也有学者将其归为香豆素类。

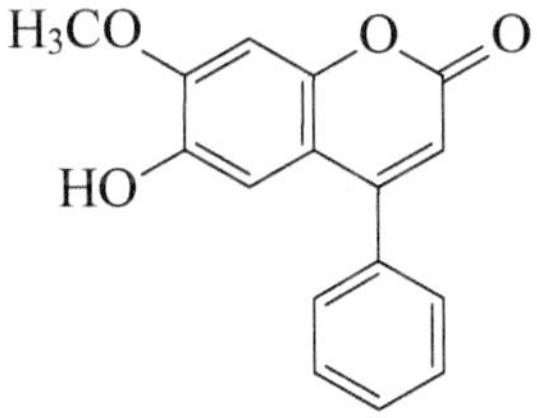

黄檀内酯

另有少数黄酮类化合物结构较为复杂，例如，水飞蓟素为黄酮木脂素类化合物，由二氢黄酮醇类与苯丙素衍生物缩合而成。

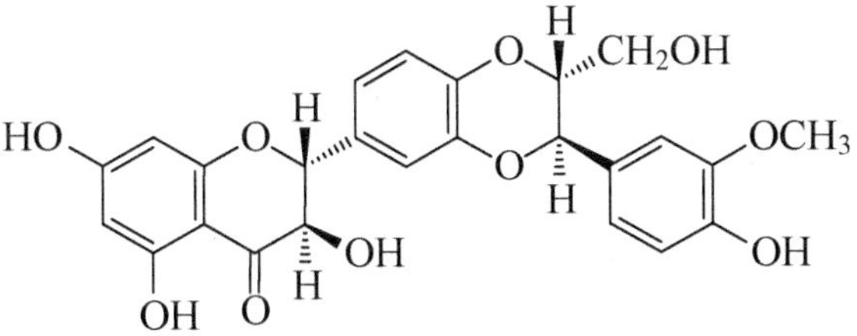

水飞蓟素

14. 黄酮类化合物的理化性质

黄酮类化合物多为结晶性固体，少数为无定形粉末，如黄酮苷类。

黄酮类化合物多数呈黄色，所呈颜色与分子中是否存在交叉共轭体系、含有助色团(—OH、—OCH$_3$ 等)的类型和数目以及取代位置有关。以黄酮为例，其色原酮部分原本无色，但在 2 位上引入苯环后，即形成交叉共轭体系，并通过电子转移、重排，使共轭链延长，因而显现出颜色。

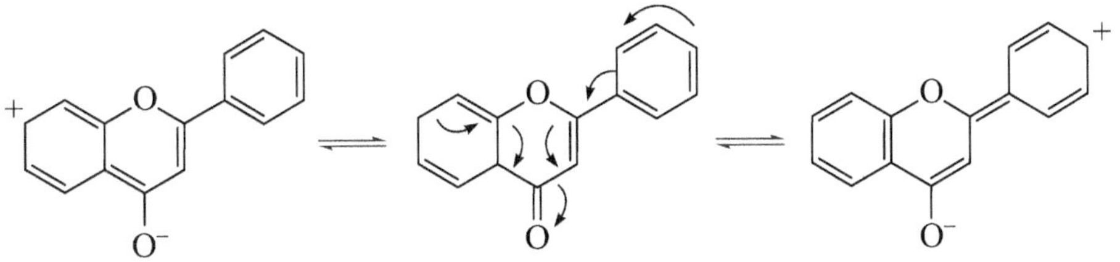

在可见光下，黄酮、黄酮醇及其苷类多显灰黄色至黄色，查耳酮为黄色至橙黄色，二氢黄酮、二氢黄酮醇因不具有交叉共轭体系故不显色，异黄酮类因共轭链短而无色或显微黄色。花色素及其苷的颜色随 pH 不同而改变，一般 pH<7 时显红色，pH=8.5 时显紫色，pH>8.5 时显蓝色。

在紫外光下，黄酮醇类大多呈亮黄色或黄绿色荧光，当 3 位羟基被甲基化或糖苷化后，与黄酮类相似，显暗淡的棕色。查耳酮和橙酮类显深黄棕色或亮黄色的荧光，经氨气熏后转变为橙红色的荧光。异黄酮类呈紫色荧光，花色苷类呈棕色荧光。二氢黄酮类、二氢黄酮醇类和黄烷醇类及其苷类均不显荧光。

游离黄酮类化合物，如二氢黄酮、二氢黄酮醇、二氢异黄酮及黄烷醇因分子中含有手性碳原子，因此均有旋光性，其余类型的黄酮类化合物则无旋光性。黄酮苷类化合物，由于结构中含有糖基，故均有旋光性，且多为左旋。

黄酮类化合物因结构类型及存在状态(如苷或苷元)不同而表现出不同的溶解性。

游离黄酮类化合物，一般难溶或不溶于水，易溶于甲醇、乙醇、丙酮、乙酸乙酯、乙醚等有机溶剂及稀碱水溶液中。其中，黄酮、黄酮醇、查耳酮等为平面型分子，分子与分子间排列紧密，分子间引力较大，故难溶于水；而二氢黄酮及二氢黄酮醇等因 C 环近似呈半椅式结构(如下结构所示)，为非平面型分子，分子排列不紧密，分子间引力减小，有利于水分子进入，故在水中溶解度稍大；异黄酮则因 B 环受吡喃环羰基的立体阻碍，也具有一定的非平面性，故在水中溶解度比平面型分子大；花色素(如花青素)虽为平面型结构，但因以离子形式存在，具有盐的性质，故水中溶解度较大。

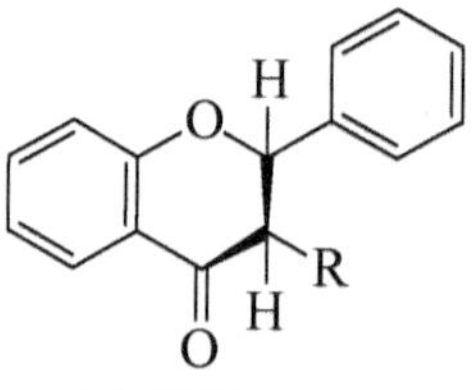

二氢黄酮 R=H
二氢黄酮醇 R=OH

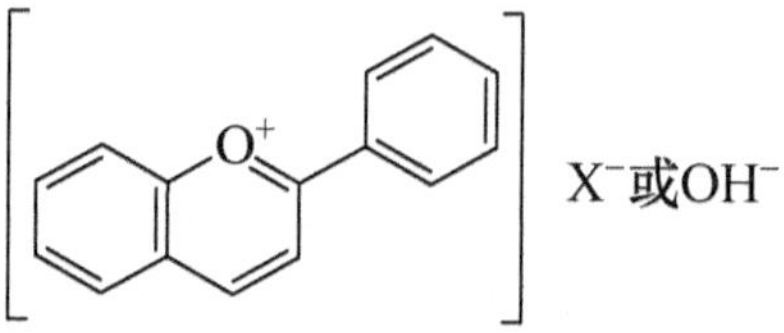

花青素

黄酮类化合物分子中引入羟基，将增加在水中的溶解度；而羟基经甲基化后，则在有机溶剂中的溶解度增加。例如，川陈皮素可溶于石油醚，而多羟基黄酮类化合物一般不溶于石油醚。

黄酮类化合物的羟基苷化后，水溶性增加，脂溶性降低。黄酮苷一般易溶于水、甲醇、乙醇等强极性溶剂中，但难溶或不溶于苯、氯仿、石油醚等有机溶剂中。黄酮苷分子中糖基数目和结合的位置，对溶解度亦有一定的影响。一般多糖苷比单糖苷水溶性大，3 位羟基苷比相应的 7 位羟基苷水溶性大，例如，槲皮素-3-O-葡萄糖苷的水溶性比槲皮素-7-O-葡萄糖苷大，主要原因是由于 3 位糖基与 4

位羰基的立体障碍使分子的平面性减弱而使水溶性增大。

黄酮类化合物因分子中多具有酚羟基，故显酸性，可溶于碱性水溶液以及吡啶、甲酰胺、二甲基甲酰胺等有机溶剂。该类化合物的酸性强弱与酚羟基数目和位置有关。以黄酮为例，其酚羟基酸性由强到弱的顺序依次为：7,4-二 OH > 7 或 4-OH > 一般酚-OH > 5-OH。

7 位和 4′位均有酚羟基的黄酮，在 p-π 共轭效应的影响下，使酸性增强而可溶于碳酸氢钠水溶液中。7 位或 4′位上有酚羟基的黄酮，能溶于碳酸钠水溶液，不溶于碳酸氢钠水溶液。具一般酚羟基的黄酮，能溶于氢氧化钠水溶液；仅有 5 位酚羟基的黄酮，因 5-OH 可与 4 位羰基形成分子内氢键导致其酸性最弱。此性质可用于黄酮类化合物的提取、分离工作。

黄酮类化合物由于分子中的 γ-吡喃环上的 1 位氧原子具有未共享电子对，因此表现出微弱的碱性，可与强无机酸如浓硫酸、浓盐酸等生成锌盐，该锌盐极不稳定，加水后即可分解。

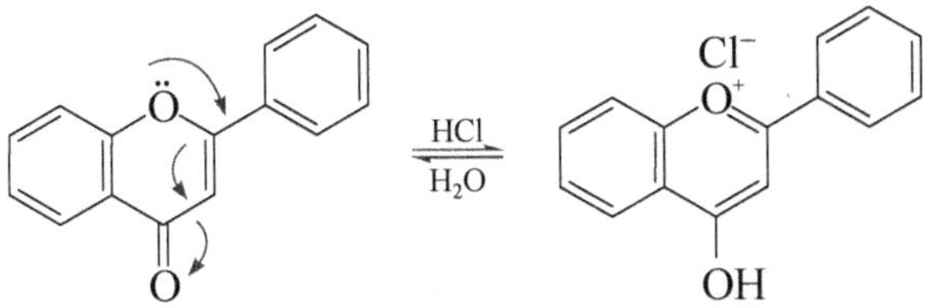

此外，黄酮类化合物溶于浓硫酸时，所生成的锌盐常表现出特殊的颜色，可用于鉴别。例如，黄酮、黄酮醇类显黄色至橙色并有荧光，二氢黄酮类显橙色(冷时)至紫红色(加热时)，查耳酮类显橙红色至洋红色，异黄酮、二氢异黄酮类显黄色，噢咔类显红色至洋红色。

15. 显色反应

黄酮类化合物的显色反应主要是利用分子中的酚羟基和 γ-吡喃酮环的性质。

(1) 盐酸-镁粉反应。此为鉴别黄酮类化合物最常用的颜色反应。具体方法是将样品溶于甲醇或乙醇，加入少许镁粉振摇，再滴加几滴浓盐酸即可显出颜色(必要时微热)。其中，多数黄酮、黄酮醇、二氢黄酮和二氢黄酮醇显橙红色至紫红色，少数显紫色至蓝色，尤其分子中 B 环有—OH 或—OCH₃ 取代时颜色随之加深。而异黄酮、查耳酮、橙酮、儿茶素类则为阴性反应。由于花色素、部分查耳酮、橙酮等单纯在浓盐酸酸性条件下也能产生颜色变化，故应注意区别。必要时需预先做空白对照实验，即在供试液中不加镁粉，仅加入浓盐酸进行观察，若产生红色，则表明供试液中含有花色素或某些查耳酮或某些橙酮等。另外，为避免在该反应中提取液本身颜色较深的干扰，可注意观察加入镁粉后升起的泡沫颜色，如泡沫为红色，即为阳性反应。

盐酸-镁粉反应的机制过去解释为由于生成了花色苷元所致，现在一般认为是由于生成阳碳离子的缘故。

(2) 四氢硼钠反应。四氢硼钠是对二氢黄酮类化合物专属性较高的一种还原剂，二氢黄酮类化合物可被四氢硼钠还原产生红色至紫红色。其他黄酮类化合物均不显色，可与之区别。具体方法是在试管中加入适量的样品甲醇液，再加入等量的 2%NaBH$_4$ 甲醇液，1min 后再加浓盐酸或浓硫酸数滴，生成紫色至紫红色。此反应也可在滤纸上进行，将样品的甲醇液点在滤纸上，喷上 2%NaBH$_4$ 的甲醇液，1min 后熏浓盐酸蒸气，则二氢黄酮类或二氢黄酮醇类的斑点被还原显色。

2.4.3　含黄酮类功能成分的森林资源

1. 槐米

槐米为豆科植物槐(*Sophora japonica*)的花蕾，临床用于便血、痔血、血痢、崩漏、吐血、衄血、肝热目赤、头痛眩晕等症[27]。槐米中主要含有芦丁、槲皮素等黄酮类化合物，还含少量皂苷类及多糖、黏液质等[27]。研究表明，槐米中芦丁含量可高达 20%以上，槐花开放后降至 10%左右[28]。芦丁可用于治疗毛细血管脆性引起的出血症，并用于高血压辅助治疗剂。芦丁还可以作为制备槲皮素、羟乙基槲皮素、羟乙基芦丁、二乙胺基乙基芦丁等的原料。

2. 黄芩

黄芩为唇形科植物黄芩(*Scutellaria baicalensis*)的根，为常用的清热解毒中药，性味苦、寒，归肺、胆、脾、胃、大肠、小肠经，具有清热燥湿、泻火解毒、止血安胎、降血压等功效，临床用于湿温、暑湿、胸闷呕恶、湿热痞满、泻痢、黄疸、肺热咳嗽、高热烦渴、血热吐衄、痈肿疮毒、胎动不安等症[29]。

从黄芩中分离得到黄芩苷、黄芩素、汉黄芩苷、汉黄芩素、木蝴蝶素 A 及二氢木蝴蝶素 A 等 20 余种黄酮类化合物[30]。其中，黄芩苷为主要有效成分，具有抗菌、消炎作用，此外还有降转氨酶的作用[5]。黄芩苷元的磷酸酯钠盐可用于治疗过敏、哮喘等疾病[31]。

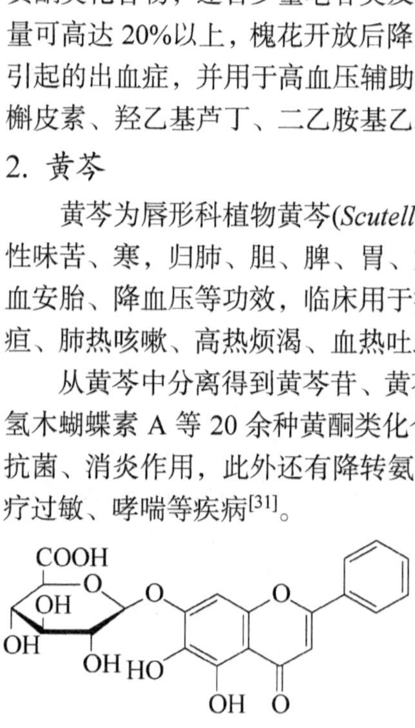

黄芩苷 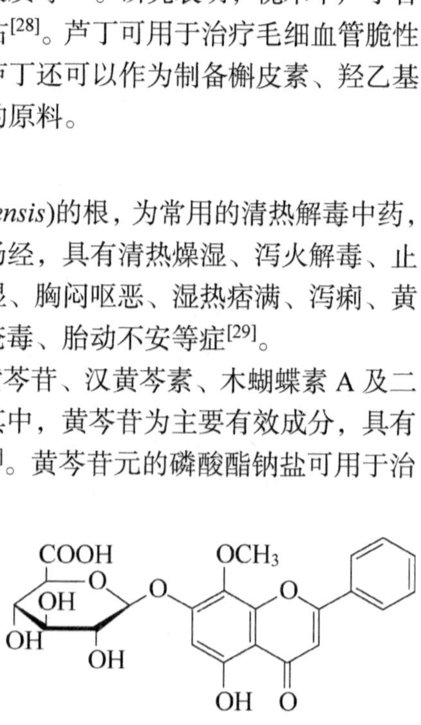　　　　　　　　　　　　　　汉黄芩苷

3. 陈皮

陈皮为芸香科植物橘(*Citrus reticulate*)及其栽培变种的干燥成熟果皮。陈皮具有理气健脾、燥湿化痰的功效，用于胸脘胀满、食少吐泻、咳嗽痰多等症[32]。陈

皮主要含黄酮类成分，如橙皮苷、川陈皮素、新橙皮苷等；此外，陈皮还含丰富的挥发油[32]。

橙皮苷为无色细树枝状针形结晶(pH 6～7 沉淀所得)，熔点 258～262℃。橙皮苷难溶于水，微溶于甲醇及热的乙酸，几乎不溶于丙酮、苯及三氯甲烷，易溶于稀碱及吡啶[33]。

橙皮苷具有维持血管的正常渗透压、减低血管的脆性、缩短流血时间等作用，临床上常作为治疗高血压的辅助药和止血药[7]。

4. 银杏叶

银杏叶为银杏科植物银杏(*Ginkgo biloba*)的干燥叶，具有活血化瘀、通络止痛、敛肺平喘等功效，临床用于肺虚咳喘、冠心病、心绞痛、高血脂等病症[34]。

银杏叶中的主要化学成分为黄酮类和萜内酯类化合物。黄酮类化合物根据其结构可分为 3 类：单黄酮类、双黄酮类和儿茶素等[35]。单黄酮类化合物主要为槲皮素、山柰酚和异鼠李素及它们形成的苷类物质，双黄酮类化合物主要有银杏双黄酮、异银杏双黄酮、去甲银杏双黄酮、穗花杉双黄酮、金松双黄酮及 1-5′-甲氧基去甲银杏双黄酮等，儿茶素类主要有儿茶素、表儿茶素、没食子酸儿茶素和表没食子酸儿茶素等[35]。萜内酯主要有银杏内酯 A、B、C、M、J 和白果内酯等[34]。

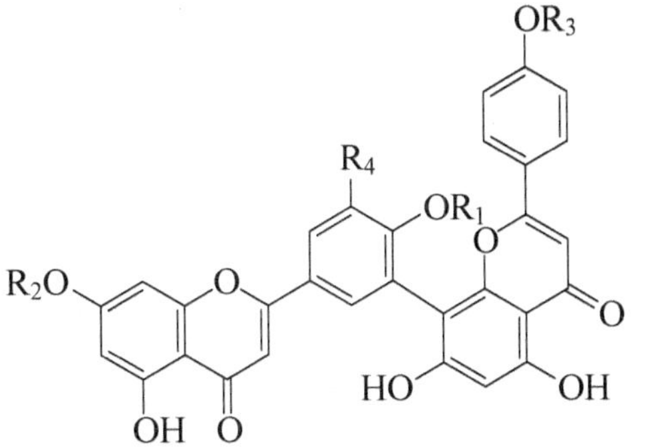

穗花杉双黄酮	$R_1=R_2=R_3=R_4=H$	
去甲银杏双黄酮	$R_1=CH_3$	$R_2=R_3=R_4=H$
异银杏双黄酮	$R_1=R_3=CH_3$	$R_2=R_4=H$
银杏双黄酮	$R_1=R_2=CH_3$	$R_3=R_4=H$
金松双黄酮	$R_1=R_2=R_3=CH_3$	$R_4=H$
1-5′-甲氧基去甲银杏双黄酮	$R_1=CH_3$ $R_2=R_3=H$ $R_4=OCH_3$	

银杏黄酮类化合物可以扩张血管，增加冠脉及脑血管流量，降低血黏度，改善脑循环，是临床上治疗心脑血管疾病的有效药物。银杏现多用其总提取物，提取物中以黄酮类化合物为主，含少量萜内酯。

2.5 生物碱类功能成分

2.5.1 概述

生物碱(alkaloid)是指含有负氧化态的氮原子，存在于生物有机体中的非初级代谢产物的一类化合物。一般来说，生物界除生物体必需的含氮有机化合物(如氨基酸、氨基糖、肽类、蛋白质、核酸、核苷酸及含氮维生素)外，其他含氮有机化合物均可视为生物碱。

生物碱多呈碱性，可与酸成盐，多具有显著的生理活性。生物碱大多有较复杂的环状结构，氮原子结合在环内。自 1806 年德国学者 F. W. Sertuner 从鸦片中分离出吗啡以来，迄今从自然界提取分离得到的生物碱类化合物已经超过 10 000 种，应用于临床的生物碱类药物已达百种，如黄连中的小檗碱(berberine)、麻黄中的麻黄碱(ephedrine)、萝芙木中的利血平(reserpine)、喜树中的喜树碱(camptothecine)、罂粟中的可待因(codeine)、红豆杉中的紫杉醇(taxol)等。

生物碱在动物中发现的极少，主要分布于植物界，且绝大多数存在于双子叶植物中，如豆科植物苦参、苦豆子，茄科植物洋金花、颠茄、莨菪，防己科植物汉防己、北豆根，罂粟科植物罂粟、延胡索，毛茛科植物黄连、乌头、附子等。单子叶植物也有少数科属含有生物碱，如百合科、石蒜科、兰科等，百合科中较重要的中药有川贝母、浙贝母等。裸子植物中除麻黄科、三尖杉科、红豆杉科、粗榧科等少数几科外，大多不含生物碱。低等植物除已知某些菌类(麦角菌)外，含生物碱者极少。生物碱在植物体内的分布，对某些植物来说可能分布于全株，但多数集中在某一器官。例如，金鸡纳生物碱主要分布在金鸡纳树皮中，麻黄生物碱在麻黄髓部含量高。生物碱在不同植物中含量差别也很大，如黄藤中含掌叶防己碱(palmatine)高达 4%，黄连根茎中含生物碱 7%以上，而抗肿瘤成分美登素(maytansine)在卵叶美登木(*Maytenus ovatus*)中得率仅为千万分之二。

由于同一植物中的生物碱生物合成途径往往相似，因此化学结构也往往类似，同科同属的植物往往有同一母核或结构相同的化合物，如茄科茄属果实中所含有的生物碱都是甾体生物碱。但同一生物碱可分布在同科不同属的植物中，如茄科的颠茄属、曼陀罗属、莨菪属植物均含有莨菪碱。同一生物碱也可分布在不同科的植物中，如小檗碱存在于毛茛科的黄连中，也存在于小檗科的小檗、芸香科的黄柏中。

在植物体内，绝大多数生物碱以与共存的有机酸(如柠檬酸、草酸、酒石酸等)结合成生物碱盐的形式而存在，少数生物碱与无机酸(如盐酸、硫酸等)结合成盐，部分碱性极弱的生物碱呈游离状态，极少数生物碱以酯、苷或氮氧化物的形式存在。

生物碱多具有显著而特殊的生物活性。例如,具有抗肿瘤活性的 10-羟基喜树碱(10-hydroxy camptothecine)、长春碱(vinblastine)、秋水仙碱(colchicine)、三尖杉碱(cephalotaxin)、紫杉醇(taxol),作用于神经系统的樟柳碱(anisodine)、东莨菪碱(scopolamine)、野百合碱(猪屎豆碱, crotaline)、胡椒碱(piperine)、延胡索乙素(tetrahydropalmatine)、蝙蝠葛苏林碱(daurisoline),作用于心血管系统的野罂粟总生物碱、钩藤碱(rhynchophylline)和异钩藤碱(isorhynchophylline),具有抗菌活性的苦参碱(matrine),具有抗病毒活性的槐果碱(sophocarpine),具有抗艾滋病活性的triptonine A 和 hypoglaunine B。另外,苦参碱、烟碱(nicotine)、小檗碱、莨菪碱、博落回碱(bocconine)、马钱子碱(brucine)、雷公藤碱(tripterygine)、百部碱(stemonine)、甾醇生物碱等多种生物碱对不同种类害虫均表现出较强的麻醉、忌避、拒食、触杀、抑制生长发育等活性。此外,在保健方面应用较多的肉碱(carnitine)是产生能量和脂肪代谢必需的生理物质,可加速脂肪的消耗,从而达到减肥、降脂的目的。

2.5.2　生物碱类功能成分的结构与分类

生物碱的分类方法有多种,有的按植物来源分类(如苦参生物碱、乌头碱等),有的按其生理活性分类(如降压生物碱利血平、镇痛生物碱吗啡),有的按化学结构分类(如吡啶类生物碱、异喹啉类生物碱),也有的按其生源途径进行分类(如由鸟氨酸、赖氨酸、色氨酸衍生的生物碱等)。本章按照生源途径结合化学结构类型分类的方法来介绍。

生物碱主要包括吡咯烷类、莨菪烷类、吡咯里西啶类、哌啶类、吲哚里西啶类和喹诺里西啶类生物碱。

1. 吡咯烷类生物碱

吡咯烷类生物碱结构较简单,数量较少,母核为吡咯及四氢吡咯,常见的如益母草(*Leonurus artemisia*)中的水苏碱(stachydrine)、山莨菪(*Anisodus tanguticus*)中的红古豆碱(cuscohygrine)等。红古豆碱无显著的生理活性,可作为原料经过结构改造应用于临床,有类似于阿托品样的作用,如舒张平滑肌、抑制腺体分泌等。

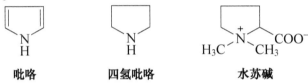

吡咯　　　　　四氢吡咯　　　　　水苏碱

2. 莨菪烷类生物碱

莨菪烷类生物碱母核由吡咯与哌啶骈合，多为莨菪烷的 C3-醇羟基和有机酸缩合成酯，主要存在于茄科的颠茄属(*Atropa*)、曼陀罗属(*Datura*)和天仙子属(*Hyoscyamus*)中，如莨菪碱(hyoscyamine)、东莨菪碱(scopolamine)等。

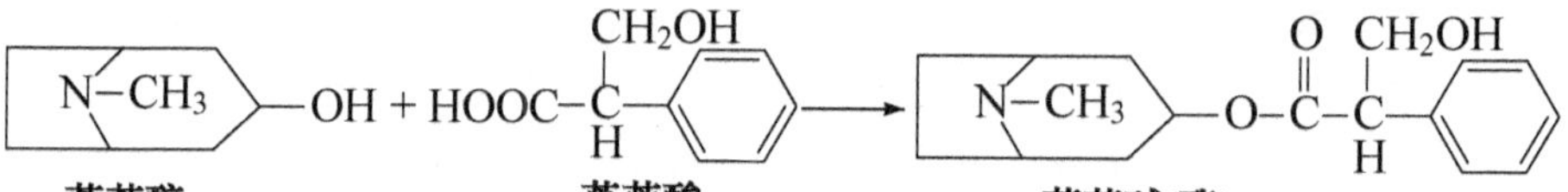

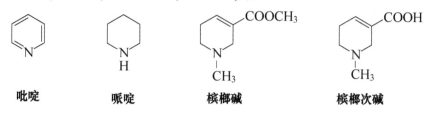

3. 吡咯里西啶类生物碱

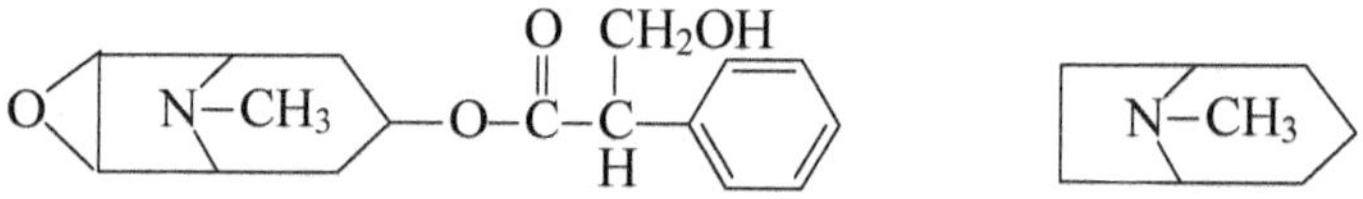

吡咯里西啶类生物碱由两个吡咯烷共用一个氮原子稠合而成，主要分布于菊科千里光属(*Senecio*)植物中，如大叶千里光碱(macrophylline)、野百合碱(monocrotaline)等。

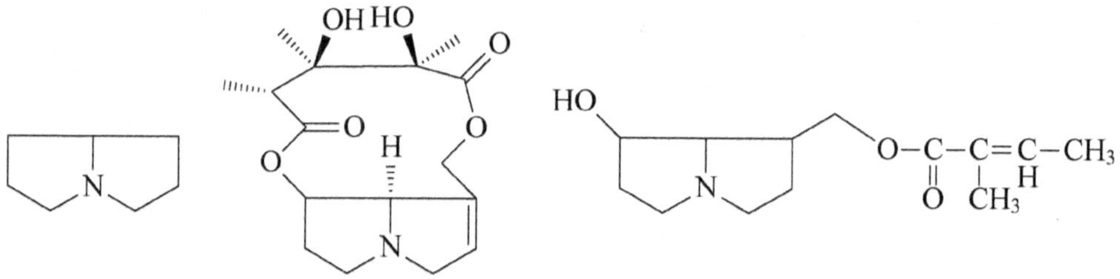

野百合碱　　　　大叶千里光碱

吡咯里西啶

4. 哌啶类生物碱

哌啶类生物碱结构母核为吡啶或四氢吡啶(哌啶)，自然界存在的以哌啶类为多。代表性生物碱如胡椒(*Piper nigrum*)中的胡椒碱(piperine)、槟榔(*Areca catechu*)中的槟榔碱(arecoline)和槟榔次碱(arecaidine)等。

吡啶　　　哌啶　　　槟榔碱　　　槟榔次碱

5. 吲哚里西啶类生物碱

吲哚里西啶类生物碱为哌啶和吡咯共用一个氮原子稠合而成，数目较少，主要分布于大戟科一叶萩属(Securinega)植物中，如一叶萩(Flueggea suffruticosa)中的一叶萩碱(securinine)、娃儿藤(Tylophora ovata)中的娃儿藤碱(tylophorine)等。

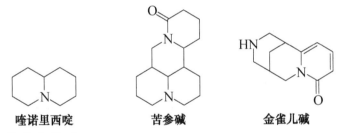

吲哚里西啶　　　**一叶萩碱**　　　　　　　　　　**娃儿藤碱**

6. 喹诺里西啶类生物碱

喹诺里西啶类生物碱为两个哌啶共用一个氮原子稠合而成，主要分布于豆科、石松科等，如野决明(Thermopsis lupinoides)中的金雀儿碱(cytosine)和苦参(Sophora flavescens)中的苦参碱(matrine)等。

喹诺里西啶　　　　　**苦参碱**　　　　　　　**金雀儿碱**

7. 苯丙胺类类生物碱

苯丙胺类类生物碱数目较少，是一类氮原子不在环内的生物碱，如麻黄中的麻黄碱(ephedrine)和伪麻黄碱(pseudoephedrine)、仙人掌(Opuntia stricta)中的仙人掌碱(mescaline)、大麦(barley)中的大麦芽碱(hordenine)等。

苯丙胺　　　　　　**仙人掌碱**　　　　　　　**大麦芽碱**

8. 苄基苯乙胺类生物碱

苄基苯乙胺类生物碱几乎全分布于石蒜科的石蒜属(*Lycoris*)、水仙属(*Narcissus*)及网球花属(*Haemanthus*)等植物中，如石蒜碱(lycorine)、加兰他敏(galanthamine)等。

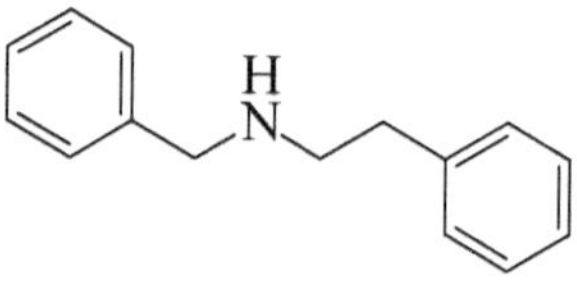

苄基苯乙胺 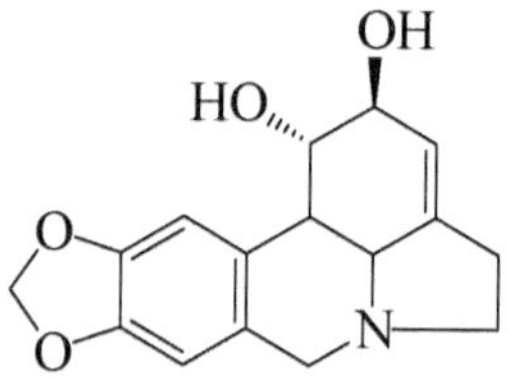　　　　　　**石蒜碱** 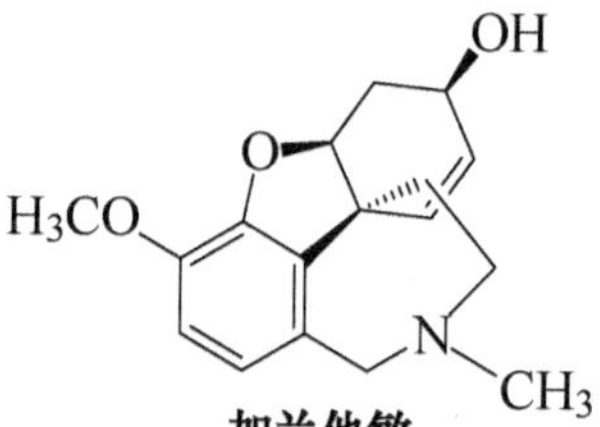　　　　　　　　**加兰他敏**

9. 异喹啉类生物碱

异喹啉类生物碱是目前在药用植物中发现最多的一类生物碱,结构类型较多。

小檗碱类和原小檗碱类生物碱可以看成是两个异喹啉环稠合而成，依据母核结构中 C 环氧化程度的不同，分为小檗碱类和原小檗碱类。前者多为季铵碱，如黄连中的小檗碱(berberine)；后者多为叔胺碱，如延胡索(*Corydalis yanhusuo*)中的延胡索乙素(dl-tetrahydropalmatine)。

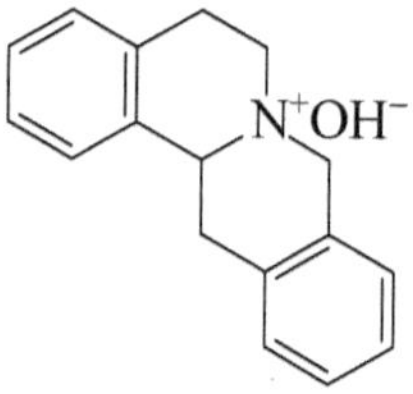

小檗碱类 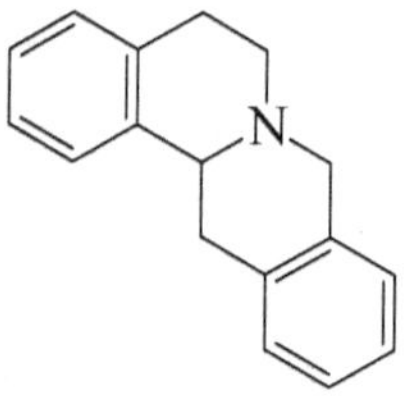　　　　　　**原小檗碱类** 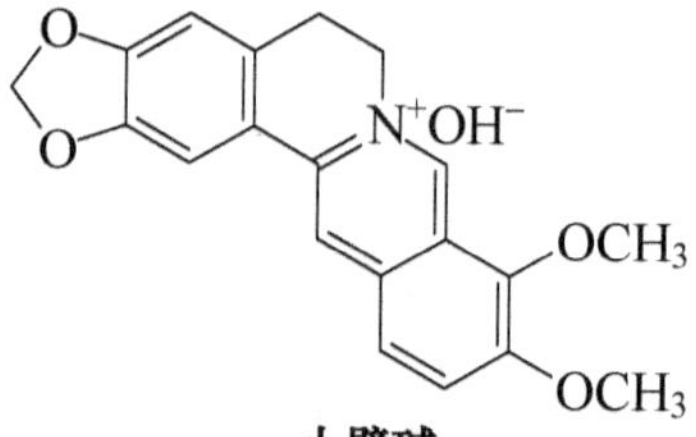　　　　　　**小檗碱**

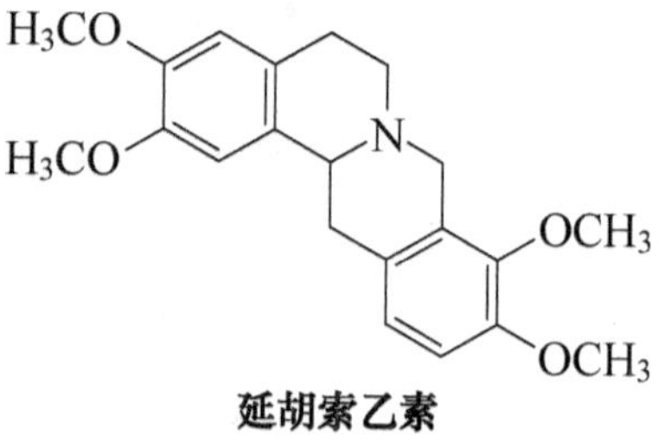

延胡索乙素

10. 苄基异喹啉类生物碱

苄基异喹啉类生物碱为异喹啉 1 位连有苄基的一类生物碱，如罂粟(*Papaver somniferum*)中的罂粟碱(papaverine)、厚朴(*Magnolia officinalis*)中的厚朴碱(magnocurarine)、乌头(*Aconitum carmichaeli*)中的去甲乌药碱(higenamine)等。

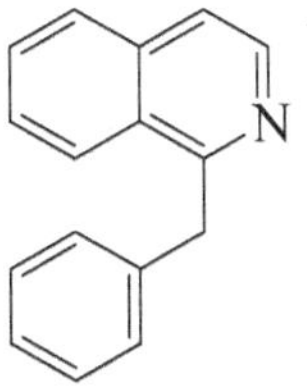

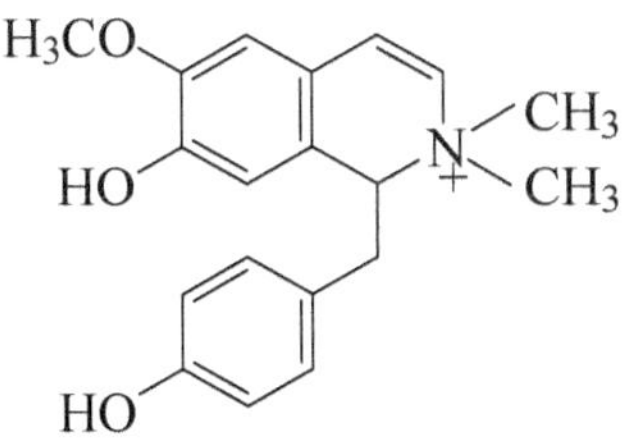

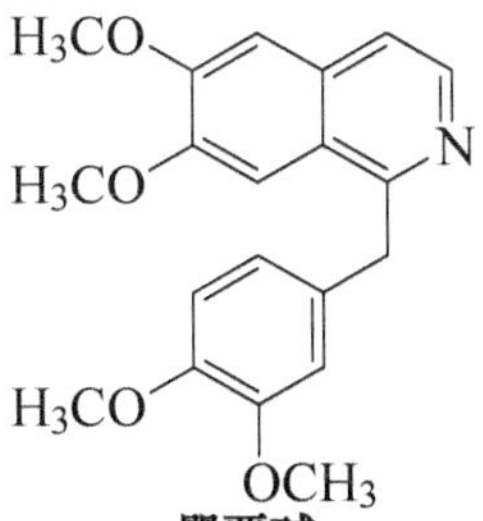

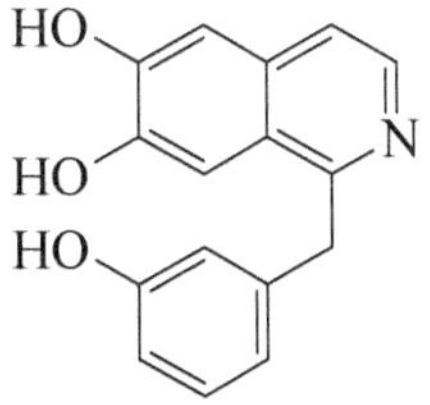

苄基异喹啉　　　　**厚朴碱**　　　　　**罂粟碱**　　　　**去甲乌药碱**

11. 双苄基异喹啉类生物碱

双苄基异喹啉类生物碱是由两个苄基异喹啉通过若干个醚键相连接的一类生物碱，如北豆根(*Menispermum dauricum*)中的主要酚性碱蝙蝠葛碱(dauricine)、防己科汉防己(*Stephania tetrandra*)中的汉防己甲素(tetrandrine)和汉防己乙素(fangchinoline)等。

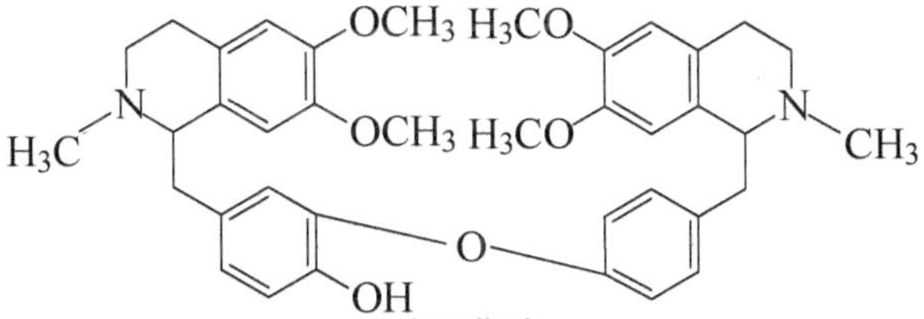

蝙蝠葛碱

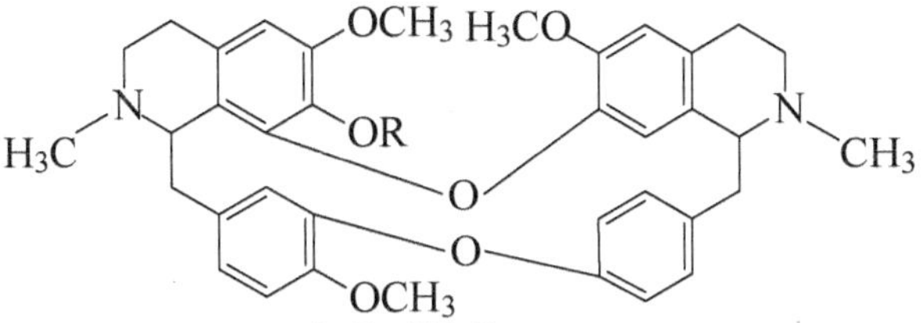

汉防己甲素 R=CH₃
汉防己乙素 R=H

12. 吗啡烷类生物碱

吗啡烷类生物碱既属于苄基异喹啉类衍生物，又可看成是菲的部分饱和衍生物。代表性生物碱如吗啡(morphine)、可待因(codeine)、蒂巴因(thebaine)，以及青风藤(*Sinomenium acutum*)中的青风藤碱(sinomenine)等。

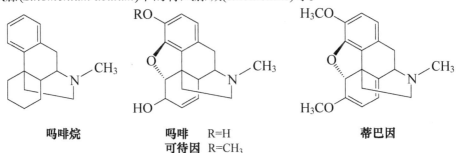

吗啡烷　　　　**吗啡**　　R=H　　　　**蒂巴因**
　　　　　　　　可待因　R=CH₃

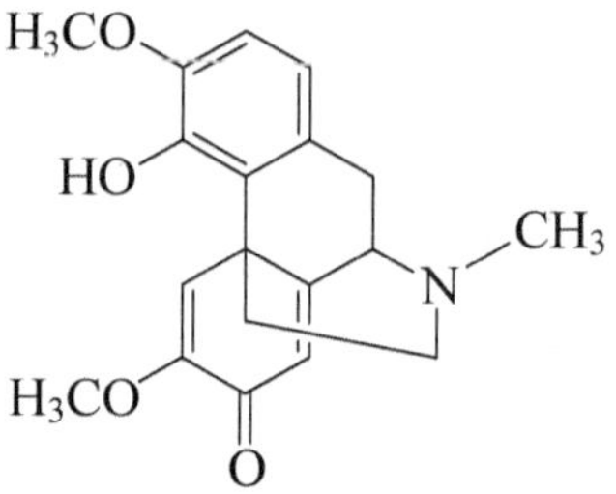

青风藤碱

13. 喹啉类和吖啶酮类生物碱

喹啉类和吖啶酮类生物碱主要分布于芸香科植物中。例如，白鲜(*Dictamnus dasycarpus*)根皮中的白鲜碱(dictamnine)、鲍氏山油柑(*Acronychia baueri*)树皮中具有显著抗肿瘤活性的山油柑碱(acronycine)等。

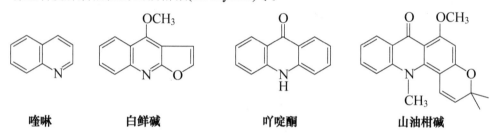

喹啉　　　　　白鲜碱　　　　　吖啶酮　　　　　山油柑碱

14. 萜类生物碱

萜类生物碱的主要生物合成途径为甲戊二羟酸途径，包括单萜类、倍半萜类、二萜类和三萜类生物碱。

1) 单萜类生物碱

单萜类生物碱主要为环烯醚萜衍生的生物碱，多分布于龙胆科植物中，且常与单萜吲哚类生物碱共存，如猕猴桃碱(actinidine)、龙胆碱(gentianine)等。

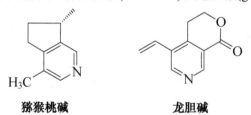

猕猴桃碱　　　　　龙胆碱

2) 倍半萜类生物碱

倍半萜类生物碱主要分布于兰科石斛属和睡莲科萍蓬草属植物中，如石斛碱(dendrobine)、萍蓬汀(nupharidine)等。

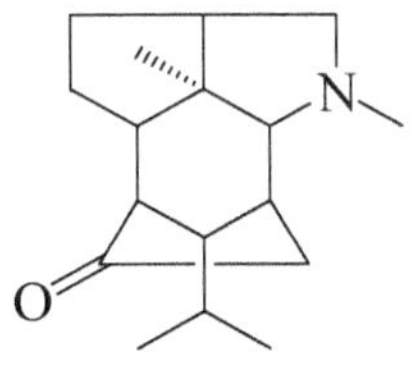

石斛碱 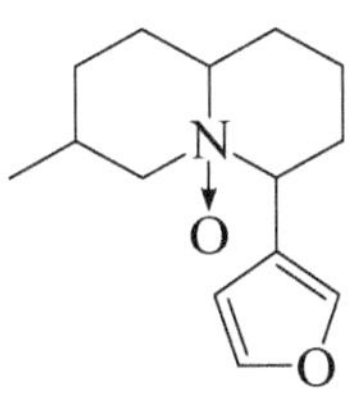　　　　　　　　**萍蓬汀**

3) 二萜类生物碱

　　该类生物碱基本母核为四环二萜或五环二萜，主要存在于毛茛科乌头属、翠雀属和飞燕草属植物中，如乌头碱(aconitine)、3-乙酰乌头碱(3-acetylaconitine)、高乌碱甲(lappaconitine A)、牛扁碱(lycoctonine)，以及红豆杉属植物中的紫杉醇(taxol)等。

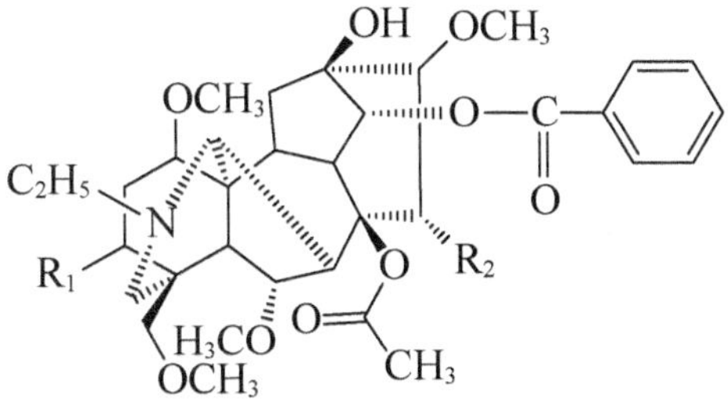

乌头碱　　　　　　$R_1=R_2=OH$
3-乙酰乌头碱　　$R_1=OAc$　$R_2=OH$

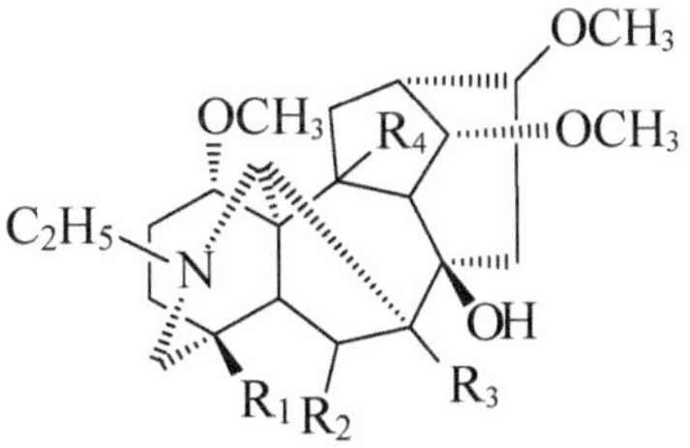

高乌碱甲　$R_1=OOCC_6H_4NHCOCH_3$
　　　　　　$R_2=R_3=H$　$R_4=OH$
牛扁碱　　$R_1=CH_2OH$
　　　　　　$R_2=OCH_3$
　　　　　　$R_3=OH$　$R_4=H$

4) 三萜类生物碱

　　三萜类生物碱较少，主要分布于交让木科(Daphniphyllaceae)交让木属植物，如交让木碱(daphniphylline)等。

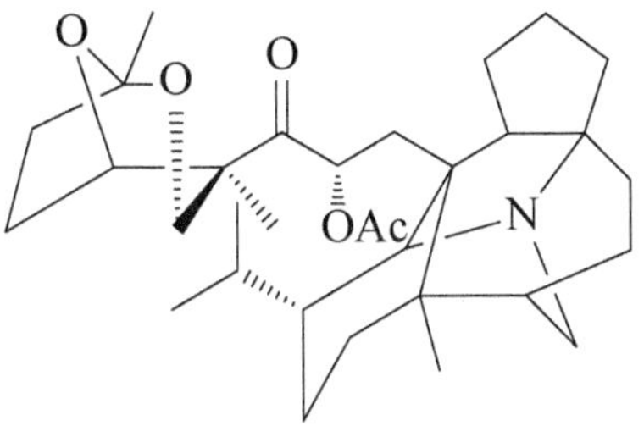

交让木碱

15. 甾体类生物碱

　　甾体类生物碱结构中都有甾体母核，但氮原子不在甾体母核内，根据甾核的骨架可分为孕甾烷(C21)生物碱、环孕甾烷(C24)生物碱和胆甾烷(C27)生物碱，胆甾烷生物碱又可再分为胆甾烷碱类及异胆甾烷碱类。

1) 孕甾烷生物碱

孕甾烷生物碱均具有 C21 甾体母核，主要分布于夹竹桃科植物中，少数在黄杨木科植物中，如康斯生(conssine)等。

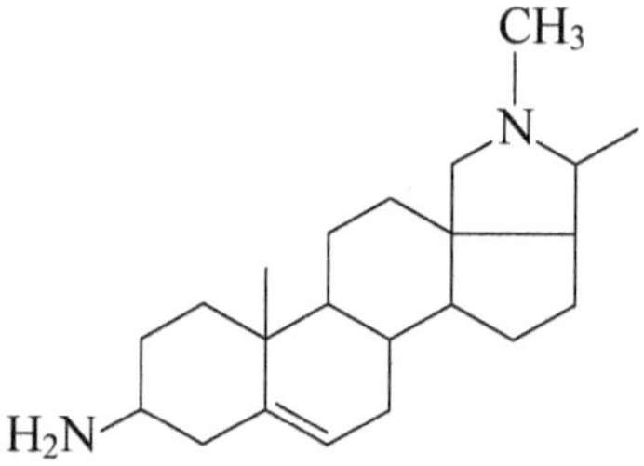

康斯生

2) 环孕甾烷生物碱

环孕甾烷生物碱仅分布于黄杨科植物中，如黄杨科黄杨属植物中的环常绿黄杨碱 D(cyclovirobuxine-D)。

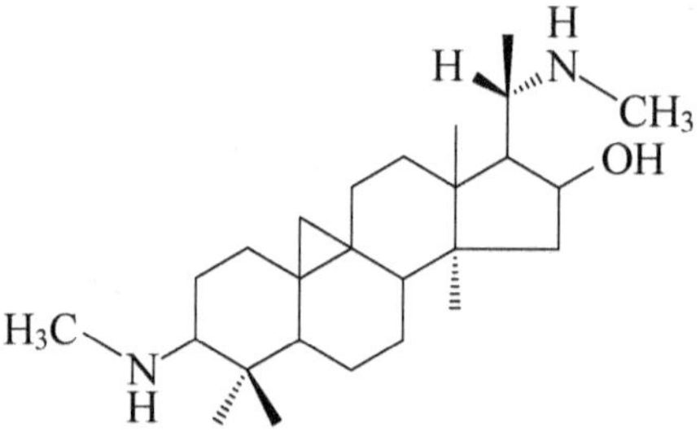

环常绿黄杨碱D

3) 胆甾烷生物碱

胆甾烷生物碱均具有胆甾烷或异胆甾烷的基本母核，如属于胆甾烷碱类的维藜芦胺(veralkamine)、辣茄碱(solanocapsine)等，以及属于异胆甾烷碱类的浙贝甲素(verticine)、藜芦胺(veratramine)等。

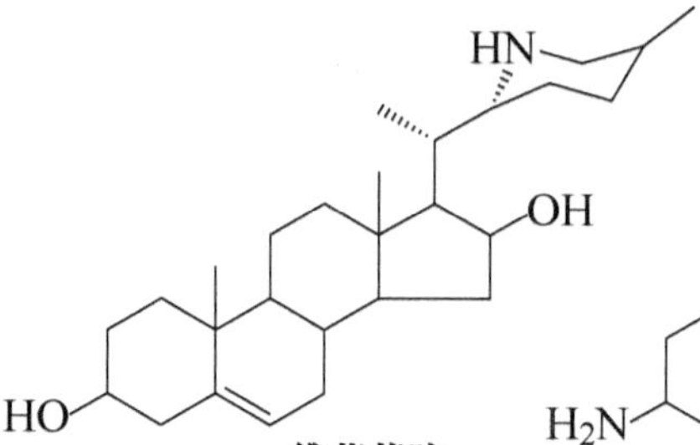

维藜芦胺 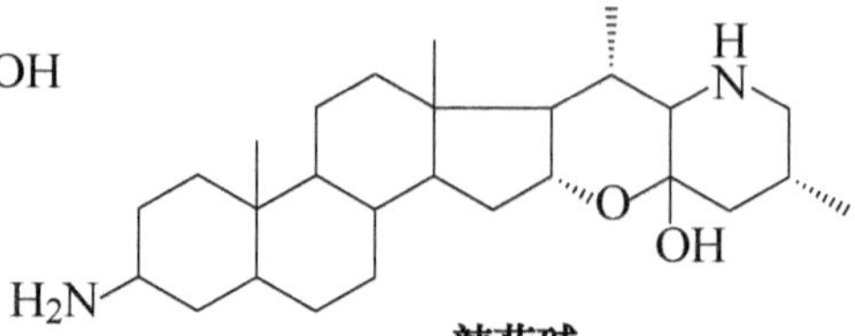　　　　　　　　**辣茄碱**

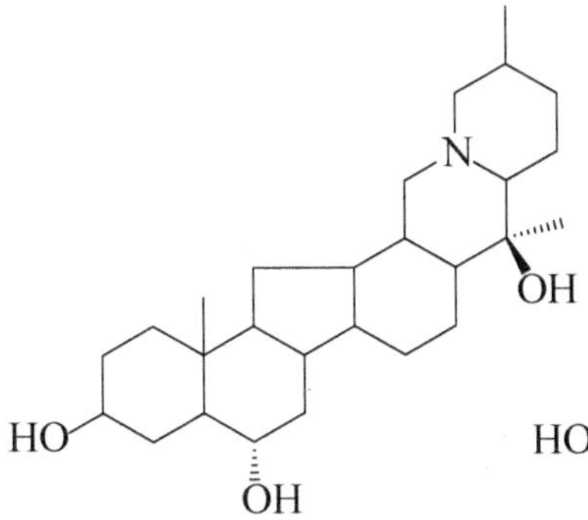

浙贝甲素 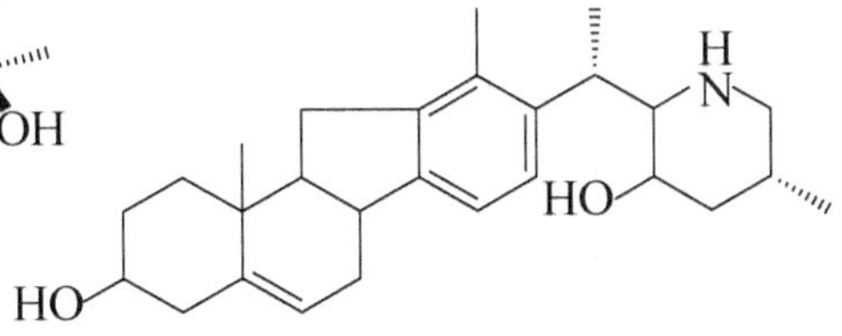　　　　　　　　　　　　　　藜芦胺

除了常见的生物碱类型外，一些较少关注的生物碱逐渐被发现，并显示出多方面的生理活性，如环肽类生物碱、糖苷类生物碱、多羟基生物碱、胍盐类生物碱等。

16. 生物碱的理化性质

1) 物理性质

生物碱多数为结晶形固体，有些为无定形粉末。少数分子较小、结构中无氧原子或氧原子结合成酯键的生物碱呈液体状态，如烟碱、毒芹碱(coniine)、槟榔碱等。

生物碱一般呈无色或白色，少数具有高度共轭体系及助色团的生物碱显颜色，如喜树碱结构中喹啉环与不饱和内酰胺环形成连续的共轭体系而呈淡黄色。小檗碱为黄色，但若被还原成四氢小檗碱，则因共轭体系减小而变为无色。一叶萩碱由于氮上的孤对电子与共轭系统形成跨环共轭而显淡黄色，当它与酸生成盐时，由于孤对电子与酸质子的结合，不再形成跨环共轭系统则变成无色。

少数液体生物碱及小分子固体生物碱如麻黄碱、烟碱等具挥发性。极少数生物碱还具有升华性，如咖啡因(caffeine)、川芎嗪(ligustrazine)等。

生物碱多具苦味，少数具有特殊味，如甜菜碱(betaine)具有甜味等。

大多数生物碱的分子结构中含有手性碳原子且结构不对称，表现出旋光性。影响生物碱旋光性的因素主要有手性碳的构型、测定溶剂及 pH、浓度等。例如，麻黄碱在水中呈右旋光性而在三氯甲烷中呈左旋光性，北美黄连碱(hydrastine)在95%以上乙醇中呈左旋光性而在稀乙醇中呈右旋光性，长春碱为右旋光性但其硫酸盐为左旋光性。

生物碱的生理活性与其旋光性密切相关。通常左旋体的生理活性比右旋体强，如乌头中具有强心作用的是左旋去甲乌药碱，而存在于其他植物中的右旋体则无强心作用。又如，L-莨菪碱的扩瞳作用比 D-莨菪碱强 100 倍。也有少数生物碱右旋体的生理活性强于左旋体，如 D-古柯碱局部麻醉作用强于 L-古柯碱。

生物碱的溶解性与结构中氮原子的存在状态、分子的大小、结构中官能团的种类和数目及溶剂的种类等诸因素有关。

(1) 游离生物碱

① 亲脂性生物碱。大多数叔胺碱和仲胺碱为亲脂性，一般能溶于有机溶剂，易溶于亲脂性有机溶剂，如苯、乙醚、卤代烷类，尤其易溶于三氯甲烷。亲脂性生物碱可溶于酸水，不溶或难溶于水和碱水。

② 亲水性生物碱。主要指季铵碱和某些含氮-氧化物的生物碱。这些生物碱可溶于水、甲醇、乙醇，难溶于亲脂性有机溶剂。某些生物碱既有一定程度的亲水性，可溶于水、醇类，也可溶于亲脂性有机溶剂，如麻黄碱、苦参碱、氧化苦参碱、东莨菪碱、烟碱等。这些生物碱的结构特点往往是分子较小，或具有醚键、配位键，或为液体等。

③ 具特殊官能团的生物碱。具酚羟基或羧基的生物碱称为两性生物碱(具有酚羟基者常称为酚性生物碱)，如吗啡、小檗胺(berbamine)、槟榔次碱等，这些生物碱既可溶于酸水，也可溶于碱水，但在 pH8～9 时溶解度最小，易产生沉淀。还有一些具内酯或内酰胺结构的生物碱，难溶于冷的苛性碱溶液，但在热苛性碱溶液中可开环形成羧酸盐而溶于水中，继之加酸又可环合析出。

(2) 生物碱盐

生物碱盐一般易溶于水，可溶于醇类有机溶剂，难溶于亲脂性有机溶剂。生物碱在酸水中成盐溶解，调碱性后又游离析出沉淀。但碱性极弱的生物碱与酸不易生成盐，仍以游离碱的形式存在，或生成的盐不稳定，其酸水液无须碱化，即可用三氯甲烷萃取出游离碱。生物碱盐类在水中溶解度大小与成盐所用酸的种类有关。通常生物碱的无机酸盐水溶性大于有机酸盐，无机酸盐中含氧酸盐的水溶性大于卤代酸盐，卤代酸盐中生物碱盐酸盐水溶性最大而氢碘酸盐的水溶性最小，有机酸盐中小分子有机酸盐水溶性大于大分子有机酸盐，多元酸盐的水溶性大于一元酸盐。

有些生物碱或生物碱盐的溶解性不符合上述规律，如石蒜碱难溶于有机溶剂而溶于水，喜树碱不溶于一般有机溶剂而易溶于酸性三氯甲烷，小檗碱盐酸盐、麻黄碱草酸盐、普托品硝酸盐和盐酸盐等难溶于水，奎宁、奎尼定(quinidine)、辛可宁(cinchonine)、吐根酚碱(cephaeline)、罂粟碱等的盐酸盐溶于三氯甲烷。

2) 化学性质

生物碱分子结构中都含有氮原子，通常具有碱性，其碱性的强弱与多种因素有关。

根据 Lewis 酸碱电子理论，凡是能给出电子的电子授体即为碱，能接受电子的电子受体即为酸。生物碱分子中氮原子上的孤电子对能给出电子，因而显碱性。常以水作溶剂测定生物碱的碱性强弱，此时水为酸，生物碱从水中接受质子生成其共轭酸。

$$B + H_2O \Longrightarrow BH^+ + OH^-$$

碱　　酸　　　共轭酸 共轭碱

生物碱的碱性越强，接受质子的能力越强，生成生物碱的共轭酸浓度越高；或者说，生物碱的共轭酸越稳定，化学反应向右移动，生物碱碱性越强，反之，生物碱碱性越弱。

目前，生物碱的碱性强弱统一用生物碱共轭酸的酸式离解指数 pK_a 表示：

$$pK_a = pK_w - pK_b = 14 - pK_b$$

其中，pK_w 为水的电离指数；pK_b 为碱式电离指数。pK_a 值与生物碱的碱性大小成正比，即 pK_a 值越大，生物碱的碱性越强；反之，pK_a 值越小，生物碱的碱性越弱。

通常情况下，根据生物碱的 pK_a 值大小，可将生物碱按碱性强弱分为：强碱($pK_a > 11$)，如季铵碱、胍类生物碱；中强碱($pK_a 7\sim11$)，如脂胺、脂杂环类生物碱；弱碱($pK_a 2\sim7$)，如芳香胺、六元芳氮杂环类生物碱；极弱碱($pK_a < 2$)，如酰胺、五元芳氮杂环类生物碱。

生物碱的碱性强弱与氮原子的杂化方式、电子云密度、空间效应及分子内氢键的形成等因素有关。

(1) 氮原子杂化方式的影响。生物碱分子中氮原子的孤对电子都处于杂化轨道上，其碱性随杂化轨道中 p 电子成分比例的增加而增加，即 sp3>sp2>sp。一般地，脂肪胺、脂氮杂环类生物碱的氮原子为 sp3 杂化，为中强碱；芳香胺、六元芳氮杂环类生物碱的氮原子为 sp2 杂化，为弱碱；而氰基中的氮原子为 sp 杂化，碱性极弱，几近中性。例如，异喹啉(sp2 杂化氮，pK_a5.4)的碱性弱于四氢异喹啉(sp3 杂化氮，pK_a9.5)；烟碱分子中的两个氮原子因杂化不同导致碱性不同，吡啶环上的氮(N1，sp2 杂化，pK_a3.3)碱性弱于四氢吡咯环上的氮(N2，sp3 杂化，pK_a8.0)。

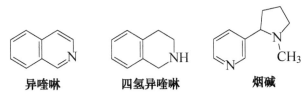

异喹啉　　　　　四氢异喹啉　　　　　烟碱

生物碱分子中氮原子若以它的孤对电子成键时，则生成一价阳离子的季铵型生物碱，此时氮阳离子和羟基以离子键形式结合，呈强碱性，如小檗碱的 pK_a11.5。

(2) 诱导效应的影响。生物碱分子中氮原子上的电子云密度受到氮原子附近供电基(如烷基)和吸电基(如含氧基团、芳环、双键)诱导效应的影响，导致碱性发生改变。供电诱导使氮原子核外电子云密度增加，接受质子的能力增强，因而碱性增强；吸电诱导使氮原子核外电子云密度减小，接受质子的能力减弱，而碱性降低。例如，麻黄碱的碱性(pK_a9.58)强于去甲麻黄碱(pK_a9.00)是由于麻黄碱氮原子上的甲基供电诱导的结果，而二者的碱性弱于苯异丙胺(pK_a9.80)则是由于前二者氨基碳原子的邻位上羟基吸电诱导所致。

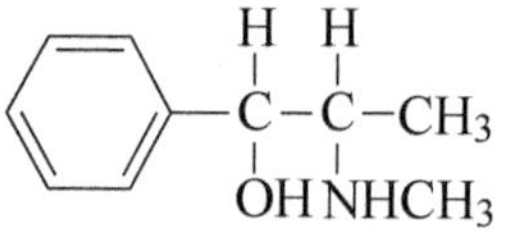

麻黄碱 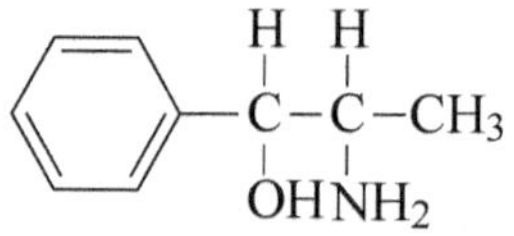　　　　　　　　去甲麻黄碱 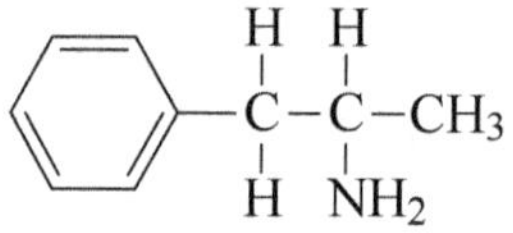　　　　　　　　苯异丙胺

　　一般来说，双键和羟基的吸电子诱导效应使生物碱的碱性减弱。但具有氮杂缩醛结构的生物碱常易于质子化而呈强碱性，氮原子邻位碳原子上具 α、β 双键或 α-羟基者可异构化形成季铵碱，使碱性增强。例如，醇胺型小檗碱即具有氮杂缩醛结构，其氮原子上的孤对电子与 α-羟基的 C-O 单键的 σ 电子发生转位，形成稳定的季铵型小檗碱而呈强碱性。

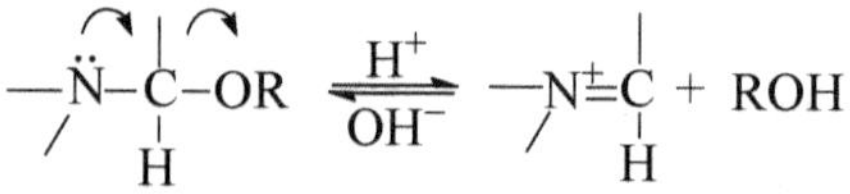

氮杂缩醛

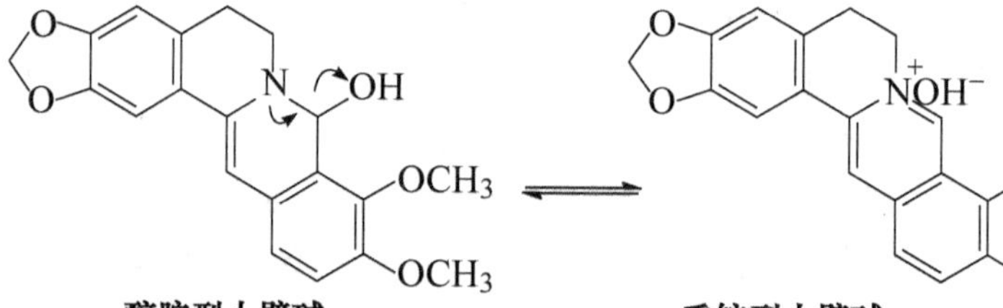

醇胺型小檗碱　　　　　　　　　　季铵型小檗碱

　　若氮杂缩醛体系中氮原子处于桥头，则因其本身所具有的刚性结构而不能发生转位，使叔胺型变为季铵型，其双键或羟基只能起吸电子效应使碱性减弱。例如，阿马林(amaline)的 N4 虽然有 α-羟基，但其为桥头氮，氮原子上的孤电子对不能转位，故碱性中等(pK_a8.15)。伪士的宁(pseudostrychnine)的碱性(pK_a5.60)小于士的宁(pK_a8.29)的原因亦是如此。

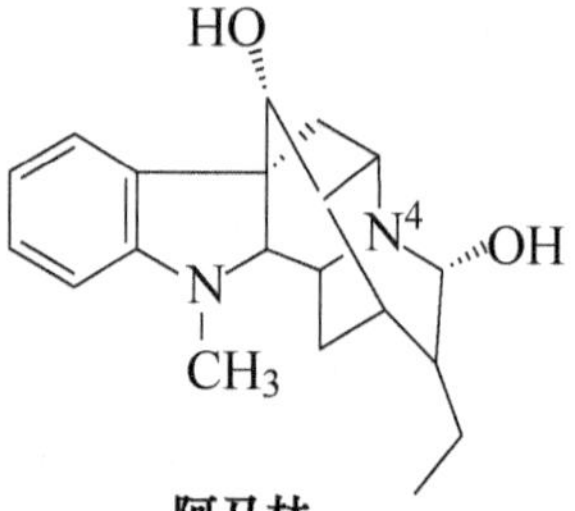

阿马林 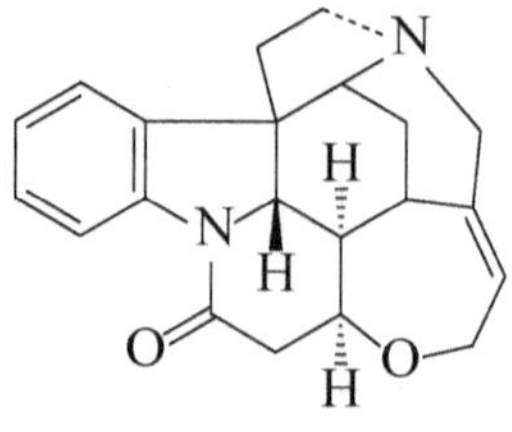　　　　　　　　　士的宁 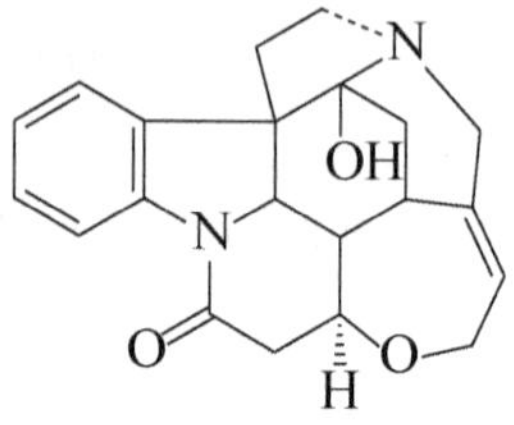　　　　　　　　伪士的宁

(3) 共轭效应的影响。生物碱分子中氮原子的孤电子对与 π-电子基团共轭时一般使生物碱的碱性减弱。在生物碱分子结构中常见的 p-π 共轭体系有苯胺和酰胺两种类型。

① 苯胺型。氮原子上的孤电子对与苯环 π 电子形成 p-π 共轭体系后碱性减弱。例如，毒扁豆碱(physostigmine)结构中存在 3 个氮原子，其中 2 个杂环氮原子 N1 的 pK_a 为 1.76，N3 的 pK_a 为 7.88，两氮原子碱性的差别系由共轭效应引起。环己胺的 pK_a 为 10.64，而苯胺 pK_a 为 4.58，后者显然为共轭效应所致。

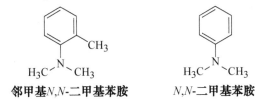

毒扁豆碱　　　　　　　　　**环己胺**　　　**苯胺**

② 酰胺型。酰胺中的氮原子与羰基的 p-π 共轭效应使碱性极弱。例如，胡椒碱的 pK_a 为 1.42，秋水仙碱(colchiamine)的 pK_a 为 1.84。

胡椒碱　　　　　　　　　　**秋水仙碱**

但并非所有的 p-π 共轭效应均使碱性减弱。例如，胍接受质子后形成季铵离子，由于 p-π 共轭效应使体系具有高度共振稳定性，因而显强碱性，pK_a 为 13.6。

值得注意的是，氮原子的孤电子对 p 电子的轴与共轭体系的 π 电子轴共平面是产生 p-π 共轭效应的必要条件。例如，邻甲基 N,N-二甲基苯胺(pK_a5.15)中邻甲基所产生的空间位阻，使 p-π 共轭效应减弱，碱性强于 N,N-二甲基苯胺(pK_a4.39)。

邻甲基N,N-二甲基苯胺　　　**N,N-二甲基苯胺**

(4) 空间效应的影响。氮原子由于附近取代基的空间位阻或分子构象因素，使质子难以靠近氮原子，碱性减弱，如东莨菪碱(pK_a7.50)、莨菪碱(pK_a9.65)等。

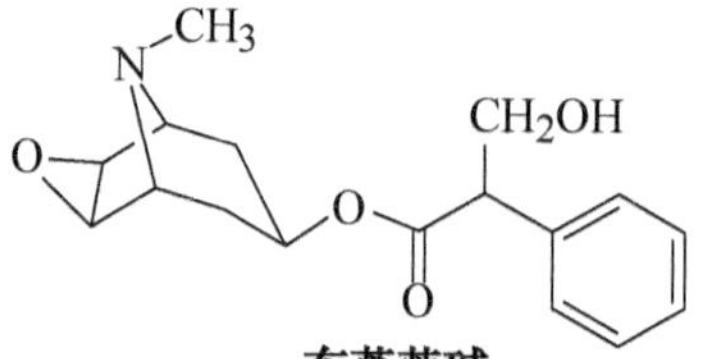

东莨菪碱 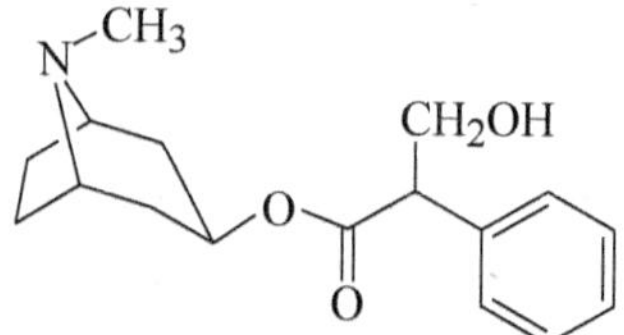　　　　　　　　　　　　**莨菪碱**

(5) 氢键效应的影响。当生物碱成盐后，氮原子附近若有羟基、羰基，并处于有利于形成稳定的分子内氢键时，氮原子上的质子不易解离，则碱性增强。例如，麻黄碱的碱性(pK_a9.58)小于伪麻黄碱(pK_a9.74)，是由于麻黄碱共轭酸在形成分子内氢键时，分子中的甲基和苯基处于重叠位置，成为不稳定构象，而伪麻黄碱共轭酸分子中的甲基和苯基为不重叠的稳定构象。

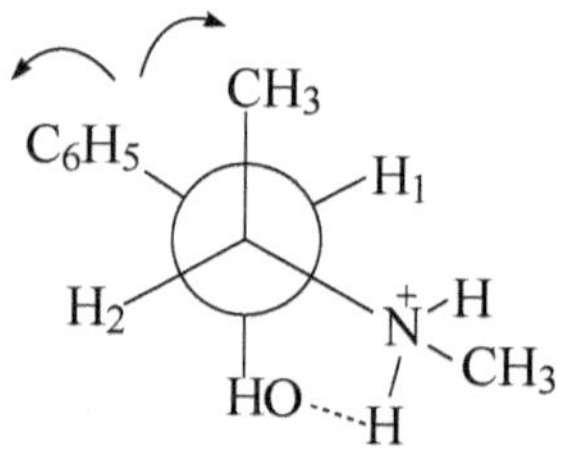

麻黄碱共轭酸 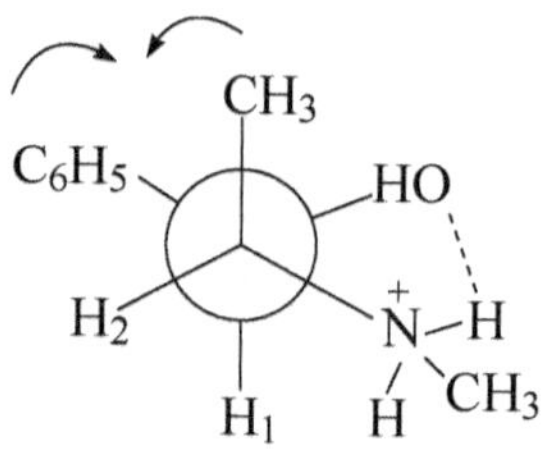　　　　　　　　　　　**伪麻黄碱共轭酸**

对于具体生物碱来讲，若影响碱性的因素不止一个，则应该综合考虑。一般来说，空间效应与诱导效应并存时，空间效应居主导地位；共轭效应与诱导效应并存时，共轭效应居主导地位。

3) 沉淀反应

多数生物碱在酸性水溶液中与某些试剂生成难溶于水的络合物或复盐，这一反应称为生物碱沉淀反应，这些试剂称为生物碱沉淀试剂。

(1) 常用的沉淀试剂。生物碱沉淀试剂的种类很多，常见的有碘化物复盐、重金属盐和大分子酸类，常用生物碱沉淀试剂的名称、组成及反应特征见表2-2。

表 2-2　生物碱沉淀试剂的主要类型

试剂名称	组成	沉淀颜色
碘化铋钾(Dragendorff)试剂	$KBiI_4$	橘红色至黄色
碘化汞钾(Mayer)试剂	K_2HgI_4	类白色
硅钨酸(Bertrad)试剂	$SiO_2 \cdot 12WO_3 \cdot nH_2O$	类白色或淡黄色
碘-碘化钾(Wagner)试剂	$KI\text{-}I_2$	红棕色
苦味酸(Hager)试剂	2, 4, 6-三硝基苯酚	黄色
雷氏铵盐(Ammonium reineckate)试剂	$NH_4[Cr((NH_3)_2 SCN)_4]$	红色

(2) 反应条件。生物碱沉淀反应一般在稀酸水溶液中进行，但苦味酸试剂可在中性条件下进行。一般地，由于生物碱与酸成盐易溶于水，生物碱沉淀试剂也易溶于水，且在酸水中较稳定，而生物碱与沉淀试剂的反应产物难溶于水，因而有利于反应的进行和反应结果的观察。

(3) 反应结果。利用生物碱沉淀反应需注意假阴性和假阳性结果。仲胺一般不易与生物碱沉淀试剂发生反应(如麻黄碱)，因此对生物碱进行定性鉴别时应用三种以上沉淀试剂分别进行反应，如果均能发生沉淀反应，可判断为阳性结果。

但有些非生物碱类物质也能与生物碱沉淀试剂产生沉淀反应，如蛋白质、酶、多肽、氨基酸、鞣质等。同时，大多中药的提取液颜色较深，影响颜色的观察。为了排除假阳性的干扰，可将中药的酸水提取液碱化，进而以三氯甲烷萃取游离生物碱，与水溶性干扰成分分离，再将三氯甲烷层酸化，以此酸水溶液进行生物碱沉淀反应。

(4) 沉淀反应的应用。生物碱沉淀反应主要用于检查中药或中药制剂中生物碱的有无，在生物碱的定性鉴别中，这些试剂可用于试管的定性反应或作为薄层色谱和纸色谱的显色剂。另外，在生物碱的提取分离中，沉淀反应还可作为追踪、指示终点。个别沉淀试剂可用于分离、纯化生物碱，例如，雷氏铵盐可用于沉淀、分离季铵碱；硅钨酸试剂能与生物碱生成稳定的沉淀，可用于生物碱的含量测定。

4) 显色反应

某些试剂能与个别生物碱反应生成不同颜色溶液，这些试剂称为生物碱显色剂。生物碱的显色剂较多，常用的显色剂见表2-3。

表 2-3　常用生物碱显色剂

试剂组成	颜色特征
1%钒酸铵的浓硫酸溶液	莨菪碱及阿托品显红色，奎宁显淡橙色，吗啡显蓝紫色，可待因显蓝色，士的宁显蓝紫色
30%甲醛溶液 0.2 mL 与 10 mL 硫酸混合溶液	吗啡显橙色至紫色，可待因显洋红色至黄棕色
1%钼酸钠的浓硫酸溶液	乌头碱显黄棕色，吗啡显紫色转棕色，小檗碱显绿色，利血平显黄色转蓝色

显色反应可用于检识和区别某些生物碱。此外，一些显色剂如溴麝香草酚蓝、溴麝香草酚绿等在一定条件下能与一些生物碱生成有色复合物，这种有色复合物能被三氯甲烷定量提取出来，可用于生物碱的含量测定。

2.5.3　含生物碱类功能成分的森林资源

1. 麻黄

麻黄为麻黄科植物草麻黄(*Ephedra sinica*)、中麻黄(*Ephedra intermedia*)或木贼

麻黄(*Ephedra equisetina*)的干燥草质茎，味辛、微苦，性温，归肺、膀胱经，具有发汗散寒、宣肺平喘、利水消肿等功效，可用于风寒感冒、胸闷喘咳、风水浮肿；蜜麻黄润肺止咳，多用于表证已解、气喘咳嗽[36]。

　　麻黄中主要有效成分为生物碱类化合物，总生物碱中主要含 L-麻黄碱(L-ephedrine)，其次为 D-伪麻黄碱(D-pseudoephedrine)及微量的 L-甲基麻黄碱(L-methylephedrine)、D-甲基伪麻黄碱(D-pseudomethylephedrine)、L-去甲基麻黄碱(L-norephedrine)、D-去甲基伪麻黄碱(D-demethyl-pseudoephedrine)、麻黄次碱(ephedine)等[37]。另外，麻黄中还含有少量的儿茶鞣质和挥发油，亦含有黄酮类、有机酸类等化学成分[38]。

　　上述三种麻黄中所含化学成分相似，但生物碱含量以木贼麻黄及草麻黄较高，中麻黄中含量较低。

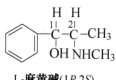

L-麻黄碱(1*R*,2*S*)
D-伪麻黄碱(1*S*,2*S*)

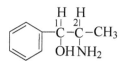

L-去甲基麻黄碱(1*R*,2*S*)
D-去甲基伪麻黄碱(1*S*,2*S*)

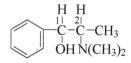

L-甲基麻黄碱(1*R*,2*S*)
D-甲基伪麻黄碱(1*S*,2*S*)

2. 延胡索

　　延胡索为罂粟科植物延胡索(*Corydalis yanhusuo*)的干燥块茎。延胡索辛、苦，温，归肝、脾经，具有活血行气、止痛等功效。

　　延胡索的主要化学成分为异喹啉型生物碱，按照其在水中的溶解性可分为两种，不溶或难溶于水者属于叔胺碱，约占总生物碱的 0.65%；较易溶于水者属于季铵碱，约占 0.3%[39]。目前从延胡索中分离出的生物碱已有 40 余种，其类型分别属于原小檗碱类、阿朴菲类、原阿片碱类、异喹啉苄咪唑类、异喹啉苯并菲啶类、双苄基异喹啉类等，其中以原小檗碱类为主，主要为延胡索甲素(亦名延胡索碱、紫堇碱，D-corydaline)、延胡索乙素(消旋四氢巴马汀，*dl*-四氢掌叶防己碱，(*dl*-tetrahydropalmatine)、延胡索丙素(原阿片碱，protopine)、延胡索丁素(L-四氢黄连碱，L-tetrahydrocoptisine)、延胡索戊素(*dl*-四氢黄连碱，*dl*-tetrahydrocoptisine)、延胡索己素(L-四氢非洲防己胺，tetrahydrocolumbanine)、延胡索辛素(corydalis H)、延胡索壬素(corydalis I)、延胡索癸素(corydalis J)、延胡索子素(corydalis K)、延胡索丑素(corydalis L)、延胡索寅素(*α*-别隐品碱，*α*-allocryptopine)、黄连碱(coptisine)、去氢延胡索甲素(亦名去氢延胡索碱、去氢紫堇碱，dehydrocorydaline)、延胡索胺碱(亦名紫堇达明碱，D-corybulbine；或 D-紫堇球碱，D-corydalmine)、去氢延胡索胺碱(dehydrocorydalmine，亦名去氢紫堇达明碱)、紫堇单酚碱(corydalmine)、非洲防己胺(columbanine)等。此外，延胡索中尚含有大量淀粉和少量黏液质、挥发油及树脂等[39]。

原小檗碱型(主要为叔胺碱)异喹啉类生物碱及小檗碱型(主要为季铵碱)异喹啉类生物碱主要化合物如下：

	R_1	R_2	R_3	R_4	R_5
延胡索乙素	CH_3	CH_3	CH_3	CH_3	H
紫堇碱	CH_3	CH_3	CH_3	CH_3	CH_3
L-四氢黄连碱	-CH_2-		-CH_2-		H
L-四氢非洲防己碱	CH_3	H	CH_3	CH_3	H
D-紫堇球碱	H	CH_3	CH_3	CH_3	CH_3
紫堇单酚碱	CH_3	CH_3	CH_3	H	H

	R_1	R_2	R_3	R_4	R_5
L-黄连碱	-CH_2-		-CH_2-		H
去氢紫堇碱	CH_3	CH_3	CH_3	CH_3	CH_3
非洲防己胺	CH_3	H	CH_3	CH_3	H

	R_1	R_2
普托品	-CH_2-	
α-别隐品碱	CH_3	CH_3

延胡索中的主要有效成分延胡索乙素在该药材中含量仅为十万分之三，属微量成分[40]。但在防己科植物华千金藤(*Stephania sinica*)的根中四氢巴马丁含量较高，可作为提取该成分(俗称颅通定)的原料。另外，中药黄藤(*Fibraurea tinctoria*)的根及根茎中含有的巴马丁(palmatine)也可从中提取作为制备延胡索乙素的前体物。

3. 黄连

黄连为毛茛科植物黄连(*Coptis chinensis*)、三角叶黄连(*Coptis deltoidea*)或云连(*Coptis teeta*)的干燥根茎，以上三种分别习称"味连"、"雅连"、"云连"[41]。黄连苦、寒，归心、脾、胃、肝、胆、大肠经，具有清热燥湿、泻火解毒的功效，用于湿热痞满、呕吐吞酸、泻痢、黄疸、高热神昏、心火亢盛、心烦不寐、心悸不宁、血热吐衄、目赤、牙痛、消渴、痈肿疔疮等症，外治湿疹湿疮、耳道流脓。酒黄连善清上焦火热，用于目赤、口疮[41]。姜黄连清胃和胃止呕，用于寒热互结、湿热中阻、痞满呕吐。萸黄连舒肝和胃止呕，用于肝胃不和、呕吐吞酸。

黄连的主要化学成分有生物碱和木脂素两类，此外还含有酚酸、挥发油、黄酮类、香豆素、萜类、甾体、多糖等成分[42]。黄连有效成分主要是小檗碱型生物碱，已经分离出来的生物碱有小檗碱、巴马丁(palmatine)、黄连碱(coptisine)、甲基黄连碱(methyl coptisine)、药根碱(jatrorrhizine)、木兰碱(magnoflorine)、表小檗碱(epiberberine)，其中小檗碱是各种黄连的主要化学成分。这些生物碱除木兰碱为阿朴菲型外，都属于小檗碱型，皆为季铵型生物碱，酸性成分有阿魏酸、绿原酸等[7]。

	R_1	R_2	R_3	R_4	R_5
小檗碱	-CH$_2$-		CH$_3$	CH$_3$	H
巴马丁	CH$_3$	CH$_3$	CH$_3$	CH$_3$	H
黄连碱	-CH$_2$-		-CH$_2$-		H
甲基黄连碱	-CH$_2$-		-CH$_2$-		CH$_3$
药根碱	H	CH$_3$	CH$_3$	CH$_3$	H
表小檗碱	CH$_3$	CH$_3$	-CH$_2$-		H

4. 苦参

苦参为豆科植物苦参(*Sophora flavescens*)的干燥根，苦、寒，归心、肝、胃、大肠、膀胱经，具有清热燥湿、杀虫、利尿的功效，用于热痢、便血、黄疸尿闭、赤白带下、阴肿阴痒、湿疹、湿疮、皮肤瘙痒、疥癣麻风，外治滴虫性阴道炎。

苦参所含生物碱主要是苦参碱和氧化苦参碱，此外还含有羟基苦参碱(hydroxymatrine)、*N*-甲基金雀花碱(*N*-methylcytisine)、安那吉碱(anagyrine)、巴普叶碱(baptifoline)和去氢苦参碱(苦参烯碱，sophocarpine)等[43]。除 *N*-甲基金雀花碱外，其余生物碱均由两个喹喏里西啶环骈合而成，属于赖氨酸系生物碱中的喹喏里西啶类。

苦参碱　　氧化苦参碱　　羟基苦参碱　　去氢苦参碱　　*N*-甲基金雀花碱

苦参根中还含有多种黄酮类化合物，其中大部分化合物的 A 环上存在有异戊烯基侧链。此外，还含有三萜皂苷如苦参皂苷(sophoraflavoside)、大豆皂苷(soyasaponin)I，以及醌类化合物苦参醌(kushequinone)A 等[43]。

5. 川乌(附子)、草乌

川乌为毛茛科乌头属植物乌头(*Aconitum carmichaeli*)的干燥母根,具有祛风除湿、温经止痛的功效,用于风寒湿痹、关节疼痛、心腹冷痛、寒疝作痛及麻醉止痛[44]。附子则为乌头子根的加工品,具有回阳救逆、补火助阳、散寒止痛的功效,用于亡阳虚脱、肢冷脉微、心阳不足、胸痹心痛、虚寒吐泻、脘腹冷痛、肾阳虚衰、阳痿宫冷、阴寒水肿、阳虚外感、寒湿痹痛[9]。

草乌为毛茛科乌头属植物北乌头(*Aconitum kusnezoffii*)的干燥块根,有毒,具有与川乌相同的主治功能 [45]。

现代药理学研究表明,乌头和附子的提取物具有镇痛、消炎、麻醉、降压及对心脏产生刺激等作用,其有效成分为生物碱。这类生物碱有很强的毒性,人口服 4 mg 即可导致死亡。但乌头经加热炮制后,乌头碱分解成乌头原碱,毒性大大降低,而镇痛、消炎疗效不降。

川乌、草乌和附子中主要含二萜类生物碱,属于四环或五环二萜类衍生物[9]。据报道,从各种乌头中分离出的生物碱已达 400 多种。乌头生物碱的结构复杂、结构类型多,较重要的为二萜生物碱,主要为 C19-二萜型的乌头碱型和牛扁碱型。其结构特点为取代基较多,C1、C8、C14、C16、C18 常有含氧取代,以羟基、甲氧基为多,也有羰基、亚甲二氧基、环氧醚基等。在较重要的乌头碱型生物碱中,C14 和 C8 的羟基常和乙酸、苯甲酸结合成酯,故称它们为二萜双酯型生物碱。在乌头中较重要、含量较高的此类生物碱有乌头碱(aconitine)、次乌头碱(hypoaconitine)和美沙乌头碱(mesaconitine)。

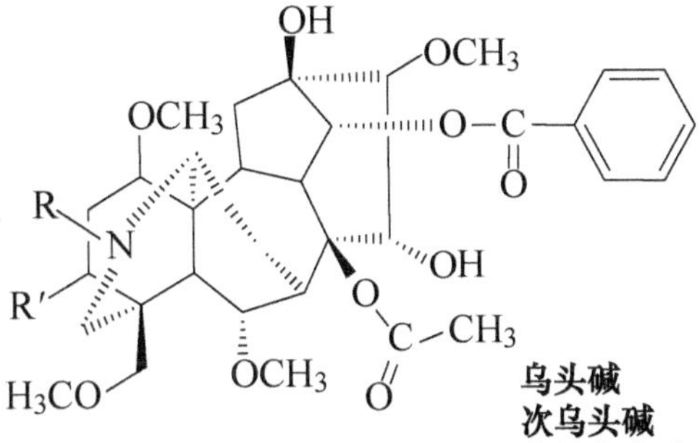

	R	R′
乌头碱	C_2H_5	OH
次乌头碱	CH_3	H
美沙乌头碱	CH_3	OH

乌头碱、次乌头碱、美沙乌头碱等为双酯型生物碱,具麻辣味,毒性极强,是乌头的主要毒性成分。若将双酯型生物碱在碱水中加热,或将乌头直接浸泡于水中加热,或不加热在水中长时间浸泡,都可水解酯基,生成单酯型生物碱或无酯键的醇胺型生物碱,则无毒性。例如,乌头碱水解后生成的单酯型生物碱为乌

头次碱(benzoylaconitine)，生成的无酯键的醇胺型生物碱为乌头原碱(aconine)。单酯型生物碱的毒性小于双酯型生物碱，而醇胺型生物碱几乎无毒性，但它们均不减低原双酯型生物碱的疗效。这就是乌头、附子及川乌经水浸、加热等炮制后毒性变小的化学原理。

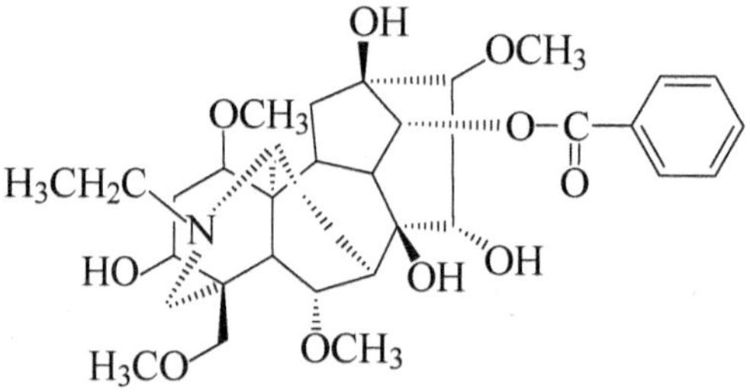

乌头次碱 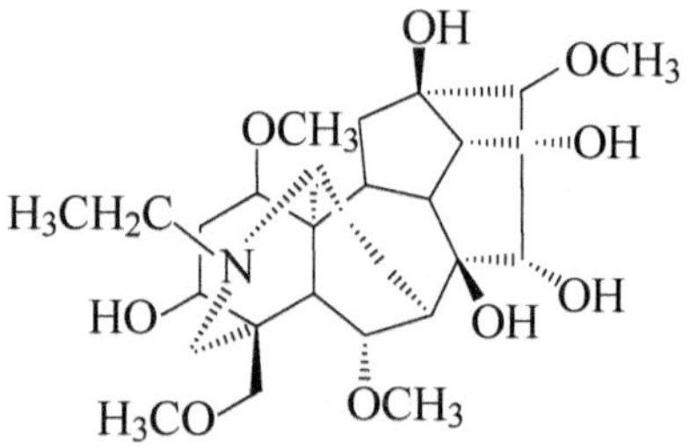　　　　　　　　　　　　乌头原碱

6. 紫杉

20 世纪 70 年代，Wani 等从短叶红豆杉(*Taxus brevifolia*)中提取分离得到紫杉醇并揭示了其化学结构，随后陆续有人从其他同属植物中分离得到紫杉醇[46]。1984 年以来，我国对东北红豆杉(*T. cuspidata*)、西藏红豆杉(*T. wallichiana*)、云南红豆杉(*T. yunnanensis*)和中国红豆杉(*T. chinensis*)等红豆杉属植物进行了大量研究，从树皮等各部位中分离出抗肿瘤有效成分紫杉醇后，引起国内外学者极大关注，成为研究的热点[11]。

紫杉醇对人体肿瘤 MX-1 乳腺癌、CX-1 结肠癌、LX-1 肺癌异种移植均有明显的抑制作用，临床上主要用于卵巢癌的治疗，也用于肺癌、恶性淋巴瘤、乳腺癌等的治疗。

迄今为止，已从红豆杉属植物中分离出 300 余种紫杉烷二萜类似物[47]。但药理研究表明，具生物活性的成分仅为分子结构中含有 C4、C5、C20 位的环氧丙烷结构的 10 余种成分，其中以紫杉醇活性最强，因此对紫杉醇的研究和报道最多。

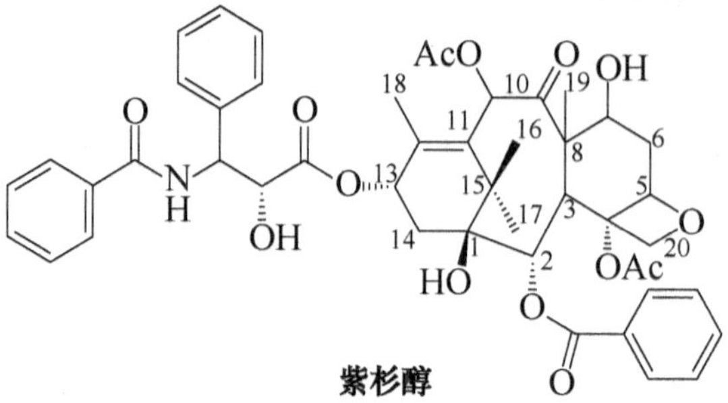

紫杉醇

紫杉醇在植物体内可以游离状态存在，也可与糖结合成苷，如 7-木糖基紫杉醇和 7-木糖基-10-去乙酰基紫杉醇。紫杉醇含量在不同植物、不同部位及不同采集期差别很大。

2.6　萜类

2.6.1　概述

萜类化合物(terpenoids，terpene)是自然界中一类种类众多、数量巨大、结构类型复杂、资源丰富且生物活性显著的天然产物。到目前为止，发现的萜类化合物已接近 30 000 个，其中一些化合物已经被成功地开发为常用的治疗药物，如青蒿素、穿心莲内酯、紫杉醇等。大量的研究结果表明，甲戊二羟酸(mevalonic acid，MVA)是萜类化合物生物合成途径中的关键前体，因此绝大多数萜类化合物均具有$(C_5H_8)_n$的分子通式。

萜类化合物主要分布于被子植物、裸子植物，以及藻类、菌类、苔藓类和蕨类植物中。根据分子结构中异戊二烯结构单位的数目不同，萜类化合物可分为单萜、倍半萜、二萜和三萜等，见表 2-4。

表 2-4　萜类化合物的分类及分布

分类	碳原子数	通式$(C_5H_8)_n$	分布
半萜	5	$n=1$	植物叶、花、果实
单萜	10	$n=2$	挥发油(精油)
倍半萜	15	$n=3$	挥发油(精油)
二萜	20	$n=4$	树脂、苦味素、植物醇
二倍半萜	25	$n=5$	海绵、植物病菌、昆虫次生代谢物
三萜	30	$n=6$	皂苷、树脂、植物乳汁
四萜	40	$n=8$	植物胡萝卜素
多聚萜	$7.5 \times 10^3 \sim 3 \times 10^5$	$n>8$	橡胶

单萜和倍半萜是构成挥发油的主要成分，是日用化工和医药工业的重要原料。菊科(如苍术、白术)、伞形科(如小茴香、川芎、前胡、防风)、姜科等植物中均含有丰富的挥发油类成分。二萜主要分布于五加科、大戟科、马兜铃科、菊科、豆科、杜鹃花科、唇形科和茜草科中。二倍半萜数量较少，主要分布于菌类、地衣类、海洋生物及昆虫的分泌物中，尤其近年来在海洋生物中发现了一些结构新颖

的二倍半萜类成分。三萜及其皂苷广泛存在于自然界的植物中，在菌类、蕨类、单(双)子叶植物中均有分布，尤以双子叶植物中分布最多。四萜则主要是一些脂溶性色素，广泛分布于植物中，易氧化而生成树脂化物。

多数萜类化合物是由数量不等的 C5 骨架构成，表明萜类化合物有着共同的生源途径。历史上萜类化合物的生源途径主要有两种学说，即经验异戊二烯法则和生源异戊二烯法则。

Wallach 于 1887 年提出"异戊二烯法则"，认为自然界存在的萜类化合物均是由异戊二烯衍生而来，并以是否符合异戊二烯法则作为判断是否为萜类化合物的一个重要原则。但后来研究发现，有许多萜类化合物的碳骨架结构无法用异戊二烯的基本单元来划分。

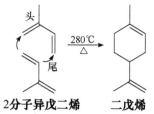

2分子异戊二烯　　　二戊烯

随着人们对于萜类成分的深入研究，Lynen 证明了焦磷酸异戊烯酯(Δ^3-isopentenyl pyrophosphate，IPP)的存在。随后 Folkers 于 1956 年又证明 3(R)-甲戊二羟酸是 IPP 的关键前体物质，由此证实了萜类化合物是由甲戊二羟酸途径衍生而来的一类化合物，这就是著名的"生源异戊二烯法则"，即萜类化合物的生物合成途径为甲戊二羟酸途径。在该途径中，3 分子的乙酰辅酶 A 生成 3-羟基-3-甲基戊二酸单酰辅酶 A，在 NADPH 的作用下生成甲戊二羟酸(MVA)。MVA 经数步反应转化成焦磷酸异戊烯酯，IPP 再经硫氢酶及焦磷酸异戊酯异构酶转化为焦磷酸 γ,γ-二甲基烯丙酯(γ,γ-dimethylallyl pyrophosphate，DMAPP)，IPP 和 DMAPP 在异构化酶的作用下可以相互转化，两者共同作为萜类成分的合成中间体。

较长一段时间内，人们都把甲戊二羟酸途径作为萜类化合物的唯一生物合成途径，但随着人们对于萜类成分的认识逐渐加深，1993 年，Rohmer 等人通过大量的实验研究证明，萜类化合物还存在着另外一条生物合成途径，即非甲戊二羟酸介导的生物合成途径。该途径是以丙酮酸和磷酸甘油醛为起始原料，形成 1-脱氧-D-木酮糖-5-磷酸(1-deoxy-D-xylulose-5-P)，因此该途径被称为脱氧木酮糖磷酸途径(deoxyxylulose phosphate pathway)。目前主要是在植物体内发现利用该途径合成了单萜、二萜和四萜。

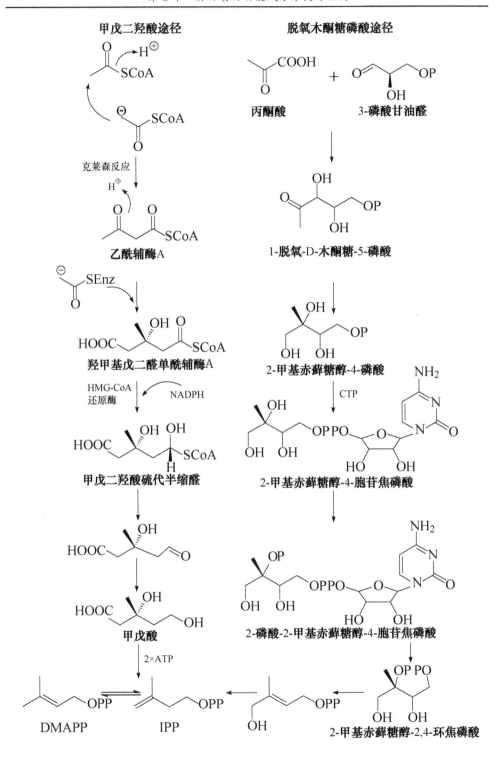

甲戊二羟酸途径

脱氧木酮糖磷酸途径

克莱森反应

乙酰辅酶A

丙酮酸　　3-磷酸甘油醛

1-脱氧-D-木酮糖-5-磷酸

羟甲基戊二醛单酰辅酶A

HMG-CoA
还原酶　　NADPH

2-甲基赤藓糖醇-4-磷酸

甲戊二羟酸硫代半缩醛

2-甲基赤藓糖醇-4-胞苷焦磷酸

甲戊酸

2-磷酸-2-甲基赤藓糖醇-4-胞苷焦磷酸

2×ATP

DMAPP　　IPP

2-甲基赤藓糖醇-2,4-环焦磷酸

2.6.2 萜类功能成分的结构与分类

1. 单萜

通常将由两个异戊二烯单元构成的萜类化合物称为单萜,其结构中含有 10 个碳原子,多具有挥发性,是植物挥发油的重要组成部分。该类成分的分子质量较小且极性小,具有强烈的挥发性,是医药、日用化工和食品工业的重要原料。

单萜的常见结构骨架主要有蒿烷(artemisane)、薰衣草烷基、无环(acyclic)、薄荷烷(menthane)、蒈烷(carane)、蒎烷(pinane)、莰烷(camphane)、菊花烷、环烯醚萜(iridiod)和环香叶烷(cyclogeraniane)等。环状单萜还可根据碳环数目的多少分为单环、双环、三环等类型,其中以单环和双环型单萜所包含的化合物数量最多。

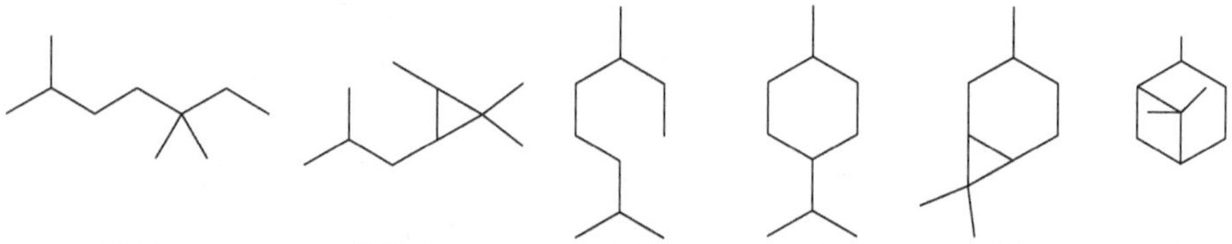

蒿烷　　菊花烷　　无环　　薄荷烷　　蒈烷　　蒎烷

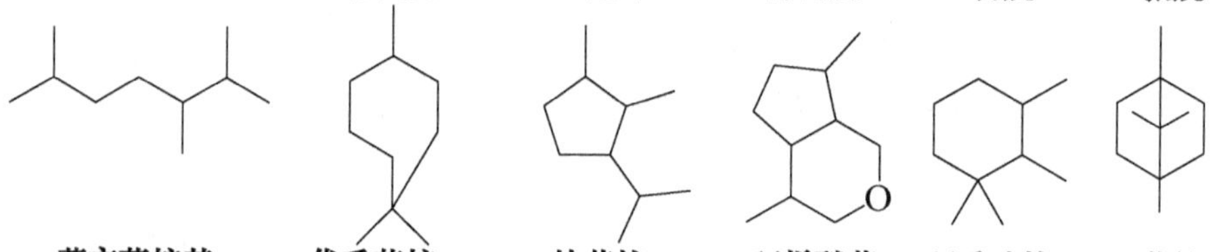

薰衣草烷基　　优香芹烷　　桂花烷　　环烯醚萜　　环香叶烷　　莰烷

1) 链状单萜

链状单萜(acyclic monoterpenoid)往往是具有 2, 6-二甲基辛烷结构的一系列含氧衍生物,常见的如牻牛儿醇(geraniol)、橙花醇(nerol)、香茅醇(citronellol)、芳樟醇(linalool)、香茅醛(citronellal)、柠檬醛(citral)和 β-月桂烯(myrcene)等。

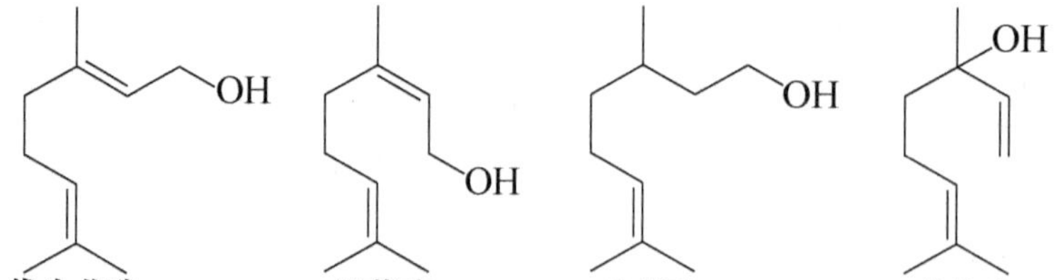

牻牛儿醇　　橙花醇　　香茅醇　　芳樟醇

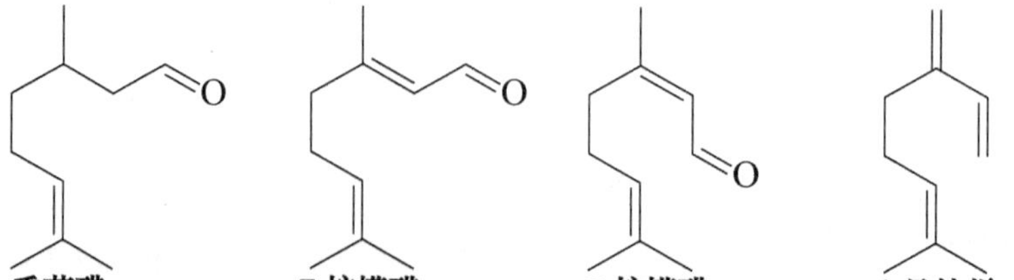

香茅醛　　Z-柠檬醛　　E-柠檬醛　　β-月桂烯

2) 单环单萜

单环单萜(monocyclic monoterpenoid)中薄荷醇及其衍生物是一类重要的化合物。薄荷醇(menthol)是薄荷(*Mentha arvensis* var. *piperasceus*)、欧薄荷(*M.piperita*)、活血丹(*Glechoma longituba*)等挥发油中的主要组成成分。薄荷醇有 3 个手性碳原子,存在 4 对立体异构体,即(±)-薄荷醇[(±)-menthol]、(±)-异薄荷醇[(±)-isomenthol]、(±)-新薄荷醇[(±)-neomenthol]及(±)-新异薄荷醇[(±)-neoisomenthol]。此外,还有其他一些薄荷烷类衍生物如反式香芹醇(*trans*-carvol)、香芹酮(carvone)、反式异薄荷烯醇(*trans*-isopiperitenol)、薄荷烯酮(pipertone)、布枯脑(diosphernol)、α-松油醇(α-terpineol)、百里香酚(thymol)及香芹酚(carvacrol)等。

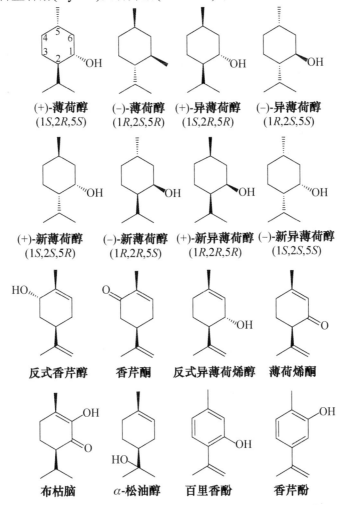

(+)-薄荷醇	(−)-薄荷醇	(+)-异薄荷醇	(−)-异薄荷醇
(1*S*,2*R*,5*S*)	(1*R*,2*S*,5*R*)	(1*S*,2*R*,5*R*)	(1*R*,2*S*,5*S*)

(+)-新薄荷醇	(−)-新薄荷醇	(+)-新异薄荷醇	(−)-新异薄荷醇
(1*S*,2*S*,5*R*)	(1*R*,2*R*,5*S*)	(1*R*,2*R*,5*R*)	(1*S*,2*S*,5*S*)

反式香芹醇	香芹酮	反式异薄荷烯醇	薄荷烯酮

布枯脑	α-松油醇	百里香酚	香芹酚

桉树烷型单萜也是一种常见的单萜,代表性化合物为 1,8-桉树脑(1,8-cineole,也称桉油精),是桉叶油中的主要成分,具有解热、消炎、抗菌、防腐、平喘及镇

痛作用，常用作香料和防腐杀菌剂。

紫罗兰酮(ionone)存在于千屈菜科指甲花的挥发油中，为α-紫罗兰酮(α-ionone)及β-紫罗兰酮(β-ionone)的混合物。两者的分离是将其亚硫酸氢钠的加成物溶于水中，加入食盐使成饱和状态，α-紫罗兰酮首先以针状结晶析出，从而与β-紫罗兰酮分离。α-紫罗兰酮具有馥郁的香气，可用于配制香料；β-紫罗兰酮可作为合成维生素 A 的原料。

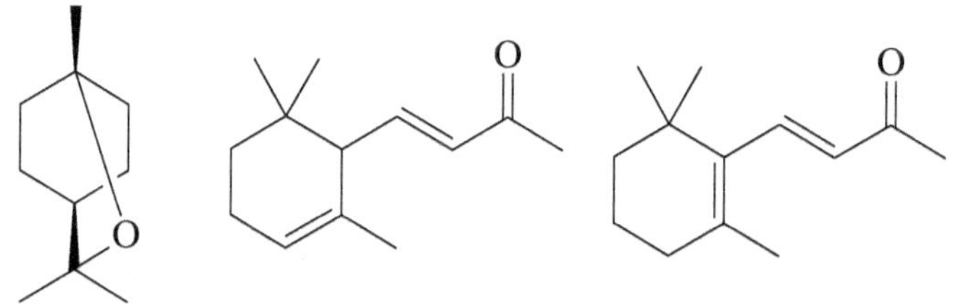

桉油精　　　　α-紫罗兰酮　　　　β-紫罗兰酮

3) 双环单萜

龙脑(borneol)是重要的双环单萜类化合物，又称冰片，为白色六方形片状结晶，易升华，熔点为 204～208℃，比重为 1.011～1.020。其右旋体主要来自樟科植物樟(*Cinnamomum camphora*)的挥发油，左旋体存在于艾纳香(*Blumea balsamifera*)全草中，合成品多为消旋体。龙脑有发汗、兴奋、解痉、驱虫、抗腐蚀和抗缺氧等作用，它与苏合香脂配合制成了苏冰滴丸，可代替冠心苏合丸用于治疗冠心病、心绞痛，临床疗效显著。

樟脑烷型单萜也是一种较为常见的双环单萜，其中樟脑(camphor)习称辣薄荷酮，是最为常见的化合物之一，多为白色结晶性固体，易升华，有特殊钻透性的香味。樟脑在医药工业上主要用于局部刺激和强心剂，其强心作用是由于其在体内氧化成 π-氧化樟脑(π-oxocamphor)和对氧化樟脑(p-oxocamphor)所致。我国天然樟脑的产量为世界第一位。

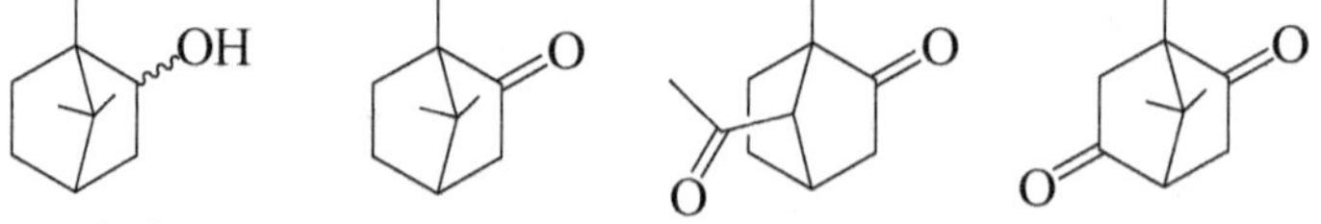

龙脑　　　　樟脑　　　　π-氧化樟脑　　　　对氧化樟脑

蒎烯是我国产松节油(turpentine)的主要成分，又可分为α-蒎烯(α-pinene)、β-蒎烯(β-pinene)和γ-蒎烯(γ-pinene)。其中α-蒎烯在松节油中含量可达 60%以上，为合成龙脑、樟脑的重要工业原料，并可做涂料溶剂、杀虫剂和增塑剂等。

α-蒎烯　　　β-蒎烯　　　γ-蒎烯

4) 特殊类型单萜

(1) 卓酚酮。卓酚酮类(troponoid)化合物属于一类变形的单萜，其碳架不符合异戊二烯规则。较简单的卓酚酮类化合物是一些真菌的代谢产物，在许多柏科植物的心材中也含有此类化合物。α-崖柏素(α-thujaplicin)和 γ-崖柏素(γ-thujaplicin)存在于北美乔柏(*Thuja plicata*)、北美香柏(*Thuja occidentalis*)及罗汉柏(*Thujosis dolabrata*)的心材中。β-崖柏素也称扁柏酚(hinokitol)，存在于台湾扁柏(*Chamaecyparis taiwanensis*)及罗汉柏的心材中。此类成分多具有抗肿瘤活性，同时多具有毒性。

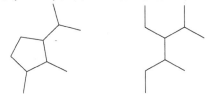

　　　　　α-**崖柏素**　　　　　　　　　*γ*-**崖柏素**　　　　　　　　　*β*-**崖柏素**

(2) 环烯醚萜。环烯醚萜(iridoids)为臭蚁二醛(iridodial，也称彩虹二醛)通过分子内羟醛缩合而成的一类衍生物。从化学结构上看，环烯醚萜是含有环戊烷吡喃环的结构单元，分子中多含有环烯醚键的特殊环状单萜衍生物。该类化合物包括取代环戊烷环烯醚萜骨架(iridoid)和裂环环烯醚萜骨架(secoiridoid)两种基本骨架。

　　　　　　　取代环戊烷环烯醚萜骨架　　　**裂环环烯醚萜骨架**

环烯醚萜及其苷在植物界分布较广，尤其是在玄参科、唇形科、茜草科、木犀科和龙胆科等植物中较为常见，在植物体内多以 1-OH 糖苷形式存在。目前从植物中分离鉴定的环烯醚萜类化合物已达 1000 余种。

栀子苷(gardenoside)、京尼平苷(geniposide)和京尼平苷酸(geniposidic acid)是山栀子的主要成分。京尼平苷有泻下和利胆作用，而京尼平苷的苷元京尼平(genipin)具有显著的促进胆汁分泌和泻下作用。此外，具有滋阴补肾作用的中药肉苁蓉中的肉苁蓉苷(boschnaloside)、马鞭草苷(verbenalin)和马钱素(loganin)均属于此类化合物。

　　　　　COOCH₃　　　　　　　COOCH₃　　　　　　　COOH

　　　　栀子苷　　　　　　　　**京尼平苷**　　　　　　　　**京尼平苷酸**

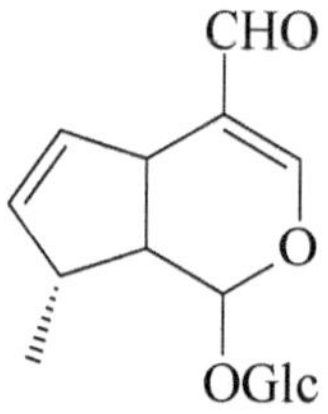

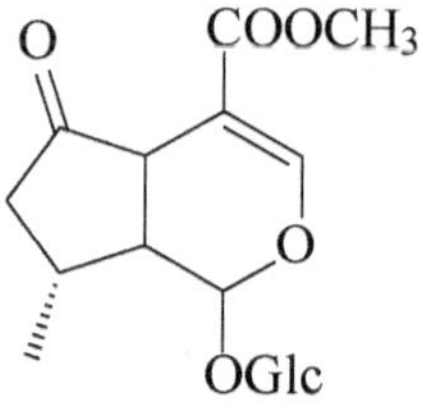

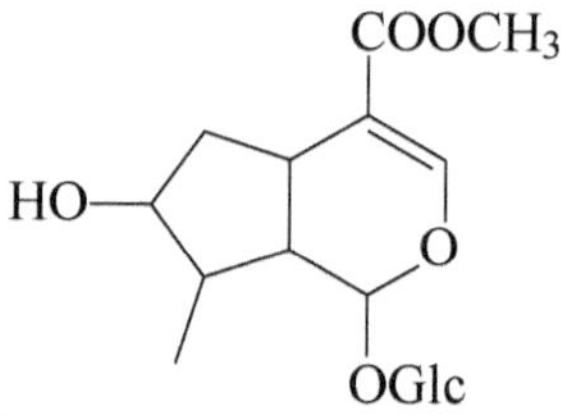

肉苁蓉苷　　　　　　　　马鞭草苷　　　　　　　　马钱素

（3）裂环环烯醚萜苷。裂环环烯醚萜苷的结构中 C7—C8 位化学键断裂，C7 断裂后有时还可与 C11 形成六元内酯结构。此类成分多具有显著苦味，在龙胆科的龙胆属和獐牙菜属植物中分布尤为普遍。例如，龙胆苦苷(gentiopicroside，gentiopicrin)、獐牙菜苷(sweroside)、苦龙胆苷(amarogentin)、苦獐苷(amaroswertin)、獐牙菜苦苷(swertiamarin)，以及洋橄榄(*Olea europoea*)叶片中的油橄榄苦苷(oleuropein)和洋橄榄内酯(elenolide)等。

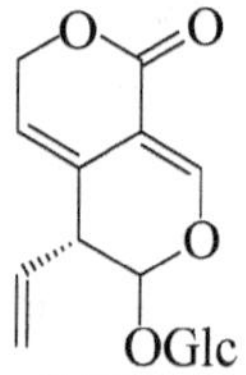

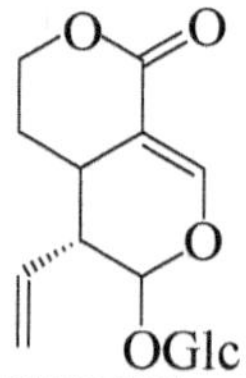

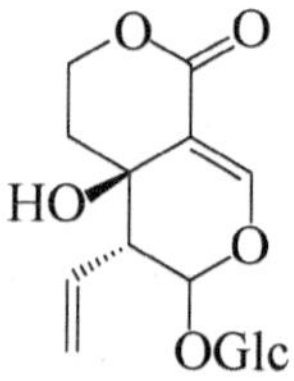

龙胆苦苷　　　　　　　　獐牙菜苷　　　　　　　　獐牙菜苦苷

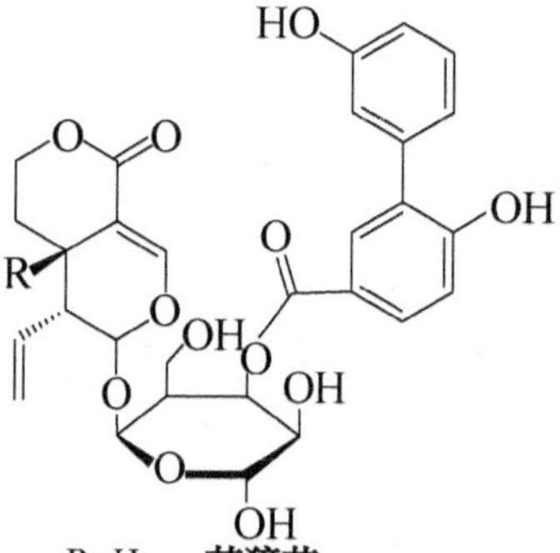

R=H　苦獐苷
R=OH　苦龙胆苷　　　　　油橄榄苦苷 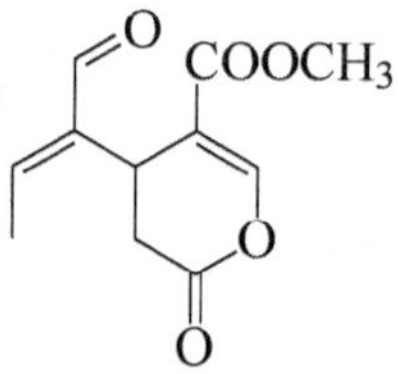　　　　　　　洋橄榄内酯

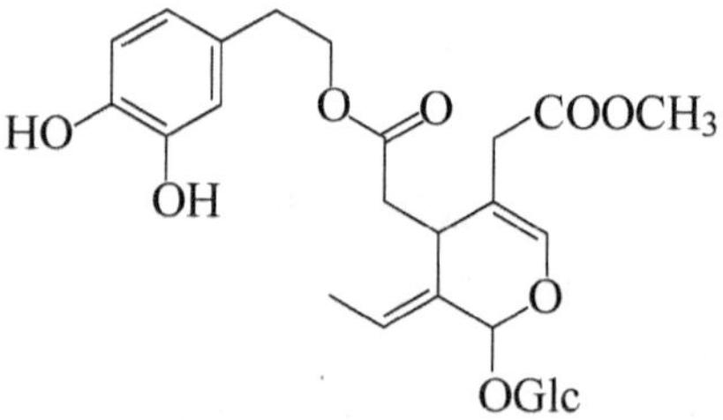

2. 倍半萜

倍半萜(sesquiterpenoid)是指骨架由 3 个异戊二烯单位构成、含 15 个碳原子的化合物类群，与单萜均为植物挥发油的重要组成成分。

倍半萜是萜类化合物中最多的一类，结构骨架超过 200 种，目前发现的倍半萜类化合物已有万余种，广泛分布于植物、微生物、昆虫、海洋生物中，具有抗菌、驱虫、抗肿瘤等作用。

　　植物中常见的倍半萜结构骨架包括吉马烷(germacrane)、桉烷(eudesmane)、橄榄烷(maliane)、土青木香烷(aristolane)、愈创木烷(guaiane)、蛇麻烷(humulane)、没药烷(bisabolane)、杜松烷(cadinane)、乌药烷(lindenane)、丁香烷(caryophyllane)、伪愈创木烷(pseudoguaiane)、缬草烷(valeriane)、斧柏烷(thujopsane)、雪松烷(cedrane)、月桂烷(laurane)、异月桂烷(isolaurane)、菖蒲烷(acorane)、石竹烷(caryophyllane)、莽草烷(anisatane)和苦味毒烷(picrotoxane)等。

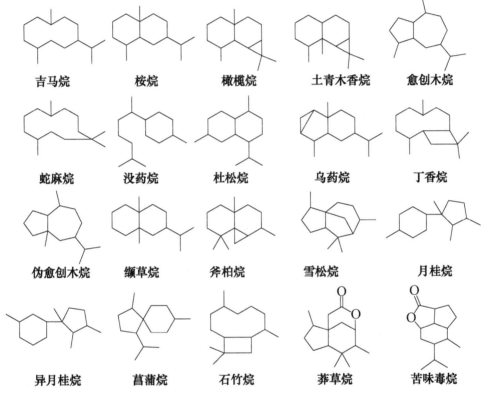

　　倍半萜类化合物按其结构碳环数可分为链状、单环、双环、三环、四环型倍半萜，按构成环的碳原子数分为五元环、六元环、七元环，直至十二元环等，也有按含氧取代的类型不同分为倍半萜醇、醛、酮、内酯等。

1) 链状倍半萜

　　金合欢烯(farnesene)和金合欢醇(farnesol)是链状倍半萜类衍生物。金合欢烯又称麝子油烯，存在于枇杷叶、生姜及洋甘菊的挥发油中；金合欢醇则在金合欢花油中含量较多，为重要的高级香料原料。

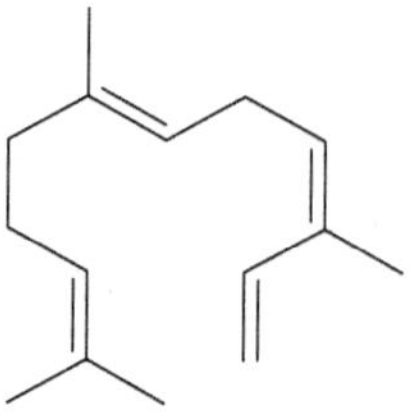

金合欢烯 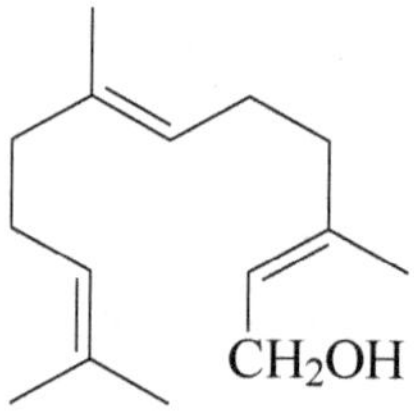　　　　　　**金合欢醇**

2) 单环倍半萜

青蒿素(artemisinin)属于倍半萜过氧化物，是从中药青蒿中分离得到的抗恶性疟疾的有效成分。由于其在水及油中均难溶解，影响了其临床应用。为改善其溶解性，对其进行了结构修饰，发现了抗疟效价高且速效的双氢青蒿素(dihydroqinghaosu)和蒿甲醚(artemether)等，目前在临床上广泛应用。

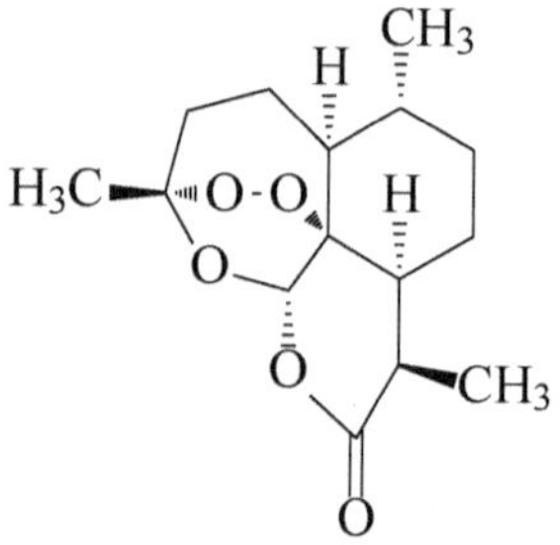

青蒿素 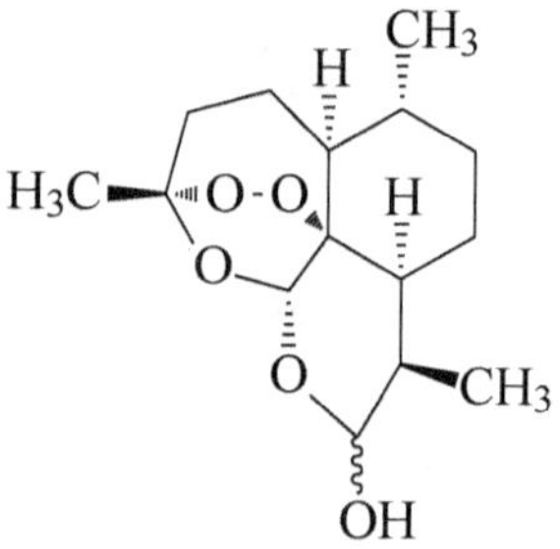　　　　　　**双氢青蒿素** 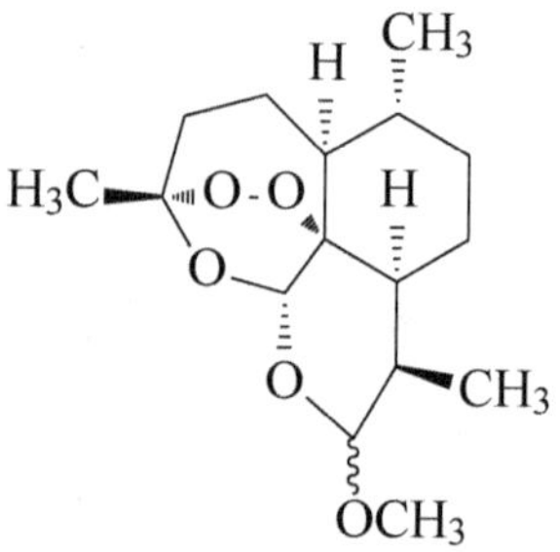　　　　　　**蒿甲醚**

3) 双环倍半萜

山道年(santonin)是植物山道年草和蛔蒿的头状花絮及全草中的主要成分，包括α-山道年和β-山道年两种异构体，均属于桉烷型倍半萜。该化合物具有显著的驱蛔作用，能够兴奋蛔虫神经节，使其神经发生痉挛性收缩，因而不能附着在肠壁上，当给予泻下药时，体内的蛔虫可以被有效地排除，但服药量过大可产生黄视毒性。

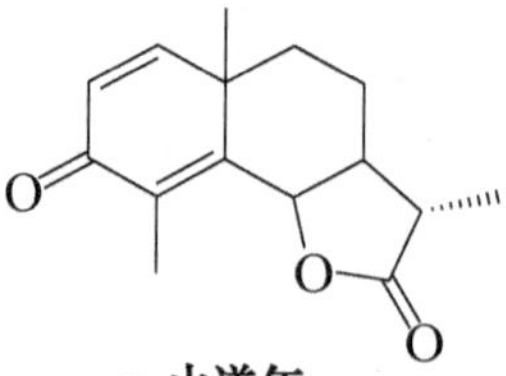

α-山道年　　　　　　**β-山道年**

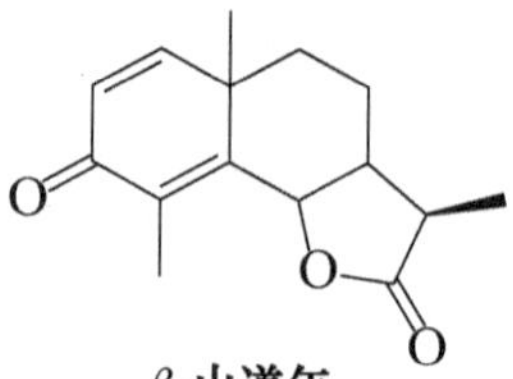

莪术醇(curcumol)是姜科植物莪术中的主要活性成分之一。此外，莪术中还含有莪术烯醇(curcumenol)、莪术二醇(curcumadiol)等多种具有抗肿瘤活性的愈创木烷型倍半萜类化合物，临床上主要用于宫颈癌的治疗。

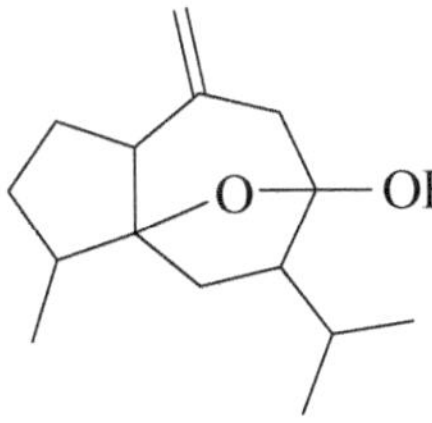

| 莪术醇 | 莪术烯醇 | 莪术二醇 |

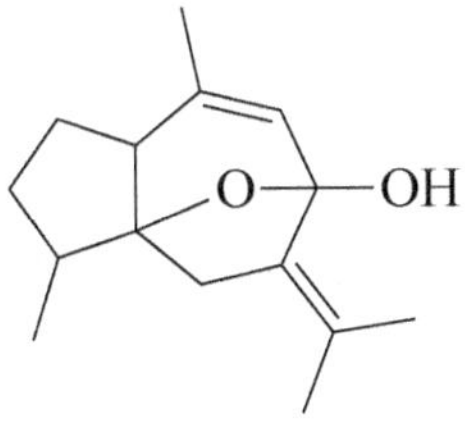

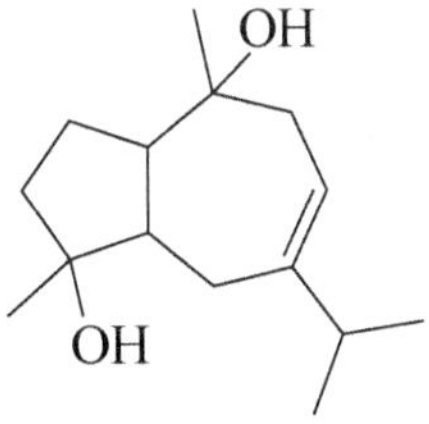

4) 三环倍半萜

α-白檀醇(α-santalol，檀香醇)存在于白檀木的挥发油中，有很强的抗菌作用，曾用为尿道消毒药。环桉醇(cycloeudesmol)存在于对枝软骨藻(*Chondria oppsiticlada*)中，具有显著的抗金黄色葡萄球菌和白色念珠菌活性。

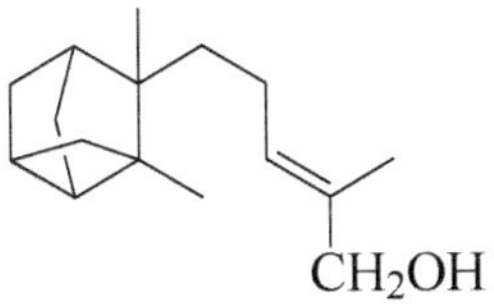

| α-白檀醇 | 环桉醇 |

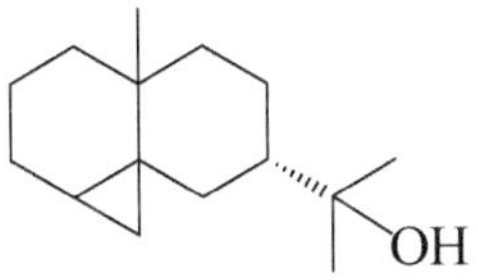

5) 薁类化合物

薁类化合物(azulenoid)是一种特殊的倍半萜，它具有由五元环与七元环骈合而成的芳环骨架。这类化合物多具有抑菌、抗肿瘤、杀虫等生物活性。

薁类化合物由于结构中的高度共轭体系的存在，因此属于弱极性化合物，可溶于石油醚、乙醚、乙醇及甲醇等有机溶剂，不溶于水，溶于强酸。薁类化合物沸点较高，一般在 250~300℃，挥发油分馏时，若高沸点馏分出现美丽的蓝色、紫色或绿色，表示可能有薁类化合物的存在。许多愈创木烷型倍半萜属于薁的还原产物，这些化合物在蒸馏、酸处理时，可氧化脱氢而形成薁。

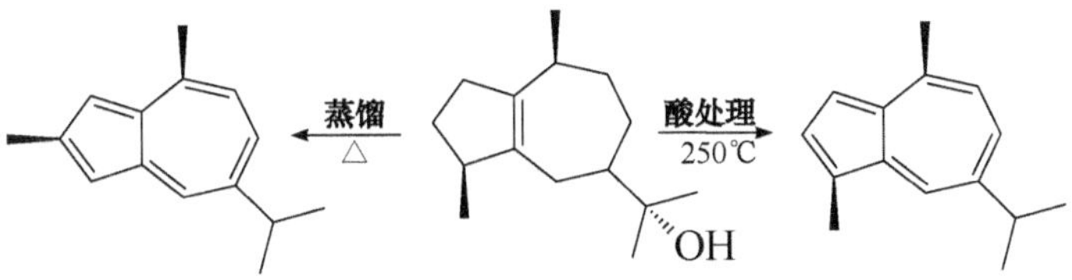

3. 二萜

二萜(diterpenoid)是指骨架由 4 个异戊二烯单位构成，含 20 个碳原子的一类化合物。二萜广泛分布于植物界，许多植物分泌的乳汁、树脂等均以二萜类衍生物为主。

二萜类化合物具有多方面的生物活性，如紫杉醇、穿心莲内酯、丹参酮 IIA、银杏内酯、雷公藤内酯、甜菊苷、冬凌草甲素等都具有较强的生物活性，有的已是临床上的常用药物。二萜类成分不仅存在于植物中，目前在菌类、海洋生物中也发现了大量的二萜类次生代谢产物。

二萜类化合物是由焦磷酸香叶基香叶酯(geranylgeranyl pyrophosphate，GGPP)作为合成中间体进一步衍生而成，多呈环状结构。目前发现的二萜类化合物的基本骨架已超过 100 余种，常见的结构类型有紫杉烷(taxane)、半日花烷(labdane)、松香烷(abietane)、海松烷(pimarane)、罗汉松烷(podocarpane)、卡山烷(cassane)、贝壳杉烷(kaurane)、贝叶烷(beyerane)和大戟烷(phorbane)等。

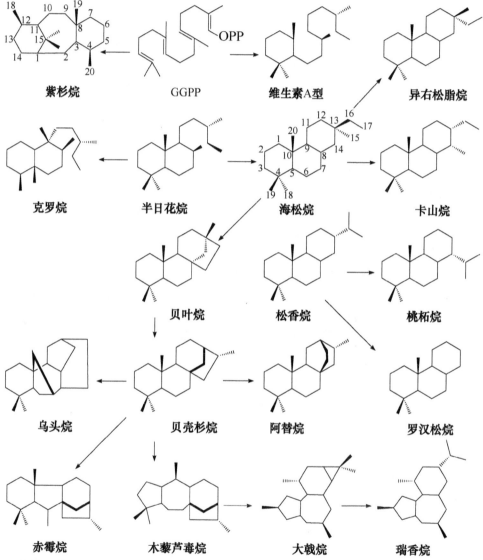

1) 链状二萜

链状二萜化合物在自然界存在较少，常见的只有存在于叶绿素中的植物醇

(phytol)，其以与叶绿素分子中的卟啉(porphyrin)结合成酯的形式存在于植物中，曾作为合成维生素 E 和维生素 K_1 的原料。

　　从海绵(*Hippospongia* sp.)中分离得到的 untennospongin-A 属于 21 个碳的呋喃二萜，对冠状动脉具有舒张作用。

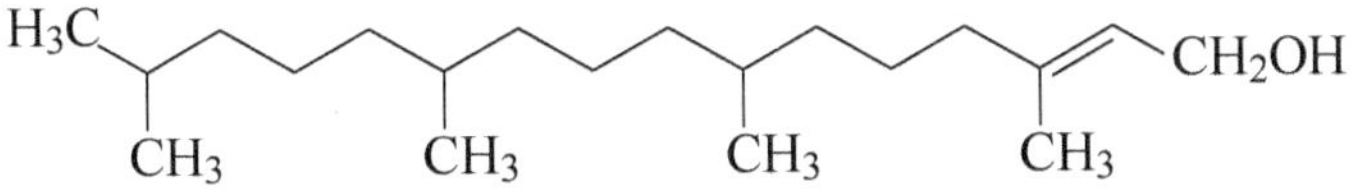

植物醇

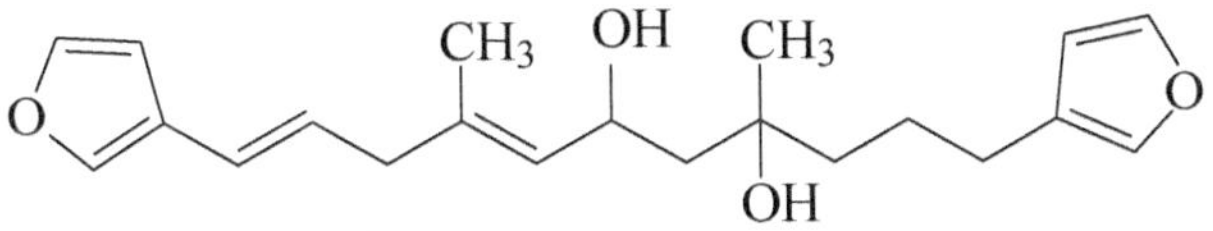

untennospongin-A

2) 环状二萜

　　维生素 A(vitamin A)又名视黄醇，是一种重要的脂溶性维生素，只存在于动物性食物中，特别是鱼肝油中含量较丰富，如鳖鱼和鳍鱼的肝油中富含维生素 A。维生素 A 与眼睛视网膜内的蛋白质结合，形成光敏感色素，是保持正常夜间视力的必需物质，而且维生素 A 也是哺乳动物生长必不可少的物质。

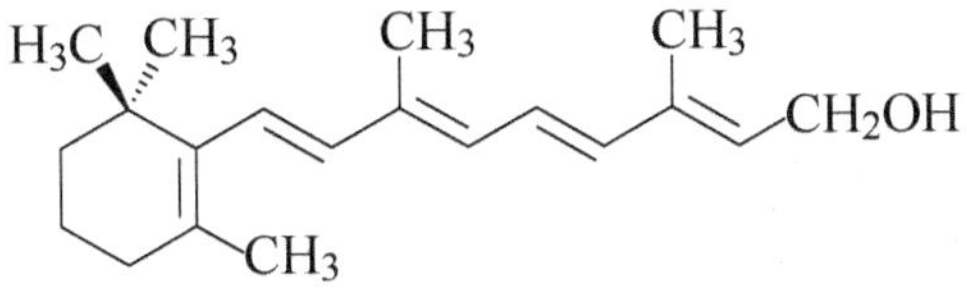

维生素A

　　穿心莲中的主要化学成分为半日花烷型二萜内酯类成分，其中主要包括穿心莲内酯(andrographolide)、脱水穿心莲内酯(dehrdroandrographolide)等。

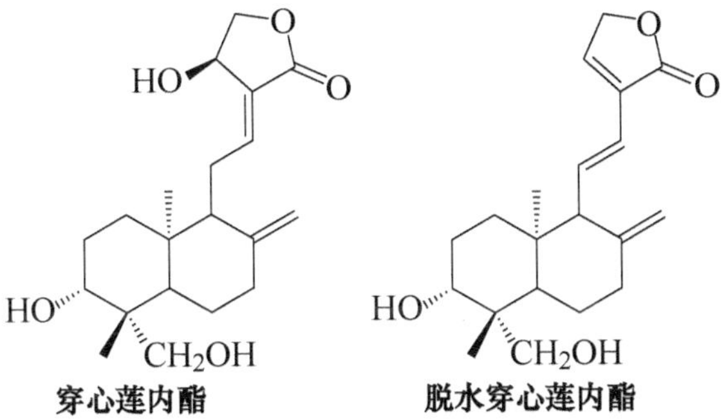

穿心莲内酯　　　　　　　　**脱水穿心莲内酯**

　　银杏内酯(ginkgolide)是银杏(*Ginkgo biloba*)根皮及叶中的苦味成分，具有独特的十二碳骨架结构，嵌有一个叔丁基和六个五元环，结构中包括一个螺壬烷、一个四氢呋喃环和三个内酯环。目前已分离出银杏内酯 A、B、C、M、J(ginkgolide

A、B、C、M 和 J)等多种成分。银杏内酯类可用来拮抗血小板活化因子以治疗因血小板活化因子引起的各种休克状障碍。银杏内酯与银杏双黄酮均为银杏制剂中的有效成分类型，为治疗心脑血管疾病的有效药物。

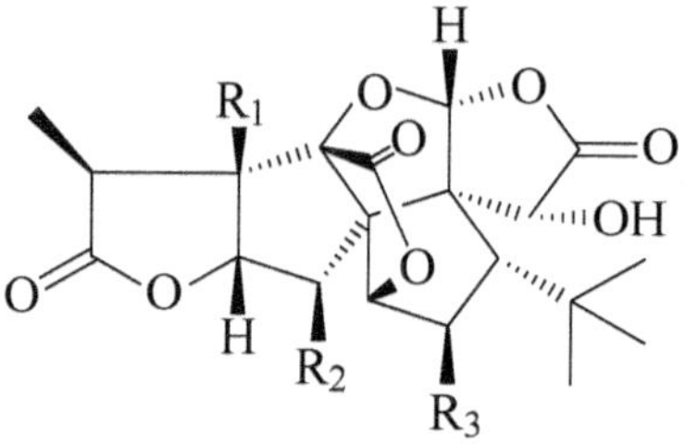

	R_1	R_2	R_3
银杏内酯A	OH	H	H
银杏内酯B	OH	OH	H
银杏内酯C	OH	OH	OH
银杏内酯M	H	OH	OH
银杏内酯J	OH	H	OH

紫杉醇(taxol)又称红豆杉醇，是从太平洋红豆杉(*Taxus brevifolia*)的树皮中分离得到一种复杂的次生代谢产物，也是目前所了解的唯一一种可以促进微管聚合和稳定已聚合微管的药物，1992 年年底美国 FDA 批准上市，临床用于治疗卵巢癌、大肠癌、乳腺癌和肺癌疗效较好，颇受医药界重视，临床需求量较大。然而植物中紫杉醇的含量仅为百万分之二，为解决紫杉醇的来源问题，学者们采用各种方法和途径，在组织细胞培养、寄生真菌培养、红豆杉栽培、紫杉醇全合成及紫杉醇半合成等方面开展了大量的研究工作。其中，以紫杉醇前体物巴卡亭Ⅲ(baccatinⅢ)和去乙酰基巴卡亭Ⅲ(10-deacetyl baccatinⅢ)为母核进行半合成制备紫杉醇的途径最为可行，而这两种化合物在红豆杉可再生的针叶和小枝中产率达0.1%。

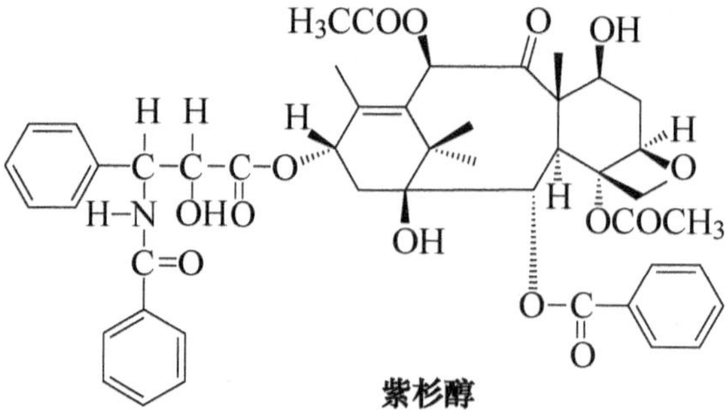

紫杉醇 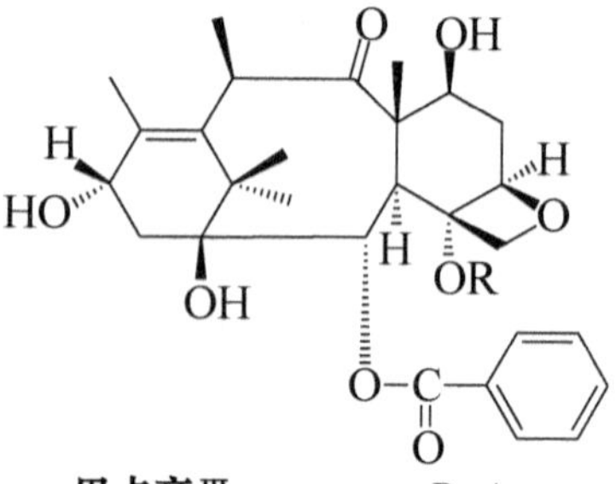　　　　　巴卡亭Ⅲ　　　R=Ac
　　　　　　　　去乙酰基巴卡亭Ⅲ　　R=H

4. 二倍半萜

二倍半萜(sesterterpenoid)是指骨架由 5 个异戊二烯单位构成、含 25 个碳原子的一类化合物。这类化合物在生源上由焦磷酸香叶基金合欢酯(geranylfarnesyl pyrophosphate，GFPP)衍生而成，多为结构复杂的多环化合物。与其他类型萜类化合物相比，二倍半萜数量很少，仅分布在羊齿植物、植物病源菌、海洋生物海绵、地衣及昆虫分泌物中。

华北粉背蕨(*Aleuritopteris kuhnii*)是中国蕨科粉背蕨属植物，具有润肺止咳、清热凉血的功效。从其叶的正己烷提取液中分离得到的粉背蕨二醇(cheilanthenediol)和粉背蕨三醇(cheilanthenetriol)属于三环二倍半萜类成分。

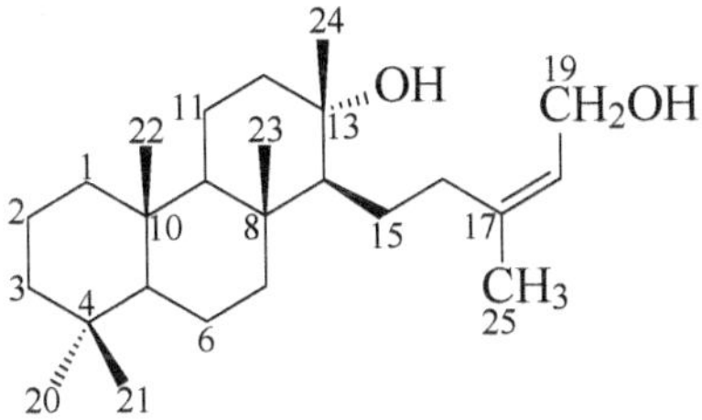

粉背蕨二醇 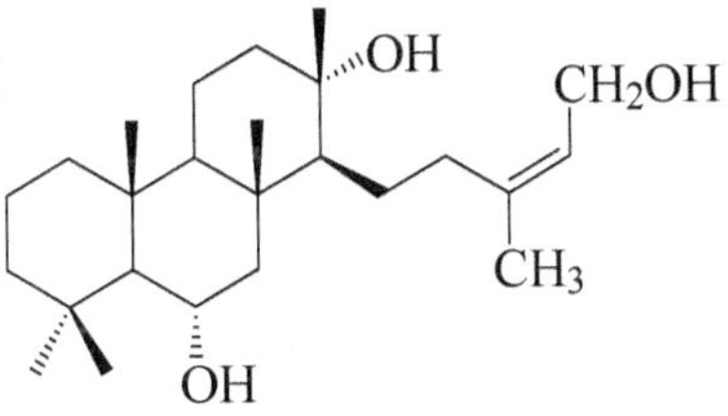　　　　　　　　　　粉背蕨三醇

5. 萜类的理化性质

萜类化合物分子结构中绝大多数具有双键、羟基、羧基等官能团，较多萜类还具有内酯结构，因而具有一些相同的理化性质及化学反应，既可以用于鉴别，也可作为提取纯化的方法。

1) 物理性质

(1) 形态。单萜和倍半萜多为油状液体，在常温下可以挥发，低温下多为脑状物或蜡状物，而环烯醚萜苷大多数为白色结晶体，多具有旋光性。

(2) 气味。单萜和倍半萜多具有特殊香气(环烯醚萜苷多为苦味)，二萜类化合物则多具有苦味，且有些味极苦，故萜类化合物又称为苦味素。但有的萜类化合物具有较强的甜味，如甜菊苷的甜度是蔗糖的 300 倍。

(3) 旋光性和折光性。大多数萜类具有不对称碳原子，有光学活性，且多有异构体存在。小分子萜类具有较高的折光率，与糖链连接后，其光学活性大大增加，折光率也会有所增加。

(4) 溶解性。萜类化合物亲脂性强，易溶于有机溶剂，难溶于水。具有内酯环结构的萜类化合物由于碱性条件下内酯环可开裂，游离出羧基，故能溶于碱水；酸化后还原，又在水中形成沉淀，此性质可用于具内酯结构的萜类化合物的分离与纯化。萜苷类化合物含糖的数量均不多，但具有一定的亲水性，能溶于热水，易溶于甲醇、乙醇，不溶于亲脂性的有机溶剂如石油醚、三氯甲烷和乙酸乙酯等。环烯醚萜苷类易溶于水和甲醇，可溶于乙醇、正丁醇和丙酮，难溶于三氯甲烷、乙醚、环己烷和石油醚等亲脂性有机溶剂。

此外，萜类化合物对高温、强光、酸、碱较为敏感，易发生氧化、重排，引起结构和理化性质的改变。因此在提取、分离和储存过程中需要格外注意条件。

2) 化学性质

含有双键或羰基的萜类化合物，可与某些化学试剂发生加成反应，多为结晶性的产物。这不但可供识别萜类化合物分子中不饱和键的存在及不饱和的程度，还可借助加成产物良好的晶型来进行萜类化合物的分离与鉴定。

(1) 与卤化氢加成反应。萜类化合物中的双键能与氢卤酸类，如氢碘酸或氯化氢在乙酸溶液中反应，置于冰水中会析出结晶性加成产物。例如，柠檬烯与氯化氢在乙酸中进行加成反应，反应完毕加入冰水即析出柠檬烯二氢氯化物的结晶固体。

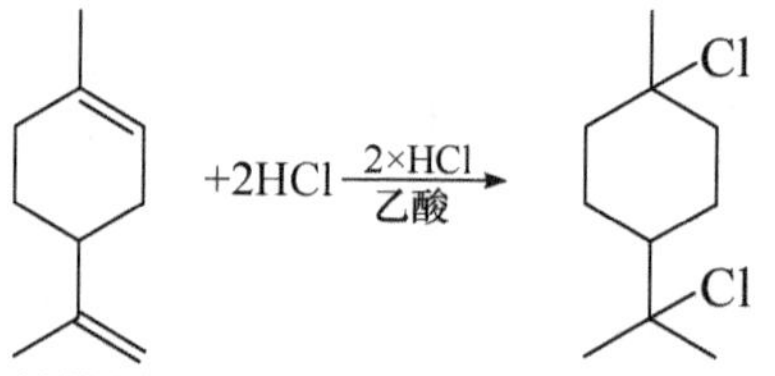

柠檬烯　　**柠檬烯二氢氯化物**

(2) 与亚硝酰氯反应。许多不饱和的萜类化合物能与亚硝酰氯(Tilden 试剂)发生加成反应，生成亚硝基氯化物。先将不饱和的萜类化合物加入亚硝酸异戊酯中，冷却后加入浓盐酸，混合振摇，然后加入乙醇即有结晶析出。生成的氯化亚硝基衍生物多呈蓝色，可用于不饱和萜类成分的分离和鉴定。同时，生成的氯化亚硝基衍生物还可进一步与伯胺或仲胺(常用六氢吡啶)缩合生成亚硝基胺类。后者具有一定的晶形和固定的物理常数，在鉴定萜类成分时具有重要的意义。

$$(H_3C)_2HC-CH_2-CH_2-O-N=O+HCl \longrightarrow (H_3C)_2HC-CH_2-CH_2OH+Cl-N=O$$

亚硝酸异戊酯　　**亚硝酰氯**(Tilden**试剂**)

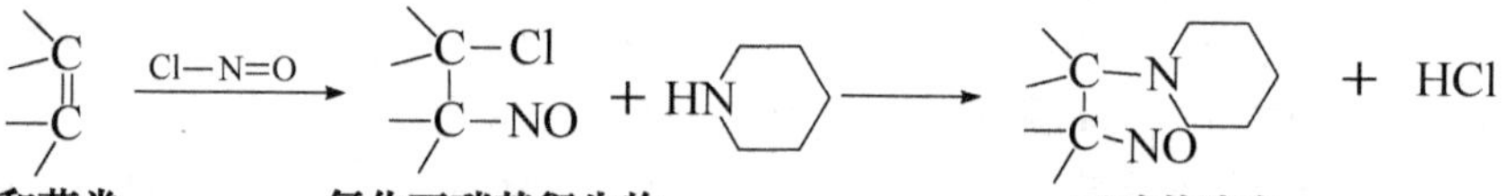

不饱和萜类　　**氯化亚硝基衍生物**　　**亚硝基胺类**

(3) 与吉拉德试剂加成。吉拉德试剂(Girard)是一类连有季铵基团的酰肼，常用的 Girard P 和 Girard T 试剂的结构如下：

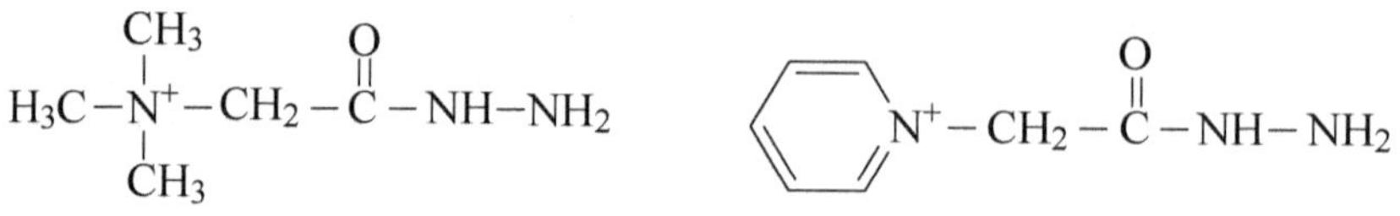

Girard T　　Girard P

分离含有羰基的萜类化合物常采用吉拉德试剂，可使亲脂性的羰基转变为亲水性的加成物而得到分离。例如，中性挥发油中加入吉拉德试剂的乙醇溶液后，再加入 10%乙酸促进反应。加热回流，反应完毕后加水稀释，分取水层，加酸酸化，再用乙醚萃取，蒸去乙醚后复得原羰基化合物。

$$\begin{array}{l}\underset{R'}{\overset{R}{\nearrow}}C=O + H_2N-NH-CO-CH_2-\underset{CH_3}{\overset{CH_3}{\overset{|}{N^+}}}-CH_2X^- \Longleftrightarrow \underset{R'}{\overset{R}{\nearrow}}C=N-NH-CO-CH_2-\underset{CH_3}{\overset{CH_3}{\overset{|}{N^+}}}-CH_2X^-\end{array}$$

$$\begin{array}{l}\underset{R'}{\overset{R}{\nearrow}}C=O + H_2N-NH-CO-CH_2-N^+\!\!\!\bigcirc\!\!\!X^- \Longleftrightarrow \underset{R'}{\overset{R}{\nearrow}}C=N-NH-CO-CH_2-N^+\!\!\!\bigcirc\!\!\!X^-\end{array}$$

2.6.3　含萜类功能成分的森林资源

1. 木香

木香为菊科云木香属植物木香(*Aucklandia lappa*)的干燥根，现代药理学研究表明，木香具有解痉、利胆、降压、抗菌和抗肿瘤等药理作用[48]。

木香中含有大量的倍半萜类化合物，包括桉叶烷(eudesmane)型、愈创木烷(guaiane)型、牻牛儿烷(germacrane)型、石竹烷(caryophyllane)型、雪松烷(cedrane)型和榄香烷(elemane)型等[49]。其中，桉叶烷型倍半萜总体含量较高，包括土木香内酯(alatolactone)、异土木香内酯(isoalatolactone)、α-木香醇(α-costol)、β-木香醇(β-costol)、γ-木香醇(γ-costol)等[50]。

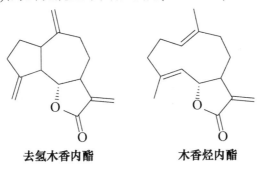

　　　α-木香醇　　　　　　　β-木香醇

　　　土木香内酯　　　　　　　异土木香内酯

木香中含量最高的倍半萜类成分为愈创木烷型的去氢木香内酯(dehydrocotuslactone)和牻牛儿烷型的木香烃内酯(costunolide)[51]。

　　　去氢木香内酯　　　　　　　木香烃内酯

2. 穿心莲

爵床科植物穿心莲(*Andrographis paniculata*)具有清热解毒、凉血消肿的功效，主要用于感冒发热、咽喉肿痛、口舌生疮、顿咳劳嗽、泄泻痢疾、热淋涩痛、痈肿疮疡、毒蛇咬伤的临床治疗[52]。

穿心莲的化学成分主要包括二萜内酯类化合物、黄酮类化合物、甾体类化合物、糖类、缩合鞣质、酮、醛和无机盐等，其中以二萜内酯类化合物含量最为丰富，如穿心莲内酯(andrographolide)、脱水穿心莲内酯(dehydroandrographolide)、去氧穿心莲内酯(deoxyandrographolide)和新穿心莲内酯(neoandrographolide)等，临床用于治疗急性菌痢、胃肠炎、咽喉炎、感冒发热等，疗效确切[53]。

穿心莲内酯类水溶性较差，为增强其水溶性，可将穿心莲内酯在无水吡啶中与丁二酸酐作用制备成丁二酸半酯的钾盐，或与亚硫酸钠在酸性条件下制备成穿心莲内酯磺酸钠，用于制备浓度较高的注射剂[54]。

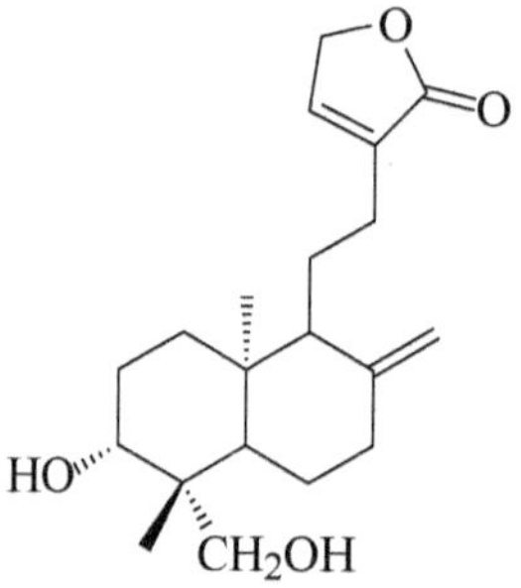

去氧穿心莲内酯

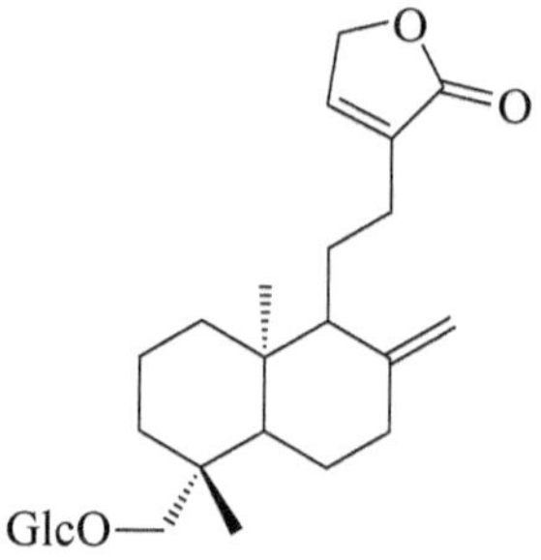

新穿心莲内酯

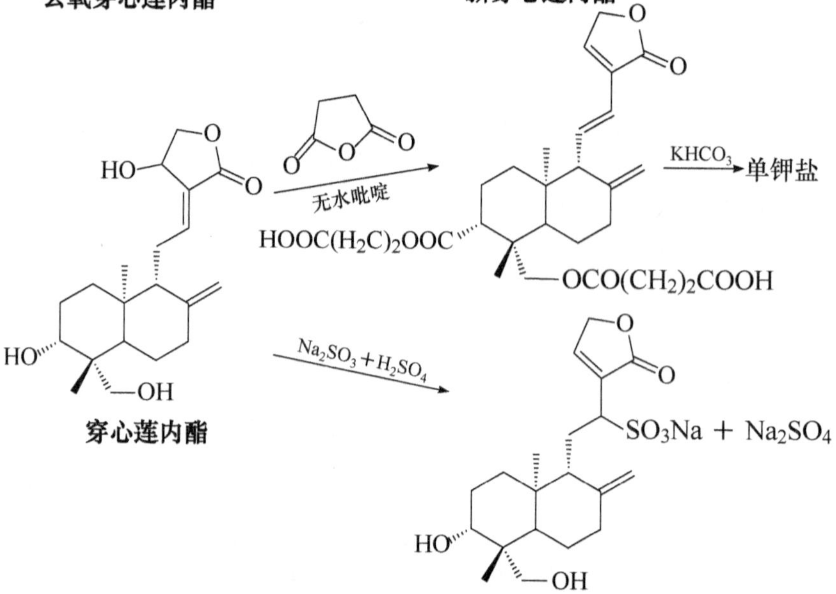

穿心莲内酯

2.7　三萜类功能成分

2.7.1　概述

三萜类(triterpenoid)化合物多数是一类基本母核由 30 个碳原子组成的萜类化合物，以游离态和结合态(成苷或成酯)在生物中分布，尤其是双子叶植物中分布最多。游离三萜主要存在于菊科、豆科、大戟科、楝科、卫矛科、茜草科、橄榄科、唇形科等植物中，三萜苷类主要分布于豆科、五加科、桔梗科、葫芦科、毛茛科、石竹科、伞形科、鼠李科、报春花科等植物中。一些常用中药如人参、黄芪、甘草、三七、桔梗、远志、柴胡、茯苓、川楝皮、地榆、甘遂和泽泻等都含有大量三萜类化合物。

由于多数三萜苷类化合物可溶于水，而且其水溶液经振摇后可产生持久性肥皂样泡沫，故称其为三萜皂苷。这类皂苷多具有羧基，具有羧基的三萜皂苷又被称为酸性皂苷。

三萜类化合物具有广泛的生物活性，如抗肿瘤、抗炎、抗过敏、抗病毒、抗生育、降血糖、降低胆固醇、防治心脑血管疾病以及机体免疫调节等作用。例如，齐墩果酸(oleanolic acid)在临床上用于治疗肝炎等，熊果酸(ursolic acid)为夏枯草等林产植物的抗肿瘤活性成分，雷公藤三萜提取物临床用于治疗类风湿性关节炎、系统性红斑狼疮和肾炎等，并具有免疫调节、抗肿瘤、抗炎和男性抗生育作用，甘草次酸(glycyrrhetinic acid)可抑制疱疹性口腔炎病毒，人参皂苷和黄芪皂苷可增强机体的免疫功能，西洋参总皂苷能降低血糖、总胆固醇、甘油三酯、低密度脂蛋白且对冠心病和血脂异常疾病有治疗作用。但由于具有溶血性等毒性，三萜类化合物在具有治疗作用的同时，也会产生一定的副作用，所以发现和研究低毒高效的三萜衍生物已成为目前研究的热点。

近年来，随着现代分离手段、结构测定以及生物活性测定等技术的迅速发展，许多新骨架或具有一定生物活性的三萜类化合物不断地被发现，尤其是对海洋生物中三萜类化合物的研究取得了较大的进展，显示出广泛的应用前景。

研究表明，三萜类化合物的生物合成是由(角)鲨烯(squalene)、氧化鲨烯(oxidosqualene)或双氧化鲨烯(bisoxidosqualene)形成的，而鲨烯是由焦磷酸金合欢酯(farnesyl pyrophosphate，FPP)缩合生成。

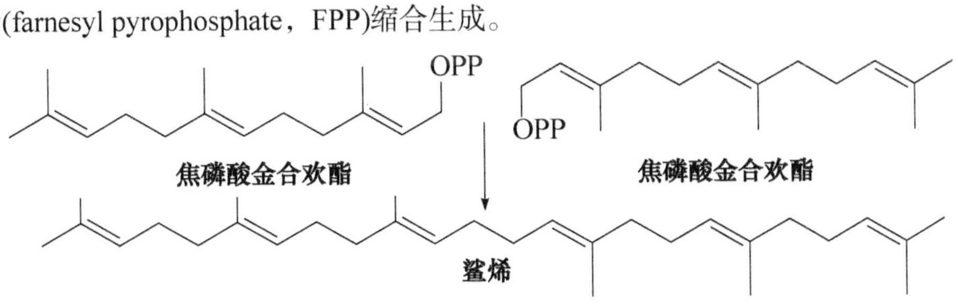

焦磷酸金合欢酯　　　　　　　　焦磷酸金合欢酯

鲨烯

　　三萜及甾醇类化合物的生物合成始于鲨烯的环合反应，两分子焦磷酸金合欢酯在鲨烯合成酶(SS)的作用下合成鲨烯，经鲨烯环氧酶(SE)催化，在C=C之间插入1个氧原子转变为2,3-氧化鲨烯，其后在氧化鲨烯环化酶(OSC)作用下，形成三萜和甾醇类化合物的结构骨架。

　　五环三萜的形成是环氧鲨烯通过椅-椅-椅-船式构象变化，首先形成四环达玛烷正碳离子中间体，在环氧鲨烯达玛二烯醇合成酶的催化下生成达玛烷型四环三萜，同时四环达玛烷正碳离子进一步转化形成羽扇豆烷阳离子或齐墩果烷阳离子，再经重排形成羽扇豆烷型、齐墩果烷型或熊果烷型等五环三萜类化合物。从三萜苷元生物合成皂苷是由糖基转移酶(GT)和 β-糖苷酶对某些位置的羟基进行糖基化而形成的，如对原人参二醇型骨架在C3和C20位的羟基进行糖基化可形成原人参二醇型人参皂苷，对原人参三醇型骨架在C6和C20位的羟基进行糖基化则形成原人参三醇型人参皂苷。

2.7.2　三萜类化合物的结构与分类

　　目前，一般是根据三萜类化合物结构中碳环的有无和多少进行分类，已发现的三萜类化合物多数为四环三萜和五环三萜，少数为链状、单环、双环和三环三萜。近年来，还发现许多由于氧化、环裂解、甲基转位、重排及降解等而产生的结构复杂的新骨架类型三萜类化合物。

1. 链状三萜

　　链状三萜多为鲨烯类化合物，如鲨烯主要存在于鲨鱼肝油及其他鱼类肝油中的非皂化部分，也存在于某些植物油(如茶籽油、橄榄油等)的非皂化部分。2,3-环氧鲨烯(squalene-2, 3-epoxide)是鲨烯转变为三环、四环和五环三萜的重要生源中间体。例如，动物和真菌中的羊毛脂醇(lanosterol)正是通过环氧鲨烯环化形成的。

　　从苦木科植物革秘里(*Eurycoma longifolia*)中分离得到的化合物过氧化罗格列烯(logilene peroxide)属于鲨烯类链状三萜化合物，结构中含有3个呋喃环。

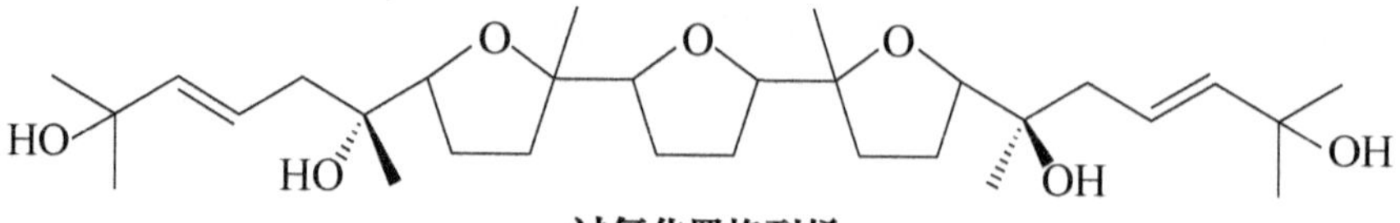

过氧化罗格列烯

2. 单环三萜

　　单环三萜中的单环多为六元环，从菊科蓍属植物 *Achillea odorta* 中分离得到的蓍醇 A(achilleol A)是2,3-环氧鲨烯在生物合成时环化反应的首个天然产物。

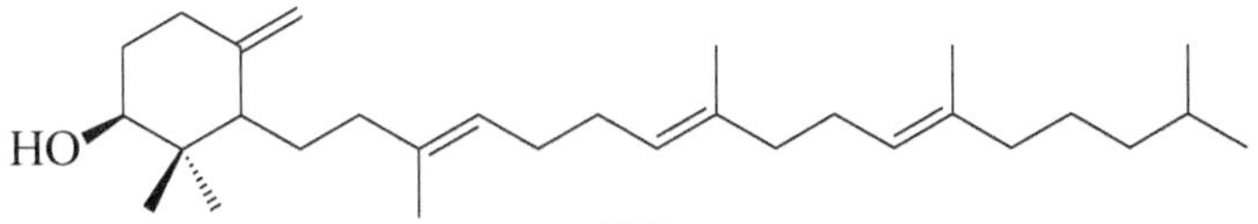

薯醇A

3. 双环三萜

从一种生长于太平洋的海绵中得到的 2 个双环三萜醇(naurol A、B)是一对对映异构体，在结构中心具有一个线型共轭四烯。

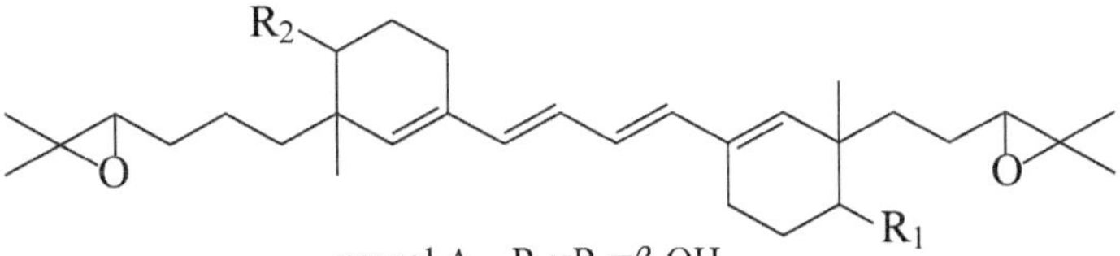

naurol A　R_1=R_2=β-OH
naurol B　R_1=R_2=α-OH

4. 三环三萜

13 βH-岭南臭椿三烯和 13 αH-岭南臭椿三烯(1 和 2)是从蕨类植物伏石蕨(*Lemmaphyllum microphyllum*)的新鲜全草中分离得到的两个三环三萜类化合物，从生源上可看成是由 α-聚戊四烯和 γ-聚戊四烯环合而成。

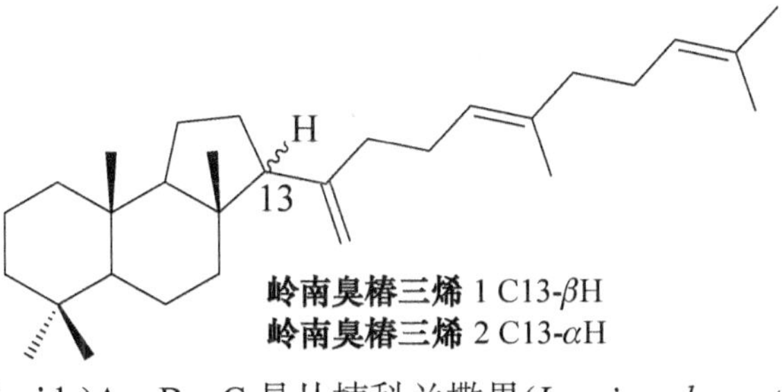

岭南臭椿三烯 1 C13-βH
岭南臭椿三烯 2 C13-αH

兰西苷(lansioside)A、B、C 是从楝科兰撒果(*Lansium domesticum*)果皮中分离得到的具有新三环骨架的三萜苷类化合物，其中兰西苷 A 是从植物中得到的一种极罕见的乙酰氨基葡萄糖苷，在 2.4 ppm 浓度时能有效地抑制白三烯 D4 诱导的豚鼠回肠收缩。

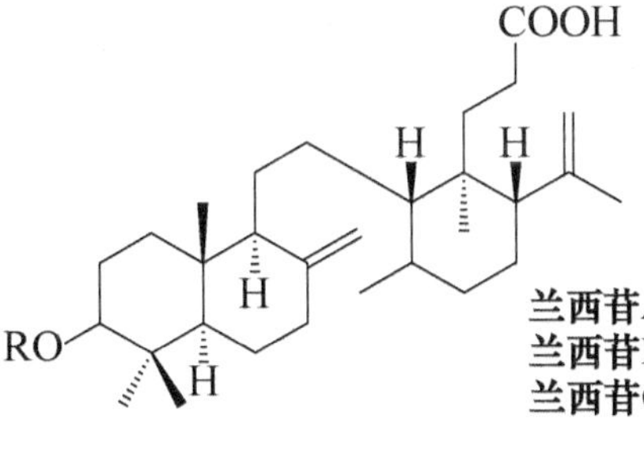

兰西苷A　R=N-乙酰基-β-D-葡糖胺
兰西苷B　R=β-D-葡萄糖
兰西苷C　R=β-D-木糖

5. 四环三萜

目前发现的三萜类化合物多数为四环三萜和五环三萜。四环三萜的结构和甾醇类很相似，大部分具有环戊烷骈多氢菲的基本母核，17 位上有由 8 个碳原子组成的侧链。母核上一般有 5 个甲基，即 4 位有偕二甲基，10 位和 14 位各有一个甲基，另一个甲基常连接在 8 位或 13 位。

存在于自然界较多的四环三萜皂苷及其苷元主要有羊毛脂烷型、大戟烷型、达玛烷型、葫芦素烷型、原萜烷型、楝烷型和环菠萝蜜烷型等。

1) 羊毛脂烷型

羊毛脂烷(lanostane)也叫羊毛脂甾烷，由环氧鲨烯经椅-船-椅-船式构象环合而成，其结构特点是 A/B、B/C、C/D 环均为反式稠合，C20 为 R 构型，其 C10、C13、C14 位分别连有 β、β、α-CH$_3$，17 位侧链为 β 构型。

羊毛脂醇是羊毛脂的主要成分，也存在于大戟属植物凤仙大戟(*Euphorbia balsamifera*)的乳液中。

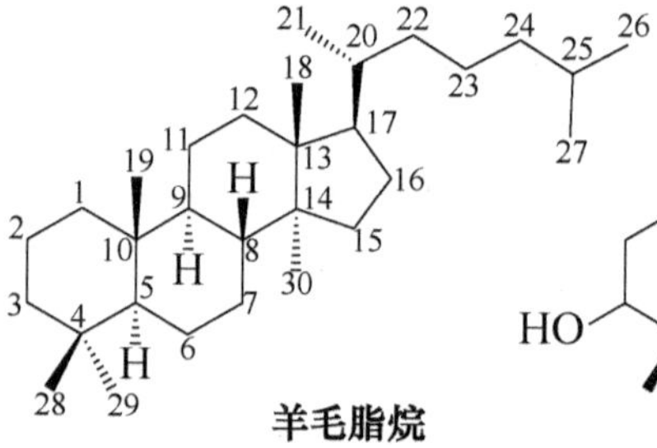

羊毛脂烷 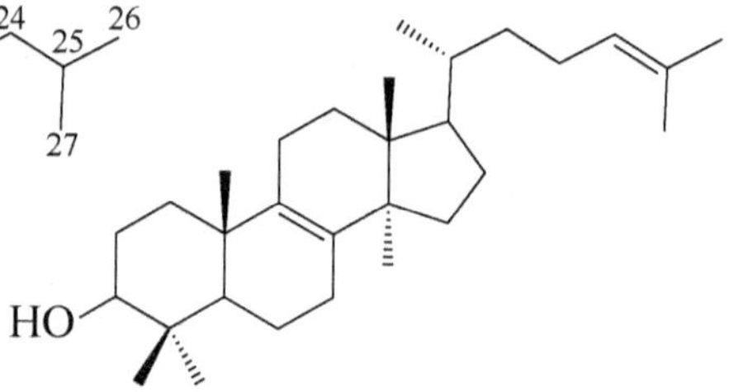　　　　　　　　　　羊毛脂醇

茯苓(*Poris cocos*)中的三萜类成分具有抗肿瘤、抗炎、免疫调节、渗湿利尿及安神作用等，其中茯苓酸和块苓酸是主要成分，其特征是在羊毛脂烷碳架基础上 C20 连有羧基，而且多数在 C24 上有一个额外的碳原子，所以属于含 31 个碳原子的三萜酸。茯苓三萜及其衍生物对小鼠肝癌 H-22 细胞的抑制率研究表明，它们的抑制作用可能与 A、D 环上 3 位、16 位是否连有酮基和羟基有关。此外，对羧基进行酯化也会影响其抑制效果。

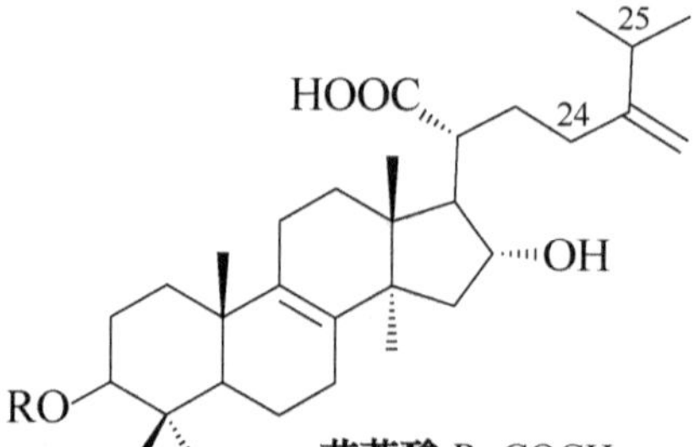

茯苓酸 R=COCH$_3$
块苓酸 R=H

2) 大戟烷型

大戟烷(euphane)是羊毛脂烷的立体异构体，基本碳架相同，只是 C13、C14 和 C17 位上的取代基构型不同，为 13α、14β、17α-羊毛脂烷。

大戟醇(euphol)存在于许多大戟属植物的乳液中，在甘遂、狼毒和千金子中都有大量存在。

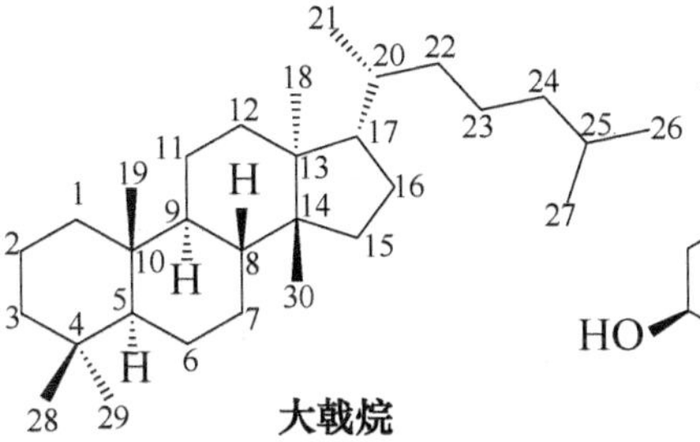

大戟烷 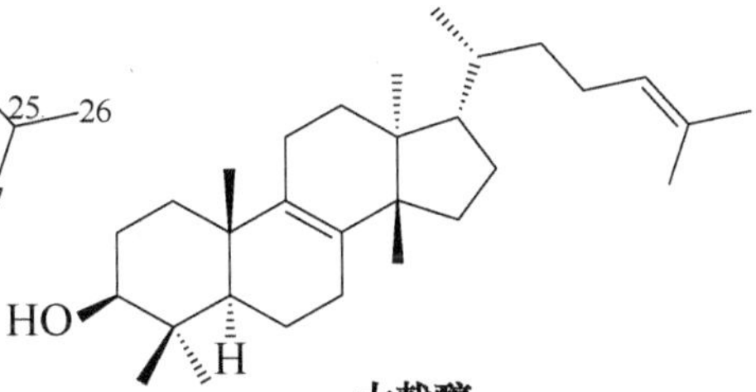　　　　　　　　大戟醇

从无患子科无患子(*Sapindus mukorossi*)根中分离得到的三萜甜苷(sapimukoside) B 为大戟烷型三萜皂苷。

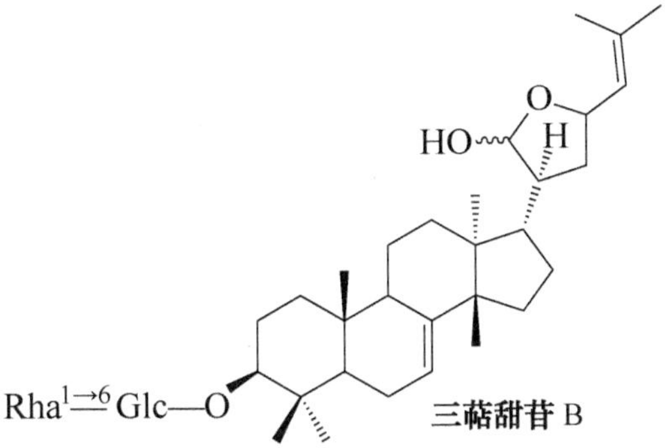

三萜甜苷 B

3) 达玛烷型

达玛烷(dammarane)型是由环氧鲨烯经椅-椅-椅-船式构象形成，其结构特点是 A/B、B/C、C/D 环均为反式稠合，C20 为 R 或 S 构型，C8、C10 位分别连有 β-构型角甲基，C13 位连有 β-H，17 位侧链为 β-构型。

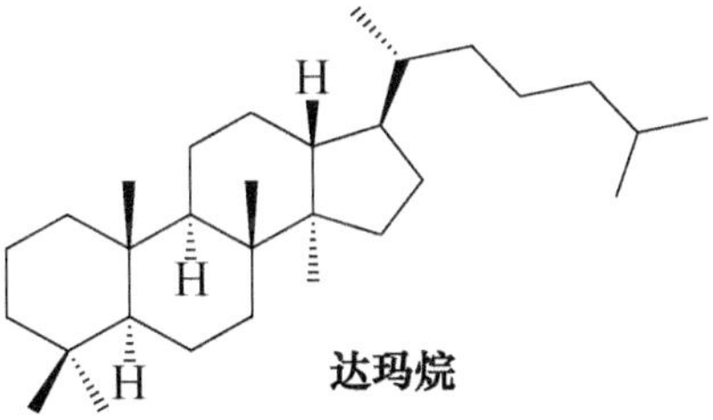

达玛烷

　　酸枣仁为鼠李科植物酸枣(*Ziziphus jujuba*)的干燥成熟种子，具有养肝、宁心、安神之功效，主要用于治疗虚烦不眠、体虚多汗和津伤口渴等症。从酸枣仁中分离出多种皂苷，例如，酸枣仁皂苷 A、B(jujuboside A、B)和酸枣仁皂苷 G(jujuboside G)都属于达玛烷型四环三萜苷，其中酸枣仁皂苷 A 经酶解后失去一分子葡萄糖，即转变为酸枣仁皂苷 B。

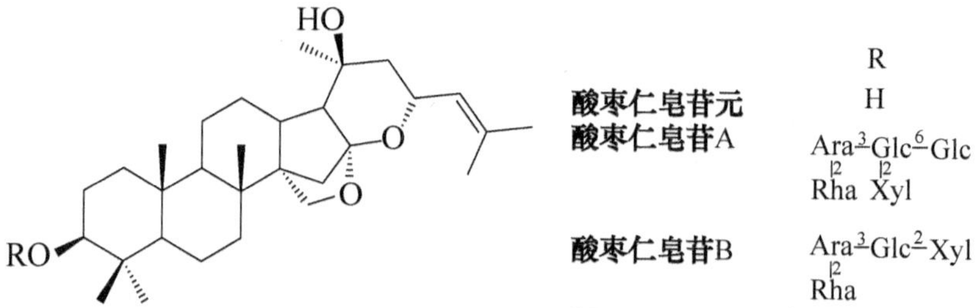

	R
酸枣仁皂苷元	H
酸枣仁皂苷A	Ara^{3}Glc^{6}Glc
	$^{\mid 2}$　$^{\mid 2}$
	Rha　Xyl
酸枣仁皂苷B	Ara^{3}Glc^{2}Xyl
	$^{\mid 2}$
	Rha

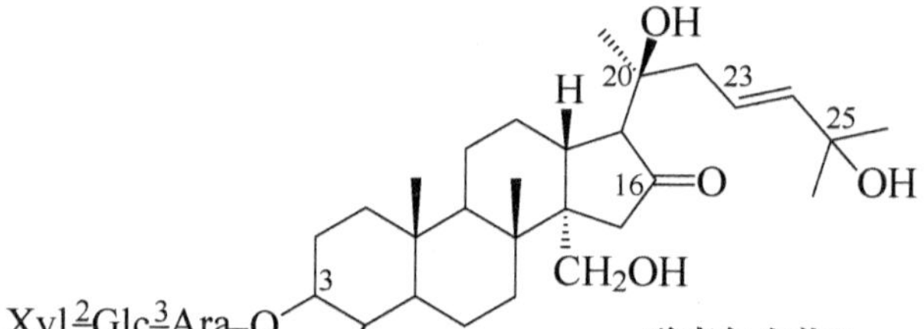

酸枣仁皂苷G

4) 葫芦素烷型

　　葫芦素烷(cucurbitane)型基本骨架同羊毛脂烷型，结构特点是 A/B、B/C、C/D 环分别为反式、顺式、反式稠合，A/B 环上的取代和羊毛脂烷型化合物不同，5β-H、8β-H、10α-H，C10 上的甲基转到 C9 位上后呈β型。

　　葫芦素烷型化合物主要分布于葫芦科植物中，在十字花科、玄参科、秋海棠科等高等植物及一些大型真菌中也有发现。许多来源于葫芦科植物的食物及中药，如甜瓜蒂、丝瓜子、苦瓜、罗汉果等都含有这类成分，总称为葫芦素类。

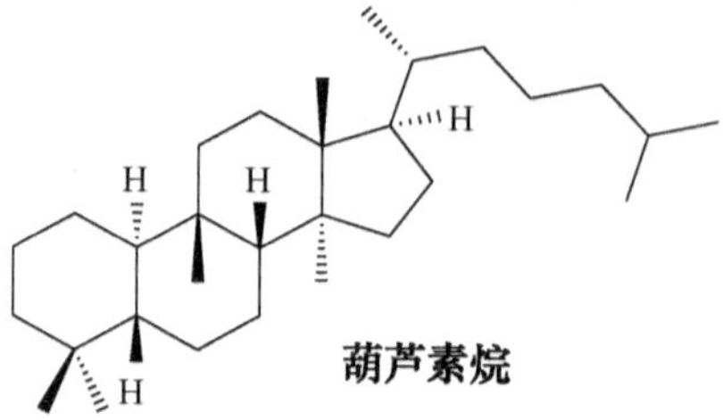

葫芦素烷

罗汉果为葫芦科植物罗汉果(*Siraitia grosvenorii*)的干燥成熟果实,具有清热润肺、凉血、滑肠通便之功效, 主要用于治疗百日咳、慢性气管炎、咽喉炎、便秘、胃肠小疾等。罗汉果中含有多种葫芦素烷型三萜皂苷, 其中罗汉果甜素 V 味甜, 其 0.02%水溶液比蔗糖甜 250 倍, 并具有清热镇咳之功效。

苦瓜果实中也含有 charantoside I 等多种葫芦素烷型三萜皂苷。

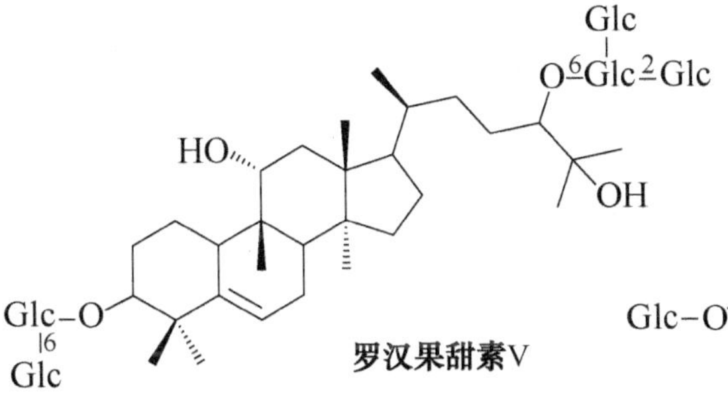

罗汉果甜素V 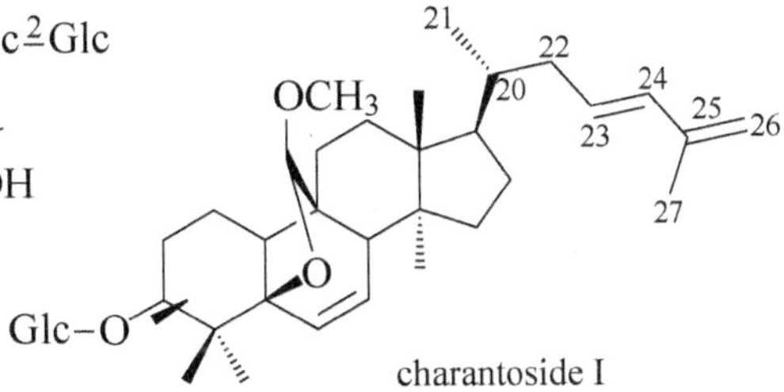　　　charantoside I

5) 原萜烷型

原萜烷(protostane)型与达玛烷型相似, 其结构特点是 10 和 14 位上有β-CH$_3$, 8 位上有α-CH$_3$, C20 为 S 构型。

利尿渗湿中药泽泻为泽泻科植物泽泻(*Alisma orientalis*), 具利尿、降血脂、降血糖、抗脂肝及保肝作用。近年来从不同产地、不同加工方法的泽泻药材中分离得到了 30 多个三萜类化合物, 其结构多为原萜烷型四环三萜。其中, 泽泻萜醇 A(alisol A)和泽泻萜醇 B(alisol B)可降低血清总胆固醇, 用于治疗高脂血症。

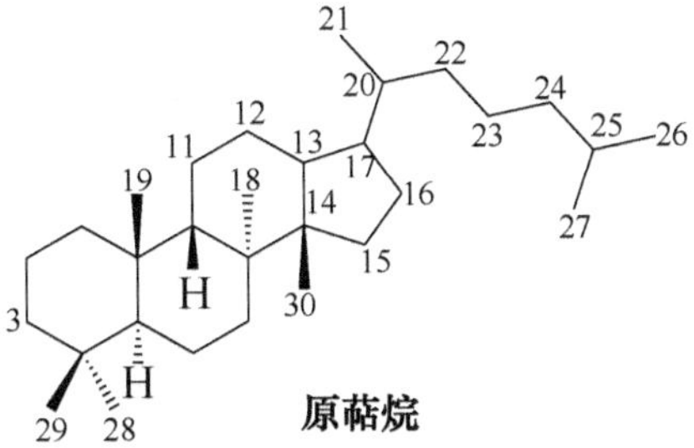

原萜烷

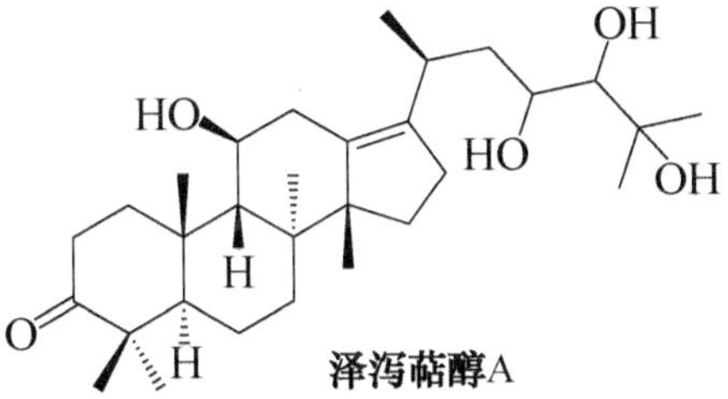

泽泻萜醇A 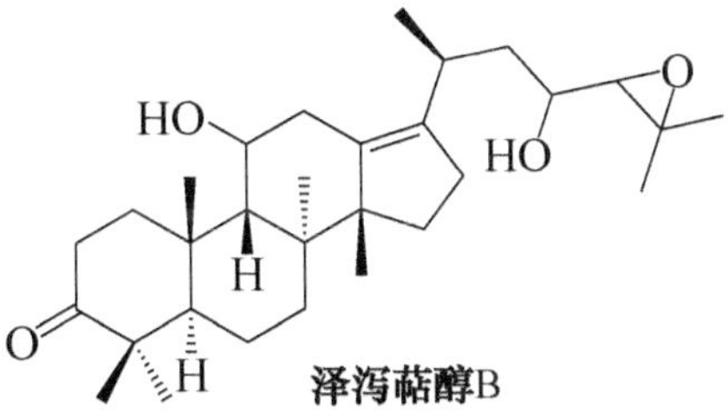　　　**泽泻萜醇B**

6) 楝烷型

楝烷(meliacane)型三萜母核由 26 个碳构成，存在于楝科楝属植物果实及树皮中，具苦味，总称为楝苦素类成分。

川楝子为楝科植物川楝 *Melia toosendan* 的干燥成熟果实，具有疏肝泄热、行气止痛、杀虫之功效，主要有效成分为川楝素 (chuanliansu) 和异川楝素 (isochuanliansu)，均有驱蛔作用。

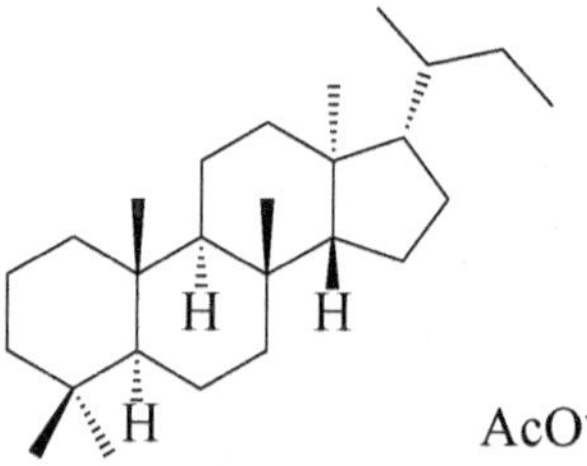

楝烷 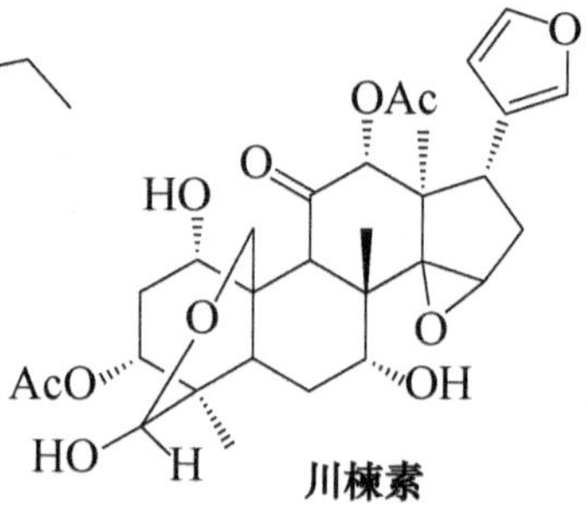　　　　　　　川楝素 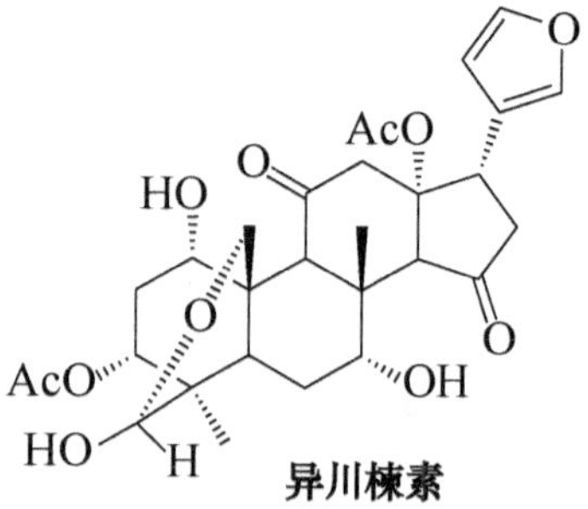　　　　　　　异川楝素

7) 环菠萝蜜烷型

环菠萝蜜烷(cycloartane)型又称环阿屯烷型，和羊毛脂烷型的差别仅在于 10 位上的甲基与 9 位脱氢形成三元环，而且 A/B、B/C、C/D 环分别为反、顺、反式稠合，所以这类化合物结构中含有 5 个碳环，但由于其基本碳架与羊毛脂烷型很相似，化学转变的关系也很密切，因此仍将环菠萝蜜烷型列入四环三萜中介绍。

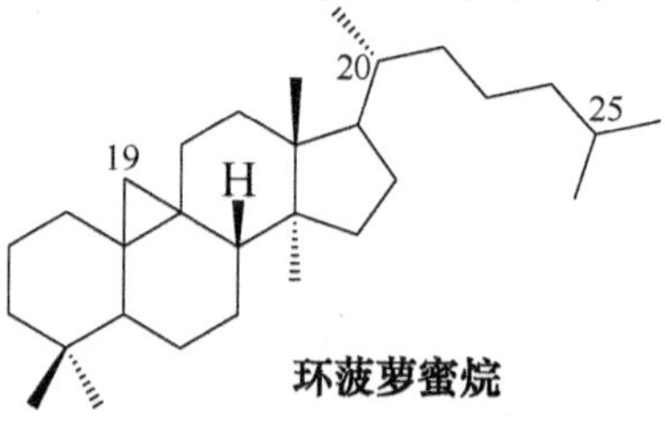

环菠萝蜜烷

6. 五环三萜

五环三萜类成分主要结构类型有齐墩果烷型、熊果烷型、羽扇豆烷型及木栓烷型等。

1) 齐墩果烷型

齐墩果烷(oleanane)型又称β-香树脂烷(β-amyrane)型，在植物界分布极为广泛，主要分布于豆科、五加科、桔梗科、远志科、桑寄生科、木通科等植物中，有的呈游离状态，有的以酯或苷的结合状态存在。齐墩果烷型三萜的基本碳架是多氢蒎，A/B、B/C、C/D 环均为反式，D/E 环为顺式。母核上有 8 个甲基，其中 C8、C10、C17 上的甲基均为β型，而 C14 上的甲基为α型，C4 位和 C20 位上各有 2 个甲基。分子中还可能有羟基、羧基、羰基和双键等，一般在 C3 位有羟基且多为β型，也有α型；若有双键，则多在 C11、C12 位；若有羰基，则多在 C11

位；若有羧基，则多在 C24、C28、C30 位。

　　齐墩果酸最早是由木犀科植物油橄榄(*Olea europaea*，习称齐墩果)的叶片中分离得到，在植物界广泛存在，有时在植物中以游离形式存在(如在青叶胆、女贞子、白花蛇舌草、柿蒂、连翘等)，但多数以苷的形式存在(如人参、三七、紫菀、柴胡、八月札、木通、牛膝、楤木等)。其中，刺五加(*Acanthopanax senticosus*)、龙牙楤木(*Aralia elata*)、女贞(*Ligustrum lucidum*)是齐墩果酸主要的资源植物。现代药理研究表明，齐墩果酸具有降低转氨酶的作用，对四氯化碳引起的大鼠急性肝损伤有明显的保护作用，能促进肝细胞再生，防止肝硬化，已成为治疗急性黄疸型肝炎和迁延型慢性肝炎的有效药物。

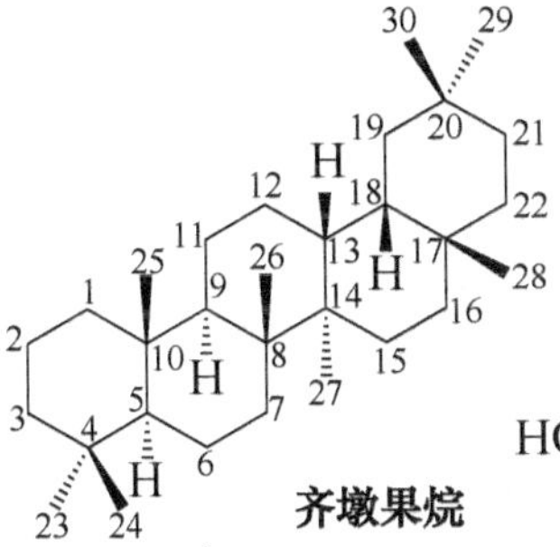

齐墩果烷 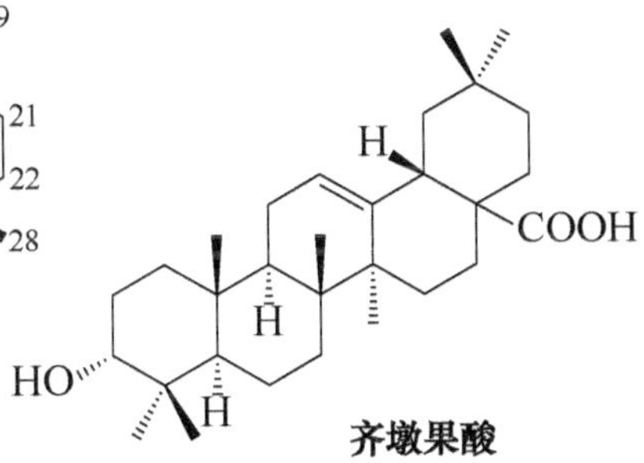　　　　　　　　　　　齐墩果酸

2) 熊果烷型

　　熊果烷(ursane)型又称 α-香树脂烷(α-amyrane)型或乌苏烷型。其分子结构与齐墩果烷型的不同之处是，E 环上两个甲基位置的不同，分别位于 C19 位和 C20 位。

　　熊果烷型化合物多为熊果酸的衍生物。熊果酸又称乌苏酸，是熊果烷型的代表性化合物，它在植物界分布较广，如在熊果叶、栀子果实、女贞叶、车前草、白花蛇舌草、石榴的叶和果实等中均有存在。熊果酸在体外对革兰氏阳性菌、革兰氏阴性菌及酵母菌均有抑制活性，能明显降低大鼠的正常体温，并有安定作用。据报道，熊果酸及其衍生物对 P388 白血病细胞、淋巴细胞白血病细胞 L1210、人肺癌细胞有显著的抗肿瘤活性。

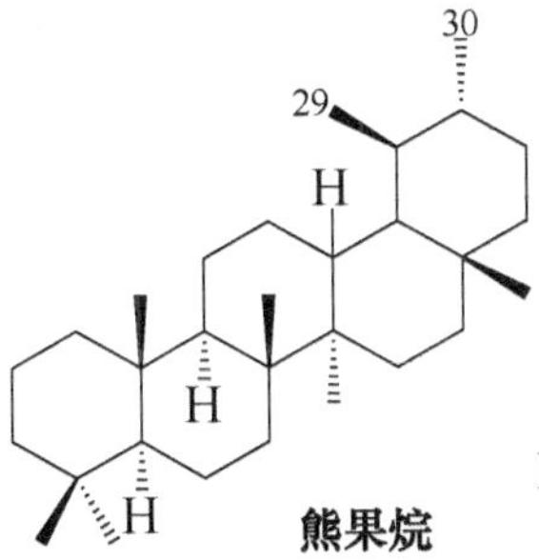

熊果烷 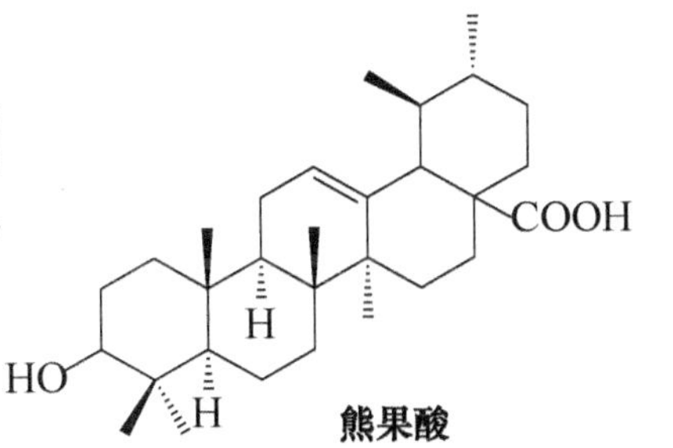　　　　　　　　　　　熊果酸

　　菊科植物蒲公英(*Taraxacum mongolicum*)中的蒲公英醇(taraxasterol)是熊果烷型的异构体蒲公英烷型三萜成分。

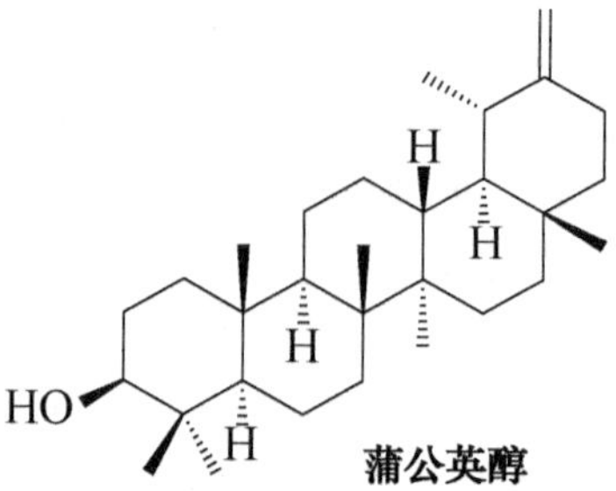

蒲公英醇

3) 羽扇豆烷型

羽扇豆烷(lupane)型与齐墩果烷型的不同点是，E 环是由 C19 和 C21 连成的五元环，且在 E 环 C19 位有α-构型的异丙基取代，A/B、B/C、C/D 环、D/E 环均为反式，并有Δ20(29)双键。重要化合物有羽扇豆种皮中的羽扇豆醇(lupeol)，酸枣仁、桦树皮、槐花中的白桦脂醇(betulin)，酸枣仁、桦树皮、石榴树皮及叶、天门冬等中的白桦脂酸(betulinic acid)，还有柿属植物(*Diospyros*)中的白桦脂醛(betulinaldehyde)等。

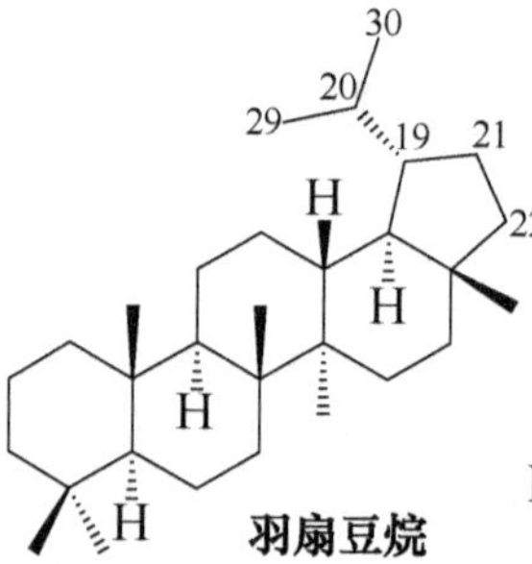

羽扇豆烷

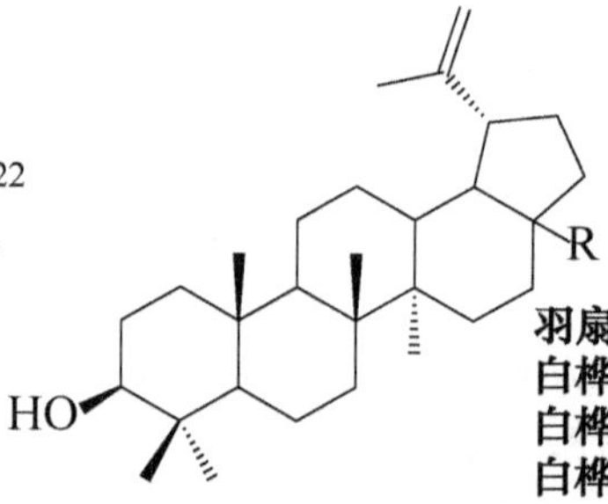

羽扇豆醇　　R=CH₃
白桦脂醇　　R=CH₂OH
白桦脂酸　　R=COOH
白桦脂醛　　R=CHO

4) 木栓烷型

木栓烷(friedelane)型在生源上是由齐墩果烯甲基移位衍生而来，其结构特点是 A/B、B/C、C/D 环均为反式，D/E 环为顺式；C4、C5、C9、C14 位上各有一个β-CH₃，C13 位上有α-CH₃，C17 位多为β-CH₃(有时是—CHO、—COOH、—CH₂OH)，C2、C3 位常有羰基取代。

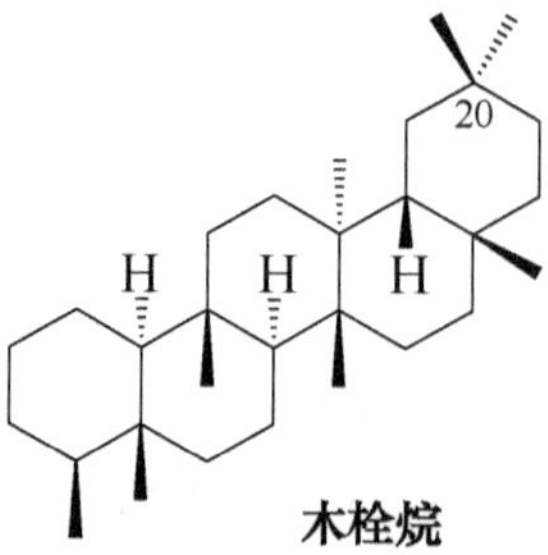

木栓烷 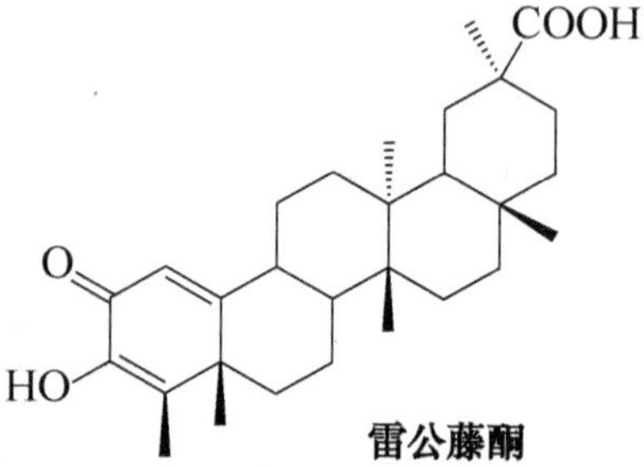　　　　　　　　　　**雷公藤酮**

卫矛科植物雷公藤(*Tripterygium wilfordii*)民间用于治疗关节炎、跌打损伤、皮肤病等，也作为农药用以杀虫、灭螺、毒鼠等。近年来其在国内用于治疗类风湿性关节炎、系统性红斑狼疮等症，疗效良好。目前，从雷公藤中已分离得到多种三萜类化合物，其中一类为木栓烷型三萜，如雷公藤酮(triptergone)是由雷公藤去皮根中分离出的三萜化合物，是失去 25 位甲基的木栓烷型衍生物。

7. 三萜类化合物的理化性质

1) 物理性质

(1) 性状。游离三萜类化合物多有完好结晶，常为白色或无色结晶，而三萜皂苷不易结晶，多为无色或白色无定形粉末，仅少数为晶体(如常春藤皂苷为针状结晶)。三萜皂苷大多具有吸湿性。

三萜皂苷多数具有苦味和辛辣味，对人体黏膜有强烈刺激性，尤其鼻内黏膜最为灵敏，吸入鼻内能引起喷嚏，所以某些皂苷内服，可刺激消化道黏膜，产生反射性黏膜腺分泌，从而起到祛痰止咳的作用。但有例外，如甘草皂苷有甜味，对黏膜刺激性较弱。

(2) 熔点与旋光性。多数游离三萜类化合物具有明显的熔点，有羧基者熔点较高，如齐墩果酸的熔点是 308～310℃。三萜皂苷的熔点也较高，多在 200～350℃，但部分三萜皂苷常在熔融前就已分解，无明显熔点，一般测得的大多是分解点。三萜类化合物均有旋光性。

(3) 溶解性。游离三萜类不溶于水，能溶于石油醚、苯、三氯甲烷、乙醚等极性小的有机溶剂，也能溶于甲醇、乙醇等亲水性有机溶剂。而三萜皂苷极性增大，可溶于水，难溶或几乎不溶于石油醚、苯、乙醚等极性小的有机溶剂，也难溶于丙酮中，易溶于热水、稀醇、热甲醇和热乙醇中，三萜皂苷在含水丁醇或戊醇中溶解度较好，因此常用正丁醇作为提取分离精制皂苷的溶剂。皂苷还具有助溶作用，可促进其他成分在水中的溶解。

(4) 发泡性。由于大多数三萜皂苷可降低水溶液的表面张力，因此其水溶液经强烈振摇后能产生持久性的泡沫，而且产生的泡沫不因加热而消失，这点可与其他物质(如蛋白质等)产生的泡沫进行区别。所以，发泡性可用于皂苷的鉴别，有些皂苷可作为清洁剂和乳化剂应用。

皂苷的表面活性与其分子内部亲水性和亲脂性结构的比例有关，只有当二者比例适当，才能较好地发挥出这种表面活性，因此有些三萜皂苷没有或只有微弱的发泡性(如甘草皂苷)，游离三萜类化合物也没有发泡性。

2) 化学性质

(1) 颜色反应。三萜类化合物在无水条件下，与强酸(硫酸、磷酸、高氯酸)、中等强酸(三氯乙酸)或 Lewis 酸(氯化锌、三氯化铝、三氯化锑)作用，产生颜色变化或荧光。其原理可能是分子中的羟基脱水、双键移位、缩合等反应生成共轭双烯系统，并在酸的作用下形成碳正离子而显色。因此，全饱和的、C3位无羟基或羰基的化合物多显阴性反应，如果有共轭双键的化合物则显色快，只有孤立双键的显色较慢。

① Liebermann-Burchard反应。将样品溶于乙酸酐(或乙酸)中，加浓硫酸-乙酸酐(1:20)数滴，呈黄→红→紫→蓝等颜色变化，最后褪色。

② Kahlenberg反应。将样品的三氯甲烷或醇溶液滴在滤纸上，喷20%五氯化锑(或三氯化锑)的三氯甲烷溶液，干燥后60~70℃加热，显蓝色、灰紫色等多种颜色斑点。

③ Rosen-Heimer反应。将样品溶液滴在滤纸上，喷25%三氯乙酸乙醇溶液，加热至100℃，显红色，渐变为紫色。

④ Tschugaeff反应。将样品溶于乙酸中，加乙酰氯数滴及氯化锌结晶数粒，稍加热后显淡红色或紫红色。

(2) 沉淀反应。三萜皂苷的水溶液可以和一些金属盐类(如铅盐、钡盐、铜盐等)产生沉淀。

(3) 水解反应。三萜皂苷可采用酸水解、酶水解、乙酰解、Smith降解等方法进行水解。选择合适的水解方法或通过控制水解条件，可使皂苷完全水解，也可使皂苷部分水解。对于难水解的糖醛酸苷，除常规方法外，需要采用一些特殊方法，如光解法、四乙酸铅-乙酸酐法、微生物转化法等。

2.7.3　含三萜皂苷类功能成分的森林资源

1. 人参

五加科植物人参(*Panax ginseng*)具有大补元气、复脉固脱、补脾益肺、生津安神的功能[55]。人参含有皂苷、多糖、聚炔醇、挥发油、蛋白质、多肽、氨基酸、有机酸类等多种类型的化学成分[56]。药理研究表明人参皂苷(ginsenosides)为人参的主要有效成分，具有人参的主要生理活性[57]。人参的根、茎、叶、花及果实中均含有多种人参皂苷。人参根中总皂苷的含量约5%，根须中人参皂苷的含量比主根高[58]。目前，已分离并鉴定结构的人参皂苷约60种。不同人参皂苷的药理作用不尽相同[59]。例如，人参皂苷Rb1和Rb2具有中枢抑制作用和抗氧化作用[60]；人参皂苷Rg1具有中枢兴奋作用，并能促进蛋白质、脂质、DNA和RNA的生物合成[61]；人参皂苷Ro具有抗炎、解毒和抗血栓作用[62]；人参皂苷Rd、人参皂苷Re、人参皂苷Rf、人参皂苷Rg1具有抗疲劳作用[63]；人参皂苷Rh2对肿瘤细胞增殖有抑制作用[64]，但在人参中含量极低，如在红参中仅含十万分之一，因此寻找高含量资源或将含量较高的人参皂苷 Rb 组分转化为人参皂苷 Rh2 是非常有意义的课题。

1) 人参的结构与分类

　　人参皂苷根据其苷元结构不同可分为人参二醇型-A 型、人参三醇型-B 型和齐墩果酸型-C 型三种[65]。A 型和 B 型人参皂苷元属于达玛烷型四环三萜，在达玛烷骨架的 3 位和 12 位具有羟基取代，C20 为 S 构型。A 型与 B 型皂苷元的区别在于 6 位碳上是否有羟基取代，6 位无羟基者为 A 型皂苷元 20(*S*)-原人参二醇 (protopanaxadiol)，6 位有羟基取代者为 B 型皂苷元 20(*S*)-原人参三醇 (protopanaxatriol)，C 型皂苷元齐墩果酸为齐墩果烷型五环三萜。

　　(1) 人参二醇型-A 型

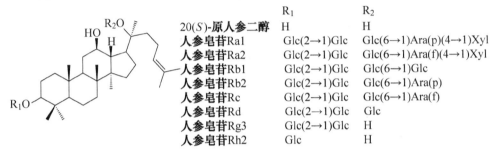

	R_1	R_2
20(*S*)-原人参二醇	H	H
人参皂苷Ra1	Glc(2→1)Glc	Glc(6→1)Ara(p)(4→1)Xyl
人参皂苷Ra2	Glc(2→1)Glc	Glc(6→1)Ara(f)(4→1)Xyl
人参皂苷Rb1	Glc(2→1)Glc	Glc(6→1)Glc
人参皂苷Rb2	Glc(2→1)Glc	Glc(6→1)Ara(p)
人参皂苷Rc	Glc(2→1)Glc	Glc(6→1)Ara(f)
人参皂苷Rd	Glc(2→1)Glc	Glc
人参皂苷Rg3	Glc(2→1)Glc	H
人参皂苷Rh2	Glc	H

　　(2) 人参三醇型-B 型

	R_1	R_2
20(*S*)-原人参三醇	H	H
人参皂苷Re	Glc(2→1)Rha	Glc
人参皂苷Rf	Glc(2→1)Glc	H
人参皂苷Rg1	Glc	Glc
人参皂苷Rg2	Glc(2→1)Rha	H
人参皂苷Rh2	Glc	H

　　(3) 齐墩果酸型-C 型

人参皂苷Ro　R=GlcA(2→1)Glc

2) 人参皂苷的水解

当用酸加热水解 A 型和 B 型人参皂苷时，从水解产物中得不到真正的原皂苷元。原因是这些皂苷元的性质不太稳定，当人参皂苷酸水解时，真正的皂苷元20(S)-原人参二醇或 20(S)-原人参三醇侧链 20 位上的甲基和羟基发生差向异构化，转变为 20(R)-原人参二醇或 20(R)-原人参三醇，即苷元易从 S 构型转变为 R 构型，然后发生侧链环合，C20-OH 上的 H 加到侧链双键含氢较多的碳上，而 C20-OH上的 O 加到侧链双键含氢较少的碳上，从而生成了异构化产物人参二醇(panaxadiol)和人参三醇(panaxatriol)。反应过程如下。所以要得到真正的人参皂苷元，须采用酶水解或 Smith 降解法等温和的方法进行水解。

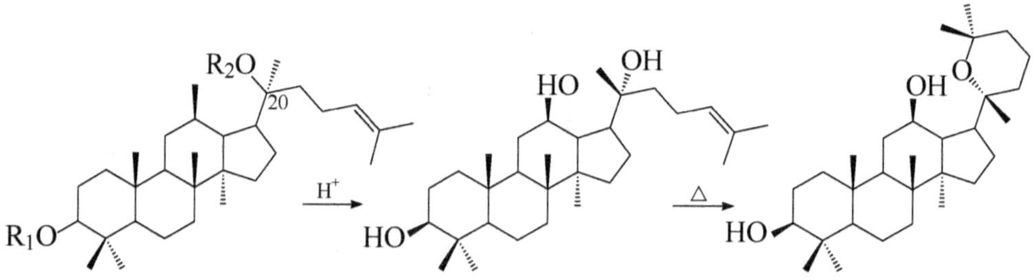

A 型人参皂苷(20S)R$_1$、R$_2$=糖基　　　　20(R)-原人参二醇　　　　人参二醇

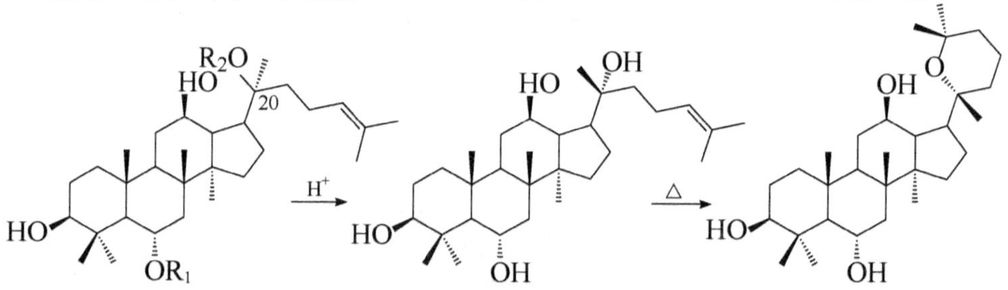

B 型人参皂苷(20S)R$_1$、R$_2$=糖基　　　　20(R)-原人参三醇　　　　人参三醇

2. 甘草

甘草为豆科植物甘草(*Glycyrrhiza uralensis*)、胀果甘草(*Glycyrrhiza inflata*)或光果甘草(*Glycyrrhiza glabra*)的干燥根及根茎，具有补脾益气、清热解毒、祛痰止咳、缓急止痛的功能[66]。甘草的主要成分是甘草皂苷(glycyrrhizin)，也称甘草酸(glycyrrhizic acid)，由于有甜味，又称为甘草甜素，其苷元是甘草次酸[67]。甘草中除了甘草皂苷和甘草次酸以外，还含有其他类型的三萜皂苷、黄酮、生物碱和多糖类化合物。

甘草皂苷具有促肾上腺皮质激素(ACTH)样的生物活性，还具有抗炎抗过敏反应、增强非特异性免疫的作用，作为抗炎药用于胃溃疡病的治疗，临床上使用的还有甘草酸铵盐等。甘草皂苷不仅有很高的药用价值，而且也是很好的甜味添加剂。甘草次酸也具有促肾上腺皮质激素样的生物活性，其中 18β-H 型的甘草次酸有 ACTH 样的生物活性，而 18α-H 型的甘草次酸没有这种作用。

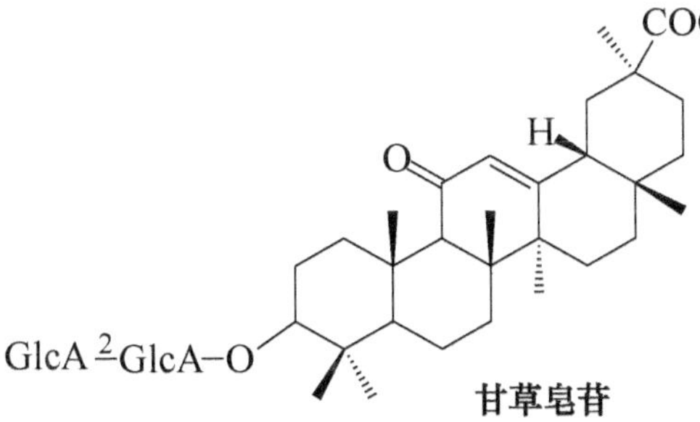

甘草皂苷 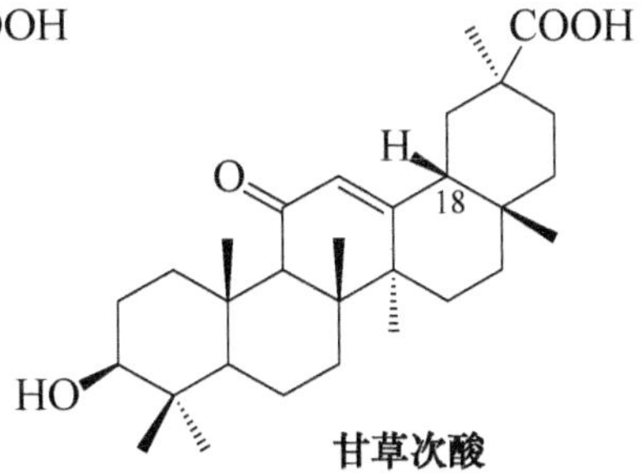　　　　　　　　　　甘草次酸

2.8　挥发油功能成分

2.8.1　概述

挥发油(volatile oil)又称精油(essential oil)，是存在于植物中的一类具有挥发性、可随水蒸气蒸馏且与水不相混溶的油状液体的总称。挥发油大多具有芳香气味，所以又称芳香油。由薄荷制得的薄荷油、薄荷素油(部分脱脑的薄荷油)和薄荷脑(薄荷醇)，以及由八角茴香制得的八角茴香油、由肉桂制得的肉桂油等 11 个品种已被 2020 年版《中国药典》收载，可以直接药用或作为制备中成药的重要原料。

挥发油在植物来源的中药中分布很广，已知我国含挥发油药用植物约有 300 余种，如菊科植物(菊、蒿、苍术、白术、泽兰、兰草、木香)、芸香科植物(芸香、降香、吴茱萸、柠檬、佛手、花椒)、伞形科植物(小茴香、川芎、白芷、防风、前胡、柴胡、羌活、独活、蛇床、当归)、唇形科植物(薄荷、藿香、荆芥、紫苏)、樟科植物(乌药、肉桂、樟)、木兰科植物(辛夷、厚朴、五味子、八角茴香)、马兜铃科植物(细辛、马兜铃)、败酱科植物(败酱、缬草、甘松)、马鞭草科植物(马鞭草、蔓荆子)以及姜科植物莪术等都富含挥发油。此外，胡椒科、松科、桃金娘科、木犀科、柏科、三白草科、杜鹃花科、檀香科、瑞香科和蔷薇科等的某些植物中也含有丰富的挥发油。

挥发油一般存在于植物的分泌细胞、腺毛、油室、油管或树脂道等各种组织和器官中，如玫瑰油存在于玫瑰花瓣表皮分泌细胞中，薄荷油存在于薄荷叶的腺鳞中，桉叶油存在于桉叶的油腔中，茴香油存在于小茴香果实的油管中，松节油存在于松树的树脂道中，等等。也有些挥发油与树脂、黏液质共同存在，还有少数以苷的形式存在(如冬绿苷)。

不同品种的植物挥发油的含量差异较大。挥发油在植物体存在的部位也常各不相同，有的全株植物中都含有，有的则集中于某一器官。例如，荆芥的全草都含有挥发油，薄荷在叶、檀香在树干、桂树在皮、白豆蔻在种子中含油量较其他部位高。有时同一植物的不同部位所含挥发油的成分也有差异，如樟科桂属植物的树皮中多含桂皮醛，叶主要含丁香酚，而根和木质部则主要含樟脑。同一植物因生长环境或采收季节不同，挥发油的含量和品质也会有很大的差别。全草类药材一般以花蕾期含油量较高，而根及根茎类药材则在秋季含量高。

挥发油具有镇咳、祛痰、消炎、抗菌、解毒、健胃、解热、镇痛、镇静、清头目、透疹、活血、驱虫、利尿、降压、强心、抗肿瘤、抗过敏和抗氧化等多方面的生物活性。例如，茴香油、满山红油有止咳、祛痰、消炎等显著的药效，丁香、小茴香、肉桂、八角茴香的挥发油对革兰氏阳性及阴性菌有一定的抑制作用，柴胡挥发油可以退热，丁香油有局部麻醉止痛作用，薄荷油有清头目、透疹的作用，当归油、川芎油等具有活血作用，桉叶油可以杀灭滴虫，檀香油、松节油有利尿降压作用，樟脑油有强心作用，白术挥发油、薤白挥发油、莪术挥发油具有抗肿瘤活性，陈皮挥发油具有抗过敏活性，紫苏油、肉桂油有抗氧化活性。另外，挥发油还可作为香料、化工及食品工业的原料使用。

2.8.2 挥发油类功能成分的结构与分类

挥发油的组成较为复杂，一种挥发油常由数十种甚至数百种化合物组成，如莪术挥发油初步检出 43 种化合物，保加利亚玫瑰油已检出 275 种化合物。复杂的挥发油成分主要由如下 4 种类型化合物组成。

1. 萜类成分

萜类成分是挥发油的组成成分中所占比例最大的一类化合物，主要是单萜、倍半萜及其含氧衍生物。含氧衍生物一般是挥发油中具芳香气味或较强生物活性的主要成分。例如，薄荷油中主要含有单萜类及其含氧衍生物，约 70%以上为薄荷醇；山苍子油中含有约 80%的柠檬醛；桉叶油中含有约 70%的桉油精；樟脑油含有约 50%的樟脑。

2. 芳香族化合物

芳香族化合物在挥发油中所占比例仅次于萜类，多是一些小分子的芳香族化合物，有些是苯丙烷类衍生物，具有 C6—C3 骨架，且多为含有一个丙基的苯酚化合物或其酯类，例如，肉桂油中的桂皮醛(cinnamaldehyde)、八角茴香油及茴香油中的茴香醚(anethole)、丁香油中的丁香酚(eugenol)等；有些是萜类化合物，如百里香草、陈皮中的百里香酚(thymol)；还有些具有 C6—C2 或 C6—C1 骨架，如花椒油中的花椒油素(xanthoxylin)等。

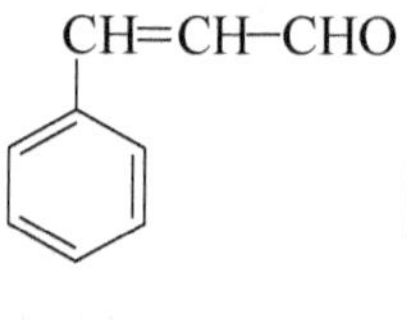

桂皮醛 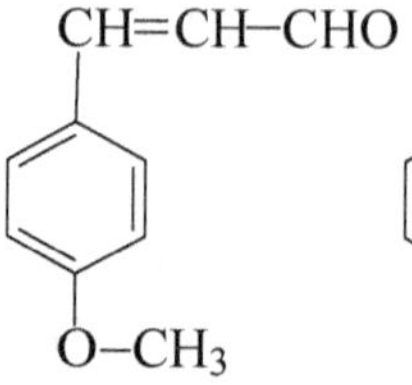　　　　茴香醚 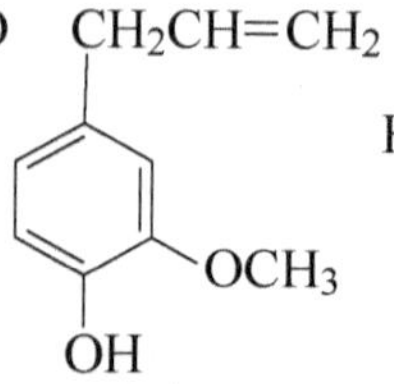　　　　丁香酚 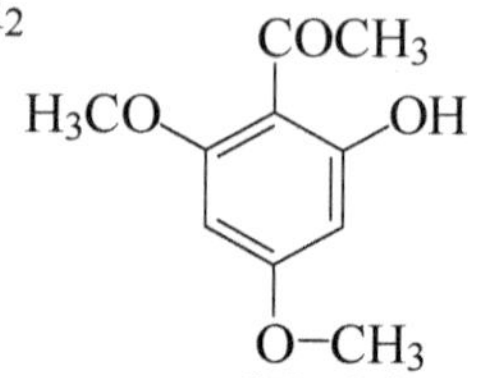　　　　花椒油素

3. 脂肪族化合物

有些小分子的脂肪族化合物在挥发油中也广泛存在，但含量和作用一般不及萜类和芳香族化合物，例如，松节油中的正庚烷(*n*-heptane)，陈皮中的正壬醇(*n*-nonyl alcohol)、壬酸(nonanoic acid)，薄荷中的辛醇-3(octanol-3)，鱼腥草挥发油中的癸酰乙醛(decanoylacetaldehyde，鱼腥草素)，人参挥发油中的人参炔醇(panaxynol)等。

$$CH_3 - (CH_2)_8 - CO - CH_2 - CHO$$

癸酰乙醛

$$CH_2 = CH - CH(OH) - (C \equiv C)_2 - CH_2 - CH = CH - (CH_2)_6 - CH_3$$

人参炔醇

4. 其他类化合物

除以上三类化合物外，还有些成分在植物体内以苷的形式存在，其经酶解后的苷元也能随水蒸气蒸馏，也被称为"挥发油"。例如，黑芥子油是芥子苷经芥子酶水解后产生的异硫氰酸烯丙酯，杏仁油是苦杏仁苷酶水解后产生的苯甲醛，毛茛苷水解后产生原白头翁素等。大蒜油则是大蒜中大蒜氨酸经酶水解后产生的主要含大蒜辣素(allicin)的挥发油。

$$CH_2 = \underset{H}{C} - CH_2 - N = C = S$$

异硫氰酸烯丙酯　　　　　　**苯甲醛**　　　　　　**原白头翁素**

$$CH_2 = CH - CH_2 - \overset{\overset{\textstyle O}{\|}}{S} - S - CH_2 - CH = CH_2$$

大蒜辣素

川芎挥发油中的川芎嗪(tetramethlpyrazine)、茄科植物中的烟碱(nicotine)等成分虽也有挥发性，但因分子中含有氮原子，因此将其归于生物碱类化合物。

5. 挥发油的理化性质

(1) 颜色。挥发油在常温下大多为无色或淡黄色，如薄荷挥发油为无色或淡黄色、莪术挥发油为淡棕色。也有少数挥发油具有其他颜色，如艾叶油显蓝绿色，佛手油显绿色，麝香草油显红色。

(2) 气味。挥发油大多具有香气和辛辣味，如薄荷挥发油有强烈的薄荷香气，莪术挥发油气味特异、味微苦而辛；少数挥发油具有其他特异性嗅味，如土荆芥油有臭气，鱼腥草油有腥气。挥发油的气味常常可作为判断其品质优劣的重要标志。

(3) 形态。常温下挥发油为透明液体，低温条件下有些挥发油主成分常可析出结晶，这种析出物习称"脑"，如薄荷油中可析出薄荷醇结晶，这种结晶称为薄荷脑。滤去析出物的油称为"脱脑油"或"素油"，如薄荷油析脑以后的油称为"薄荷素油"，薄荷醇不能从油中完全析出，薄荷素油中仍含有约 50%的薄荷醇。

(4) 挥发性。挥发油常温下可自然挥发，且不留任何痕迹，脂肪油则留下永久性油斑。

(5) 溶解性。挥发油不溶于水，易溶于石油醚、乙醚、二硫化碳等亲脂性有机溶剂及油脂中，在高浓度的乙醇中能完全溶解，而在低浓度乙醇中溶解度降低。例如，薄荷挥发油可溶于三氯甲烷、乙醚、乙醇等有机溶剂；桉术挥发油难溶于水，能与石油醚、甲醇、乙醇、丙酮、乙酸乙酯及三氯甲烷等任意混溶。

(6) 物理常数。挥发油的相对密度一般为 0.85～1.07，多数挥发油的相对密度小于 1.0，少数挥发油相对密度大于 1.0，如丁香油、桂皮油。挥发油沸点一般为70～300℃。挥发油基本都有光学活性，且多具有强的折光性，折光率为 1.43～1.61。

(7) 不稳定性。挥发油长时间与空气接触会逐渐氧化变质，颜色加深，相对密度增加，失去原有香味，形成不能随水蒸气蒸馏的树脂样物质。因此，挥发油制备时应注意选择合适的方法，储存时要装入棕色容器内密封低温保存。

(8) 化学反应。挥发油中的化学成分常具有双键、醇羟基、醛、酮、酸性基团、内酯等结构，因此可相应地与溴及亚硫酸氢钠发生加成反应、与肼类产生缩合反应，并有银镜反应、异羟肟酸铁反应、皂化反应及与碱成盐反应等。

2.8.3 含挥发油类功能成分的森林资源

1. 薄荷

唇形科植物薄荷(*Mentha haplocalyx*)是重要的解表中药，用于风热感冒、风温初起、头痛目赤、喉痹口疮、风疹麻疹、胸胁胀闷等[68]。薄荷全草含挥发油 1%以上，其脑(薄荷醇)和部分脱脑的油(薄荷素油)为芳香药、调味药及驱风药，可用于皮肤和黏膜，产生清凉感，减轻不适与疼痛，并广泛用于日用化工及食品工业中。

我国是薄荷的种植大国，在江苏、河南、安徽、江西有大面积栽培[69]。薄荷制品薄荷脑及素油还出口美国、英国、日本、新加坡等国，在国际上享有盛誉，被誉为"亚洲之香"。

薄荷挥发油的化学成分复杂，油中主要含有单萜类及其含氧衍生物，还含有非萜类芳香族、脂肪族化合物等，共计有几十种，如薄荷醇(menthol)、薄荷酮(menthone)、乙酸薄荷酯(menthyl acetate)、胡椒酮(piperitone)、芳樟醇(linalool)、桉油精、香芹酮(carvone)、柠檬烯(limonene)等[70]。薄荷油的质量优劣主要依据其中薄荷醇含量的高低而定。

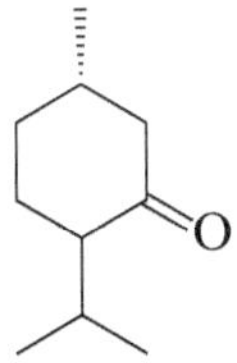

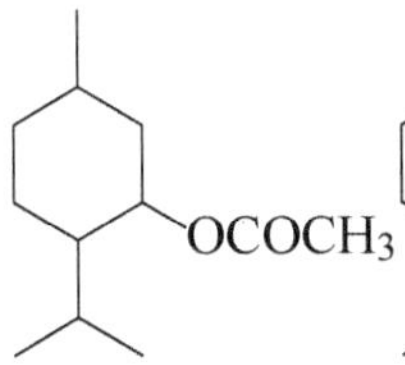

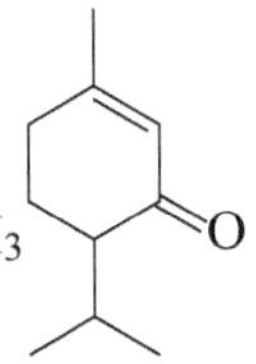

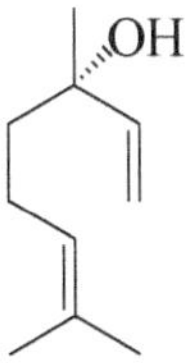

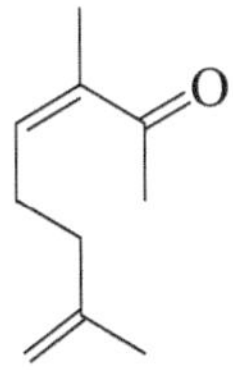

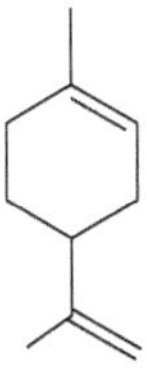

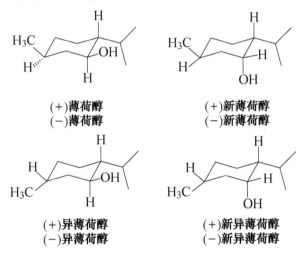

薄荷酮　　乙酸薄荷酯　　胡椒酮　　芳樟醇　　香芹酮　　柠檬烯

　　薄荷醇有 3 个手性碳原子，应有 8 种立体异构体，但其中只有(−)薄荷醇和(+)新薄荷醇存在于薄荷油中，其他都是合成品。

(+)薄荷醇
(−)薄荷醇

(+)新薄荷醇
(−)新薄荷醇

(+)异薄荷醇
(−)异薄荷醇

(+)新异薄荷醇
(−)新异薄荷醇

2. 莪术

　　姜科植物蓬莪术(*Curcuma phaeocaulis*)、广西莪术(*Curcuma kwangsiensis*)和温郁金(*Curcuma wenyujin*)是常用传统中药，临床用于癥瘕痞块、瘀血经闭、食积胀痛及早期宫颈癌等[71]。近年来，还发现莪术有抗早孕、抗凝血、抗氧化和保肝等活性[72]。

　　温莪术根茎所含挥发油中主要为倍半萜类化合物，主要含有莪术醇(crucumol)、莪术二酮、吉马酮、β-榄香烯(β-elemene)、莪术烯(curzerene)、桉油精、樟脑等。研究表明，莪术醇及莪术二酮为温莪术挥发油中治疗宫颈癌的主要有效成分[73]。

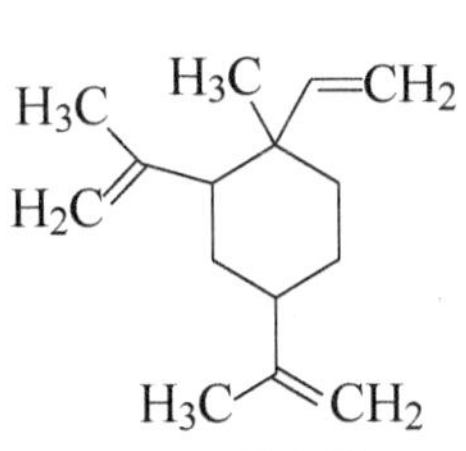

β-榄香烯 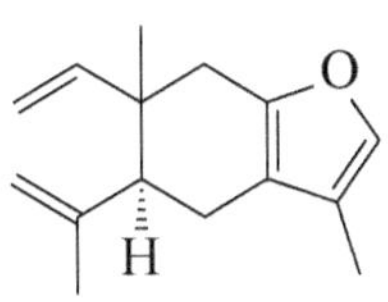　　　　莪术烯

2.9　甾体类功能成分

甾体类化合物(steroids)是一类分子结构中具有环戊烷骈多氢菲甾体母核的天然化合物，包括强心苷、甾体皂苷、C21 甾类、植物甾醇、胆汁酸、昆虫变态激素、醉茄内酯类等，广泛存在于自然界，已发现紫金牛科、石松科、荨麻科、百合科、萝藦科、葫芦科、夹竹桃科、卫矛科、茄科等植物中都存在甾体类成分，具有抗肿瘤、抗凝血、抗炎镇痛、抗癫痫等多种活性。

2.9.1　甾体类功能成分的结构与分类

根据各类甾体成分 C17 位侧链结构的不同，可将其分为以下各种类型，如表 2-5 所示。

表 2-5　甾体类化合物的种类及结构特点

名称	A/B	B/C	C/D	C17 位取代基
强心苷	顺、反	反	顺	不饱和内酯环
甾体皂苷	顺、反	反	反	含氧螺杂环
C21 甾类	反	反	顺	C_2H_5
植物甾醇	顺、反	反	反	8～10 个碳的脂肪烃
胆汁酸	顺	反	反	戊酸
昆虫变态激素	顺	反	反	8～10 个碳的脂肪烃
醉茄内酯	顺、反	反	反	侧链 C20 位上连有 δ-或 γ-内酯

天然甾体化合物的 C10、C13、C17 侧链大都是 β 构型，C3 上如有羟基，也多为 β 构型。甾体母核的其他位置上也可能有羟基、羰基、双键等官能团。

甾体化合物都是由甲戊二羟酸的生物合成途径转化而来，从乙酰辅酶 A→角鲨烯(squalene)→2,3-氧化角鲨烯(2,3-oxidosqualene)→羊毛甾醇，再衍生成强心苷元类、甾体皂苷元类、C21 甾类、甾醇类等。

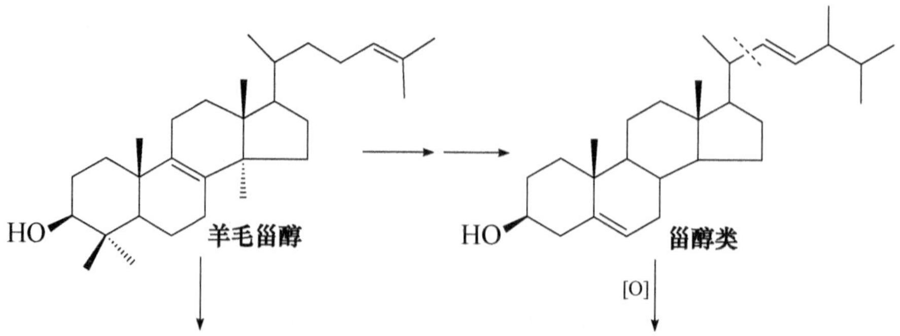

HO　　　羊毛甾醇　　　→　　　HO　　　甾醇类

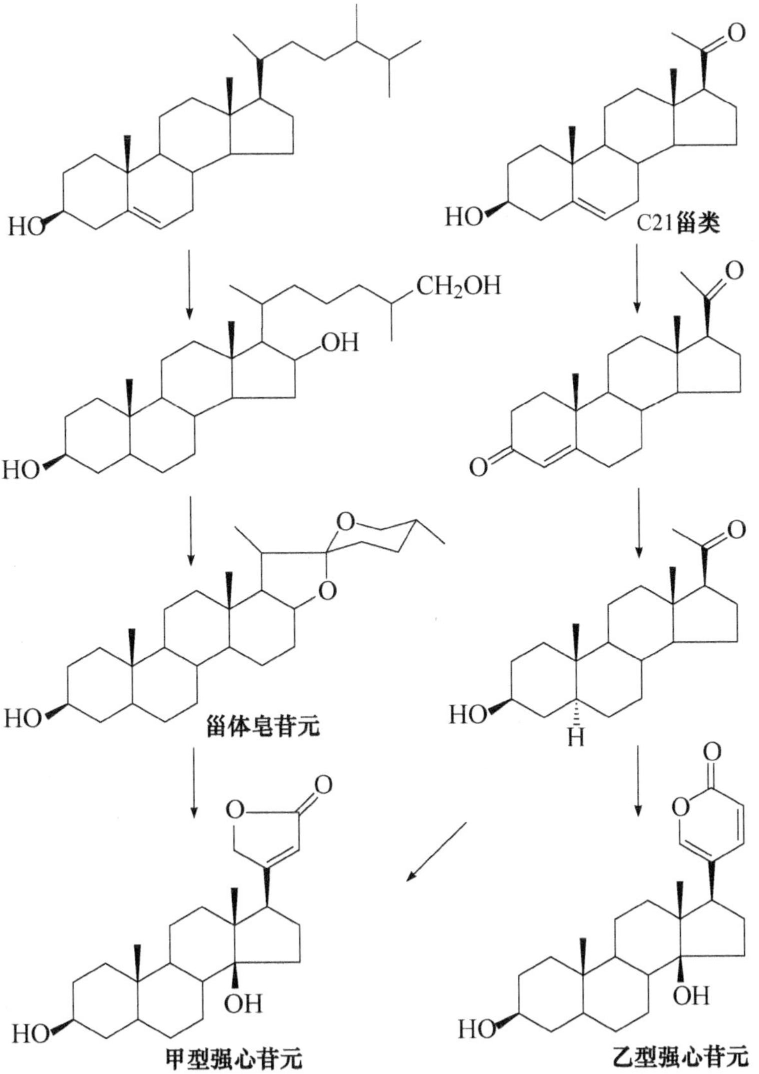

甾体皂苷元

甲型强心苷元　　　　　　　　　　　　乙型强心苷元

2.9.2　甾体皂苷

甾体皂苷(steroidal saponins)是一类由螺甾烷(spirostane)类化合物与糖结合而成的甾体苷类化合物，其水溶液经振摇后多能产生大量肥皂水溶液样的泡沫，故称为甾体皂苷。

甾体皂苷类在植物中分布广泛，但在双子叶植物中较少，主要分布在单子叶植物中，大多存在于百合科、薯蓣科、石蒜科和龙舌兰科，菠萝科、棕榈科、茄科、玄参科、豆科、姜科、延龄草科等植物中也有存在。常见的含有甾体皂苷的中药材有麦门冬、薤白、重楼、百合、玉竹、土茯苓、知母、白毛藤、山草藓、穿山龙、黄独、菝葜等。

　　由于甾体皂苷元是合成甾体避孕药和激素类药物的原料,国内外学者于 20 世纪 60 年代在寻找该类药物资源和改进工艺等方面做了大量工作。进入 20 世纪 90 年代，一些新的皂苷药物开始进入临床使用并取得满意的结果。例如，从薯蓣科植物黄山药(*Dioscorea panthaica*)中提取的甾体皂苷制成的地奥心血康胶囊，对心脏病心绞痛发作疗效很好。心脑疏通胶囊为蒺藜(*Tribulus terrestris*)果实中提取的总皂苷制剂，对缓解心绞痛、改善心肌缺血有较好疗效。甾体皂苷还具有降血糖、降胆固醇、抗菌、杀灭钉螺及细胞毒性等活性，例如，欧铃兰次皂苷有显著的抗霉菌作用，天门冬科蜘蛛抱蛋皂苷具有较强的杀螺活性。还有研究表明，大蒜中的甾体皂苷是其降血脂和抗血栓作用的活性成分。

1. 甾体皂苷的结构特征

　　甾体皂苷由甾体皂苷元与糖缩合而成。甾体皂苷元由 27 个碳原子组成，其基本碳架是螺旋甾烷的衍生物。

螺旋甾烷

　　(1) 甾体母核结构。甾体皂苷元结构中含有 6 个环，除甾体母核 A、B、C 和 D 四个环外，E 环和 F 环以螺缩酮(spiroketal)形式相连接(C22 为螺原子)，构成螺旋甾烷结构。

　　(2) 甾体母核稠合方式。A/B 环有顺、反两种稠合反式，B/C 和 C/D 环均为反式稠合。

　　(3) 甾体母核构型。E 环和 F 环中有 C20、C22 和 C25 三个手性碳原子。其中，20 位上的甲基均处于 E 环的平面后，属于 α 型(20αE 或 20βF)，故 C20 的绝对构型为 S 型。22 位上的含氧侧链处于 F 环的后面，亦属 α 型(22αF)，所以 C22 的绝对构型为 R 型。C25 的绝对构型依其上的甲基取向的不同可能有两种构型，当 25 位上的甲基位于 F 环平面上处于直立键时，为 β 取向(25βF)，其 C25 的绝对构型为 S 型，又称 L 型或 neo 型，为螺旋甾烷；当 25 位上的甲基位于 F 环平面下处于平伏键时，为 α 取向(25αF)，所以其 C25 的绝对构型为 R 型，又称 D 型或 iso 型，为异螺旋甾烷。

　　螺旋甾烷和异螺旋甾烷互为异构体，它们的衍生物常共存于植物体中，由于 25R 型较 25S 型稳定，因此 25S 型易转化成为 25R 型。

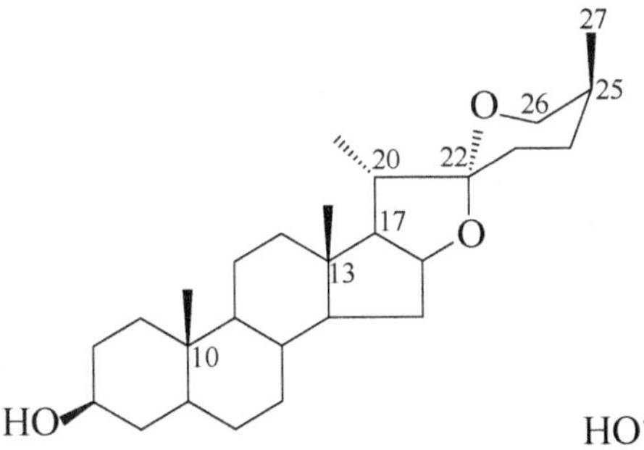

螺旋甾烷(S型, L型或neo型) 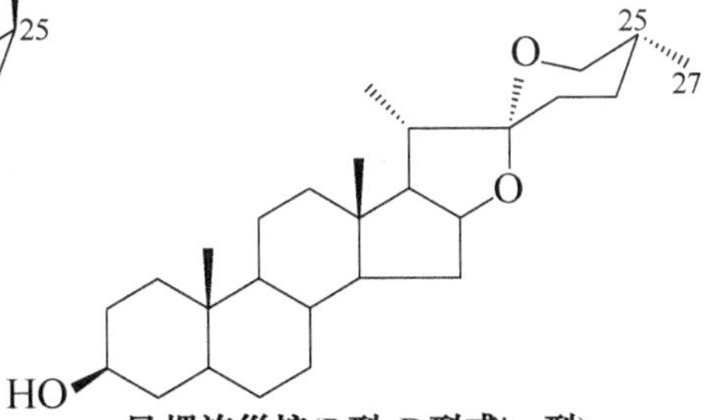　　　　**异螺旋甾烷**(R型, D型或iso型)

(4) 取代基。皂苷元分子中常多含有羟基，大多在 C3 位上连有羟基，且多为 β 取向。除 C9 和季碳外，其他位置上也可能有羟基取代，有 β 取向，也有 α 取向。一些甾体皂苷分子中还含有羰基和双键，羰基大多在 C12 位，是合成肾上腺皮质激素所需的结构条件；双键多在 $\Delta 5$ 和 $\Delta 9(11)$ 位，少数在 $\Delta 25(27)$ 位，如薯蓣皂苷元和海可皂苷元。

(5) 组成甾体皂苷的糖。以 D-葡萄糖、D-半乳糖、D-木糖、L-鼠李糖和 L-阿拉伯糖较为常见，此外，也可见到岩藻糖和加拿大麻糖。在海星皂苷中还可见到 6-去氧葡萄糖和 6-去氧半乳糖。糖基多与苷元的 C3-OH 成苷，也有在其他位如 C1、C26 位置上成苷。寡糖链可能为直链或分枝链。皂苷元与糖可能形成单糖链皂苷或双糖链皂苷。

甾体皂苷分子结构中不含羧基，呈中性，又称中性皂苷。

2. 甾体皂苷的结构类型

按螺甾烷结构中 C25 的构型和 F 环的环合状态，将其分为 4 种类型。

(1) 螺旋甾烷醇(spirostanol)型。由螺甾烷衍生的皂苷为螺甾烷醇型皂苷，如知母皂苷 A-Ⅲ。

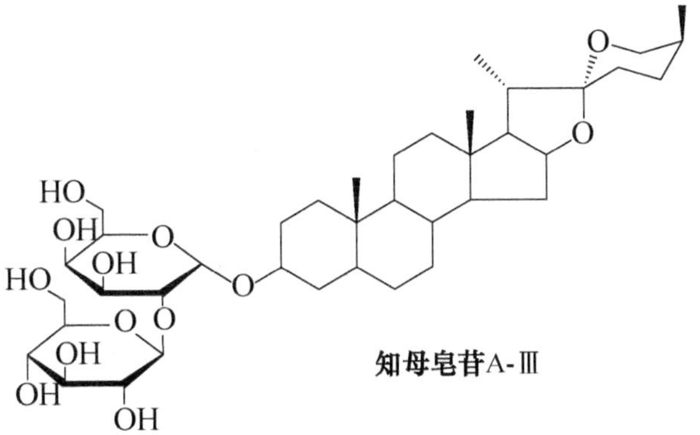

知母皂苷A-Ⅲ

(2) 异螺旋甾烷醇(isosprirostanol)型。由异螺甾烷衍生的皂苷为异螺甾烷醇型皂苷。例如，从薯蓣科薯蓣属植物穿山龙、山药、盾叶薯蓣根茎中分离得的薯蓣皂苷(dioscin)，具有祛痰、脱敏、抗炎、降脂、抗肿瘤等作用，其水解产物为薯蓣皂苷元(diosgenin)，是合成甾体激素类药物和甾体避孕药的重要原料。

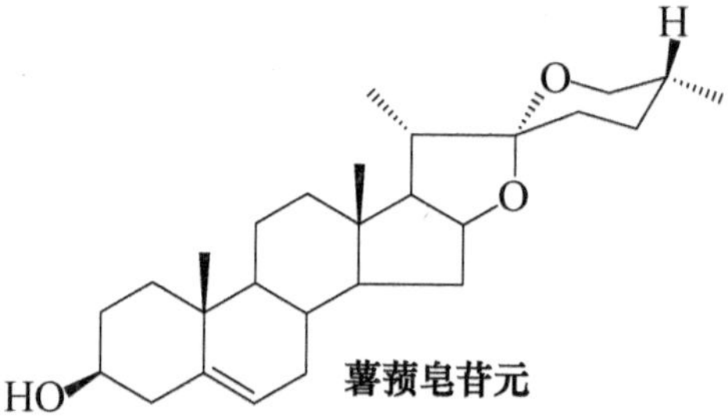
H
O
O
HO

薯蓣皂苷元

从不同来源的麦冬中已分得 40 多种甾体皂苷，其中麦冬皂苷(ophiopgonin)A、B、C 及鲁斯考皂苷元等为异螺旋甾烷醇型。

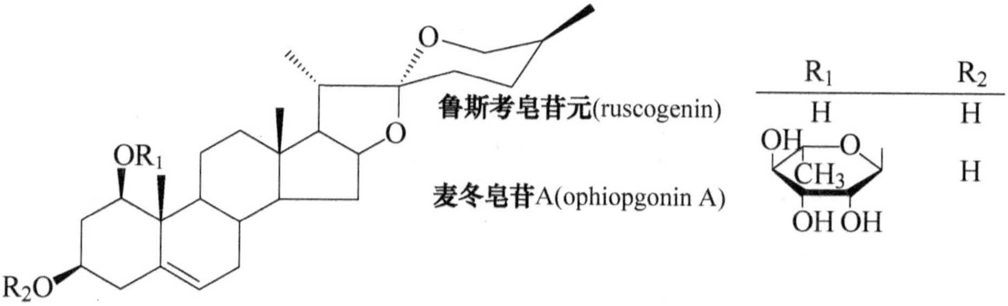
O
O
OR1
R2O
鲁斯考皂苷元(ruscogenin)
麦冬皂苷A(ophiopgonin A)
R1
R2
H
H
OH
O
CH3
OH OH
H

从薤白中分离鉴定了 10 余种薤白苷类化合物，其中薤白苷 A、D 的苷元为替告皂苷元(tigogernin)，也属于异螺旋甾烷醇型甾体皂苷。

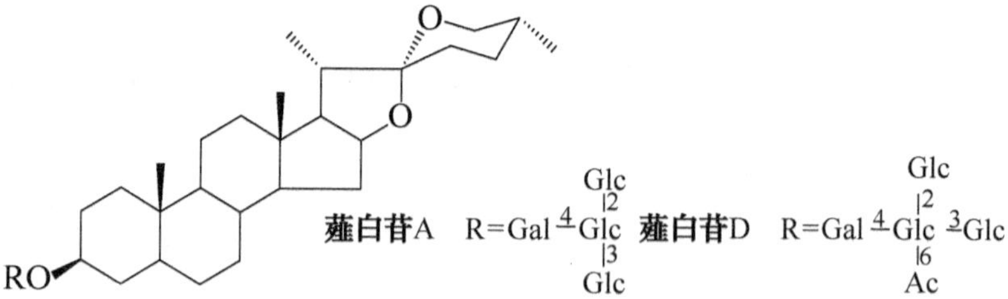
O
O
RO
薤白苷A　R=Gal 4 Glc (2 Glc) (3 Glc)
薤白苷D　R=Gal 4 Glc 3 Glc (2 Glc) (6 Ac)

(3) 呋甾烷醇(furostanol)型。由 F 环裂环而衍生的皂苷称为呋甾烷醇型皂苷。呋甾烷醇型皂苷中除 C3 位或其他位可以成苷外，C26-OH 上多与葡萄糖成苷，但其苷键易被酶解。在 C26 位上的糖链被水解下来的同时 F 环也随之环合，成为具有相应螺甾烷或异螺甾烷侧链的单糖链皂苷。例如，百合科植物菝葜(*Smilax china*)中所含菝葜皂苷(parillin)即属于螺甾烷醇型的单糖链皂苷，与菝葜皂苷伴存的原菝葜皂苷(sarsaparilloside)是 F 环开裂的呋甾烷醇型双糖链皂苷，易被*β*-葡萄糖苷酶酶解失去 C26 位上的葡萄糖，同时 F 环重新环合转为具有螺甾烷侧链的菝葜皂苷。

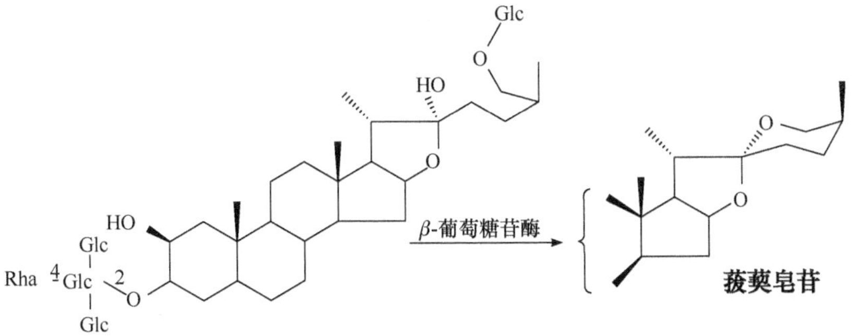

菝葜皂苷

　　麦冬中的麦冬苷 H 属于呋甾烷醇型甾体皂苷，薤白中的薤白苷 E、F、J、K、L 也属于呋甾烷醇型甾体皂苷，其中苷 F 和 L 的苷元为异菝葜皂苷元(smilagenin)，苷 J 和 K 的苷元为沙漠皂苷元(samogcnin)等。

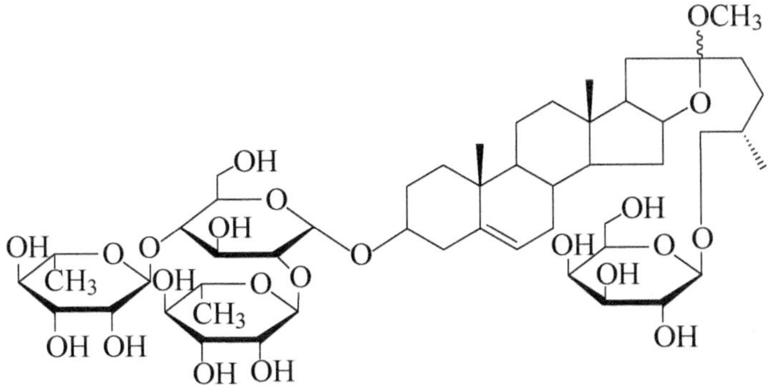

麦冬苷H

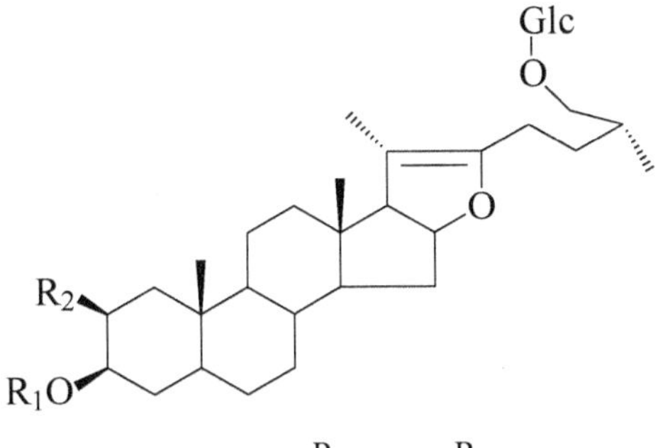

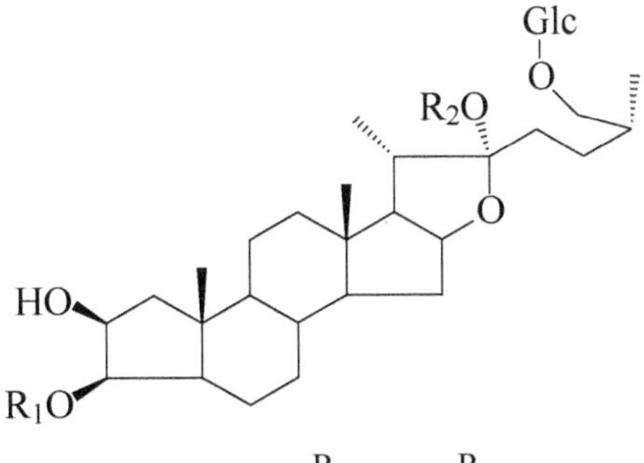

	R_1	R_2
薤白苷F	Gal$\frac{2}{}$Glc	H
薤白苷L	Gal$\frac{2}{}$Glc	OH

	R_1	R_2
薤白苷J	Gal$\frac{2}{}$Glc	H
薤白苷K	Gal$\frac{2}{}$Glc	CH$_3$

　　(4) 变形螺旋甾烷醇(pseudospirostanol)型。由 F 环为呋喃环的螺甾烷衍生的皂苷为变形螺甾烷醇型皂苷。天然产物中这类皂苷较少。其 C26-OH 为伯醇基，均与葡萄糖成苷。在酸水解除去此葡萄糖的同时，F 环迅速重排为六元吡喃环，转为具有相应螺甾烷或异螺甾烷侧链的化合物。例如，从新鲜茄属植物 *Solanum aculeatissimum* 中分得的 aculeatiside A，是纽替皂苷元(nuatigenin)的双糖链皂苷，

酸水解时可得到纽替皂苷元和异纽替皂苷元。

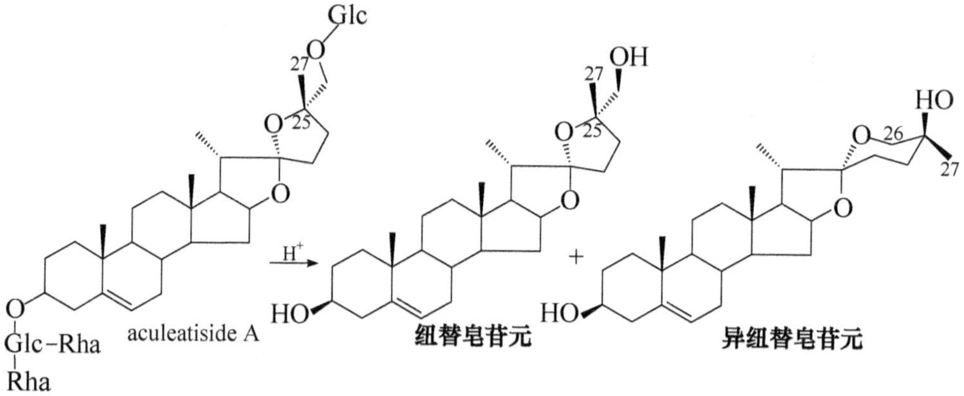

aculeatiside A   纽替皂苷元   异纽替皂苷元

3. 甾体皂苷的理化性质

1) 物理性质

(1) 性状。甾体皂苷分子质量较大，不易结晶，大多为无色、白色或乳白色无定形粉末，仅少数为晶体，而甾体皂苷元大多有完好的晶体。它们的熔点都较高，甾体苷元的熔点常随羟基数目增加而升高。甾体皂苷和甾体苷元均具有旋光性，且多为左旋。

(2) 溶解性。甾体皂苷一般可溶于水，易溶于热水、稀醇，难溶于丙酮，几乎不溶于或难溶于石油醚、苯、乙醚等亲脂性溶剂。甾体皂苷在含水丁醇或戊醇中溶解度较好，可利用此性质从含甾体皂苷水溶液中用正丁醇或戊醇进行萃取，从而与糖类、蛋白质等亲水性大的杂质分离。甾体皂苷水溶性随分子中连接糖数目的多少而有差别，甾体皂苷糖链部分水解生成次皂苷后水溶性随之降低，易溶于醇、丙酮、乙酸乙酯中。甾体皂苷元不溶于水，可溶于苯、乙醚、氯仿等低极性溶剂。

甾体皂苷与三萜皂苷一样具有表面活性作用，有一定的助溶性，可促进其他成分在水中的溶解。

2) 化学性质

(1) 沉淀反应

① 甾体皂苷可与碱式乙酸铅或氢氧化钡等碱性盐类生成沉淀。向醇提取液中加入乙酸铅可使酸性皂苷沉淀出，滤取沉淀后再向溶液中加入碱式乙酸铅可使甾体皂苷沉淀。利用此性质可分离甾体皂苷和三萜皂苷。

② 甾体皂苷的乙醇溶液可与甾醇(常用胆甾醇)形成难溶的分子复合物而沉淀。生成的分子复合物用乙醚回流提取时，胆甾醇可溶于醚，而皂苷不溶。故可利用此性质进行分离精制和定性检查。除胆甾醇外，皂苷可与其他含有 C3 位β-OH 的甾醇结合生出难溶性分子复合物。而 C3-OH 为α构型或者 C3-OH 被酰化或者形成苷键时，皂苷则不能与其生出难溶性的分子复合物。因此，此沉淀反应还可用于判断、分离甾体化合物中的 C3 差向异构体和 A/B 环顺反异构体。

③ 含有羰基的甾体皂苷元可在一定条件下与吉拉德试剂加成,从而与不含羰基的皂苷元分离。

(2) 显色反应。甾体皂苷在无水条件下,与某些酸类亦可产生与三萜皂苷相似的显色反应。甾体皂苷在进行 Liebermann-Burchard 反应时,其颜色变化最后出现绿色,三萜皂苷最后出现红色;在进行 Rosen-Heimer 反应时,三萜皂苷加热到100℃才能显色,而甾体皂苷加热至 60℃即发生颜色变化,由此可区别三萜皂苷和甾体皂苷。

在甾体皂苷中,F 环裂解的双糖链皂苷与盐酸二甲氨基苯甲醛试剂(Ehrlich 试剂,简称 E 试剂)显红色,对茴香醛(Anisaldehyde)试剂(简称 A 试剂)则显黄色;而 F 环闭环的单糖链皂苷只对 A 试剂显黄色,对 E 试剂不显色,以此可区别两类甾体皂苷。

4. 含甾体皂苷类化合物的森林资源

1) 黄山药

薯蓣科植物黄山药(*Dioscorea panthaica*)具有理气止痛、解毒消肿的功效,用于吐泻腹痛、跌打损伤、疮痈肿毒、瘰疬痰核等症。现代药理研究表明,黄山药可调节心脏功能,增加冠脉血流量,改善心肌供血,降低心肌耗氧量,对缺血性心脏病疗效显著,同时可降低血脂、血黏度、增强红细胞变形能力,目前在临床上主要用于预防和治疗冠心病、心绞痛,以及淤血内阻之胸痹、眩晕、气短、心悸、胸闷和胸痛等症。

黄山药中含有多种甾体皂苷, 如 26-O-β-D-吡喃葡萄糖基-3β, 26-二醇-23(S)-甲氧基-25(R)-Δ5, 20(22)-二烯-呋甾-3-O-[α-L-吡喃鼠李糖基-(1→2)-O-α-L-吡喃鼠李糖基-(1→4)]-β-D-吡喃葡萄糖苷(I)、伪原薯蓣皂苷(pseudoprotodioscin, II), 以及 26-O-β-D-葡吡喃糖基 25(R)-呋甾-Δ5, 20(22)-二烯-3β, 26-二羟基-3-O-[α-L-鼠李吡喃糖基(1→2)]-β-D-葡吡喃糖苷(III)等。

	R₁	R₂	R₃
	α-L-Rha$\overset{4}{\underset{2}{>}}$$\beta$-D-Glc	OCH₃	β-D-Glc
	α-L-Rha$\overset{4}{\underset{2}{>}}$$\beta$-D-Glc	H	β-D-Glc
	α-L-Rha$\xrightarrow{2}$$\beta$-D-Glc	H	β-D-Glc

2) 薤白

百合科植物小根蒜(*Allium macrostemon*)具有通阳散结、行气导滞之功效,临床用于胸痹疼痛、痰饮咳喘、泄痢后重等症。

薤白的主要化学成分为甾体皂苷,如薤白苷(macrostemonside)A、D、E、F、J、K、L 等,体外实验显示有较强的抑制 ADP 诱导的人血小板聚集作用。其皂苷元有替告皂苷元(tigogenin)、异菝葜皂苷元(smilagenin)、沙漠皂苷元(samogenin)

等，皂苷中的糖主要有葡萄糖和半乳糖，成苷位置主要在 C1 和 C26 位。

	R
薤白苷A	Gal $\overset{4}{—}$ Glc $\overset{3}{—}$ Glc
	$\overset{\underset{\mid}{2}}{\text{Glc}}$
	Ac
	$\mid 6$
薤白苷D	Gal $\overset{4}{—}$ Glc $\overset{3}{—}$ Glc
	$\overset{\underset{\mid}{2}}{\text{Glc}}$

	R_1	R_2
薤白苷E	Gal $\overset{4}{—}$ Glc $\overset{3}{—}$ Glc $\overset{\underset{\mid}{2}}{\text{Glc}}$	H
薤白苷F	Gal—Glc	H
薤白苷L	Gal—Glc	OH

	R_1	R_2
薤白苷J	Gal—Glc	H
薤白苷K	Gal—Glc	CH_3

2.9.3　强心苷

强心苷(cardiac glycoside)是生物界中存在的一类对心脏有显著生理活性的甾体苷类，是由强心苷元(cardiac aglycone)与糖缩合的一类苷。

强心苷主要存在于许多有毒植物中，包括夹竹桃科、玄参科、毛茛科、萝摩科、十字花科、百合科、卫矛科、桑科等的 100 余种药用植物，常见的有毛花洋地黄(*Digitalis lanata*)、紫花洋地黄(*Digitalis purpurea*)、黄花夹竹桃(*Peruviana peruviana*)、毒毛旋花子(*Strophanthus kombe*)、铃兰(*Convallaria keiskei*)、海葱(*Scilla maritime*)、羊角拗(*Stropanthus divaricatus*)等。强心苷可以存在于植物体的叶、花、种子、鳞茎、树皮和木质部等不同部位，但以果、叶或根中较普遍。强心苷结构复杂，在同一植物体中往往含有几个或几十个结构类似、理化性质相近的苷，同时还有相应的水解酶存在，易被水解生成次生苷。

强心苷是一类选择性作用于心脏的化合物，能加强心肌收缩性，减慢窦性频率，影响心肌电生理特性，临床上主要用于治疗慢性心功能不全及节律障碍等心脏疾患。强心苷类化合物有一定的毒性，可出现恶心、呕吐等胃肠道反应，能影响中枢神经系统产生眩晕、头痛等症。

1. 强心苷的结构与分类

强心苷的结构由强心苷元与糖两部分构成，根据苷元和糖的结构特点，可分类如下。

1) 苷元部分的结构

(1) 甾体母核 A、B、C、D 四个环的稠合方式：A/B 环有顺、反两种形式(多为顺式)，B/C 环均为反式，C/D 环多为顺式。

(2) C10、C13、C17 的取代基均为 β 型，C10 为甲基或醛基、羟甲基、羧基等含氧基团，C13 为甲基取代，C17 为不饱和内酯环取代。C3、C14 位有羟基取代，

C3 羟基多数是β构型，少数是α构型，C14 羟基为β构型。母核其他位置也可能有羟基取代或含有双键，双键常在 C4、C5 位或 C5、C6 位。

(3) 根据 C17 不饱和内酯环的不同，强心苷元可分为两类。

①C17 侧链为五元不饱和内酯环($\triangle\alpha\beta$-γ-内酯)，称为强心甾烯类(cardenolides)，即甲型强心苷元，已知的强心苷元大多数属于此类。

②C17 侧链为六元不饱和内酯环($\triangle\alpha\beta$，$\gamma\delta$-δ-内酯)，称为海葱甾二烯类(scillanolides)或蟾蜍甾二烯类(bufanolide)，即乙型强心苷元。自然界中仅少数苷元属此类，如中药蟾酥中的强心成分蟾毒配基类。

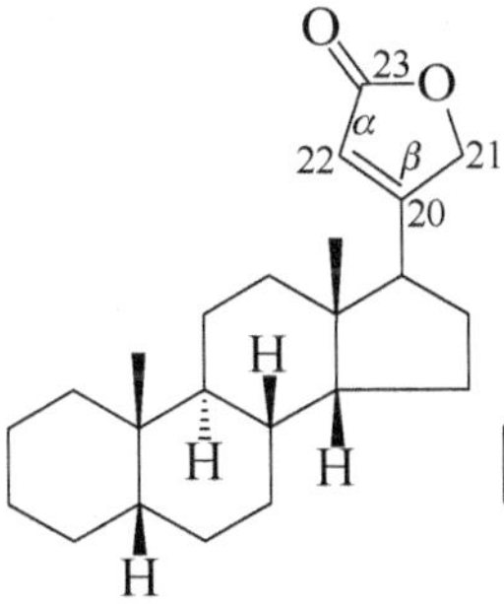

强心甾烯 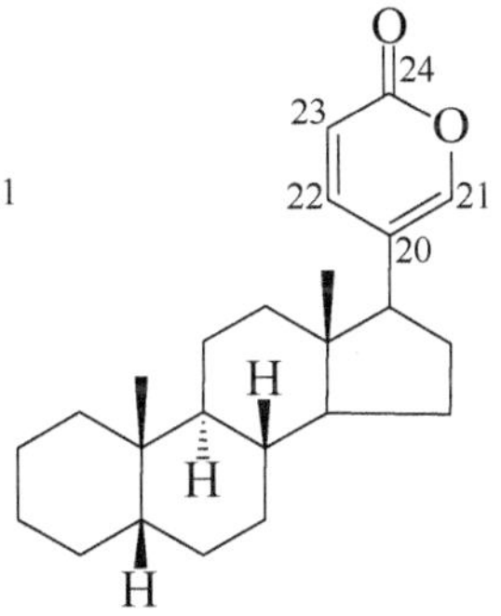　　　　　海葱甾二烯(蟾蜍甾二烯)

天然存在的一些强心苷元，如洋地黄毒苷元[digitoxigenin，化学名为 3β,14β-二羟基强心甾-20(22)-烯]、绿海葱苷元(scilliglaucosidin，化学名为 3β,14β-二羟基-19-醛基海葱甾-4,20,22-三烯)等。

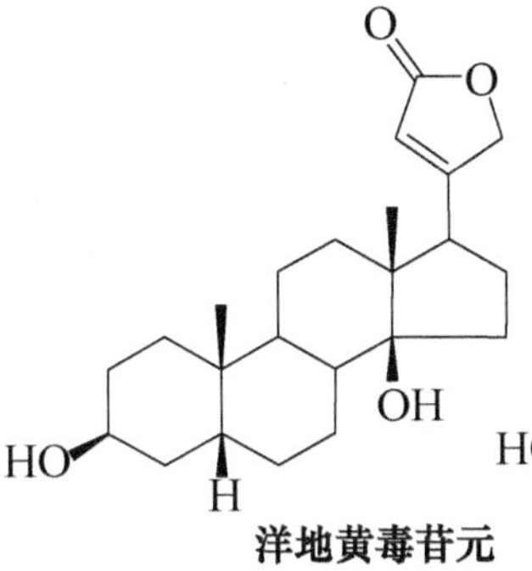

洋地黄毒苷元 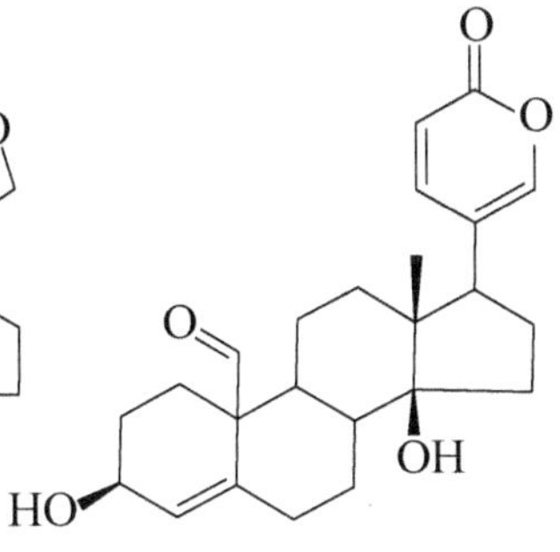　　　　　绿海葱苷元

2) 糖部分的结构

构成强心苷的糖有 20 多种，根据它们 C2 位上有无羟基可以分成α-羟基糖(2-羟基糖)和α-去氧糖(2-去氧糖)两类。α-去氧糖常见于强心苷类，是区别于其他苷类成分的一个重要特征。

(1) α-羟基糖。除 D-葡萄糖、L-鼠李糖外，还有 6-去氧糖如 L-岩藻糖(L-fucose)、D-鸡纳糖(D-quinovose)、D-弩箭子糖(D-antiarose)、D-6-去氧阿洛糖(D-6-deoxyallose)等，以及 6-去氧糖甲醚如 L-黄花夹竹桃糖(L-thevetose)、D-洋地黄糖(D-

digitalose)等。

(2) α-去氧糖。包括 2,6-二去氧糖、2,6-二去氧糖甲醚，常见的有 D-洋地黄毒糖(D-digitoxose)、L-夹竹桃糖(L-oleandrose)、D-加拿大麻糖(D-cymarose)、D-迪吉糖(D-diginose)和 D-沙门糖(D-sarmentose)等。

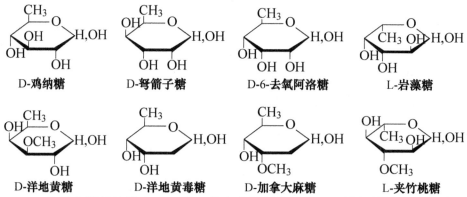

(3) 苷元和糖的连接方式。强心苷大多是低聚糖苷，少数是单糖苷或双糖苷。通常按糖的种类、与苷元的连接方式不同，分为以下三种类型。

① Ⅰ型：苷元-(2,6-二去氧糖)$_x$-(D-葡萄糖)$_y$，如西地兰(cedilanid，又称去乙酰毛花洋地黄苷丙)。临床上用于治疗高血压、急慢性心功能不全、心力衰竭等病症的地高辛(digoxin，又称异羟基洋地黄毒苷)片、西地兰注射剂均可用毛花洋地黄作主要原料。毛花洋地黄(*Digitais lanata*)是玄参科植物，至今仍是治疗心力衰竭的有效药物，其叶富含强心苷类化合物(多为次生苷)。

② Ⅱ型：苷元-(6-去氧糖)$_x$-(D-葡萄糖)$_y$，如黄花夹竹桃中的黄夹苷甲(thevetin A)。

③ Ⅲ型：苷元-(D-葡萄糖)$_y$，如绿海葱苷(scilliglaucoside)。

植物界存在的强心苷以Ⅰ、Ⅱ型较多，Ⅲ型较少。

西地兰　R=β-D葡萄糖

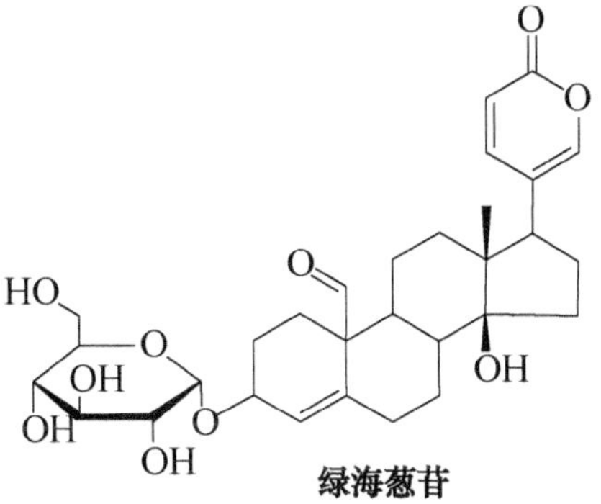

绿海葱苷 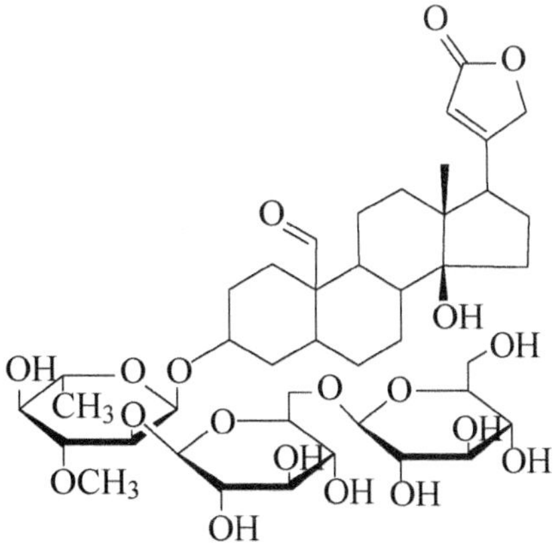   黄夹苷甲

3) 强心苷的结构与活性的关系

强心苷的化学结构对其生理活性有较大影响。强心苷的强心作用取决于苷元部分，主要是甾体母核的立体结构、不饱和内酯环的种类及一些取代基的种类及其构型。糖部分本身不具有强心作用，但可影响强心苷的强心作用强度。

(1) 甾体母核。甾体母核的立体结构与强心作用关系密切的是 C/D 环须顺式稠合，一旦这种稠合被破坏，将失去强心作用。A/B 环为顺式稠合的甲型强心苷元，必须具备 C3-β羟基取代，否则无活性。A/B 环为反式稠合的甲型强心苷元，无论 C3 是β-羟基还是α-羟基，取代均有活性。

(2) 不饱和内酯环。C17 侧链上α-、β-不饱和内酯环为β-构型时有活性，为α-构型时活性减弱；若α-、β-不饱和键转化为饱和键，活性减弱，毒性也减弱；若内酯环开裂，活性降低或消失。

(3) 取代基。强心苷元甾核中一些基团的改变亦将对生理活性产生影响。例如，C10 位的角甲基转化为醛基或羟甲基时，其生理活性增强；C10 位的角甲基转为羧基或无角甲基，则生理活性明显减弱。此外，母核上引入 5β、11α、12β-羟基，可增强活性，引入 1β、6β、16β-羟基，可降低活性；引入双键 Δ4(5)，活性增强，引入双键 Δ16(17)则活性消失或显著降低。

(4) 糖部分。强心苷中的糖本身不具有强心作用，但它们的种类、数目对强心苷的毒性会产生一定的影响。一般来说，苷元连接糖形成单糖苷后，毒性增加。随着糖数的增多，分子质量增大，毒性减弱。一般甲型强心苷及苷元的毒性规律为：单糖苷＞二糖苷＞三糖苷＞苷元。

在甲型强心苷中，同一苷元的单糖苷，其毒性的强弱取决于糖的种类。毒性次序为：葡萄糖苷＞甲氧基糖苷＞6-去氧糖苷＞2,6-去氧糖苷。

在乙型强心苷及苷元中，苷元的作用大于苷，其毒性规律为：苷元＞单糖苷＞二糖苷。比较甲、乙两型强心苷元时发现，通常乙型强心苷元的毒性大于甲型强心苷元。

2. 强心苷的理化性质

强心苷为中性化合物，多呈无定形粉末或无色结晶，具有旋光性。C17 位侧链为 β 构型者味苦，为 α 构型者味不苦。强心苷对黏膜具有刺激性。

A. 溶解性

强心苷一般可溶于水、醇、丙酮等极性溶剂，微溶于乙酸乙酯、三氯甲烷，几乎不溶于乙醚、苯和石油醚等极性小的溶剂。

强心苷的溶解性与分子所含糖的数目、种类及其苷元所含的羟基数和位置有关，如原生苷比其次生苷和苷元的亲水性强，是因为分子中含糖基数目多。在溶解性的比较中还必须注意糖的类型、糖和苷元上羟基数目的影响，羟基数越多，亲水性越强。例如，乌本苷(ouabain)虽是单糖苷，但整个分子有 8 个羟基，水溶性大(1:75)，难溶于三氯甲烷；洋地黄毒苷虽为三糖苷，但整个分子只有 5 个羟基，故在水中溶解度小(1:100 000)，易溶于三氯甲烷(1:40)。此外，分子中羟基是否形成分子内氢键也可影响强心苷的溶解性，不能形成分子内氢键者亲水性强，反之亲水性弱。

B. 水解反应

水解反应是研究强心苷组成、改造强心苷结构的重要方法，主要有酸水解、碱水解、酶水解等。

1) 酸水解

该法用于水解 I 型强心苷，即用稀盐酸或稀硫酸(0.02～0.05 mol/L)在含水醇中短时间加热回流，使 I 型强心苷水解为苷元和糖。因为苷元和 α-去氧糖之间、α-去氧糖与 α-去氧糖之间的糖苷键极易被酸水解，在此条件下可断裂。而 α-去氧糖与 α-羟基糖、α-羟基糖与 α-羟基糖之间的苷键在此条件下不易断裂，常得到二糖或三糖。由于此水解条件温和，对苷元的影响较小，不致引起脱水反应，对不稳定的 α-去氧糖亦不致分解。例如：

$$\text{紫花洋地黄苷A} \xrightarrow{\text{稀酸水解}} \text{洋地黄毒苷元+2分子D-洋地黄毒糖+D-洋地黄双糖}$$
$$[\text{D-洋地黄双糖=(D-洋地黄毒糖-D-葡萄糖)}]$$

此法不宜用于 16 位有甲酰基的洋地黄强心苷类的水解，因 16 位甲酰基即使在这种温和的条件下也能被水解。

2) 碱水解

在碱性条件下，强心苷分子中的酰基、内酯环会发生水解或裂解，以及双键移位、苷元异构化等反应。

(1) 酰基的水解。强心苷的苷元或糖上的酰基遇碱可水解脱去酰基。α-去氧糖上的酰基最易脱去，用弱碱碳酸氢钠、碳酸氢钾处理即可，而羟基糖或苷元上的酰基须用中强碱氢氧化钙、氢氧化钡处理才可。甲酰基较乙酰基易水解，提取分离时，用氢氧化钙处理即可水解。氢氧化钠、氢氧化钾碱性太强，不仅使所有酰基水解，而且还会使内酯环开裂。

（2）内酯环的水解。氢氧化钠、氢氧化钾的水溶液能使内酯环开裂，加酸后可再环合；氢氧化钠、氢氧化钾的醇溶液使内酯环开环后生成异构化苷，酸化不能再环合成原来的内酯环，为不可逆反应。

甲型强心苷在氢氧化钾的醇溶液中，通过内酯环的质子转移、双键转位以及 C14 位羟基质子对 C20 位的亲电加成作用而生成内酯型异构化苷，再经碱作用开环形成开链型异构化苷。

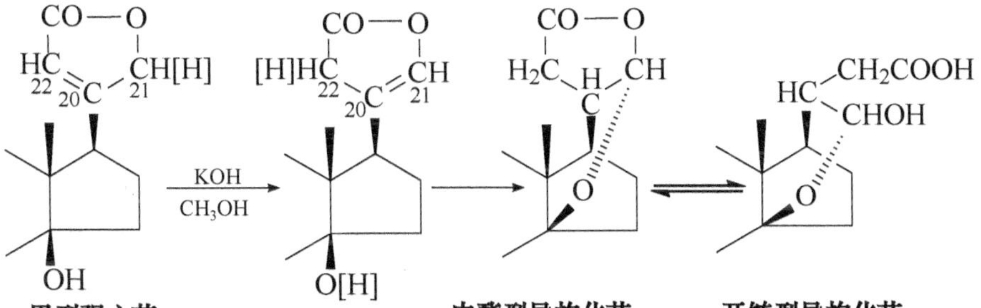

甲型强心苷　　　　　　　　　　内酯型异构化苷　　开链型异构化苷

甲型强心苷在氢氧化钾醇溶液中，内酯环上双键由 20(22)转移到 20(21)，生成 C22 活性亚甲基，可与很多试剂产生颜色反应，可以与乙型强心苷区分。

乙型强心苷在氢氧化钾醇溶液中，不发生双键转移，但内酯环开裂生成甲酯异构化苷。

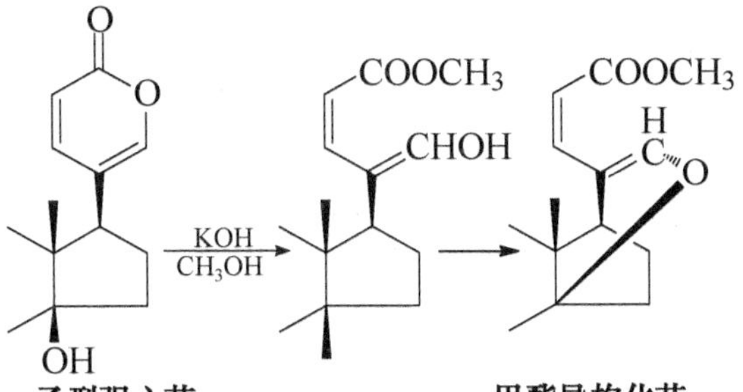

乙型强心苷　　　　　　　　甲酯异构化苷

3）酶水解

酶水解有一定的专属性。在含强心苷的植物中，有水解葡萄糖的酶，但无水解 α-去氧糖的酶。所以酶水解只能水解强心苷分子中的葡萄糖，保留 α-去氧糖而生成次级苷。例如：

紫花洋地黄苷A $\xrightarrow{\text{紫花苷酶}}$ 洋地黄毒苷＋D-葡萄糖(紫花苷酶为 β-葡萄糖苷酶)

含强心苷的植物中均有相应的水解酶共存，故提取分离强心苷时，常可得到一系列同一苷元的苷类，其区别仅在于 D-葡萄糖个数的不同。

此外，其他生物中的水解酶亦能使某些强心苷水解。例如，来源于动物脏器(家畜的心肌、肝等)、蜗牛的消化液、紫茎蓿和一些霉菌中的水解酶，尤其是蜗牛消化酶，它是一种混合酶，几乎能水解所有苷键，可将强心苷分子中糖链逐步水解，直至获得苷元。

苷元类型不同，被酶解的难易程度也不同，一般来说，乙型强心苷较甲型强心苷易被酶水解。

C. 颜色反应

强心苷的颜色反应可由甾体母核、C17 位不饱和内酯环和 α-去氧糖产生。因甾体母核的颜色反应在本章第一节已经述及，故以下仅介绍其他颜色反应。

(1) C17 位上不饱和内酯环的颜色反应

甲型强心苷在碱性醇溶液中，由于五元不饱和内酯环上的双键移位产生 C22 活性亚甲基，能与活性亚甲基试剂作用而显色。这些有色化合物在可见光区常有最大吸收，故亦可用于定量。乙型强心苷在碱性醇溶液中，不能产生活性亚甲基，无此类反应。所以此类反应可用于区别甲、乙型强心苷。

① Legal 反应。又称亚硝酰铁氰化钠反应。取样品 1～2 mg 溶于吡啶 2～3 滴中，加3%亚硝酰铁氰化钠溶液和 2 mol/L 氢氧化钠溶液各 1 滴，反应液呈深红色并渐渐退去。此反应机制可能是由于活性亚甲基与活性亚硝基缩合生成异亚硝酰衍生物的盐而呈色，凡分子中有活性亚甲基者均有此呈色反应。

$$[\text{Fe(CN)}_5\text{NO}]^{2-} + \text{H}_2\text{C} + 2\text{OH}^- \longrightarrow [\text{Fe(CN)}_5\text{N}{=}\overset{\text{O}}{\text{C}}]^{4-} + 2\text{H}_2\text{O}$$

② Raymond 反应。又称间二硝基苯反应。取样品约 1 mg，以少量50%乙醇溶解后加入间二硝基苯乙醇溶液 0.1 mL，摇匀后再加入20%氢氧化钠 0.2 mL，呈紫红色。此反应机制是通过间二硝基苯与活性亚甲基缩合，再经过量的间二硝基苯的氧化生成醌式结构而呈色，部分间二硝基苯自身还原为间硝基苯胺。

③ Kedde 反应。又称 3,5-二硝基苯甲酸试剂反应。取样品的甲醇或乙醇溶液于试管中，加入 3,5-二硝基苯甲酸试剂 3～4 滴，产生红色或紫红色。本试剂可用于强心苷纸色谱和薄层色谱显色剂，喷雾后显紫红色，几分钟后褪色。

④ Baljet 反应。又称碱性苦味酸试剂反应。取样品的醇溶液适量于试管中，加入碱性苦味酸试剂数滴，呈现橙色或橙红色。此反应有时发生较慢，放置 15 min 以后才能显色。

(2) α-去氧糖颜色反应

① Keller-Kiliani(K-K)反应。取样品少许用乙酸 5 mL 溶解，加 20%的三氯化铁水溶液几滴，混匀后倾斜试管，沿管壁缓慢加入浓硫酸，观察界面和乙酸层的颜色变化。如有 α-去氧糖，乙酸层显蓝色。界面的显色随苷元羟基、双键的位置

和数目不同而异，可显红色、绿色、黄色等，但久置后因炭化作用，均转为暗色。

此反应只对游离的 α-去氧糖或苷元与 α-去氧糖连接的苷显色，对 α-去氧糖和葡萄糖或其他羟基糖连接的二糖、三糖及乙酰化的 α-去氧糖不显色，因为它们在此条件下不能水解出 α-去氧糖。故此反应阳性时可肯定 α-去氧糖的存在，但此反应阴性时也不能完全否定 α-去氧糖的存在。

② 呫吨氢醇反应(Xanthydrol 反应)。取样品少许，加适量呫吨氢醇试剂，加入浓硫酸 1mL，置水浴上加热 3 min，只要分子中有 α-去氧糖即显红色。此反应极为灵敏，分子中的 α-去氧糖可定量地发生反应。

③ 过碘酸-对硝基苯胺反应。将样品的醇溶液点于滤纸或薄层板上，先喷过碘酸钠水溶液，于室温放置 10 min，再喷以对硝基苯胺试液，则迅速在灰黄色背底上出现深黄色斑点，置紫外灯下观察则为棕色背底上出现黄色荧光斑点。再喷以 5%氢氧化钠甲醇溶液，则斑点转为绿色。

3. 含强心苷类化合物的森林资源

1) 毛花洋地黄

毛花洋地黄(*Digitalis lanata*)是玄参科植物，在临床应用已有百年历史，至今仍是治疗心力衰竭的有效药物。其叶富含强心苷类化合物，多为次生苷[74]。其中属于原生苷的有毛花洋地黄苷甲、乙、丙、丁和戊(lanatoside A、B、C、D、E)，以苷甲和苷丙的含量较高[75]。此外还含叶绿素、树脂、皂苷、蛋白质、水溶性色素、糖类等杂质和可水解原生苷的酶。

目前临床上用于治疗高血压、急慢性心功能不全、心力衰竭等病症的地高辛(digoxin，又称异羟基洋地黄毒苷)片[76]、西地兰注射剂均可用毛花洋地黄作为主要原料[77]。

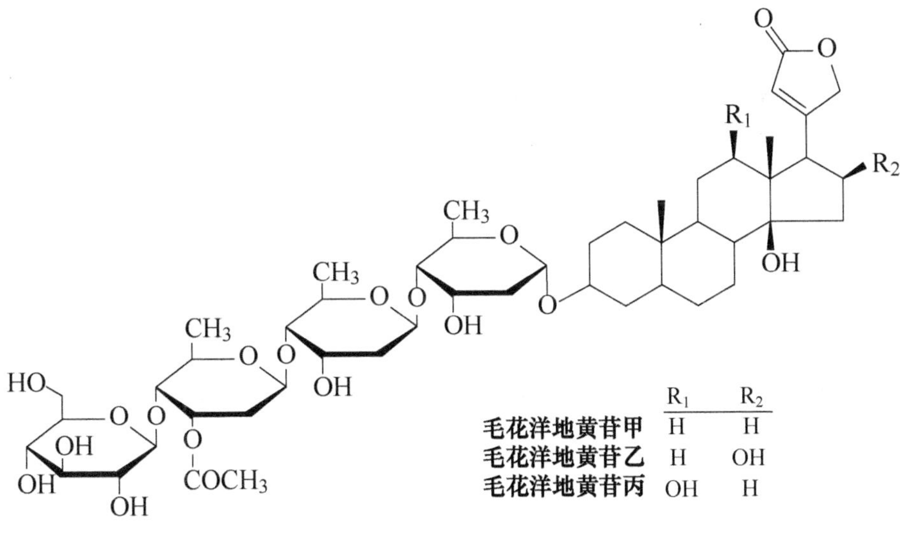

	R₁	R₂
毛花洋地黄苷甲	H	H
毛花洋地黄苷乙	H	OH
毛花洋地黄苷丙	OH	H

2) 黄花夹竹桃

黄花夹竹桃(*Thevetia peruviana*)为夹竹桃科黄花夹竹桃属植物，具强心利尿、祛痰定喘、祛瘀镇痛之功效，临床用于治疗心力衰竭、喘息咳嗽、癫痫、跌打损伤、经闭等，其果仁中含有多种强心成分[78]，含量近10%，已分离得到黄夹苷甲与黄夹苷乙(thevetin A、B)[79]，用发酵酶解方法从次生苷中又得到5个单糖苷。

3) 羊角拗

羊角拗(*Strophanthus divaricatus*)为夹竹桃科羊角拗属植物，其种子、根、茎、叶及种子的丝状绒毛均可供药用。羊角拗具有祛风湿、通经络、解疮毒、杀虫之功效，临床用于治疗风湿肿痛、小儿麻痹后遗症、跌打损伤、痈疮、疥癣等[80]。

羊角拗植物各部分均含强心苷，以种子中含量较高。其中，亲脂性强心苷有羊角拗苷(divoricside)、辛诺苷(sinoside)、异羊角拗苷(divarstroside)、考多苷(caudoside)等，弱亲脂性强心苷有D-羊角拗毒毛旋花子苷(D-strophanthin)Ⅰ、Ⅱ、Ⅲ等[81]。

	R_1	R_2	R_3
羊角拗苷	OH	H	L-竹桃糖
辛诺苷	OH	O	L-夹竹桃糖
考多苷	O	OH	L-夹竹桃糖
异羊角拗苷	OH	H	L-迪吉糖

参 考 文 献

[1] 汪燕平. 清以来宁夏枸杞作为地道药材的形成史[J]. 史林, 2017, (03): 67-76.

[2] 李建学, 樊祥富, 刘学龙, 等. 枸杞化学成分及其药理作用的研究进展[J]. 食品安全导刊, 2016, (24): 75.

[3] 莫晓宁, 李艾, 余启明, 等. 枸杞多糖的提取及其生物活性研究进展[J]. 轻工科技, 2019, 35(05): 3-5.

[4] 孙甜甜, 高云航, 孙卓, 等. 枸杞多糖研究进展[J]. 中国兽药杂志, 2018, 52(12): 75-80.

[5] 邹玉莲, 甘陈灵, 李鹏. 灵芝多糖现代药理学研究进展[J]. 海峡药学, 2018, 30(08): 28-30.

[6] 尹辉. 灵芝化学成分研究概述[J]. 山东农业工程学院学报, 2017, 34(02): 152-153.

[7] 赵明宇. 灵芝的化学成分及药理作用分析[J]. 首都食品与医药, 2017, 24(02): 44-45.

[8] 叶志能, 李德远, 王斌, 等. 灵芝多糖研究进展[J]. 食品研究与开发, 2012, 33(01): 225-228.

[9] 邹玉莲, 甘陈灵, 李鹏. 灵芝多糖现代药理学研究进展[J]. 海峡药学, 2018, 30(08): 28-30.

[10] 李改艳. 谈谈灵芝的化学成分及其药理作用[J]. 内蒙古中医药, 2015, 34(11): 92-93.

[11] 王钥, 陈斌, 蔡蕊, 等. 紫草素抗炎的药理研究进展[J]. 时珍国医国药, 2020, 31(03): 682-

685.

[12] 詹志来, 胡峻, 刘谈, 等. 紫草化学成分与药理活性研究进展[J]. 中国中药杂志, 2015, 40(21): 4127-4135.

[13] 郝若林. 丹参的研究进展[J]. 医学食疗与健康, 2020, 18(18): 204-205.

[14] 王云龙, 房岐, 郑超. 丹参化学成分、药理作用及质量控制研究进展[J]. 中国药业, 2020, 29(15): 6-10.

[15] 杨滢. 大黄药效成分及其药理活性研究进展[J]. 中医临床研究, 2018, 10(05): 142-144.

[16] 金丽霞, 金丽军, 栾仲秋, 等. 大黄的化学成分和药理研究进展[J]. 中医药信息, 2020, 37(01): 121-126.

[17] 高晔, 朱艳华, 贺微. 番泻叶的药用研究进展[J]. 中医药学刊, 2006, (11): 2145-2146.

[18] 米丽, 李敬超, 张夏华, 等. 番泻叶的化学成分和药理作用研究进展[J]. 西南军医, 2009, 11(04): 727-728.

[19] NEMTHY E K, LAGO R, HAWKINS D, et al. Lignans of *Myristica otoba* [J]. Phytochemistry, 1986, 25 (04): 959.

[20] 国家药典委员会. 中华人民共和国药典: 2015 年版一部[S]. 北京: 中国医药科技出版社, 2015: 66-67.

[21] 白文宇, 王厚恩, 王冰瑶, 等. 五味子化学成分及其药理作用研究进展[J]. 中成药, 2019, 41(09): 2177-2183.

[22] 徐云玲, 王昱霁, 江石平, 等. 北五味子化学成分的研究 [J]. Journal of Chinese Pharmaceutical Sciences, 2020, 29(07): 480-486.

[23] 刘士敬. 慎用五味子制剂治疗肝炎[J]. 中国社区医师, 2010, 26(27): 7.

[24] 罗运凤, 高洁, 柴艺汇, 等. 五味子药理作用及临床应用研究进展[J]. 贵阳中医学院学报, 2019, 41(05): 93-96.

[25] 阎新佳, 温静, 王欣晨, 等. 连翘化学成分与药理活性研究进展[C]. 中国商品学会. 中国商品学会第五届全国中药商品学术大会论文集. 中国商品学会, 2017: 558-580.

[26] 袁岸, 赵梦洁, 李燕, 等. 连翘的药理作用综述[J]. 中药与临床, 2015, 6(05): 56-59.

[27] 李秋红, 栾仲秋, 王继坤. 中药槐米的化学成分、炮制研究及药理作用研究进展[J]. 中医药学报, 2017, 45(03): 112-116.

[28] 田洋. 槐米中芦丁的提取工艺研究进展[J].广州化工,2017,45(06):28-29.

[29] 王津燕. 中药黄芩药理作用的研究进展[J].内蒙古中医药, 2020,39(02):167-168.

[30] 姚雪, 吴国真, 赵宏伟, 等. 黄芩中化学成分及药理作用研究进展[J].辽宁中医杂志, 2020, 47(07): 215-220.

[31] 张艳丽, 王聪, 朱雷蕾, 等. 黄芩苷药理作用研究进展[J]. 河南中医, 2019, 39(09): 1450-1454.

[32] 张依欣, 谭玲龙, 于欢, 等. 陈皮的炮制研究进展[J]. 江西中医药, 2018, 49(07): 66-69.

[33] 张恒, 饶坤林, 向韩. 橙皮苷药理活性研究进展[J]. 中南药学, 2016, 14(10): 1097-1100.

[34] 杜少严, 尹硕, 王意浓, 等. 银杏叶的药用与保健价值及其应用[J]. 中国食物与营养, 2020, 26(06): 59-62.

[35] 张英锋, 王燕革, 马子川, 等. 银杏叶提取物活性成分的简介[J]. 化学教育, 2011, 32(07): 3-4.

[36] 国家药典委员会. 中华人民共和国药典 (一部) [S]. 北京: 中国医药科技出版社, 2015.

[37] 李佳莲, 方磊, 张永清, 等. 麻黄的化学成分和药理活性的研究进展[J]. 中国现代中药, 2012, 14(07): 21-27.

[38] 石连成, 叶琛, 李霄. 麻黄生物碱研究进展[J]. 中国医药指南, 2012, 10(10): 73-75.

[39] 冯自立, 赵正栋, 刘建欣. 延胡索化学成分及药理活性研究进展[J]. 天然产物研究与开发, 2018, 30(11): 2000-2008.

[40] 关秀锋, 王锐, 曲秀芬等. 延胡索的化学成分与药理作用研究进展[J]. 化学工程师, 2020, 34(03): 57-60.

[41] 盖晓红, 刘素香, 任涛, 等. 黄连的化学成分及药理作用研究进展[J]. 中草药, 2018, 49(20): 4919-4927.

[42] 杨念云, 张启春, 朱华旭, 等. 黄连生物碱类资源性化学成分研究进展与利用策略[J]. 中草药, 2019, 50(20): 5080-5087.

[43] 王圳伊, 王露露, 张晶. 苦参的化学成分、药理作用及炮制方法的研究进展[J]. 中国兽药杂志, 2019, 53(10): 71-79.

[44] 李双, 黎锐, 曾勇, 等. 川乌的化学成分和药理作用研究进展[J]. 中国中药杂志, 2019, 44(12): 2433-2443.

[45] 刘正兵. 中药川乌与草乌的鉴别比较及药理活性分析[J]. 世界最新医学信息文摘, 2019, 19(53): 213.

[46] 覃佐东, 李珊, 金志远, 等. 简析紫杉醇的相关研究进展[J]. 科技通报, 2018, 34(04): 15-20.

[47] 王俊松. 天然药物紫杉醇的研究进展[J]. 当代化工研究, 2018(01): 168-169.

[48] 美丽, 王芳, 伍振峰, 等. 木香在汉、蒙医药中的应用概况及现代研究进展[J]. 中成药, 2019, 41(03): 635-639.

[49] 袁汉文, 赵建平, 刘永蓓, 等. 白木香化学成分及其药理作用与质量控制的研究进展(英文)[J]. Digital Chinese Medicine, 2018, 1(04): 316-330.

[50] 徐珍珍, 樊旭蕾, 王淑美. 木香化学成分及挥发油提取的研究进展[J]. 广东化工, 2017, 44(03): 77-78.

[51] 钱伟, 徐溢, 王昌瑞, 等. 木香药材活性成分及其结构修饰研究进展[J]. 天然产物研究与开发, 2012, 24(12): 1857-1859.

[52] 谢璇, 任莹璐, 张惠敏, 等. 穿心莲内酯的药理作用和应用研究进展[J]. 中西医结合心脑血管病杂志, 2018, 16(19): 2809-2812.

[53] 张晓, 唐力英, 吴宏伟, 等. 穿心莲现代研究进展[J]. 中国实验方剂学杂志, 2018, 24(18): 222-234.

[54] 李玉山. 穿心莲内酯的提取及其衍生物的制备工艺[J]. 世界科学技术-中医药现代化, 2016, 18(01): 94-100.

[55] 杨鹤, 宋述尧, 许永华, 等. 人参三萜皂苷的研究进展及其生态学作用[J]. 中草药, 2017, 48(08): 1692-1698.

[56] 宋齐. 人参化学成分和药理作用研究进展[J]. 人参研究, 2017, 29(02): 47-54.

[57] 林彦萍, 张美萍, 王康宇, 等. 人参皂苷生物合成研究进展[J]. 中国中药杂志, 2016, 41(23): 4292-4302.

[58] 白敏, 毛茜, 徐金娣, 等. 人参属药用植物地上部位皂苷类成分的化学和分析研究进展[J]. 中国中药杂志, 2014, 39(03): 412-422.

[59] 王月, 翟华强, 鲁利娜, 等. 人参的本草考证及现代研究综述[J]. 世界中医药, 2017, 12(02): 470-473.

[60] 王琼, 王逸, 韩春勇, 等. 人参皂苷 Rg_1、Rb_1 及其代谢产物益智作用的研究进展[J]. 中草药, 2014, 45(13): 1960-1965.

[61] 陈小玲, 史大臻, 司函瑞, 等. 原人参三醇生物活性及其作用机制研究进展[J]. 辽宁中医药大学学报, 2021, 23(02): 209-214.

[62] 杨远贵, 杨颖博, 鞠政财, 等. 基于人参皂苷 Ro/Re 比例的红参质量标准研究[J]. 药学学报, 2020, 55(08): 1897-1902.

[63] 王学芳, 任红贤, 封颖璐. 人参皂苷单体的抗疲劳作用研究进展[J]. 解放军医药杂志, 2019, 31(12): 114-116.

[64] 谭晖, 李恩孝, 李毅, 等. 人参皂苷 Rh1 通过 Wnt 通路抑制肺腺癌 A549 细胞增殖的机制探讨[J]. 现代肿瘤医学, 2020, 28(18): 3134-3137.

[65] 宋齐. 人参主要化学成分及皂苷提取方法研究进展[J]. 人参研究, 2019, 31(04): 43-46.

[66] 佚名. 甘草综述[J]. 农村实用技术, 2007, (04): 35.

[67] 刘靖丽, 闫浩, 王钰莹, 等. 甘草皂苷类化合物结构与保肝活性关系的 DFT 研究[J]. 天然产物研究与开发, 2020, 32(09): 1515-1521.

[68] 匡海学. 中药化学[M]. 北京: 中国中医药出版社, 2017.

[69] 高宾, 郭淑珍, 赵丹. 薄荷的鉴别与应用[J]. 首都医药, 2012, 19(13): 47.

[70] 华燕青. 薄荷化学成分及其提取方法研究进展[J]. 陕西农业科学, 2018, 64(04): 83-86.

[71] 罗莎, 赵祺, 郭月琴, 等. 温莪术油提取方法优化研究[J]. 园艺与种苗, 2020, 40(03): 23-24.

[72] 张贵杰, 黄克斌. 广西莪术化学成分和药理作用研究进展[J]. 广州化工, 2015, 43(11): 24-26.

[73] 尹定聪, 杨华升. 莪术油抗肿瘤作用的研究进展[J]. 中医药导报, 2018, 24(03): 62-63.

[74] 朱霁虹, 李维庸. 十三种洋地黄属强心贰成分的反相高效液相分离[J]. 药学学报, 1987(07): 520-524.

[75] PELLATI F, BRUNI R, BELLARDI M G, et al. Optimization and validation of a high-performance liquid chromatography method for the analysis of cardiac glycosides in Digitalis lanata[J]. Journal of Chromatography A, 2009, 1216(15): 3260-3269.

[76] 沈潞华. 洋地黄在心力衰竭治疗中的地位[J]. 中华老年多器官疾病杂志, 2005(04): 245-246.

[77] 刘东. 米力农联合西地兰对慢性心力衰竭患者的临床疗效分析[J]. 中国现代药物应用, 2020, 14(03): 122-124.

[78] 文屏, 郭巧技, 黄晓炜, 等. 黄花夹竹桃中强心苷类成分的 UPLC-QTOF/MS 快速鉴定[J]. 中国民族医药杂志, 2013, 19(04): 45-46.

[79] 温时媛, 陈燕燕, 李晓男, 等. 黄花夹竹桃叶中总强心苷的快速提取及含量测定研究[J]. 天津中医药, 2017, 34(01): 59-61.

[80] 程纹, 王祝年, 王建荣, 等. 羊角拗根的化学成分研究[J]. 天然产物研究与开发, 2014, 26(02): 218-220.

[81] 晏小霞, 李晓霞, 张新蕊, 等. 羊角拗根脂溶性成分的 GC-MS 分析[J]. 天然产物研究与开发, 2012, 24(08): 1067-1069.

第 3 章　森林资源功能成分加工基本原理

3.1　森林资源功能成分提取方法

3.1.1　溶剂提取法

1. 溶剂提取法简介

同一溶剂中，不同的物质有不同的溶解度，同一物质在不同溶剂中的溶解度也不同。利用样品中各组分在特定溶剂中溶解度的差异，使其完全或部分分离的方法即为溶剂提取法。常用的无机溶剂有水、稀酸、稀碱，有机溶剂有甲醇、乙醇、乙醚、氯仿、丙酮、石油醚等。

溶剂提取法可用于提取固体、液体及半流体，根据提取对象的不同可分为浸提法和萃取法。用适当的溶剂将固体样品中的某种被测组分浸提出来的方法称为浸提法，也即液-固萃取法。提取溶剂应根据被提取物的性质来选择，对被测组分的溶解度应最大，对杂质的溶解度应最小，提取效果遵从相似相溶原则。通常对极性较弱的成分用极性小的溶剂(如正己烷、石油醚)提取，对极性较强的成分用极性大的溶剂(如乙醇与水的混合液)提取。所选择溶剂的沸点应适当，太低易挥发，太高又不易浓缩。

根据处理的方式不同，浸提法又可分为振荡浸渍法、捣碎法、索氏提取法；萃取法则用于从溶液中提取某一组分，即利用该组分在两种互不相溶的试剂中分配系数的不同，使其从一种溶剂中转移至另一种溶剂中，从而与其他成分分离，达到分离的目的。通常可用分液漏斗多次提取达到目的。若被转移的成分是有色化合物，可用有机相直接进行比色测定，即采取萃取比色法。同样的，选择的萃取剂应对被测组分有最大的溶解度，对杂质有最小的溶解度，且与原溶剂不互溶。两种溶剂应易于分层，无泡沫。

溶剂提取法的关键在于选择合适的溶剂和提取方法，但在提取过程中，原料的粉碎度、提取时间、提取温度等因素也能影响提取效率。对于原料的粉碎度来说，一般原料粉碎度越高，粉末越细，提取过程中的溶解、渗透、扩散越快，提取效率越高。但是，粉末过细，粉末颗粒表面积大，吸附作用增强，反而影响扩散速度。若原料含蛋白质、多糖成分较丰富时，样品粉碎过细，这些成分就会溶出过多，使得提取液变得更黏稠，甚至产生胶陈现象，从而会影响其他操作。另外，较长的提取时间和较高的提取温度也会导致提取率增高，故也要选择合适的时间和温度。有些有效成分的活性会随着提取时间的延长而减弱，在温度过高的情况下，成分的结构也容易被破坏，同时杂质含量增多，使得提取率降低。

2. 溶剂提取法原理

经典的有机溶剂提取，要求提取溶剂的极性与分析物质的极性相近，即"相似相溶"，分析物能进入溶液而样品中其他物质处于不溶状态。当溶剂加到原料中时，溶剂由于扩散和渗透作用通过细胞壁透入细胞内，溶解可溶性物质，造成细胞内外的浓度差，细胞内的浓溶液不断向外扩散，溶剂又不断进入材料的组织细胞中，多次往返，直到细胞内外溶液浓度达到动态平衡时，将此饱和溶液滤出，再加入新溶剂，即可把所需成分大部分溶出，达到提取的目的。

3. 溶剂提取法应用

Ma 等[1]研究了水、甲醇、乙酸、氯仿、乙醇、乙酸乙酯和苯共 7 种常用提取溶剂对花椒果皮主要成分得率及其生物活性的影响，结果表明：乙酸的得率最高(24.69%)，苯得率最低(7.54%)，乙醇提取物中酚类物质含量最高[(81.19±4.81) g/kg]，黄酮含量以甲醇提取物中最高[(110.69±8.49) g/kg]、苯提取物中最低[(22.42±2.1) g/kg]。水提物表现出较强的抗氧化活性。甲醇和乙酸对金黄色葡萄球菌的抑制作用最强，氯仿提取物对白色念珠菌的抑菌活性最强、对 HepG2 细胞的生长抑制率(IC$_{50}$ 为 0.39 mg/mL)最高。所以为了提取不同的化合物，应该根据提取的目标物的结构性质来选择最合适的溶剂。

然而，溶剂提取法常常需要大量有机溶剂，常用的有机溶剂有甲醇、乙醇、乙酸乙酯、正丁醇等。随着对环境问题的重视，以及人们对于"绿色"、"健康"产品的追求，科学家们提出了"绿色化学"的概念，即利用各种化学原理，在化学品及其生产过程的设计、开发和应用过程中降低或消除对环境和人类健康有害物质的使用及产生。这一概念的提出，是人类可持续发展关键战略由被动转向主动的重要举措。传统的有机溶剂被应用于天然生物活性物质的分离提取，但通常会显示出毒性、挥发性和易燃性，且易产生残留，会造成环境的污染，这与"绿色化学"的理念不相符。因此，寻找绿色环保的溶剂替代传统有机溶剂用于提取分离至关重要，绿色溶剂的开发与发展也为溶剂提取法注入了新的生机[2]。

有人建议使用绿色(通常被认为是安全的)溶剂，因为一些醇(如乙醇)具有低沸点。然而，它们并不能完全有效地溶解极性较低的分子。当前，最有前景的绿色溶剂莫过于离子液体及低共熔溶剂。

离子液体(IL)可以定义为由有机阳离子和有机或无机阴离子形成的盐。其表现出低蒸汽压、热稳定性、可调黏度、混溶性、高溶解度和萃取能力强的性质[3]。离子液体作为一种绿色溶剂，完全由离子组成，离子间的作用力不同于普通分子型液态介质和电解质溶液，其内部存在广泛的氢键网络结构，这是除静电作用之外最重要的作用力。氢键在离子液体的应用中发挥着重要的作用,在离子缔合与溶剂化效应共同存在的作用下,体系内部存在的氢键、离子、离子簇等结构增加了反应物在离子液体中的溶解性,促进了反应的进行。因此,不能简单地将离子液体看成是完全电离的离子体系,也不能将其视为缔合的分子或离子体系。其选择性的溶解能力和合适的液态范围使其在多种萃取分离中得到了广泛的研究和应用[4]。

　　Choi 等[5]利用离子液体刺激细胞壁的变化,从而对脂质提取产生影响,提高了小球藻的油脂提取率。相比于正己烷和甲醇混合的有机溶剂提取法的油脂提取率(185.4mg/g),乙酸乙酯-3-甲基咪唑乙酸乙酯、1-乙基-3-甲基咪唑二乙基磷酸酯、1-乙基-3-甲基咪唑四氟硼酸盐和 1-乙基-3-甲基咪唑氯化物的油脂提取率都超过了 200.0mg/g。近期还开发出许多利用外部刺激如温度变化、pH 调控等来改变离子液体的亲水疏水性从而达到同时提取和分离的效果,减少了提取分离过程中的能耗。Tang 等[6]利用氨基甲酸酯的形成合成了可切换的离子液体,在此基础上提出了一种基于可切换离子液体的湿微藻油脂提取新方法,该方法将微藻细胞破碎、油脂提取和分离、溶剂回收过程有机地结合在一起,而不需要额外的溶剂,然后通过简单的 CO_2 鼓泡从萃取阶段回收油脂。然而,由于它们没有受到食品药品监督管理局、食品法典委员会或欧洲立法的监管,而且它们的影响也没有被完全阐明,合成过程较为复杂,因此在农产工业中引入它们是比较困难的。

　　低共熔溶剂(DES)可以被认为是离子液体(IL)的替代品。其具有与 IL 相似的热力学性质,且合成简单、对环境危害小、毒性小。与有机溶剂相比,DES 最具优势的方面是提取所需的量低,从而减少了残留。这些溶剂是通过将氢键受体(HBA)(如季铵)与氢键供体(HBD)(如尿素、羧酸或胺)络合而形成的。当天然成分用于 DES 合成时,通常是植物初级代谢物(如糖),它们被命名为天然低共熔溶剂(NADES),是一种对环境的影响和毒性更低的溶剂[6]。然而高黏度和高密度是这些新兴溶剂的主要缺点,这意味着将会造成低扩散速率和低传质效率,降低其溶剂化能力,但可以通过加水等措施很好地解决该问题。Gómez 等[7]利用天然低共熔溶剂(NADES)作为新型环保溶剂从成熟香蕉中提取可溶性糖,最终优化得到的最佳提取工艺为苹果酸:β-丙氨酸:水(摩尔比为 1:1:3),加水量为 30 g/100 g(25℃,30min)。在所有情况下,NADES 都被证明比传统溶剂(水和乙醇)更有效。并且该实验表明尽管黏度很高,但所有被评估的 NADE 在室温下都是液体。当用少量水稀释时,可以以可控的方式调整物理化学性质。Rois Mansur 等[8]合成了 18 种不同的以氯化胆碱作为氢键供体的 DES,其中 80%的 CCTG(由三甘醇和 20%水组成)的黄酮提取量显著高于所研究的其他 DES。对于牡荆素和槲皮素-3-O-罗宾糖苷的提取,80% CCTG 的提取率比常规溶剂甲醇更高。除提取效率高外,80%CCTG 可作为 HPLC 分析前的稀释剂。

总体来说,要根据目标化合物的植物基质和分子结构来选择合适的绿色溶剂,以达到最大提取量。

3.1.2 超声辅助提取法

1. 超声辅助提取法简介

超声波是纵向振荡形成的纵波,它在固、液、气体三态物质中产生并能有效传播。其方向性和穿透力强,在传播的过程中能量集中,传播距离远,且在这些媒质中,不同频率、功率、强度的超声波都具有其独特的传播特性及效应,因而具有广泛的应用[9]。

2. 超声辅助提取法原理

超声提取法是利用超声波具有的空化作用、机械作用、热效应来增大介质分子的运动速度、增大介质的穿透力以提取生物有效成分。与传统的提取方法相比,该法具有缩短提取时间、提高提取效率和目标成分浸出率等优点。在超声场中,由于被破碎物等所处的浸提介质中含有大量的溶解气体及微小的杂质,它们包围在被破碎物等的胶质外膜周围,为超声提取提供了必要条件[10]。超声波在提取溶剂中使液体内部出现局部的拉应力形成负压,从而产生大量的小气泡,处于稀疏状态下的液体会被撕裂成很多小的空穴,空穴气泡在超声波纵向传播形成的负压区产生、运动、生长,而在正压区迅速闭合,这些空穴一瞬间闭合,周围的液体会冲入气泡内部从而产生瞬间高温高压的空化效应。同时,超声波的辐射压强和超声压强引起的机械作用促使固体分散、凝胶液化和液体乳化,介质吸收超声波以及内摩擦消耗使分子产生剧烈运动,超声波的机械能转化为介质的内能,引起介质温度升高,使药物组织内部的温度瞬间升高,加速有效成分的溶解,并不改变成分的性质。这种空化效应和机械作用一方面可有效地破碎药材的细胞壁,使有效成分呈游离状态并溶入提取溶剂中,另一方面,超声波热学效应可加速提取溶剂的分子运动,使得提取溶剂和药材中的有效成分快速接触,相互溶合[9]。

如今超声辅助提取已成为最为常见且实用的辅助提取方法之一,在实验时,往往会采用单因素优化或者响应面法优化超声的时间及功率。但提取效果不仅取决于超声波产生的强度和频率,与被破碎的物质结构功能也有一定的关系。从理论上确定被破碎物所处介质中气泡大小后,即可选择适宜的超声波频率。由于提取介质中气泡尺寸不是单一的,而是存在一个分布范围,所以超声波频率应有一定范围的变化,即有一个带宽[10]。

3. 超声辅助提取法应用

超声辅助提取是一种不需要高温操作就能从森林资源中提取目标产物的很有前途的技术,已被广泛应用于不同森林资源材料中,如黄酮类、苷类、多糖类、生物碱类等各种活性物质的辅助提取[11]。Mansur 等[12]利用超声辅助 DES 提取荞麦芽中的类黄酮，优化后的最佳提取温度为 56℃，提取时间为 40 min。另外，采用 C$_{18}$ 固相萃取法可以有效地从 DES 提取物中提取黄酮类化合物，回收率高(>97%)。Mohammadpour 等[13]研究了超声辅助提取法和索氏提取法提取辣木油的工艺条件，并对两种提取方法的优缺点进行了比较，结果发现液固比和提取时间是影响超声辅助提取效果的重要因素。优化得到最佳液固比(17∶8 mL/g)、提取时间(26.3 min)、超声波功率(348 W)和提取温度(30℃)，除了超声辅助提取法得到的辣木油的过氧化值(PV)相对低于索氏提取法外，抗氧化活性(DPPH%)、总酚含量(TPC)和碘值(IV)等化学特性都相对高于索氏提取法。超声辅助提取还被用来提取植物中的油脂，范群艳[14]利用超声辅助溶剂法提取花椒油，采用石油醚为提取剂，优化之后的最佳工艺条件如下：料液比为 1∶14 g/mL、功率为 200 W、超声波作用时间为 12 min。

3.1.3　微波辅助提取法应用

1. 微波辅助提取法简介

　　微波是指频率在 300 MHz 至 300 kMHz 的电磁波，具有很强的穿透性、选择性和较高的加热效率，能穿透溶剂，把能量传递到细胞质。微波辅助提取(microwave-assisted extraction，MAE)又称微波萃取，是一项从植物等组织中提取化学成分的新型萃取技术，其原理主要是利用微波强烈的热效应，即介质分子获得微波能并转化为热能的过程。

2. 微波辅助提取法原理

　　一般来说，介质分子在微波场中加热同时存在两种机制：

　　(1) 离子传导机制。离子在电场中移动产生电流，介质对离子流的阻碍产生热效应；

　　(2) 偶极子转动机制。介质是由许多一端带正电、另一端带负电的分子(或偶极子)组成，在微波中，偶极子随外加电场的改变而快速摆动，在做规则运动时受到相邻分子的干扰和阻碍，使杂乱无章运动的分子获得能量并以热的形式表现[15]。

　　微波频率与分子转动频率存在相似性，因此微波能是一种由离子迁移和偶极子转动而引起分子运动的非离子化辐射能。在作用于极性分子之后，其在微波场的作用下产生瞬时极化从而促进分子转动，并促使分子整体快速转向及定向排列，产生键的振动、撕裂和粒子间的摩擦与碰撞，并迅速生成大量的热能，继而导致细胞破裂，其中的物质自由流出，传递到周围被溶解，进而实现成分提取目标[16]。微波加热与常规加热不同的是，后者是由外部热源通过热辐射由表及里的传导方式加热，而前者则是材料在电磁场中由介质吸收引起的内部整体加热，即将微波电磁能转变成热能，其能量通过空间或介质以电磁波的形式传递，物质的加热过程与物质内部分子的极化有着密切关系。微波辅助提取与超声波辅助提取的不同是，微波是"体"加热，即从颗粒内部加热，热量从颗粒内部往外传，有利于传质[15]；相反，超声波则是将能量从颗粒外部往内传。

微波辅助提取法克服了传统提取方法的提取时间长、温度高、产率低及目标物质易降解等缺点，被认为是一种高效节能、环境友好型的提取方法。相比于其他方法，该方法具有许多优势。首先是高效性，微波能够增强传质驱动力，进而有效提升提取速度；其次是稳定性，微波萃取加热速度极快，物质受热时间短，即使在低温情况下，也能够完成提取目标，基于此，该技术能够确保目标产物不被破坏；另外，微波提取技术采用的微波功率较小，辐射时间也不长，且溶剂亲和力限制较小，具有多种溶剂可供选择，可以适当减少有毒溶剂的应用，节能环保特点较为突出[16]；最后，该方法还具有选择性，由于不同物质的介电常数不同，其吸收微波能的程度不同，由此产生的热能及传递给周围环境的热能也不同。在微波场中，吸收微波能力的差异使基体物质的某些区域或萃取体系中的某些组分被选择性加热，从而使被萃取物质从基体或体系中分离，进入到介电常数较小、微波吸收能力相对较差的萃取剂中[17]。这就要求在进行成分提取之前，要对物质性质进行分析和研究，为提取目标奠定基础。

3. 微波辅助提取法应用

由于微波辅助提取的独特优势，其在天然产物提取方面的应用日益广泛。Pengdee[18]等优化了微波辅助提取技术提取铁皮石斛中酚类化合物的工艺，通过比较发现该方法明显比其他提取方法所用时间短且提取效率高，对于促进葡萄糖摄取有一定影响，表明微波辅助提取是一种从铁皮石斛中提取酚类化合物的有效方法。此外，微波辅助提取还可用于提高工业上使用的其他石斛品种化合物的产量，以降低成本。Han[19]等研究了不同提取工艺对猕猴桃多糖(KPS)理化特性和抗氧化活性的影响，进一步探索 KPS 作为功能性食品原料的可能性，分别对微波辅助提取和超声辅助提取两种提取方法进行了优化。结果表明，相比于超声辅助提取法，微波辅助提取法的多糖回收率更高，生物活性更强。

微波辅助提取还被用于提取前的预处理，以及辅助各种绿色溶剂如 DES 等的活性物质提取。Achachlouei 等[20]对奶蓟籽进行微波(800 W)预处理 2 min，结果表明，微波预处理提高了溶剂提取油的出油率(6%)、总酚含量(12.2%)、植物甾醇含量(25%)和生育酚含量(37.5%)。籽油的理化性质也得以提高，叶绿素含量和皂化值均有所增加，但酸值、过氧化值、碘值和多不饱和脂肪酸/饱和脂肪酸比值均有所下降。这些都表明了微波预处理是提高奶蓟籽油提取率和油中营养成分含量的一种很有前景的处理方式。Zhao 等[21]则利用最近颇受关注的绿色天然低共熔溶剂，开发了一种微波辅助天然低共熔溶剂预处理与微波水蒸气相结合的新方法

(MA-NADES-MHD)来提取孜然种子挥发油。筛选出以氯化胆碱和L-乳酸(摩尔比为 1:3)的天然低共熔溶剂作为吸附微波和溶解纤维素的预处理溶剂，优化之后加水量为40%(m/m)。通过对提取油的成分分析表明，天然低共熔溶剂对挥发油的提取有显著的影响，特别是与微波技术结合时，精油的提取率更高、质量更优、数量更多。此外，MA-NADES-MHD作为一种经济、环保的技术，还具有应用于其他植物材料的潜力。

微波技术在具体应用中能够发挥积极作用，且成本较低，更适合广泛推广和普及，以此来为我国相关领域发展提供支持。

3.1.4　负压空化提取法

1. 负压空化提取法简介

随着森林植物功能性成分研究的不断深入，其食用药用价值不断被发掘，人们越来越关注植物功能性成分提取技术的研究。传统的提取方法如水蒸气蒸馏(hydrodistillation, HD)加热回流提取(hot reflux extraction, HRE)、浸渍提取(maceration extraction, ME)、索氏提取(Soxhlet extraction, SE)等耗时费力，并且需要消耗大量有机试剂，极易对环境造成污染。相比之下，更高效的提取方法如微波辅助萃取(microwave-assisted extraction, MAE)、超声辅助提取(ultrasound-assisted extraction, UAE)、酶法提取(enzymatic extraction, EE)、超临界流体萃取(supercritical fluid extraction, SFE)等技术被成功开发和应用。然而，这些方法在工业生产中却存在着设备成本高、结构复杂、物料吞吐量低的缺点。

尽管不同提取方式各有利弊，但在功能性成分的提取应用方面，应根据需要，综合各方面因素，结合各个技术的优点，建立一种环境友好型的绿色提取分离技术，尽可能减少对环境的污染。

最近，负压空化提取(negative pressure cavitation extraction, NPCE)技术被广泛用于森林植物中多酚、黄酮、生物碱、多糖等多种有效成分的提取分离。有趣的是，NPCE不仅可以与微波提取技术、酶辅助提取、超声提取等常见提取技术相结合，甚至还可以与一些"绿色溶剂"如低共熔溶剂(deep eutectic solvent，DES)、离子液体(ionic liquid, IL)等结合使用，从能耗、溶剂方面解决了一些常规提取技术的不足之处，因此，NPCE在工业生产上具有显著的应用潜力。总的来说，NPCE是一种流程简单、环保、提取成本低且效率高的方法。

2. 负压空化提取法原理

负压空化提取法的核心是气泡理论，当连续地把气体释放进液相或液-固两相中时，气流在外力作用下会与液相或液-固两相相互冲撞，变成一个个小的气泡并向液面顶端快速移动，使得液体快速搅动，形成气-液两相或气-液-固三相的混沌体系，产生湍流作用。在气泡上升过程中，随着周围压力不断变化，造成气泡体积的急剧变化，进而产生气泡的破碎或溃灭。

所谓"空化"即是这种存在于液体或液-固界面上的小气泡在负压作用下产生、生长、收缩或膨胀、崩解或溃灭的过程。这些气泡的破裂会释放出高能量，并在大量的反应位点形成较高的局部温度和压力，产生空化效应和机械振动，使样品颗粒细胞壁瞬间破裂，加速胞内物质向介质释放、扩散和溶解，从而促进提取过程。采用负压手段产生的气流形成气泡，在气-液-固三相中强化传质的方法叫负压空化法。

如图 3-1(负压空化提取法原理示意图)所示，负压是由真空泵产生，气瓶中的氮气(或空气)进入装置后遇溶剂产生气泡。在负压作用下，气泡剧烈地从底物向上移动时会产生湍流和碰撞，使物料均匀地分布在溶剂中，增加了溶剂与样品颗

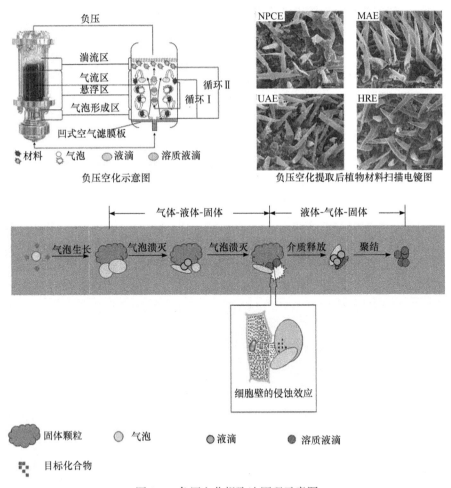

图 3-1　负压空化提取法原理示意图

粒的接触面积，使样品中的目标成分进行传质，从而达到提取的目的。负压空化提取技术的优势在于提取条件要求低，但提取效率高、耗费低，装置简易且容易进行扩大化生产。

NPCE 的提取效率受多个因素影响，主要包括 NPCE 装置的压力、提取时间、提取温度、提取溶剂类型、液固比及使用的气体等。对这些因素进行优化能大幅度提高提取效率，从而降低提取成本。

3. 负压空化提取法应用

绝大多数情况下，NPCE 与一些传统提取方法相比，表现出较高的提取效率。付玉杰等[22]优化了负压空化提取法从甘草超临界萃取后的固形物中提取甘草酸的工艺，对比了 SE、UAE 方法，结果表明：NPCE 法的提取率分别是 SE 法和 UAE 法的 1.7 倍和 1.2 倍。杨磊等[23]采用 NPCE 法对长春花生物中长春碱、文多灵和长春质碱等主要生物碱的提取率进行评价，以 pH 1.5 的硫酸甲醇(50%)溶液为提取溶剂，液固比 10∶1(mL/g)，空化提取 25 min，提取 3 次，与 ME、HRE、UAE 法相比较，NPCE 法更适用于含量低但价格昂贵的长春碱的提取，提取率可达到 0.082%。

值得一提的是，NPCE 与其他提取技术相结合可大大提高提取效率，达到节能环保效果。NPCE 结合 MAE、EE、UAE 等技术，以及使用低共溶溶剂等绿色溶剂为溶媒的混合提取技术成为了森林植物功能性成分分离的研究热点。

微波提取技术具有提取时间短、操作简便、提取温度低等优点，但是缺乏高效的液固混合工艺来改善传质效果，若结合 NPCE 技术的强化传质效率能更好发挥两者的优势。Duan 等[24]优化了 NPCE 结合 ME 技术的鹿蹄草活性成分提取工艺：微波功率 700 W，提取温度 50℃，液固比 30∶1(mL/g)，负压–0.05 MPa，提取时间 12 min，乙醇浓度 55%，提取物中金丝桃苷、没食子酰基金丝桃苷、持马萘醌的提取率远高于 NPCE、MAE 法的提取物，其抗 DPPH 活性(IC_{50}=0.121 mg/mL)也同样好于 MAE 提取物(IC_{50} = 0.144 mg/mL)和 NPC 提取物(IC_{50}=0.167 mg/mL)，且提取时间最短。该方法表明，微波辅助 NPCE 更加高效。

植物的细胞壁是活性成分从细胞内部释放的天然屏障。通过酶解可在常温、常压下分解植物的细胞壁，有利于活性物质的释放。酶解辅助方法与以改善传质为主的 NPCE 技术相结合，对提取效率同样有着"事半功倍"的效果。Yan 等[25]结合负压空化和酶诱导方法对黄芪中活性成分进行了高效的提取，经酶诱导后的材料在 45℃、负压–0.08 MPa、80%乙醇为溶剂提取 30 min，与未加酶处理的提取率相比，黄芪皂苷 III 和黄芪皂苷 IV 的提取率分别提高了 41.67%和 65.31%。

DES、IL 等属于环境友好型溶剂。目前，这些溶剂已成功被应用于植物细胞壁的破坏及活性成分的溶出过程。Li 等[26]采用负压空化辅助 DES 提取降香叶中主要黄酮樱黄素、鸢尾黄酮、染料木素、鹰嘴豆素 A，最佳提取工艺条件下[负压 0.07 Mpa，提取温度 45.38℃，氯化胆碱-乙二醇摩尔比为 1∶2 且含水量为 26%，液固比 20∶1(mL/g)，提取时间 20 min]，四种黄酮提取率分别为 1.204 mg/g、1.057 mg/g、0.911 mg/g、2.448 mg/g，提取效果优于 UAE 和 HRE。

此外，超声波提取技术是通过超声空化效应来提高传质效果，与 NPCE 技术相结合，可强化传质作用，使提取时间缩短、提取效率增高，热敏性和极易被氧化成分更好地被保留。Wang 等[27]研究认为，使用 NPCE 比单独使用 UAE 和 NPC 方法能更有效地提取蓝莓叶中的多酚成分，且提取物中的总多酚、总黄酮、总花青素的含量及 DPPH 自由基清除活性均显著提高。

3.1.5　高速匀质提取法

1. 高速匀质提取法简介

以森林植物而言，无论是初生代谢成分(糖类、脂类、蛋白质及激素类)还是次生代谢成分(黄酮、生物碱、皂苷类等)，在植物体内多以分子状态存在于细胞或细胞间，少数以结晶形式(如碳酸钙结晶)、盐的形式(如生物碱)等存在。当植物组织处于新鲜溶剂介质时，随着植物组织内外浓度梯度差的存在以及时间的延长，溶剂会自动向植物细胞内渗透，同时细胞内成分因溶剂分子的渗入与接触，使其原始状态解离并向低浓度的细胞组织外扩散，经过一定时间达到扩散平衡状态，此时成分在溶剂中的溶解几乎达到最佳状态，再进行过滤，即为经典的浸渍法。在此过程中溶剂的选择极为重要，除了溶剂本身的渗透以外，各种溶剂的溶解特性同样起到关键作用，即"相似相溶"。

在所选溶剂的极性决定后，影响提取效率的因素就剩下介质温度、原料粒度和外力作用。首先，对于介质温度影响的一般规律是，温度越高，分子运动速度越快，达到植物组织内外平衡的时间越短，即提取效率提高。回流提取法、煎煮法即为这一原理。值得注意的是，对于一些热敏性成分，可能会在溶剂受热时分解或被破坏，存在一定局限性。其次，在植物材料提取前，茎、叶、花、果实等原料通常需要粉碎至细微颗粒，使组织细胞的有效成分与溶剂充分接触，并释放到提取溶剂中。然而，对于这些部位需要不同的粉碎方法，特别是对于新鲜药材则需要更特殊的方法，例如，植物玄参的粉碎是比较困难的。此外，粉碎过细不利于后期的过滤，所以靠粉碎缩短提取时间、提高提取效率的可行性有限。值得注意的是，当提取溶剂、原料粒度确定以后，外力的作用成为影响提取效率的关键因素，超声提取、微波辅助提取、超临界流体萃取等一些提取方法，虽然在外力作用等方面可做出一定改进，但并未实现大的突破。

对这些因素的分析可知，原料粒度越小，溶剂与待提取物质极性越接近，适当外力作用越突出，提取效率就会越高。而高速匀质提取(high-speed shearing homogenization extraction, HSHE)主要依据组织破碎的原理，利用适当的溶剂在提取器中将物料快速破碎至适当粒度，同时伴随着高速搅动、超强震动、负压渗滤等功能来达到提取目的。这恰恰实现了粒度、渗滤、外力三个因素的最佳结合，大大提高了提取效率，而且在保持原料小粒径的基础上，达到溶质组织内外平衡的优势，又不会导致粒度过细而影响过滤。室温及溶剂存在条件下，可在数秒内把一些植物的根、茎、叶、花、果实等原料粉碎至细微颗粒，使组织细胞的有效成分与溶剂充分接触，并释放到提取溶剂中。一次提取一般在数秒至几分钟之内即可完成，速度最快可达传统提取方法的百倍以上。更重要的是，提取的原料可以是不同含水率的原料，这避免了某些植物部位常规方法不易粉碎的特性，减少了干燥程序，从而降低了成本，也避免了热敏性物质在烘干过程中的降解。总的来说，该技术具有设备简单、能耗低、省时、节能、溶剂适用性广等特点，随着研究的深入，HSHE 在天然产物的提取方面将发挥越来越重要的作用。

2. 高速匀质提取法原理

　　图 3-2 展示了高速匀质提取法的装置，其主要由高速电机、旋转刀片、提取容器、控制系统等组成。最核心部位旋转刀片(切割器)由内刀和外刀构成，内刀和外刀之间的距离一般很小，通常为 100～3000 μm。电机高速旋转并带动内刀在外刀腔内高速转动，此时内、外刀之间不仅产生强大的剪切作用，同时外刀腔内产生强大的负压，在这种负压作用下，外刀腔内产生分子渗透现象，通过原料破碎而暴露出的物质在剪切、负压、高速碰撞等各种外力作用下与溶剂分子包围、解离、溶解、替代、脱离，然后迅速进入溶剂，瞬时达到溶解浓度的平衡，最快可在数十秒内完成提取过程。

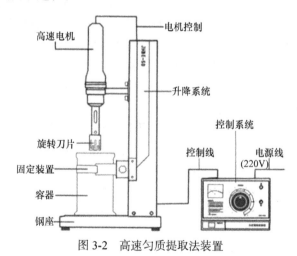

图 3-2　高速匀质提取法装置

　　不难发现，整个提取过程中主要包括快速破壁、剧烈搅动、动态分子渗透三个过程。每个过程有着自己的特点：①内刀转速范围通常在 15 000～30 000 r/min，即所谓的"高速"，可想而知，这相当于对可粉碎植物部位手动反复研磨至少 15 000 次，即使是常规的粉碎电机，也只能达到 850～3500 r/min，HSHE 高速剪切作用极大缩短了时间，又不失便利；②内刀和外刀之间产生切割作用的同时，内刀中心产生强力涡流，带动已粉碎的原料产生剧烈的搅拌作用，强化了传质过程；③在整个高速动态提取过程中，外刀固定，内刀旋转会产生涡流负压，在负压影响下，外刀腔内产生分子渗透现象，被提取成分极易进入溶剂中达到提取目的。

3. 高速匀质提取法应用

在实际生产中，HSHE 被广泛应用于食品生产、药物制备和化工行业中。以下通过部分实例对 HSHE 技术的实用价值予以说明。

管花肉苁蓉的主要活性成分是苯乙醇苷类化合物，其中松果菊苷和毛蕊花糖苷是《中国药典》(2020 版)测定苯乙醇苷的指标性成分，具有肝脏保护和免疫保护等作用，因此从管花肉苁蓉提取苯乙醇苷类成分具有药用价值。Pei 等[28]比较了 UAE、MAE、HSHE 三种提取方法，优化了 HSHE 的提取方法，其最佳参数如下：提取溶剂为 50%乙醇，提取温度为 70℃，转速 16 000 r/min，提取时间 2 min，液固比 1∶9。提取一次后松果菊苷和毛蕊花糖苷的得率分别为 1.366%和 0.519%，转移率分别为 87%和 94%，提取效果好于 MAE 和 UAE，说明了 HSHE 的优越性强。

柚子果皮约占总重量的 50%～65%，在柚子的榨汁、果酱或罐装生产过程中，大量的柚子皮被作为工业废料处理，因此寻找柚子皮的正确处理方法一直是人们关注的焦点。柚子皮中含有的果胶可作为胶凝剂、增稠剂、稳定剂应用于食品、医药、化妆品等行业。Guo 等[29]采用 HSHE 法从柚子皮中提取果胶，利用 Box-Behnken 响应面法优化了提取条件，确定了最佳提取条件：提取溶剂为 pH1.24 的去离子水，提取电压 156V，提取时间 240 s，实际提取得到的果胶得率为 (209±2)g/kg，明显高于传统加热提取法在 85℃、80 min 的果胶提取得率 (175±6)g/kg。此外，HSHE 法提取的果胶比传统加热提取法提取的果胶具有更高的黏度、特性黏度和黏均分子量。结果表明，HSHE 法在高效提取高黏度果胶方面具有很大的应用潜力。

桑葚作为一种高价值的食用水果和传统药物，含有多种营养成分。其中，天然色素花青素具有较强的抗氧化能力，在食品和化妆品行业有着重要用途。HSHE 设备具有良好的性能，可单独使用，也可配套其他提取技术使用。Guo 等[30]以新鲜桑葚为原料，采用高速匀质化-空化-爆裂萃取技术提取花青素，采用 Plackett-Burman design 和 Box-Behnken design 对提取条件进行统计学研究。最佳提取条件为：氯化物-柠檬酸-葡萄糖天然低共熔提取溶剂摩尔比为 1∶1∶1，含水量 30%，液固比 22∶1(mL/g)，匀质时间 60 s，匀质速度 12 000 r/min，萃取时间 30min，负压–0.08MPa，萃取 2 次，花青素的最大提取量可达到 6.05mg/g，是传统有机溶剂的 1.24 倍。此外，天然低共熔萃取花青素的稳定性优于传统有机溶剂，且利于花青素的分析和保存。

3.1.6　超临界流体萃取法

1. 超临界流体萃取法简介

21 世纪以来，科学技术的发展强调了自然资源可持续发展战略和"绿色化学"概念，日益受到广泛的关注和重视。利用溶质在超临界流体中溶解度的特性发展起来的超临界流体萃取(supercritical fluid extraction，SFE)，被认为是一种环境友好型、通用性强的绿色提取技术，主要应用于大规模的工业生产。

早在 1980 年左右，SFE 在工业上广泛用于食用油的精炼、名贵植物香料的萃取以及咖啡中咖啡因的提取等。目前，SFE 在食品、医药、化妆品、香料香精等行业中的应用仍是重要的研究领域。我国森林资源丰富，富含功能性成分的森林植物通常为这些行业提供了生产所需的原材料。因此，SFE 技术对于森林资源功能成分的开发和利用具有重要意义。

SFE 在天然产物提取分离中展现出良好的应用前景。过去传统的分离方法主要为蒸馏法和溶剂法，典型的缺点是高温或水煮带来的热敏性成分降解、有机溶剂大量使用和可能带来的环境污染。相比之下，超临界流体(supercritical fluid, SCF)技术具有如下一些优势：常温常压下为气体，萃取后易于和萃取物分离，且萃取物质无溶剂残留；在较低温度下提取分离，减少了热敏性成分的氧化和逸散；可通过调节压力、温度和引入夹带剂等调整超临界流体的溶解能力，并通过改变温度和压力选择性地得到极性不同、沸点不同的组分。

随着应用范围的不断扩大和研究的不断深入，SFE 已从单一的成分萃取及生产工艺研究，发展到与多种检测器的联用，如与气相色谱、液相色谱的在线耦合，从而实现在复杂的基体中有效分离与检测天然产物中的待测组分，显著扩大了分析范围，这对于功能性成分的研究提供了便利。此外，SFE 还可以与精馏、分子蒸馏、吸附、膜分离等技术联用，扩大了 SFE 技术的应用范围。总之，SFE 技术已遍及化工、食品、制药、分析化学等众多领域，并渗透到生物技术、环境污染治理技术等新领域，发展潜力巨大，这一绿色技术必将产生巨大的社会效益和经济效益。

2. 超临界流体特性与选择

纯净物质在特定温度与压力下可呈现一种状态，该状态下气态与液态平衡，成为均相体系，气-液界面消失，该消失点称为临界点(图 3-3)，该点所对应的温度称为临界温度(T_c)，对应的压力称为临界压力(P_c)。超临界流体即为物质处于 T_c 和 P_c 以上时以流动形式存在的物质，兼具气体和液体特性的单一相流体。

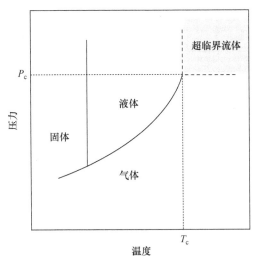

图 3-3 纯化合物的典型相图

表 3-1 比较了气体、液体和超临界流体的物理性质。从表中可以看出，超临界流体的密度接近于液体，远高于气体密度。一般情况下，溶质在溶剂中的溶解度与溶剂密度成正比，这决定了超临界流体具有与液体溶剂相似的溶解能力。其次，扩散系数和黏度是衡量流体传质能力的两个重要物理参数，而超临界流体黏度接近于气体，远小于液体，具有很强的扩散能力，因此，在分离操作时的传质速率好于一般的液体。更关键的是，超临界流体在临界点附近对温度和压力变化高度灵敏，微小的压力或温度变化会导致流体密度显著变化，进而导致物质在流体中溶解度也产生显著变化，使溶质和流体分离。

表 3-1 气体、液体和超临界流体的物理性质

相态	密度(ρ)/(g/cm³)	扩散系数(D_{AB})/(cm²/s)	黏度(μ)/[(g·s)/cm]
气体($P=1atm^{①}$;$T=21$℃)	10^{-3}	10^{-1}	10^{-4}
液体($P=1atm$;$T=15\sim30$℃)	1	$<10^{-5}$	10^{-2}
超临界流体($P=P_c$; $T=T_c$)	$0.3\sim0.8$	$10^{-3}\sim10^{-4}$	$10^{-4}\sim10^{-3}$

可作为超临界流体的物质有很多(表 3-2)，对超临界流体溶剂的要求一般需要满足几个基本条件：①无毒无害，符合绿色环保要求；②化学性质稳定，对设备没有腐蚀性，且不与萃取物反应；③临界压力低，节省动力消耗，临界温度应接近常温或操作温度，减少设备生产难度，操作温度还应低于待萃取溶质的分解变质温度；④来源充足，价格便宜，易于回收和循环利用。

---

① 1 atm=101 325 Pa，下同。

表 3-2　SCF 中几种常见溶剂的超临界特性

溶剂	临界性质			
	密度/(g/mL)	温度/℃	压力/atm	溶解度参数/(cal$^{-1/2}$·cm$^{-3/2}$)
二氧化碳	0.470	31.2	72.9	7.5
水	0.322	101.1	217.6	13.5
甲醇	0.272	−34.4	79.9	8.9
乙烯	0.200	10.1	50.5	5.8
乙烷	0.200	32.4	48.2	5.8
一氧化二氮	0.460	36.7	71.7	7.2
六氟化硫	0.730	45.8	37.7	5.5
正戊烷	0.221	−139.9	36.0	5.2
正丁烯	0.237	−76.5	33.3	5.1

目前，工业上使用得最多的超临界流体是超临界 CO_2，这是因为：①CO_2 与大部分物质不发生化学反应，易制成高纯度气体，且无毒、无味，价格便宜；②CO_2 临界温度(31.2℃)和压力(72.9 atm)适中，当萃取完成后，伴随着系统减压，容易实现 CO_2 与物质分离；③在工业生产规模上，可实现 CO_2 循环使用，化工过程后再回到环境中并不污染环境。因此，超临界 CO_2 萃取技术十分契合绿色化学主题，在森林功能性成分分离领域得到广泛应用。

虽然超临界 CO_2 流体表现出一定的优势，但是仍然存在一些问题。CO_2 分子偶极矩为零，属于直线型的非极性分子，分子结构和物理特性决定了其适合萃取亲脂性、分子质量小的非极性和弱极性成分。为改善这个问题，通常可以在使用超临界 CO_2 流体过程中加入夹带剂来提高萃取能力。值得注意的是，夹带剂仍需要与产物分离干净。

除了 CO_2 以外，N_2O 也是一种常用的超临界流体，其临界温度和压力与 CO_2 接近，因此溶剂性能与 CO_2 相似。此外，N_2O 分子存在永久偶极，属于中等极性分子，因此对于极性物质的萃取效果优于 CO_2。但是 N_2O 是一种易燃易爆有毒气体，是限制其作为超临界流体的一个重要因素。

与 CO_2 不同，水具有极高的临界温度和压力，但在超临界状态下具有很强的腐蚀性，因此限制了它的应用，目前多用于处理有毒污染物。即使如此，水在超临界状态对有机化合物有较好的溶解能力，通过调整临界参数，可以在很大的范围内调整流体的极性。通常认为，超临界水作为夹带剂对提取物的组成及含量有着重要影响。

3. 超临界流体萃取技术基本原理

对溶质的溶解度是 SFE 分离依据的一个重要特性。溶质在超临界流体中的溶解度与超临界流体的密度有关，而超临界流体的密度又取决于它所在的温度和压力。SFE 即利用压力和温度对 SCF 溶解度的影响而进行萃取分离。通常认为，溶质在 SCF 中的溶解度会伴随 SCF 密度的增大而增加。SCF 密度接近液体，具有较高的渗透性和溶解能力，临界压力相对较高，因此密度并不会像普通液体一样，因压力和温度的改变而发生明显变化。所以可以利用 SCF 的高溶解能力，将溶质溶解在流体中，然后降低 SCF 的压力或升高 SCF 的温度，这时溶解于 SCF 中的溶质会因为 SCF 密度下降和溶解度的降低而析出。

　　超临界流体技术装置的共性部分主要包括：超临界流体供应系统、高压输入系统、高压萃取系统、分离系统、夹带剂供应系统、循环系统及计算机控制系统等。以 CO_2 超临界流体萃取装置为例(图 3-4)，采用 CO_2 为超临界溶剂，CO_2 经过冷凝器冷凝为液体，用高压泵把压力提升至 CO_2 临界压力以上，同时加热，使其成为超临界 CO_2 流体。CO_2 流体作为溶剂从萃取釜底部进入，与被萃取物质充分接触，选择性溶解所需化学成分。萃取釜顶部离开的溶有萃取物质的高压气体经过节流阀降压到低于 CO_2 临界压力以下进入分离釜，由于降压作用，原高压气体自动分离成溶质和 CO_2 气体两部分，前者自分离釜底部排出，后者成为循环 CO_2 气体，经冷凝后形成 CO_2 液体再循环使用。在此过程中，可根据分离物质化学特征加入夹带剂以调节 CO_2 与流体中溶解度差的物质(主要是极性化合物)的亲和力来提高萃取率。

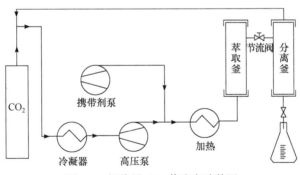

图 3-4　超临界 CO_2 萃取实验装置

4. 超临界流体萃取技术应用

　　在实际操作过程中，利用超临界流体萃取技术所获得的活性成分与色谱或光谱分析方法联用，可对有效成分进行更准确的定量分析。Chakraborty 等[31]分别对黄芥种子和小豆蔻种子的超临界萃取物进行了研究，电子顺磁共振光谱分析结果显示它们的提取物具有较强的抗氧化作用，气质联用和液质联用证实了在各自的提取物中存在大量的 1,8-桉叶油素和褪黑素。药理学实验表明，黄芥种子提取物组高脂血症大鼠总胆固醇水平明显下降了 49.44%，而小豆蔻提取物组总胆固醇水平下降 48.95%，降脂效果都与阿托伐他汀组相当，意味着这些提取物可作为降低胆固醇的补充剂使用。

　　总的来说，随着 SFE 的不断研究和发展以及相关工艺的不断成熟，在替代传统分离技术，特别是提高附加值的森林植物功能性成分方面(表 3-3)，SFE 技术将会有更大的发展，并成为一项重要的分离技术。

表 3-3　SFE 技术在天然产物提取中的应用

植物	生物活性	最优条件	主要结论
地中海柏木	抗氧化	CO₂-SFE 压力:9 MPa 温度:40℃	相比 HD 法，挥发油得率提高了 34%，提取时间缩短为原来的 1/3；CO₂-SFE 法对特定成分如泪柏醚、反式-桃柁酚及 α-菖蒲二烯等具有高度选择性[32]
蓝桉叶	抗氧化	CO₂-SFE 压力:35 MPa 温度:80℃	相比 HD、SE、UAE，CO₂-SFE 法，得到挥发油产量更高；所得挥发油清除 DPPH 和超氧阴离子自由基 IC₅₀ 分别为 47.61μg/mL 和 26.05μg/mL[33]
鼠尾草	抗氧化、抑菌	CO₂-SFE 压力:29.5 MPa 温度：40℃	优化了鼠尾草叶中鼠尾草酸、鼠尾草酚的最佳提取工艺；在特定提取条件下，当鼠尾草酸、鼠尾草酚含量分别为 72μg/mg 和 55μg/mg 时，提取物抗氧化活性最高，当两者含量分别为 116μg/mg 与 60.6μg/mg 时，提取物抗枯草杆菌效果最好[31]
马鞭草	抗肿瘤	CO₂-SFE 压力:30 MPa 温度:50℃	比较了 CO₂-SFE 法、乙醇溶剂萃取法得到的马鞭草提取物抗肿瘤活性，其中，超临界萃取物对肿瘤细胞的活性和增殖都有显著的抑制作用，且只有超临界萃取物能下调 MCF-7 细胞中 COX-2 的表达[34]
鬼针草	抗肿瘤	CO₂-SFE 压力:25 MPa 温度:40℃	CO₂-SFE 萃取物对 MCF-7 癌细胞的抑制作用好于 HCE 提取物，其机制为：所含炔类化合物可能与癌细胞 DNA 相互作用导致 DNA 裂解[35]
伊予柑	抗肿瘤	CO₂-SFE 压力:30 MPa 温度:50℃	研究了伊予柑果皮超临界萃取物对人前列腺癌 DUI45 细胞的抑制作用是通过抑制 STAT3 信号通路，下调相关基因如 bcl-2、bcl-xL、survivin 等，通过诱导 p53 和 p21 基因的表达抑制癌细胞周期的增殖[36]
香菇	抗菌	CO₂-SFE 压力:20 MPa 温度:40℃ 夹带剂:15% 乙醇水溶液	使用乙醇作为夹带剂的 CO₂-SFE 萃取物能更好地抑制黄斑杆菌和蜡样芽孢杆菌，而且提取物得率可达到 3.81%，远高于相同条件下不使用夹带剂的得率(0.57%)[37]
罗布麻	抗菌	CO₂-SFE 压力:20 MPa 温度:45℃ 夹带剂:70% 乙醇水溶液	利用 CO₂-SFE 提取其黄酮有效成分，研究分析影响罗布麻中黄酮萃取的 4 个主要因素，并对萃取液进行了高效液相色谱分析和抗菌试验；夹带剂主要影响超临界流体的极性，随着夹带剂含量的增加，显著提高了黄酮萃取率[38]
流苏花	抗菌	CO₂-SFE 压力:25 MPa 温度:45℃	优化了 CO₂-SFE 提取流苏花精油的最佳工艺，共从流苏花中分离得到 60 种精油成分，通过 GC-MS 鉴定了其中 57 种化合物的名称，确认组分占总组分 96.18%，流苏花精油表现出较好的抑菌效果[39]
黄芥、小豆蔻	调血脂	CO₂-SFE 压力:20 MPa 温度:50℃	利用 CO₂-SFE 绿色萃取技术分别从黄芥和小豆蔻种子中获得了富含褪黑素和 1,8-桉叶油素的提取物，体外和体内试验证实，这些"绿色"提取物可以安全地用于预防高胆固醇血症的天然产物的临床研究[31]

3.1.7　生物酶辅助提取法

1. 生物酶辅助提取法简介

所谓生物酶是指由活细胞产生的具有催化作用的有机物，大部分为蛋白质，也有极少部分为 RNA[40]。人类在生产活动中有目的地利用生物酶已有几千年历史，如酿酒、制作饴糖、制酱等。随着近代多学科的互相渗透以及研究技术的发展，人们通过对氨基酸排列结构、酶的生物催化活性本质以及酶的专一性等的研究，使生物酶的应用变得越来越广泛，特别是将生物酶用于化学成分的提取。

2. 生物酶辅助提取法原理

植物类药材约占中药总量的 90%，其活性成分主要存在于植物细胞壁内，而细胞壁的多糖类物质所构成的致密结构是有效成分渗透到溶液中的主要屏障。因此，破坏细胞壁是促进天然产物提取的关键，植物细胞壁的主要成分是纤维素和果胶。酶反应提取技术，即向待提取的材料中加入某些特定的酶，当生物酶与底物结合在一起时，酶分子的形状会变成最适合酶和底物之间相互作用的形状，酶分子形状的变化引起底物化学键的变化，最终导致构成细胞壁的纤维素基本单元 β 葡萄糖苷键等键断裂[41]。细胞壁等处的纤维素、果胶等物质降解，从而使其致密性降低，以减少细胞原生质中的有效成分向外界溶剂扩散时细胞壁及细胞间质的阻力，促使有效成分从细胞中流出，溶解到提取液中，实现生物活性化合物的充分释放和高效提取。另外，有些植物中含有蛋白质，蛋白质遇热会凝固，阻碍有效成分的提取，在提取液中适当加入蛋白酶有助于植物中蛋白质的分解析出，进而提高提取率。在天然产物提取过程中，提取体系中除了相关的有效成分，往往还有淀粉、树脂和果胶等成分，这些成分在提取液中呈混悬状态，不利于提取液的过滤。对于该问题，有针对性地加入相应的生物酶，有利于提取液的澄清纯化，同时可提高产品的生物活性和稳定性。

3. 生物酶辅助提取法应用

用于酶辅助提取的生物酶种类很多，针对原料特点不同，常分为 3 类。第一类是纤维素酶，指能够水解纤维素 β-1, 4-葡萄糖苷键的酶，主要作用于纤维素及其衍生产物，分为内切葡聚糖酶、外切葡聚糖酶和 β-葡萄糖苷酶。第二类为果胶酶，作用对象为植物的主要成分果胶质，分为半乳糖醛酸的聚糖水解酶和果胶质酰基水解酶。第三类为半纤维素酶，是主要作用于细胞膜中的多糖类物质(纤维素和果胶物质除外)的复合水解酶，在化学工业中广泛应用的主要是木聚糖水解酶和甘露聚糖水解酶。不同的酶有不同的作用，在使用过程中应根据作用对象的不同进行酶的选择。对于植物根茎类材料，优先选用纤维素酶；对于种子材料，则优先选用纤维素酶和果胶酶；而对于花类和果类，优先选用果胶酶[42]。由于植物细胞壁的多样性，有时多会采取复合酶。Dos 等[43]利用发酵得到的多酶粗提物(内切酶、木聚糖酶和淀粉糖苷酶)对生姜进行预处理，接着进行水蒸气蒸馏法提取精油，结果表明多酶粗提物促进了细胞壁的降解。利用酶预处理之后的精油中含氧单萜烯的比例较高。在含氧单萜中，α-姜烯是主要成分。另外，相比于没有进行酶解预处理的精油，酶解预处理后的油脂中会出现具有抗真菌活性的桧烯，且酶解预处理可显著提高姜烯类物质 α-姜烯、α-蒎烯、桉油醇和姜烯的含量。所得精油的化学成分显示出其作为香料和调味剂的潜力。Liu[44]等人则开发出一种利用中性蛋白酶/纤维素酶/果胶酶连续处理结合超声波处理的水酶法来提取无患子种仁油脂的工艺。采用 Plackett-Burman 设计从 8 个参数中筛选出加酶量、超声时间和功率 3 个参数，并通过 Box-Behnken 设计进一步优化，以获得更高得率的无患子种仁油。最终结果表明，与单一酶相比，三种酶的出油率有明显提高，说明三种酶的结合对油脂的提取是有利的，其方法与索氏提取法相比，油质量更好，其单不饱和脂肪酸含量与索氏提取法相当，酸值较低，碘值较高，是一种很好的商业化生产高质量木香种子油的方法。

　　生物酶辅助提取法除了能够通过破坏植物细胞壁来提高提取率以外，还具有很强的专一性，反应条件比较温和，不破坏中草药的结构、成分和生物活性，有利于保持有效成分原有的药效，整个过程中不掺杂任何的化学品，能够大大降低污染物的排放，是一种绿色、高效、有前景的辅助提取方法。生物酶辅助提取在森林植物功能性成分提取方面的具体应用见表 3-4。

表 3-4　生物酶辅助提取原理的应用

森林资源	提取条件	主要优点
生姜	预处理温度 40℃ 预处理时间 130min 多酶粗提物/水比例为 75：425 (g/mL)	在生姜精油提取中应用多酶粗提物，省了这类植物原料所需的干燥阶段，减少了能耗和化学成分的挥发
无患子 种仁	中性蛋白酶/纤维素酶/果胶酶(1：1：1，$m/m/m$)，培养时间 8h，加入量 4%，pH7，培养温度 60℃，摇床转速 600r/min，液固比为 16：1(mL/g)，超声时间 56 min，超声波功率 240 W	所开发的采用中性蛋白酶/纤维素酶/果胶酶连续处理后再超声处理的水酶法是一种分离生物柴油生产用非食用油的有效工艺
油莎豆	纤维素酶、果胶酶和半纤维素酶混合酶浓度为 2%(1：1：1)，粒径<600 μm，微波功率 300W，超声波功率 460W，辐射温度 40℃，时间 30 min，酶解温度 45℃，pH4.9，液固比 10：1(mL/g)，时间 180 min	微波-超声辅助水相萃取法是一种高效、环保的提取 TNO 的方法
美藤果	酶用量为 4.46%， 液固比为 4.45 mL/g， 提取时间 4.95 h，提取温度 38.9℃	本研究表明，木瓜蛋白酶是一种很有潜力的蛋白酶，水酶法提取美藤果籽油是一种环保、高效的提取工艺

续表

森林资源	提取条件	主要优点
桑椹酒渣	提取温度 52℃，超声功率 315 W，0.22%果胶酶和果胶复合酶，提取时间 94 min	超声波辅助酶法从桑树工业废渣中提取所需的花色苷成分是高效、经济和环保的
杏仁饼	固液比 1:12.8(g/mL) 水解温度 50℃ pH9.0，水解时间 1 h	酶水解提高了蛋白质的 Zeta 电位，降低了蛋白质的表面疏水性

3.2　森林资源功能成分分离纯化原理

分离和纯化过程对于林源功能成分的制备至关重要。选择适当的方法可以使分离、纯化和分析的过程变得简单。不同的样品、不同的成分应该根据制备目的进行分离方法的筛选。一些经典的方法包括溶剂萃取法、沉淀法、透析法、离心及简单的常压柱色谱等。随着技术手段的迅速发展，在传统方法基础上开发了许多分离纯化效率更高的方法，如中压制备色谱、高效逆流色谱、分子印迹靶向分离、膜分离等新技术和新方法。

3.2.1　溶剂液-液萃取原理

液-液萃取即两相溶剂萃取，是利用溶质在两种互不相溶或部分互溶的液相之间分配不同的性质来实现混合物的分离或提纯。在进行溶剂液-液萃取时，将一定量萃取溶剂加入到原料液中，使用搅拌的方式使原料液与萃取剂充分接触混合，溶质通过相界面由原料液向萃取溶剂中扩散。1842 年，Peligot 用二乙醚萃取硝酸铀酸，是人类第一次进行液-液萃取的研究；1891 年，Nernst 从热力学观点对萃取原理进行研究，提出了著名的 Nernst 分配定律，为萃取化学的发展奠定了理论基础，并在大量应用后形成了完善的理论体系和萃取模式，广泛应用于冶金、食品和医疗等领域。

液-液萃取操作的实质是以分配定律为基础，利用待分离组分在两相中的溶解度差异来实现。因此，了解分配定律对掌握萃取方法尤为重要。分配定律可以简单表述为：在恒温恒压条件下，溶质在互不相溶的两相中达到分配平衡时，如果其在两相中的相对分子质量相等，则其在两相中的平衡浓度的比值就是一个常数，即 $A=C_2/C_1$，A 称为分配常数。分配常数是以相同分子形态存在于两相中的溶质浓度之比。但溶质在各相中并不一定以同一种分子形态存在。所以，萃取过程中常用溶质在两相中的总浓度之比表示溶质的分配平衡，该比值即为分配系数。如果混合物中各成分在两相溶剂中分配系数相差越大，则分离效率越高，分离效果越好。

3.2.2 传统色谱分离原理

色谱分离法是中药化学成分分离中最常用的技术方法，其最大的优点在于分离效果好、快速简便。通过选用不同分离原理、不同操作方式、不同色谱用材料或将各种色谱串联使用，可达到对各类型中药成分的富集和分离。

1. 吸附色谱

吸附色谱(absorption chromatography，AC)是利用吸附剂对被分离化合物分子的吸附能力的差异而实现分离的一类色谱。吸附剂的吸附作用主要通过氢键、范德华力等产生，常用的吸附剂有硅胶、氧化铝、聚酰胺等。色谱分离时吸附作用的强弱与吸附剂的吸附能力、被吸附成分的性质和流动相的性质有关。在进行吸附色谱分离时，流动相流经固定相，化合物连续不断地发生吸附和解吸附，将各成分之间的差异不断累积放大，最终可使混合物中色谱行为不同的各成分相互分离。

1) 硅胶

硅胶可用通式 $SiO_2 \cdot xH_2O$ 表示，具有多孔性的硅氧环(-Si-O-Si-)交链结构，其表面的硅醇基能通过氢键与极性或不饱和分子相互作用。硅胶的吸附性能取决于硅胶中硅醇基的数目及含水量。随着水分的增加，硅胶吸附能力降低。若吸水量超过 15%，硅胶只可用于分配色谱的载体。当硅胶加热到 100～110℃时，其表面所吸附的水分能可逆地被除去，因此通过加热的方法可以活化硅胶。活化温度不宜过高，以防止硅胶表面的硅醇基脱水缩合转变为硅氧烷结构而失去吸附能力，一般以 105℃活化 30 min 为宜(图 3-5)。

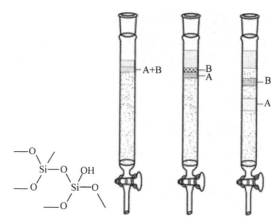

图 3-5 硅醇基及硅胶柱色谱示意图

硅胶吸附色谱是使用最为广泛的一种色谱，植物中各类化学成分大多均可用其进行分离，尤其适用于中性或酸性成分如挥发油、萜类、甾体、生物碱、蒽醌类、酚性、苷类等化合物的分离。

2) 氧化铝

氧化铝也是一种常用的极性吸附剂，由氢氧化铝在高温下(约 600℃)脱水制成。色谱用氧化铝有碱性、中性和酸性三种。碱性氧化铝由于颗粒表面常含有少量的碳酸钠等成分而带有弱碱性，适于分离植物中的碱性成分如生物碱，但不宜用于醛、酮、酯和内酯等类型化合物的分离，因为有时碱性氧化铝可与上述成分发生诸如异构化、氧化和消除等反应。用水洗除去氧化铝中的碱性杂质，再活化即得中性氧化铝，中性氧化铝可用于碱性或中性成分的分离，但不适于分离酸性成分。用稀硝酸或稀盐酸处理氧化铝，可中和氧化铝中的碱性杂质，制成酸性氧化铝，此时氧化铝颗粒表面带有 NO_3^- 或 Cl^- 等离子，从而具有离子交换剂的性质，可用于分离酸性成分如有机酸、氨基酸等。

氧化铝吸附色谱的应用范围有一定限制，主要用于分离碱性或中性亲脂性成分，如生物碱、甾体、萜类等。氧化铝对树脂、叶绿素的吸附能力较强，常用于植物粗提物的预处理，去除部分杂质，以便后续的纯化与分离。

3) 聚酰胺

聚酰胺是通过酰胺键聚合而成的一类高分子化合物，分子中含有丰富的酰胺基，其分离作用是其酰胺键(-CO-NH-)与酚类、酸类、醌类、硝基化合物等形成氢键的数目、强度不同，从而对这些化合物产生不同强度的吸附作用，与不能形成氢键的化合物分离。化合物分子中酚羟基数目越多，则吸附作用越强。芳香核、共轭双键多的化合物吸附力大；若化合物易形成分子内氢键，则会使吸附力减小。聚酰胺主要用于分离中药中的黄酮、蒽醌、酚类、有机酸、鞣质等成分。从聚酰胺柱上洗脱被吸附的化合物是通过一种溶剂分子取代酚性化合物来完成的，即以一种新的氢键代替原有氢键的脱吸附。通常甲醇或乙醇的含量增加，则洗脱能力增强。如黄酮苷元与其苷的分离，当用稀乙醇作洗脱剂时，黄酮苷比其苷元先洗脱下来，而有机溶剂(如氯仿-甲醇)洗脱的结果恰恰相反，即黄酮苷元比苷先洗脱下来，这表明聚酰胺具有"双重色谱"的性能，因为聚酰胺分子中既有非极性的脂肪键，又有极性的酰胺基团。当用含水极性溶剂为流动相时，聚酰胺作为非极性固定相，其色谱行为类似分配色谱，所以黄酮苷比苷元容易洗脱。当用氯仿-甲醇为流动相时，聚酰胺则作为极性固定相，其色谱行为类似吸附色谱，所以苷元比黄酮苷容易洗脱。除了上述化合物外，聚酰胺也可用于分离萜类、甾体、生物碱及糖类(图 3-6)。

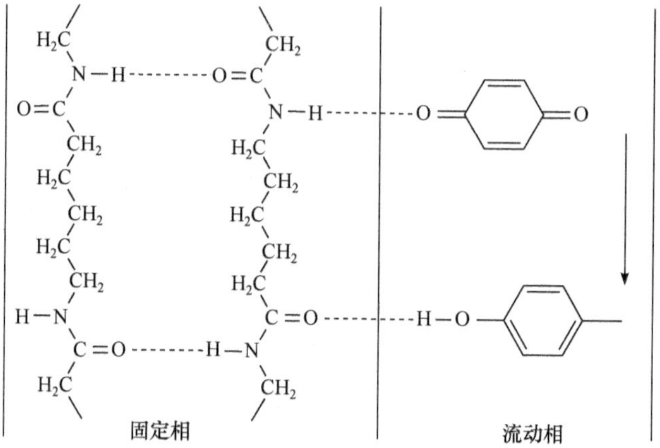

图 3-6　聚酰胺分离原理示意图

2. 分子排阻色谱

分子排阻色谱，又称凝胶过滤色谱(gel filtration chromatography，GFC)是一种以凝胶为固定相的液相色谱方法，其原理主要是分子筛作用，根据凝胶的孔径和被分离化合物分子的大小而达到分离目的。凝胶滤过色谱是 20 世纪 60 年代发展起来的一种分离技术，在植物化学成分的研究中，主要用于分离蛋白质、酶、多肽、氨基酸、多糖、苷类、甾体，以及某些黄酮、生物碱等(图 3-7)。

凝胶是具有许多孔隙的立体网状结构的高分子多聚体，有分子筛的性质，并且其孔隙大小有一定的范围。凝胶呈理化惰性，大多具有极性基团，能吸收大量水分或其他极性溶剂。利用凝胶滤过色谱分离化合物时，先将凝胶颗粒在适宜的溶剂中浸泡，使其充分溶胀，然后装入色谱柱中，将样品溶液上样后，再用洗脱剂洗脱。由于凝胶颗粒膨胀后形成的骨架中有许多一定大小的孔隙，当样品溶液通过凝胶柱时，比孔隙小的分子可以自由进入凝胶内部，比孔隙大的分子则不能进入，只能通过凝胶颗粒的间隙而先被洗脱下来。因此，分子大小不同的物质在凝胶过滤色谱中的移动速率出现差异，分子大的物质不被迟滞，保留时间较短；分子小的物质由于向凝胶颗粒内部扩散，移动被滞留，保留时间则较长，这样经过一段时间洗脱后，混合物中的各成分就能按分子由大到小顺序先后流出并得到分离(图 3-7)。

最常用的凝胶 Sephadex LH-20 可用于分离多种化学成分，如黄酮类、生物碱、有机酸、香豆素等，既可以作为一种有效的初步分离手段，也可用于最后的纯化与精制，以除去最后微量的固体杂质、盐类或其他外来的物质。当化合物的量很少时，可使用 Sephadex LH-20 凝胶过滤法进行最后阶段的分离纯化，以减少样品损失。从产业化角度来说，它具有重复性好、纯度高、易于放大、易于自动化等优点。使用过的 Sephadex LH-20 可以反复再生使用，而且柱子的洗脱过程往往就是凝胶的再生过程。

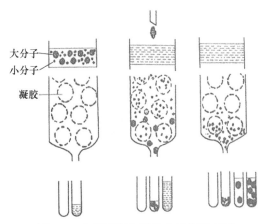

大分子
小分子
凝胶

图 3-7　分子排阻色谱分离原理示意图

3. 离子交换色谱

离子交换色谱(ion exchange chromatography，IEC)是利用混合物中各成分解离度差异进行分离的方法。该方法以离子交换树脂为固定相，用水或与水混合的溶剂为流动相，在流动相中存在的离子性成分与树脂进行离子交换反应而被吸附。离子交换树脂色谱法主要适合离子性化合物的分离，如生物碱、有机酸和黄酮类成分。化合物与离子交换树脂进行离子交换反应的能力强弱，主要取决于化合物解离度的大小和带电荷的多少等因素，解离度大(酸性或碱性强)的化合物易交换在树脂上，相对来说也难被洗脱下来。因此，当两种具有不同解离度的化合物被交换在树脂上时，解离度小的化合物先于解离度大的化合物被洗脱，从而达到分离的目的。

离子交换树脂为球形颗粒，不溶于水但可在水中膨胀，由母核和可交换离子组成。母核部分是苯乙烯通过二乙烯苯交联而成的大分子网状结构，网孔大小用交联度表示(即加入交联剂的百分数)。交联度越大，则网孔越小、越紧密，在水中膨胀越小，反之亦然。不同交联度适于不同大小分子的分离。

根据交换离子的不同，可将其分为阳离子交换树脂和阴离子交换树脂。阳离子交换树脂包括强酸型($-SO_3H$)和弱酸型($-COOH$)，阴离子交换树脂包括强碱型[$-N(CH_3)_3X$、$-N(CH_3)_2(C_2H_4OH)X$]和弱碱型(NR_2、$-NHR$ 和$-NH_2$)。根据上述原理，可以用不同型号的离子交换树脂将中药中具有一定水溶性的酸、碱与两性成分分开。

4. 分配色谱

分配色谱(partition chromatography，PC)是利用被分离成分在固定相和流动相两种不相混溶的液体之间的分配系数不同而达到分离的目的。固定相与流动相应互不相混，二者之间存在明显的分界面。当样品溶于流动相后，在色谱柱内经过分界面进入固定液中，由于样品组分在固定相和流动相之间的相对溶解度存在差异，因而在两相间进行分配。

分配色谱中常用的载体有硅胶、硅藻土、纤维素粉等。这些物质能吸收其本身重量50%～100%的水而仍呈粉末状，涂膜或装柱时操作简便，作为分配色谱载体效果较好。含水量在17%以上的硅胶因失去了吸附作用可作为分配色谱的载体，是使用最多的一种分配色谱载体。纸色谱是以滤纸的纤维素为载体、滤纸上吸着的水分为固定相的一种特殊分配色谱。

常用的键合固定相有十八烷基硅烷(octadecane silicane，ODS)或 C8 键合相。流动相常用甲醇-水或乙腈-水，主要用于非极性及中等极性的各类分子型化合物的分离。反相色谱是应用最广的分配色谱法，因为键合相表面的官能团不会流失，流动相的极性可以在很大的范围内调整，可用于分离有机酸、碱、盐等离子型化合物。分配色谱法通常可使用柱色谱、薄层色谱、纸色谱等操作方式。

在分配色谱中，由于固定相和流动相均为液体，选用的溶剂应该符合互不相溶且两者极性应有较大的差异，被分离物质在固定相中的溶解度应适当大于其在流动相中的溶解度。

3.2.3　中压制备色谱分离原理

中压制备色谱(medium pressure liquid chromatography, MPLC)是相对于常压色谱和高效液相色谱而言，其压力介于 0～200 psi 之间，主要应用于天然产物化学、生物化学、药物化学、有机合成以及生命科学等领域的产品分离与纯化。该系统是基于在同一推动力作用下，不同组分在固定相中的滞留时间有长有短(由于各组分性质结构不同，与固定相作用的强弱有差异)，从而按不同次序从固定相流出，实现不同组分的分离。

MPLC 的最大特点是分离速度快、效率高，可短时间内制备数毫克到数十克甚至数百克的样品。它不但可以应用于正相填料，也可以应用于反相填料。与常压柱色谱相比，该法具有分辨率高、分离速度快的优势，与高效制备液相相比，具有制备量大、时间短的特点。同时，可以自主填充分离柱的填料，增加分离选择性，节约生产成本，在天然产物分离纯化研究工作中发挥重要的作用，近几年来已逐渐发展为一种备受欢迎的分离和纯化方法[45]。

3.2.4　高效液相色谱分离原理

高效液相色谱(high performance liquid chromatography，HPLC)是在经典的常规柱色谱的基础上发展起来的一种新型快速分离分析技术，其分离原理与常规柱色谱相同，包括吸附色谱、分配色谱、凝胶色谱、离子交换色谱等多种方法。高效液相色谱采用了粒度范围较窄的微粒型填充剂(颗粒直径 5～20μm)和高压匀浆装柱技术，洗脱剂由高压输液泵压入柱内，并配有高灵敏度的检测器和自动描记及收集装置，从而使它在分离速度和分离效能等方面远远超过常规柱色谱，具有高效化、高速化和自动化的特点。

制备型高压液相色谱的应用对林产化学成分的分离纯化起到了推进作用。在许多植物化学成分的分离中，需要从大量的粗提物中分离出微量成分，通常是在制备分离的最后阶段采用高压液相色谱分离制备纯度较高的样品。制备型高压液相色谱分离大多采用恒定的洗脱剂条件，这样可减少操作中可能出现的问题。然而对于那些难分离的样品，有时也需在分离过程中采用梯度洗脱方式。

高效液相色谱常用的检测器主要有紫外检测器、示差检测器等，但都有一定的局限性。示差检测器对温度变化很敏感，对小量物质的检测不灵敏，不能采用梯度洗脱。紫外检测器则对无紫外吸收的样品无法检测。近年来，蒸发光散射检测器(ELSD)和质谱检测器(QAD)作为质量型的检测器，不仅能检测无紫外吸收的样品，也可采用梯度洗脱，适于检测大多数非挥发性成分。

3.2.5　高速逆流色谱分离原理

高速逆流色谱法(high speed counter current chromatography，HSCCC)是一种基于液-液分配色谱原理的分离方法。该法利用聚氟乙烯螺旋分离柱的方向性和在特定的高速行星式旋转所产生的离心力作用，使无载体支持的固定相稳定地保留在分离柱中，并使样品和流动相单向、低速通过固定相，使互不相溶的两相不断充分地混合，随流动相进入螺旋分离柱的混合物中的各化学成分在两相之间反复分配，按分配系数的不同而逐渐分离，并被依次洗脱。在流动相中，分配系数大的化学成分先被洗脱，反之，在固定相中分配系数大的化学成分后被洗脱(图 3-8)。

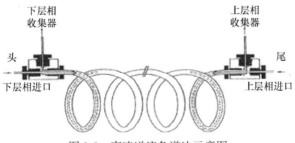

图 3-8　高速逆流色谱法示意图

高速逆流色谱法由于不需要固体载体，克服了液相色谱中因为采用固体载体所引起的样品不可逆吸附、变性污染和色谱峰畸形等缺点，样品可定量回收，还具有重现性好、分离纯度高和制备量大等特点，适用于植物中皂苷、生物碱、酸性化合物、蛋白质和糖类等的分离与精制。

3.2.6　分子印迹靶向分离原理

分子印迹技术(molecular imprinting technique，MIT)的概念源于免疫学，由 20 世纪 40 年代的诺贝尔获得者 Pauling 提出，但是一直未得到应用。1972 年，德国科学家 Wulff 课题组报道了合成分子印迹聚合物，使得这项技术有了突破性进展并逐渐被人们所重视。因分子印迹技术具有较好的通用性、制备过程简单，并且对模板分子具有较好的识别能力，因此受到了广泛关注。分子印迹技术具有三大特点，即预定性、特异性和实用性，被广泛用于色谱分离、固液萃取、模拟酶催化、免疫分析、药物分析、膜分离和分析传感等领域。

分子印迹聚合物对目标化合物具有类似于抗原-抗体、酶-底物之间的特异选择性，因此也被称为"人工抗体"。分子印迹聚合物的制备需要先选择一个模板分子和合适的功能单体，两者通过官能团之间的共价键或非共价键进行聚合，从而使功能单体上的功能基在空间排列和空间定向上固定下来；之后通过化学或者物理方法将模板分子洗脱除去，这样在合成的分子印迹聚合物中留下一个空间大小和形状、功能基团都与模板分子相当匹配的三维空穴。这个三维空穴可以有针对性地与模板分子重新结合，对模板分子具有专一性的识别和抓取作用。分子印迹聚合物与目标分子之间的关系可以理解为钥匙和锁的关系，其制备的具体过程如图 3-9 所示。

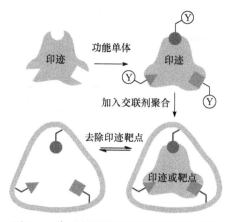

图 3-9　分子印迹聚合物制备过程示意图

分子印迹聚合物制备过程:一般分子印迹聚合物具有一定的刚性结构,从而保证印迹空穴的空间构型和互补官能团的定位;同时在空间结构上聚合物的柔韧性可以加快实现动力学平衡;其亲和位点的可接近性提高了分子的识别效率;良好的热稳定性和机械稳定性使聚合物在高温高压条件下仍然能够应用。

参 考 文 献

[1] MA Y, LI X, HOU L X, et al. Extraction solvent affects the antioxidant, antimicrobial, cholinesterase and HepG2 human hepatocellular carcinoma cell inhibitory activities of Zanthoxylum bungeanum pericarps and the major chemical components[J]. Industrial Crops and Products, 2019, 142: 111872.

[2] 许霞芬. 金钱草化学成分分析及槲皮素等黄酮类化合物的低共熔溶剂提取研究 [D]. 杭州: 浙江工业大学硕士学位论文, 2018.

[3] BENVENUTTI L, ZIELINSKI A A F, FERREIRA S R S. Which is the best food emerging solvent: IL, DES or NADES?[J]. Trends in Food Science & Technology, 2019, 90: 133-146.

[4] 蒋平平, 李晓婷, 冷炎, 等. 离子液体制备及其化工应用进展[J]. 化工进展, 2014, 33(11): 2815-2828.

[5] CHOI S A, OH Y K, JEONG M J, et al. Effects of ionic liquid mixtures on lipid extraction from Chlorella vulgaris[J]. Renewable Energy, 2014, 65(05): 169-174.

[6] TANG W, HO ROW K. Evaluation of CO(2)-induced azole-based switchable ionic liquid with hydrophobic/hydrophilic reversible transition as single solvent system for coupling lipid extraction and separation from wet microalgae[J]. Bioresour Technol, 2020, 296: 122309.

[7] GóMEZ A V, TADINI C C, BISWAS A, et al. Microwave-assisted extraction of soluble sugars from banana puree with natural deep eutectic solvents (NADES)[J]. LWT- Food Science and Technology, 2019, 107: 79-88.

[8] ROIS MANSUR A, SONG N E, WON JANG H, et al. Optimizing the ultrasound-assisted deep eutectic solvent extraction of flavonoids in common buckwheat sprouts[J]. Food Chemistry, 2019, 293: 438-445.

[9] 刘凤霞, 李芳蓉, 刘淑梅, 等. 超声技术在中草药黄酮类成分提取中的应用研究[J]. 中国食品工业, 2016, (09): 54-57.

[10] 秦梅颂. 超声提取技术在中药中的研究进展[J]. 安徽农学通报, 2010, 16(13): 54-55,78.

[11] 徐春龙, 林书玉. 超声提取中草药成分研究进展[J]. 药物分析杂志, 2007, 27(06): 933-937.

[12] MANSUR A R, SONG N E, JANG H W, et al. Optimizing the ultrasound-assisted deep eutectic solvent extraction of flavonoids in common buckwheat sprouts[J]. Food Chem, 2019, 293: 438-445.

[13] MOHAMMADPOUR H, SADRAMELI S M, ESLAMI F, et al. Optimization of ultrasound-assisted extraction of Moringa peregrina oil with response surface methodology and comparison with Soxhlet method[J]. Industrial Crops and Products, 2019, 131: 106-116.

[14] 范群艳. 超声波辅助溶剂法提取花椒油工艺优化[J]. 福建轻纺, 2019, 364(09): 47-51.

[15] 蔡建国. 外场微波辅助提取技术在植物有效成分提取中的应用[J]. 机电信息, 2008, (35): 38-41.

[16] 王仁舒, 冯静, 王盼, 等. 微波技术在提取天然产物化学成分中的运用[J]. 化工管理, 2015, (18): 99.

[17] 吴龙琴, 李克. 微波萃取原理及其在中草药有效成分提取中的应用[J]. 中国药业, 2012, (12): 110-112.

[18] Pengdce C, Sr: tularak B, PutalunW. Optimization of microwave-assisted extraction of phenolic compounds in *Dendrobium formosum* Roxb. ex Lindl. and glucose uptake activity[J]. South African Journal of Botany, 2020, 132: 423-431.

[19] HAN Q H, LIU W, LI H Y, et al. Extraction optimization, physicochemical characteristics, and antioxidant activities of polysaccharides from kiwifruit(*Actinidia chinensis* Planch.)[J]. Molecules, 2019, 24(03): 461.

[20] ACHACHLOUEI B F, AZADMARD-DAMIRCHI S, ZAHEDI Y, et al. Microwave pretreatment as a promising strategy for increment of nutraceutical content and extraction yield of oil from milk thistle seed[J]. Industrial Crops and Products, 2018, 128(2019): 527-533.

[21] ZHAO Y P, WANG P, ZHENG W, et al. Three-stage microwave extraction of cumin(*Cuminum cyminum* L.) Seed essential oil with natural deep eutectic solvents[J]. Industrial Crops and Products, 2019, 140: 111660.

[22] 付玉杰, 赵文灏, 侯春莲, 等. 负压空化提取甘草酸工艺[J]. 应用化学, 2005, (12): 1369-1371.

[23] 杨磊, 张琳, 田浩, 等. 负压空化强化提取长春花中生物碱的工艺参数优化[J]. 化工进展, 2008, (11): 1841-1845.

[24] DUAN M H, XU W J, YAO X H, et al. Homogenate-assisted negative pressure cavitation extraction of active compounds from *Pyrola incarnata* Fisch. and the extraction kinetics study[J]. Innovative Food Science & Emerging Technologies, 2015, 27: 86-93.

[25] YAN M M, CHEN C Y, ZHAO B S, et al. Enhanced extraction of astragalosides from Radix Astragali by negative pressure cavitation-accelerated enzyme pretreatment[J]. Bioresource Technology, 2010, 101(19): 7462-7471.

[26] LI L, LIU J Z, LUO M, et al. Efficient extraction and preparative separation of four main isoflavonoids from *Dalbergia odorifera* T. Chen leaves by deep eutectic solvents-based negative pressure cavitation extraction followed by macroporous resin column chromatography[J]. Journal of Chromatography B, 2016, 1033-1034: 40-46.

[27] WANG G, CUI Q, YIN L J, et al. Negative pressure cavitation based ultrasound-assisted extraction of main flavonoids from Flos Sophorae Immaturus and evaluation of its extraction kinetics[J]. Separation and Purification Technology, 2020, 244: 115805.

[28] PEI W, GUO R, ZHANG J, et al. Extraction of phenylethanoid glycosides from *Cistanche tubulosa* by high-speed shearing homogenization extraction[J]. Journal of AOAC International, 2018, 102(01): 63-68.

[29] GUO X, ZHAO W, LIAO X, et al. Extraction of pectin from the peels of pomelo by high-speed

shearing homogenization and its characteristics[J]. LWT-Food Science and Technology, 2017, 79: 640-646.

[30] GUO N, PING-KOU, JIANG Y W, et al. Natural deep eutectic solvents couple with integrative extraction technique as an effective approach for mulberry anthocyanin extraction[J]. Food Chemistry, 2019, 296: 78-85.

[31] CHAKRABORTY S, PAUL K, MALLICK P, et al. Consortia of bioactives in supercritical carbon dioxide extracts of mustard and small cardamom seeds lower serum cholesterol levels in rats: new leads for hypocholesterolaemic supplements from spices[J]. Journal of Nutritional Science, 2019, 8: e32.

[32] NEJIA H, SéVERINE C, JALLOUL B, et al. Extraction of essential oil from *Cupressus sempervirens*: comparison of global yields, chemical composition and antioxidant activity obtained by hydrodistillation and supercritical extraction[J]. Natural Product Research, 2013, 27(19): 1795-1799.

[33] SINGH A, AHMAD A, BUSHRA R. Supercritical carbon dioxide extraction of essential oils from leaves of *Eucalyptus globulus* L., their analysis and application[J]. Analytical Methods, 2016, 8(06): 1339-1350.

[34] PARISOTTO E B, MICHIELIN E M Z, BISCARO F, et al. The antitumor activity of extracts from *Cordia verbenacea* D.C. obtained by supercritical fluid extraction[J]. The Journal of Supercritical Fluids, 2012, 61: 101-107.

[35] KVIECINSKI M R, BENELLI P, FELIPE K B, et al. SFE from *Bidens pilosa* Linné to obtain extracts rich in cytotoxic polyacetylenes with antitumor activity[J]. The Journal of Supercritical Fluids, 2011, 56(03): 243-248.

[36] KIM C, LEE I H, HYUN H B, et al. Supercritical fluid extraction of *Citrus iyo* Hort. ex Tanaka pericarp inhibits growth and induces apoptosis through abrogation of STAT3 regulated gene products in human prostate cancer xenograft mouse model[J]. Integrative Cancer Therapies, 2017, 16(02): 227-243.

[37] KITZBERGER C S G, SMâNIA A, PEDROSA R C, et al. Antioxidant and antimicrobial activities of shiitake (*Lentinula edodes*) extracts obtained by organic solvents and supercritical fluids[J]. Journal of Food Engineering, 2007, 80(02): 631-638.

[38] 高世会, 郁崇文. 罗布麻中黄酮的超临界 CO_2 萃取及其抗菌性[J]. 纺织学报, 2018, 39(08): 71-76, 82.

[39] 贾安, 杨义芳, 孔德云, 等. 广东紫珠超临界提取物的 GC-MS 成分分析及体外抗菌活性[J]. 中国医药工业杂志, 2012, 43(03): 178-181.

[40] 宋迪, 吴秀玉, 陈姗姗. 生物酶在中药提取中的应用[J]. 中国高新技术企业, 2014, 00(04): 49-50.

[41] 王忠雷, 杨丽燕, 曾祥伟, 等. 酶反应提取技术在中药化学成分提取中的应用[J]. 世界中医药, 2013, (01): 104-106.

[42] 程贤, 毕良武, 赵振东, 等. 酶辅助提取技术在天然产物提取中的应用研究进展[J]. 生物质化学工程, 2016, 50(03): 71-76.

[43] DOS N, SANTANA N, TAVARES I, et al. Enzyme extraction by lab-scale hydrodistillation of ginger essential oil (*Zingiber officinale* Roscoe): Chromatographic and micromorphological analyses[J]. Industrial Crops and Products, 2020, 160: 112210.

[44] LIU Z, GUI M, XU T, et al. Efficient aqueous enzymatic-ultrasonication extraction of oil from *Sapindus mukorossi* seed kernels[J]. Industrial Crops and Products, 2019, 134: 124-133.

[45] 林楠, 王尉, 张经华, 等. 中压制备色谱在天然产物分离纯化中的应用[J]. 食品安全质量检测学报, 2016, 7(11): 4329-4332.

第4章 森林资源功能成分加工关键技术

4.1 森林资源功能成分的提取技术

依据不同原理，用适宜方法将功能性成分(有效成分)从森林资源原材料中制备得到的过程称为森林资源功能成分的提取。森林资源功能成分的提取是研究有效成分的基础，也是功能成分加工利用的第一步。在提取之前，应根据欲提取的目标成分的主要理化性质和各种提取技术的原理和特点选择提取方法。这不仅可以保证所需成分被提出，还可以尽量避免不需要成分的干扰，有利于后续的分离工作。近年来，随着科学技术的发展，越来越多的现代提取技术可应用于森林资源功能成分的提取研究，提供了良好的技术保障。

传统的溶剂提取法包括浸渍法、煎煮法、渗漉法、回流提取法、连续回流提取法等。这些方法通常离不开溶剂的使用，溶剂的选择主要根据"相似相溶"原则。用溶剂提取天然原料时需要考虑所用溶剂的沸点(是否容易回收)、毒性及成本等。溶剂提取法作为传统的方法，其基本原理是依靠溶剂的穿透作用和形成的细胞内外有效成分的浓度梯度将溶质溶出。此外，对于挥发油等这类能随水蒸气蒸馏而不被破坏的物质，通常采用水蒸气蒸馏法提取。

传统提取技术的局限性主要体现在能耗大、溶剂消耗量大、环境污染、提取率低等方面。现代提取技术的出现逐步改善了这些问题。近年来，超临界流体萃取法、超声辅助提取法、微波辅助提取法、酶辅助提取法、负压空化提取法、高速匀质提取法、新型溶剂提取法(离子液体、低共熔溶剂)等现代高效的提取分离、富集方法和技术的应用，为资源性成分利用效率提高提供了有效手段。

随着各国对环境问题的重视和人们对"天然"、"绿色"产品的需求不断增加，天然产物相关的产业开始转向绿色、高效的天然产物提取技术，即通过优化提取工艺，减少能耗，使用可替代(绿色)溶剂得到安全、高品质的提取物产品。绝大多数的提取技术都需溶剂为媒介，因此"绿色"主要体现在溶剂上，像离子溶液、低共熔溶剂这类选择性和提取率更高的绿色溶剂将被设计合成出来。此外，现代提取技术配合绿色溶剂的使用以及更多辅助提取技术的开发和应用将是提取技术的研究热点，对天然产物实现高效提取具有重要意义。

4.1.1 森林资源功能成分提取的目的

森林资源功能成分是森林生物资源中植物、动物或微生物在生理代谢过程中形成的一类能与其他生命体相互作用，并具有保持机体健康或控制疾病功效的生物分子，将其以物理、化学和生物学等手段分离、纯化而形成的以生物小分子和高分子为主体的产品。按照成分不同，森林资源功能成分可分为多酚、黄酮、多糖、生物碱、萜类等类别，是发展高附加值林业生物产品的重要物质基础之一。按照最终产品的用途需要，将森林生物资源原料定向提取从而得到的天然产物具有广泛用途，涉及医药、食品、化妆品、营养保健品等多个行业。

随着人们生活水平的提高，回归自然的理念日益增强，医药、食品、化妆品等行业日益趋向生产绿色、天然、无污染的产品，因而推动了这些天然产物在国内外市场的巨大发展。一些占据主流市场的食品、饮料、日用品制造厂商陆续进入到天然产物的开发和利用阶段。

植物是森林资源里最重要的一类生物资源。随着国家天然林保护工程的进一步实施，我国国有林区已经全面停止天然林的商业性采伐，以林药、林果、林菌等为主的非木质森林资源的开发与利用，已成为目前林业产业结构调整和转型升级的重要主导方向，这也是林业产业健康发展的重要内容。因此，对森林植物资源的开发和利用，符合可持续绿色发展理念。而植物提取物行业也成为国内发展最快的产业之一。

我国植物资源的开发利用渊远流长，从"神农尝百草"到民国时期之前，我国的医药卫生体系一直由中医药所支撑。事实上，我国的中药和国外其他国家传统药物一样，主要来源都是森林生物资源，通过利用其中的林源活性物质治疗疾病或维持人体健康。值得一提的是，东晋葛洪《肘后备急方》中记载用"冷浸"法从植物黄花蒿中获得抗疟成分，即"青蒿一握，以水二升渍，绞取汁"，诺贝尔奖获得者屠呦呦获取青蒿素的灵感即来自于此，在提取过程中为避免高温，采用低沸点溶剂的提取方法。现代中药制剂常用的浸膏提取工艺，古人早有应用，例如，明代龚廷贤《寿世保元》中制备的"人参膏"，就是将药物水煮3次后取汁，然后合并浓缩成稠膏的一种水浸膏制法。此外，古代制备的"药露"与现代中药制剂采用的水蒸气蒸馏法提取中药挥发油成分的原理极其相似，清朝赵学敏《本草纲目拾遗》中记载有薄荷露、金银露等，其中一些品种沿用至今。植物提取物作为制剂原料药的应用，也发挥着极其重要的作用，例如，在疫情期间，以连花清瘟胶囊为代表的中药制剂对辅助治疗新冠肺炎有效，能显著提高临床治愈率。由此可见，提取工艺对于功能性成分的开发和利用尤为关键。

森林资源除了传统的药用途径外，如今也作为多个工业行业的基础原料被开发和利用。在日用化妆品领域，因植物提取物中的植物精油具有宜人香气，并含有多种活性成分，对人的生理机能具有调解和促进功能，能起到美容、抗衰老等作用，在香料、护肤化妆品生产中得到广泛应用。在食品方面，现如今人们对食物的要求不仅是吃饱，对其质量和口感，乃至色、香、味及营养都有了更高的要求，因而推动了天然食品添加剂的发展。在保健产品方面，天然色素、天然香辛料、天然营养物质提取物等含有人体所必需的一些营养物质，如维生素、氨基酸、胡萝卜素等。无论最终开发的产品形式是什么，提取过程作为必不可少的环节，对于功能成分价值的发挥起着极为关键的作用。

我国森林植物资源种类繁多，富含多种林源活性物质。目前，相当一大部分的植物资源是传统中药材或其他保健品及化妆品原料的重要来源。总的来说，森林资源功能成分的提取目的主要涉及以下三个方面。

(1) 通过提取，能有效地对植物功能成分进行富集，有利于阐明其作用机制，明确应用价值。不同药用植物均含有多种成分，既存在有效物质，又混杂无效甚至有毒物质，因此，为了保障药用植物的医疗功效及安全性，要最大限度地提取有效成分，去除无效成分及有毒成分。事实上，植物某一类成分或某种单体成分通常显示出特定的功效，从这些提取物质着手研究，对阐释植物功能成分的科学内涵大有裨益。例如，植物丹参的水提醇沉物中含有丰富的水苏糖，具有促进肠道功能等作用，可作为制药、食品行业的赋形剂和填充剂原料[1]。当归地上部富含丰富的酚酸类化学成分，具有抑菌、抗凝血作用，通过资源化利用可将其提取物开发成鸡、鸭等菌痢的畜禽兽药，或用于植物保护的生物农药产品[2]。银杏叶提取物作为畅销的产品，以黄酮苷、银杏内酯等为主要有效成分，是治疗心脑血管动脉硬化、高血压等疾病的药效物质基础，如今银杏叶已成为重要的医药、卫生和保健品原料。

由此可见，通过提取可促进资源功能性成分的转移，得到特定的一类具有实际应用价值的功能性成分，从而提升资源利用率。通过提取分离技术，可实现对复杂化学组分的富集或有效拆分，结合生物模型和高通量的活性筛选技术的应用能不断发掘生物资源各类物质的利用价值。因此，提取工艺的研究与发展能逐步推进了天然植物资源的多元化和精细化利用。

(2) 对森林资源功能成分提取加工能充分发挥资源价值，推动相关产业发展。植物提取物通常具有一些优势。首先，从药用、功能食品、日用化学品等领域来看，植物提取物依托森林植物资源优势，运用提取、分离和浓缩等现代技术加工而成。由于来源于天然植物，其更容易满足人们对"天然"、"绿色"产品的需求。常见的植物产品如葡萄籽提取物、莲子心提取物、银杏叶提取物、芦荟提取物、番茄提取物等被广泛应用。其次，植物提取物有效成分明确且可量化，更容易被各个国家尤其是西方国家普遍接受和认可，有利于进入国际市场。此外，植物提取物开发成本相对较少，附加值大，在全球受到热烈推崇。

我国凭借着丰富的森林资源优势以及深厚的传统中医文化底蕴，植物提取物产业发展快速。从目前全球植物提取物应用结构分布来看，营养保健食品已成为植物提取物的最大需求市场，其次为植物药制剂以及化妆品。可以看出，植物提取物作为重要的中间体产品，"提取"这一过程也显得十分重要，毕竟植物提取行业是一个技术依赖性行业。先进的提取工艺和生产设备不仅能够大幅度提高产物质量，而且可以提高原料利用率，减少资源浪费，这也契合了资源可持续利用的理念。随着行业竞争的加剧，不断改进提取技术和开发新工艺显得十分关键。总之，以植物提取物来说，已经与保健品、食品饮料等关乎生命的上下游行业形成了密不可分的关系，对功能性成分的提取控制着整个产业的核心环节，先进的提取与生产工艺所带来的高品质产品必定会推动相关产业的蓬勃发展。

(3) 森林资源功能成分的提取包含了"资源综合利用"方式。资源的综合利用是资源可持续发展的重要途径。"资源综合利用"即对森林植物资源的多目标开发利用，是充分、合理地利用资源的重要方式，通过综合利用能够提高资源的利用程度，扩大原材料来源，降低生产成本。随着新的提取技术、新设备及新工艺的使用，森林植物资源综合利用程度不断提高。以小檗属植物为例，当以其作为主要原料生产小檗碱时，这些植物中还存在药根碱、小檗胺等生物碱，在早期的生产过程中，只提取小檗碱，其余全作为废料弃去；现在利用小檗碱与药根碱、小檗胺在不同溶剂中溶解度不同，可同时制备得到药根碱和小檗胺，节省了植物资源并增加了经济产值。甘草主要含皂苷、黄酮类成分，目前除了药用外，主要作为提取甘草酸的原料，而提取甘草酸的废料中含有大量的黄酮类成分，可再次进行废物利用。

4.1.2　森林资源功能成分提取的传统方法

1. 升华法

升华(sublimation)指物质从固态不经过液态直接变成气态的相变过程。在相图中，温度和压强低于三相点的部分，有气相和固相的交界线。凡是从气相越过这条交界线变为固相的过程，都是升华。相反的过程，即从固相越过这条交界线变为气相的过程，叫凝华。大部分物质在升华为蒸气后还能凝华成为和升华前一样的固体，但是某些固体会在升华又凝华后形成另一种结构的固体，例如，红磷在升华之后再凝华就成为白磷了。升华是吸热过程，升华所吸收的焓叫升华焓(enthalpy of sublimation)或升华热(heat of sublimation)。同一物质的升华热永远比蒸发热的数值要大。在一定的大气压强下，固体物质的蒸气压与外压相等时的温度，称为该物质在这个压强下的升华点。在升华点时，不但在固体表面，而且在其内部也发生了升华。

升华法的优点是技术理论非常简单，操作也比重结晶更加简便，最终可得到其他传统方法无法达到的高纯度物质，而且整个过程无须使用任何化学溶剂，不产生废液，十分符合绿色化学的要求。但该方法操作时间较长，产品损失较大，不适合大量产品的提纯。涉及固体的汽化、气体的凝华、升华后固体的分离等后续操作所涉及的设备，即升华器的设计是研究升华技术的重点和难点。已知的具有升华性质的化合物有很多种，但真正实现工业化生产的化学品却相对很少，究其原因主要是升华设备复杂及工艺技术性的问题。另外，此法只能用在不太高的温度下，高温常伴有分解现象，会导致最终产率低。要求固态物质有足够大的蒸气压力，同时要求固体化合物中杂质的蒸气压较低。一般说来，有较高的熔点且在熔点温度下具有较高蒸气压的有对称结构的非极性化合物，这类物质易通过升华提纯。

最开始，升华法被用来除去不挥发的杂质或分离挥发度不同的固体物质。利用升华法精制碘的技术已成功应用于工业化生产，制备的碘的纯度可高达99.9999%。这些产品的升华条件相对温和，无须十分苛刻的条件即可完成。升华法还可以用来提取天然药物，陶永元等[3]利用减压升华法从绿茶中提取茶多酚，仔细研究了提取温度、提取时间和茶叶粒度三个因素对茶多酚提取率的影响，并比较了有机溶剂浸提法和减压升华法对茶多酚的提取效果。最终得到的条件为：压力约 8×10^4 Pa、提取温度 145℃、干馏升华 25 min，得到的茶多酚的提取率为11.80%，其纯度高达 91.2%。实验表明，低压升华法提取得到的茶多酚纯度高于有机溶剂浸提法提取的茶多酚，且升华法提取成本低，无化学物质残留，环境友好。

升华法被广泛应用于鉴别中药材中多种有效成分。某些中药材中有效成分在一定温度下可升华，利用这一特性，在显微镜下观察结晶形状、颜色，并在升华物上滴加适当化学试剂后，观察其反应或新的结晶形态，可作为中药材的鉴别特征。微量升华法鉴别中药材简单、有效、快速、重现性较强。不同来源、不同药用部位的中药材，只要其升华性成分相同，则升华物结晶晶形相同。例如，牡丹皮和徐长卿根，升华性成分不同，则升华物结晶形完全不同。茶叶、肉桂、大青叶、麻黄等，升华性成分相似，其升华性成分结晶主体晶形相似，但也存在着差异；大黄、何首乌、虎杖的升华性成分均为蒽醌类衍生物，所以其升华性成分结晶中有相似的晶体。值得提出的是，对于同一科不同品种的药材，其升华物也有较大的差异，如天南星和东北天南星。东北天南星中含有绿黄色油滴状物，而天南星中却无[4]。总之，微量升华法为中药材的质量优劣和成分鉴别提供了鉴定依据。

升华法还被广泛应用于药材的真空冷冻干燥，利用水的升华原理，将含水物质先冻结至冰点以下，使水分变为固态冰，然后在较高真空度下，将冰直接升华为水蒸气而除去，最终得到干燥产品。该技术已在天麻、人参、冬虫夏草、灵芝等中草药材的加工中得到应用[5]。

升华法提取常常会受到许多因素的影响，如提取时间、提取温度、材料的性质等，不同化合物的升华点不同，在提取和样品制备时应该选取合适的条件，充分考虑各种影响因素，提高提取效率，改善提取效果。

如今，无论是医药、精细化学品还是电子材料，对其纯度的要求都越来越高，使用传统的纯化方法如溶液重结晶、蒸馏、柱层析法，很难获得高纯度的材料。目前研究较多的有区域熔炼法、高效液相法和升华法，都能够获得高纯度产品，但区域熔炼法和高效液相法很难实现规模化生产。有机光电材料在电子和影像方面的应用优势十分明显，而其使用寿命和色彩均匀程度又与它的纯度和升华成膜关系密切，所以纵观有机光电材料提纯相关的文献资料，可以看出高/超高真空升华、分段升温升华或梯度升华是研究的重点，也是未来升华技术的发展趋势。随着光电科学和材料科学的快速发展，对材料纯度的要求也不断提高，采用升华法纯化材料与传统层析柱分离相比具有高效率、低污染的优点。

2. 水蒸气蒸馏法

水蒸气蒸馏法指将含挥发性成分的食品和药材的粗粉或碎片浸泡湿润后，加热蒸馏或通入水蒸气蒸馏，样品中的挥发性成分随水蒸气蒸馏带出而不存在溶剂污染，但加热温度过高易造成活性成分损失。水蒸气蒸馏法的常用装置有挥发油测定器(essential oil distillation apparatus，EODA)和传统水蒸气蒸馏装置(steam distillation apparatus，SDA)。水蒸气蒸馏法是提取植物性天然香料最常用的一种方法，其流程、设备、操作等方面的技术都比较成熟，成本低而产量大，设备及操作都比较简单。

水蒸气蒸馏法的应用只限于所得产品完全(或几乎)不与水互溶的情况，但因为该法需要将原料加热，所以不适用于化学性质不稳定组分的提取分离。该方法的基本原理是当混合液受热气化时，其中各组分蒸气压仅仅由它们的温度决定，而与其组成无关，理论上应等于该温度下各纯组分的饱和蒸气压。因此，混合液的液面上方蒸气总压等于该温度下各组分蒸气压之和。若外压为大气压，则只要混合液中各组分的蒸气压之和达到一个大气压，该混合液即可沸腾，此时混合液的沸点比混合液中任一组分的沸点都低，液体混合物即开始沸腾并被蒸馏出来。一般来说，水蒸气蒸馏法可分为三种形式，即水中蒸馏、水上蒸馏和水气蒸馏。顾名思义，水中蒸馏和水上蒸馏即以是否加水浸过药层来界定，后者一般采用回流水，并应保证水蒸发时不会溅湿料层，为了保持锅内水量恒定以满足蒸气操作所需的足够饱和蒸气，可在锅底安装窥镜，观察水面高度。水气蒸馏一般有直接蒸气蒸馏和水扩散蒸气蒸馏，前者在筛板下安装一条带孔环形管，由外来蒸气通过小孔直接喷出，进入筛孔对原料进行加热；后者则是一种比较新颖的蒸馏技术，水蒸气由锅顶进入，蒸气至上而下逐渐向料层渗透，同时将料层内的空气推出，其水扩散和传质出的精油无须全部气化即可进入锅底冷凝器。在使用蒸馏手段提取精油之前，往往还需要对植物原料进行某些前处理；如果是草类植物或者采油部位是花、叶、花蕾、花穗等，一般可以直接装入蒸馏器进行加工处理。但如果采油部位是根、茎等，则一般须经过水洗、晒干或阴干、粉碎等步骤，甚至还要经过稀酸浸泡及碱中和；另外有些芳香植物需要首先经过发酵处理。

蒸馏法因其加热温度较高，可能会使精油中的某些成分因受热时间过长而导致一部分组分发生异构化，影响产品质量和出油率。20 世纪后半叶，人们把发展蒸馏技术的注意力更多地投入到消除蒸馏过程的热力作用和水解作用，在传统蒸馏器的基础上对设备和工艺进行了较大的改进。水蒸气蒸馏法提取挥发油时，得率主要受料液比、浸泡时间、蒸馏温度和蒸馏时间的影响，应根据不同材料选择不同的最佳条件。郑红富等[6]优化了水蒸气蒸馏法提取芳樟精油的工艺，发现芳樟叶片的精油提取率高于枝干，水上蒸馏方式优于水中蒸馏，最终得出最佳蒸馏功率为 600 W，最佳蒸馏时间为 40 min，叶片采后最佳存放时间为 48 h 以内，此条件下精油得率最高。近年来，国外开发出了一种新型蒸气蒸馏技术——水扩散技术，实质也是一种蒸馏技术，只不过与常规蒸馏相比其进汽方式截然不同，具有得率高、蒸馏时间短、能耗低等优点，而且油质也较好。这是因为水扩散强化了蒸馏中的扩散作用，抑制了蒸馏中不利的水解和热解作用。这些设备和工艺的改进，大大降低了能耗和缩短了生产时间，又使出油率得到了较大的提高。黄强等[7]采用水扩散蒸气蒸馏法来提取八角茴香油，考察提取时间、原料粒径以及蒸气量对得油率的影响。优化得到的最佳工艺条件为：提取时间 3 h，粒径 0.32 cm，蒸气量 3500 mL。在最佳条件下，八角茴香油的得率为 7.20%。

3. 溶剂法

溶剂法也叫共沉淀法，该方法是将药物与载体材料共同溶解于溶剂中，蒸去溶剂后使药物与载体材料同时析出，即可得到药物与载体材料混合而成的共沉淀物，然后干燥即得。常用的有机溶剂有氯仿、无水乙醇、95%乙醇、丙酮等。本法的优点是避免了高热，适用于对热不稳定或挥发性的药物。但该法有机溶剂的用量较大，成本较高，且有时有机溶剂难以完全除尽。残留的有机溶剂除了对人体有危害外，还易引起药物重结晶而降低药物的分散度。不同有机溶剂所得的固体分散体的分散度也不同，如螺内酯分别使用乙醇、乙腈和氯仿时，以乙醇所得的固体分散体的分散度最大，溶出速率也最高，而用氯仿所得的分散度最小，溶出速率也最低。

溶剂法通常分为 5 种：煎煮法、浸渍法、渗漉法、回流提取法和连续回流提取法。煎煮法是将药材加水煎煮取汁的方法。该法是最早使用的一种简易浸出方法，至今仍是制备浸出制剂最常用的方法。由于通常将水作为溶剂，故有时也称为“水煮法”或“水提法”。煎煮法不需要复杂的工序和专业技术人员，普通家庭就能满足，方便快捷，而且中草药的基础成分不会被破坏。然而煎煮法不能将中草药的全部成分提取出来，造成中草药的利用率降低，疗效变差，治疗周期延长，而且煎煮器具、煎药用水量、煎煮的火候、煎煮次数和煎煮的时间对有效成分的提取也有很大的影响，使用不同的煎煮溶剂也会影响药效发挥。另外，煎煮前的浸泡也颇为重要，中药多是植物根、茎、皮、叶、花、果实的干燥品，其水分在采收后炮制加工时大部分已蒸发，细胞液干涸。煎煮前浸泡 30～60 min，可使细胞重新膨胀，可溶性物质逐渐溶解释放出来[8]。总之，只有掌握正确的煎煮方法，才能发挥中草药的最佳功效。

浸渍法则是用挥发性有机溶剂将原料中某些成分浸提出来。其基本原理是香料成分在有机溶剂中的分配系数远大于在水溶液中的分配系数，这种方法可以通过溶剂的选择除去那些不重要的成分，有选择性地提取香味物质。溶剂浸提过程是一种物质传递过程，当溶剂与被浸提物料直接接触时，溶剂则由物料表面对内部组织某些成分进行溶解。当组织内部溶液浓度高于周围溶剂浓度时，由于浓度差自然产生扩散推动力，从高浓度向低浓度方向扩散，这样就不断地将溶解下来的物质传递到溶剂中去。这种传递过程一直进行到浓度差逐渐趋于零，物质的传递就自然地形成动态平衡。操作简单是该方法最大的优点，且不需加热，适用于对热不稳定的成分；但该法往往提取效率低，且水提液容易霉变。

渗漉法是将适度粉碎的药材置于渗漉筒中，由上部不断添加溶剂，使溶剂渗过药材层向下流动，过程中逐渐浸出药材成分，最终提取液从下端出口流出的一种溶剂提取法，可造成良好的浓度差，提取效率较高，且室温提取不破坏成分。该法属于动态浸出方法，溶剂利用率高，有效成分浸出完全，可直接收集浸出液，适用于贵重药材、毒性药材及高浓度制剂，也可用于有效成分含量较低的药材提取。但对新鲜的及易膨胀的药材，或无组织结构的药材，则不宜选用此法。其操作流程一般包括药材粉碎、润湿、装筒、排气、浸渍、渗漉等 6 个步骤。根据操作方法的不同，还可分为单渗漉法、重渗漉法、加压渗漉法、逆流渗漉法。易跃能等[9]进行了渗漉法提取广枣中黄酮类成分的工艺研究，采用正交试验优化了乙醇浓度、乙醇用量、浸渍时间等因素对提取率的影响，得出最佳工艺为加入 8 倍量 60%乙醇浸渍 48 h，结果表明该工艺稳定可行，可用于工业化大生产。

回流提取法是用乙醇等易挥发的有机溶剂提取原料成分，将浸出液加热蒸馏，其中挥发性溶剂馏出后又被冷却，重复流回浸出容器中浸提原料，这样周而复始，直至有效成分回流提取完全的方法。回流法提取液在蒸发锅中受热时间较长，故不适用于受热易遭破坏的原料成分的浸出。

回流提取法和连续回流提取法的操作步骤有 4 步，大致包括装样、连接装置、回流提取、分离药液与药渣，只不过回流提取法因为不能连续，需要重复这 4 步 2～3 次，操作起来比较麻烦，溶剂的用量较连续回流提取法更大，故而在大量生产中，前者很少被采用。而连续回流提取法则改善了回流提取法的缺点，所需溶剂很少，提取成分也更加完全。在实验室中常会用到索氏提取器提取，操作时先在圆底烧瓶内放入几粒沸石，以防爆沸，量取溶剂倒入烧瓶内，然后将装好药材粉末的滤纸袋或筒放入提取器中，药粉高度应低于虹吸管顶部，水浴加热。溶剂受热蒸发，遇冷后变为液体流回提取器中，接触药材开始进行浸提，待溶剂液面高于虹吸管上端时，在虹吸作用下，浸出液流入烧瓶，溶剂在烧瓶内因受热继续汽化蒸发，如此不断反复循环 4～10 h，至有效成分充分被浸出。

4.1.3　现代森林资源功能成分提取方法

传统的提取方法有一定的优越性，但随着现代科学技术的迅速发展，"中药现代化"进程不断加快，中药提取技术与现代科技快速对接，许多现代高新技术不断被引入到中药提取工艺研究中。超声辅助提取技术、微波辅助萃取技术、超临界提取技术、大孔吸附树脂技术、膜分离技术、分子印迹技术等许多新型提取方法逐渐应用于中药提取的实验研究和生产实践中。这些新型的提取技术不仅为中药的产业化、精密化、自动化提供了技术指导，同时提高了中药质量和中草药资源的利用率，为中药产品走入国际市场提供了有力支持。

1. 超声辅助提取法

随着超声电动牙刷、超声清洗机等以超声波为原理工作的机器在生活中的广泛应用，"超声波"一词越来越被人们所熟知。作为一种实现了高效、节能、环保式提取的现代技术手段，超声辅助提取法(ultrasound-assisted extraction, UAE)因其提取温度低、提取率高、提取时间短的独特优势，也越来越多地被应用于植物次生代谢产物提取领域，成为替代浸渍、煎煮、热回流等传统工艺的新型提取方法。超声辅助提取法将超声波运作时产生的空化、振动、粉碎、搅拌等综合效应应用于次生代谢产物的提取中，通过破坏植物细胞壁，释放细胞内容物，达到提取的目的。因此，超声辅助提取主要受超声波空化效应、热效应和机械效应的影响。

超声辅助提取常用的提取溶剂为水、甲醇和乙醇等，随着科学技术的发展，离子液体、低共熔溶剂等绿色试剂也逐渐作为提取溶剂应用于超声辅助提取技术中。超声辅助提取技术具有远超传统提取工艺的优势：首先，超声辅助提取法具有提取效率高的特点，可以在很短的时间内将植物功能成分有效地提取出来，大大增加了资源的利用率，扩大了中药产业的经济效益；其次，超声辅助提取法的提取温度比较温和，不会破坏植物中的活性成分，尤其是热敏性成分，保证了中药产品质量。同时，超声辅助提取法的工艺流程简单、易行，成本较低，设备维护与保养方便，综合效益较高。最后，超声辅助提取法可与 LC、GC、IR 等分析检测设备联用，实时检测植物中的有效成分。

超声辅助提取法的这些特点和优势，使得它已经被广泛应用于提取森林资源的各种功能成分。目前，超声辅助提取法在提取皂苷、酚类、黄酮、生物碱、青蒿素等活性成分方面都取得了较好的结果[10, 11]。

2. 微波辅助提取法

微波辅助提取法(microwave-assisted extraction, MAE)，又称微波辅助萃取技术，1986 年匈牙利学者 Ganzler 等利用微波技术从食品中提取油脂、从土壤中萃取杀虫剂，开创了微波辅助提取技术的先河[12]。微波萃取技术是利用提取物质中不同组分吸收微波能力的差异性，选择性加热基体物质的某些区域或萃取体系中的某些组分，从而使得被萃取物质从基体或体系中分离，进入到介电常数较小、微波吸收能力相对较差的萃取剂中，最终获得目标化合物的较高产率。微波对物质的传热机制不同于传统加热形式，该方式达到了传质与传热同向进行的效果。但微波对非极性或弱极性成分的加热效果不佳，所以微波辅助提取对极性物质具有很高的选择性。

在强化现代森林资源功能成分提取方面，相对于传统提取方法及一些新型提取方法，微波萃取技术具有以下几个方面的优势。

(1) 提取时间短。微波加热可瞬间产生高温，而且偶极分子旋转导致的弱氢键破裂、离子迁移等还加速了溶剂分子对样品基体的渗透，使待提取物很快溶剂化，这种物理化学现象也可使微波提取时间显著缩短。

(2) 加热均匀。微波在传输过程中遇到不同物料时，会产生反射、吸收和穿透现象。当微波能穿透介质时，即微波对样品内部直接加热，这样可避免发生传统加热方式从单一部位加热的问题，因而使微波加热具有加热均匀的优点。

(3) 选择性加热。如果整个物料所组成的各个部分介电性质不同，微波就对这种物料呈现出选择加热的特性，介电常数及介质损耗小的物料，微波对其不起作用，它吸收入射微波能量极少。溶质和溶剂的极性越大，微波提取的效率就越高。所以常常将极性和非极性的溶剂按照一定的比例混合，以期达到最佳的提取效果。热选择性还可用于杀死食品中的虫、菌，因其含水较多，会吸收更多的能量而被加热致死。

(4) 易控性。微波加热过程中，当辐射停止时，加热过程也立刻停止，即加热方式的热惯性小。利用微波加热的这一特点，可以通过调节微波输出功率，使物料加热状态发生相应的无惰性改变，有利于实现提取过程的自动化。

目前，采用微波辅助提取法提取的森林资源功能成分种类较多，包括皂苷、黄酮、酚类、多糖、生物碱、挥发油等[13-19]。但微波提取法不适于对热敏性成分如蛋白质、多肽等的提取。微波提取要求被处理的药材具有良好的吸水性，如果所需的有效成分不在富含水的部位，用微波处理提取率很低，同时浸取剂种类及用量、微波剂量、物料含水量、时间、溶剂值等均可影响到微波提取的效率。

3. 新型溶剂提取法

传统提取方法中应用最为广泛的萃取溶剂大多为正己烷、乙腈、甲醇、乙酸乙酯等有机溶剂，但是这些溶剂挥发性大、毒性高，会造成严重的环境污染，甚至威胁人类健康。随着绿色化学的观念日益深入人心，科研工作者们已提出了离子液体、低共熔溶剂等绿色萃取剂来替代上述有机溶剂。

1) 离子液体

1914 年 Paul Walden 等首次给出了离子液体的简单定义，即熔点低于 100℃的仅由离子组成的有机熔盐，并将熔点低于室温的离子液体称为室温离子液体。离子液体通常由阳离子和阴离子组成。大多数离子液体的阳离子是有机阳离子(如咪唑、吡啶、吡咯烷鎓、磷、铵等)，阴离子可以是无机阴离子(包括 Cl⁻、PF_6^-、BF_4^- 等)，也可以是有机阴离子(如三氟甲基磺酸盐$[CF_3SO_3]^-$、三氟乙酸$[CF_3CO_2]^-$等)。

迄今为止，离子液体经过了三个发展阶段。第一个阶段是在 20 世纪 80 年代，基于氯化铝的离子液体被广泛应用于酸催化，但其具有对空气和水分不稳定的限制性。第二个阶段是在 20 世纪 90 年代，基于咪唑、吡啶和铵基盐的对空气与水分稳定的离子液体。第三个阶段是在 21 世纪以后，针对特定用途的功能化离子液体被开发出来。离子液体具有优良的热化学稳定性、电化学稳定性、不易燃性、非挥发性，对大多数化合物有很强的溶解能力，是蛋白质、酶和核酸的优良稳定介质[20]。这些特性使离子液体成为传统有毒挥发性溶剂的潜在替代溶剂，并且在催化、化学工业、电化学、生物质转化、提取等领域得到广泛的研究。在 21 世纪初期，随着对空气和水分稳定的离子液体的出现，使用离子液体替代有毒挥发性有机溶剂用于天然活性成分提取分离受到了广泛的关注。这是由于离子液体具有非挥发性，而且对大多数的化合物有极强的溶解能力。使用离子液体、离子液体水溶液、离子液体醇混合溶剂来提取分离生物碱类、三萜类、黄酮类、酚酸类、皂苷类、木质素类等天然活性成分得到了广泛的研究[21-25]。作为有潜力的绿色溶剂，研究离子液体在森林资源功能成分的提取分离中的应用意义重大。

2) 低共熔溶剂

2001 年，Abbott 等首先提出的低共熔溶剂(deep eutectic solvent, DES)是由氢键受体(hydrogen bond acceptor, HBA)和氢键供体(hydrogen bond donor, HBD)通过氢键结合形成的低共熔混合物，是具有与离子液体相似的物理和化学性质的一种离子液体的类似物。DES 通过将一定比例的 HBD(如尿素、乙二醇、甘油等)和HBA(大部分为季铵盐)在加热条件下简单搅拌混合而制得。

DES 对生物活性成分的提取率主要受 DES 分子组成、摩尔比、浓度、协同的提取方式及提取条件等因素的影响。DES 具有分子结构可设计的特点，氢键供体和氢键受体的不同组合对具有不同性质的化合物具有不同的靶向性和溶解性。这意味着可以通过选择合适的组分来提高目标化合物的溶解性和萃取效率，可以同时高效地提取和分离具有明显性质差异的化合物，这一特点使得 DES 作为绿色溶剂在提取生物活性成分的领域应用潜力更大。除此之外，低共熔溶剂作为绿色溶剂，在森林资源功能成分提取分离领域有很大的应用潜力，其具有挥发性小、稳定性好、制备过程简单、原料易得、毒性低、污染较少、来源充足且价格低廉、不可燃性、调节性好、溶剂性强、高导电性、能够进行传统有机合成不能或很难完成的化学反应等特点。

因其一系列的优点，近年来利用 DES 提取天然产物活性成分的研究引起了学者们的广泛关注。DES 主要可用于植物中酚类化合物和多糖等生物活性物质的提取[26-29]。

4. 负压空化提取法

负压空化提取法(negative pressure cavitation extraction, NPCE)由东北林业大学祖元刚、付玉杰教授团队首创，是一种依据空化气泡理论和空化空蚀效应的提取技术(装置如图 3-1)。负压空化提取技术是指基于气泡理论，在气-液两相或气-液-固三相的混纯体系中，有效物质在气泡产生的空化空蚀效应、端动效应、混旋及界面效应的作用下进行相间的快速传递，形成动态的强化传质体系的提取过程。

负压空化提取与传统的提取方法相比较，具有提取条件温和、提取温度低、提取效率高、耗能低、设备简单、方便易行、可实施大规模的产业化生产等优点。到目前为止，负压空化提取技术已经广泛应用于提取各种森林资源有效成分，如木豆、刺五加、花梨木、蓝靛果、板蓝根、甘草等[30-33]。

5. 高速匀质提取法

匀质技术被广泛应用于植物体的破碎及有效成分提取中，其工作原理是通过分散刀头中转子和定子的配合，对置于溶剂中的植物材料(叶片、细枝或者大颗粒物料等)进行高速剪切、破碎、分散，最终破坏植物细胞壁，使有效成分快速溶出，从而大大提高提取效率和可操作性。该方法相较于其他提取方法简单易行，成本低廉。高速匀质设备转速高，运转稳定，功率大，在较短的时间内就可以使目标成分充分溶出，达到物料提取的动力学平衡。而且，高速匀质设备兼有搅拌、捣碎、乳化等多种功能，可以省去物料在溶剂提取前必须充分粉碎的步骤。此外，高速匀质提取温度低，特别适合热敏性成分的提取以及不稳定性乳剂的分散。值得注意的是，高速匀质技术一般不单独使用，而是与其他新型技术如超声提取法等结合，以获得更高的提取效率。随着匀质分散技术的不断发展，高速匀质技术逐渐应用于制剂、食品、化妆品生产以及天然产物提取等领域中[34, 35]。

6. 超临界流体萃取法

超临界流体萃取技术(supercritical fluid extraction, SFE)是 20 世纪 60 年代兴起的一种新型提取分离技术。20 世纪 80 年代中期，超临界萃取技术特别是超临界 CO_2 萃取技术在天然产物有效成分的提取分离研究和应用中成为一项新技术。超临界流体萃取的原理是：在超临界状态下，利用超临界流体密度大、黏度低、表面张力小、溶解能力强、传质系数大等特点对森林资源功能成分进行萃取。

超临界流体萃取法一般以 CO_2、H_2O 为萃取剂,因其临界压力、临界温度较低,所以超临界流体萃取法高效环保,在较低的温度、压力下,对非极性、中极性化合物进行强有力的溶解,并且可以重复利用,因此具有环保无污染的优点。其缺点是对极性有效成分的提取能力较差,但可通过加入乙醇、丙酮等夹带剂来提高对极性化合物的溶解及萃取能力。超临界萃取法已从近百种中药中提取了其有效成分,如从刺人参、杏仁、野菊花、连翘、伸筋草、榛果等植物中提取得到挥发油,从雪灵芝中提取多糖及总皂苷,从厚朴中提取得到厚朴酚,从薄荷中提取薄荷油,从丹参中提取丹参酮等[36-42]。

7. 生物酶辅助提取法

酶辅助提取技术是利用酶的专一特性和植物的细胞壁结构,通过水解或者降解来对植物细胞壁的结构进行破坏,使得生物活性成分充分在溶剂中暴露,并溶解在提取溶剂中,从而提高生物活性成分的提取率。酶工程技术是近几年来用于重要工业的一项生物工程技术,20 世纪 90 年代中期以后,我国也陆续有研究报道将其用于中药的提取制备中。选用相应的酶还可分解去除影响液体制剂澄清度的杂质淀粉、蛋白质、果胶等,并有利于提取某些极性低的脂溶成分转化而成的易溶于水的糖苷类成分。

酶辅助提取技术对植物中生物活性成分的提取过程具有以下特点:①高效性,酶的催化效率较高,使得反应速率更快;②专一性,一个类型的酶只对一个种类的物质发挥作用;③多样性,酶的类型多种多样;④温和性,酶的作用过程所需条件温和。

虽然酶工程技术在中药药物提取中应用前景广泛,但还存在一定的局限性。例如,酶提取法有较高的实验条件要求,必须先通过实验确定和掌握作用时间、底物浓度、最适合的温度及 pH 等,因此,对酶解反应的前处理、仪器设备和操作条件等的要求较严格。酶辅助提取法的影响因素主要有底物浓度、溶剂特性、pH、温度、酶解时间、酶的种类、比例及浓度等。目前已用酶辅助提取法提取的中药化学成分包括多糖、皂苷、黄酮、生物碱等,所用的酶种类主要有纤维素酶、果胶酶、木瓜蛋白酶、复合酶等[43-48]。

4.1.4　现代森林资源功能成分提取技术综合案例分析

1. 高速匀质-超声一体化提取工艺提取青龙衣萘醌及二芳基庚烷类成分

本研究首先通过单因素实验对高速匀质-超声一体化提取工艺涉及的参数进行优化,包括匀质速率和超声功率,并通过 BBD(Box-Behnken design)实验进一步设计并考察了乙醇浓度、液固比以及提取时间对目标化合物提取率的影响,确定了青龙衣中萘醌和二芳基庚烷的最优提取方案。此外,还将高速匀质-超声一体化提取与单独使用匀质提取以及超声波提取进行了对比,为青龙衣资源的开发利用提供了技术支持。

1) 高速匀质-超声一体化提取工艺流程

(1) 高速匀质-超声一体化提取装置

高速匀质-超声一体化提取装置见图 4-1。

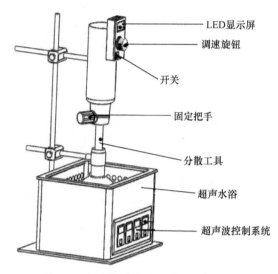

图 4-1　高速匀质-超声一体化提取装置

(2) 技术路线

技术路线见图 4-2。

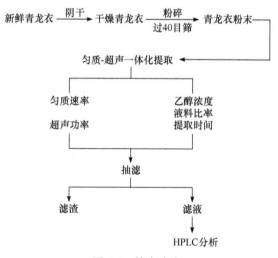

图 4-2　技术路线

(3) 具体步骤

将装有 1.5 g 青龙衣粉末和一定量溶剂的圆底烧瓶(50 mL)置于超声水浴槽中部，固定好高速匀质机，将分散刀头置于溶剂中，设置好匀质速率、超声功率等工艺参数，进行提取。在提取过程中，超声水浴中水位始终保持高于圆底烧瓶中萃取溶剂的水位，同时用封口膜包裹圆底烧瓶口以防止溶剂损失。反应结束后，将提取液抽滤、定容，用微孔滤膜(0.45 μm)过滤，进行 HPLC 分析。

(4) 青龙衣中萘醌及二芳基庚烷的 HPLC 分析

色谱柱：Diamonsil C18V(5 μm, 250 mm × 4.6 mm i.d.)，进样量 5 μL，柱温 30℃，流速 1.0 mL/min，流动相为乙腈(A)-0.1%甲酸水溶液(B)。梯度洗脱条件为：0～28 min，23%～41% A；28～30 min，41% A；30～35 min，41%～45% A；35～53 min，45% A。检测波长：254 nm(0～28 min)和 280 nm(28～53 min)。

(5) 提取率

目标成分的提取率按照以下公式计算。

$$提取率(mg/g) = (C \times V)/M$$

式中，C 为样品溶液中目标化合物浓度(mg/mL)；V 为样品溶液体积(mL)；M 为青龙衣粉末干重(g)。

2) 高速匀质-超声一体化提取装置参数的单因素优化

高速匀质-超声一体化提取装置是由高速匀质机及超声波发生器两部分组成，匀质强度和超声强度是整个提取过程的两个核心影响因素。因此，采用单因素实验对匀质速率和超声功率进行优化。

(1) 匀质速率的优化

称取多份青龙衣粉末，每份 1.5 g 置于圆底烧瓶中(50 mL)，加入 30 mL 浓度为 80%的乙醇溶液，在高速匀质-超声一体化装置中进行提取。提取在室温下进行，保持超声功率 200 W，时间 20 min，测试不同的匀质速率(6000 r/min、7000 r/min、8000 r/min、9000 r/min、10 000 r/min)对目标化合物提取率的影响。反应结束后，将提取液抽滤、定容，用微孔滤膜(0.45 μm)过滤，进行 HPLC 分析。每组实验重复 3 次。

(2) 超声功率的优化

称取多份青龙衣粉末，每份 1.5 g 置于圆底烧瓶中(50 mL)，加入 30 mL 浓度为 80%的乙醇溶液，在高速匀质-超声一体化装置中进行提取。提取在室温下进行，保持匀质速率 8000 r/min，时间 20 min，测试不同的超声功率(100 W、150 W、200 W、250 W)对目标化合物提取率的影响。反应结束后，将提取液抽滤、定容，用微孔滤膜(0.45 μm)过滤，进行 HPLC 分析。每组实验重复 3 次。

3) 高速匀质-超声一体化提取条件的 BBD 实验优化

　　为了更好地发挥高速匀质-超声一体化工艺对青龙衣中目标萘醌及二芳基庚烷的提取优势,提取过程中的影响参数将通过一个三因素三水平的 BBD(Box-Behnken design)实验设计与响应面(response surface methodology, RSM)相结合的方法进行系统优化。BBD 实验设计选择乙醇浓度(X_1)、液固比(X_2)、提取时间(X_3)为 3 个独立变量, 6 种目标化合物的提取率(Y)为响应变量, 提取率的二阶多元回归方程为

$$Y = \beta_0 + \sum_{i=1}^{3} \beta_i X_i + \sum_{i=1}^{3} \beta_{ii} X_i^2 + \sum_{i=1}^{3} \sum_{j=i+1}^{3} \beta_{ij} X_i X_j$$

　　上述方程中 Y 为预测的响应值, X_i、X_j 为独立变量, β_0、β_i、β_{ii}、β_{ij} 为常数项。BBD 实验设计的因素和水平见表4-1,进行三次平行实验,结果取平均值,通过统计软件 Design-Expert 8.0 进行数据处理, Statistica 6.0 软件进行三维响应曲面图的绘制。

表 4-1　BBD 实验设计的因素水平

因素	水平		
	−1	0	1
乙醇浓度(X_1)/%	65	80	95
液固比(X_2)/(mL/g)	15	20	25
提取时间(X_3)/min	5	15	25

4) 不同提取工艺的比较

　　高速匀质提取法:精确称取 3 份青龙衣粉末, 每份 1.5 g 置于 50 mL 圆底烧瓶中,加入 83%的乙醇溶液 31.5 mL,在室温下进行高速匀质提取(匀质速率 8000 r/min, 时间 13 min)。提取完成后, 将提取液抽滤、定容,用微孔滤膜(0.45 μm)过滤, 进行 HPLC 分析。每组实验重复 3 次。

　　超声辅助提取法:精确称取 3 份青龙衣粉末, 每份 1.5 g 置于 50 mL 锥形瓶中, 加入 83%的乙醇溶液 31.5 mL, 将锥形瓶放入超声水浴中进行提取(室温, 超声功率 250 W, 时间 13 min), 提取结束后, 将提取液抽滤、定容,用微孔滤膜(0.45 μm)过滤, 进行 HPLC 分析。

　　高速匀质-超声一体化提取法:精确称取 3 份青龙衣粉末, 每份 1.5 g 置于 50 mL 圆底烧瓶中,加入 31.5 mL 浓度为 83%的乙醇溶液, 在高速匀质-超声一体化装置中进行提取。设置匀质速率 8000 r/min, 超声功率 250 W, 在室温下提取 13 min 后, 抽滤提取液, 定容到刻度, 滤液用微孔滤膜(0.45 μm)过滤, 进行 HPLC 分析。

5) 高速匀质-超声一体化提取工艺的单因素优化结果

　　(1) 匀质速率对青龙衣中目标化合物提取率的影响

　　高速匀质提取是通过分散刀头中转子和定子对植物材料的高速剪切、分散,

使植物细胞壁破坏，有效成分快速溶出，从而实现提取的过程。如图 4-3 所示，随着匀质速率的增加，目标化合物的提取率总体呈现先增加后降低的趋势，当匀质速率达到 8000 r/min 时，青龙衣中胡桃酮(RE)、胡桃醌(JU)、茸毛香杨梅苷元(MG)、茸毛香杨梅酮(GA)、2-Oxatrycyclo[13.2.2.13,7]eicosa-3,5,7(20),15,17,18-hexaen-10-16-diol(OE)和胡桃宁 A(JA)的提取率均达到最大值，分别为 1.109 mg/g、0.218 mg/g、1.164 mg/g、0.339 mg/g、1.232 mg/g 和 0.567 mg/g。这主要是由于随着匀质速率的增加，工作头的转子与定子对植物材料产生更强的剪切力与推动力，使材料颗粒与溶剂混合更充分，这可以极大地增加萃取溶剂和材料颗粒之间的接触面积，从而使活性化合物被高效提取。然而，进一步提高匀质速率并不能提高萃取效率，可能是由于匀质速率的增加会加速原料的细化，使物料颗粒的分散性降低，易聚结成块，不利于提取，且过高的剪切速率会加速产热，不利于一些热敏性化合物如胡桃醌的提取。因此，本实验选择 8000 r/min 为最佳匀质速率。

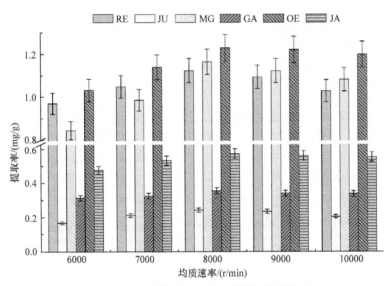

图 4-3　匀质速率对目标化合物提取率的影响

(2) 超声功率对青龙衣中目标化合物提取率的影响

超声辅助提取技术主要通过超声波的空化效应和机械波动对目标成分进行有效提取，超声波能诱发高剪切力，这会破坏植物细胞壁并使溶剂渗透到植物细胞中，导致成分释放。图 4-4 显示了超声功率对目标成分提取率的影响。随着超声功率由 100 W 增加到 250 W，青龙衣中 6 种目标化合物的提取率也逐渐增加，当达到最大超声功率 250 W 时，RE、JU、MG、GA、OE 和 JA 的提取率均达到最大值，分别为 1.126 mg/g、0.236 mg/g、1.167 mg/g、0.359 mg/g、1.231 mg/g 和 0.575 mg/g。这主要是由于超声功率越大，产生的空化效应和机械效应越剧烈，对植物细胞壁的破坏程度越大，目标成分溶出加快，提取率快速上升，因此最终选择 250 W 为最佳超声功率[94,95]。

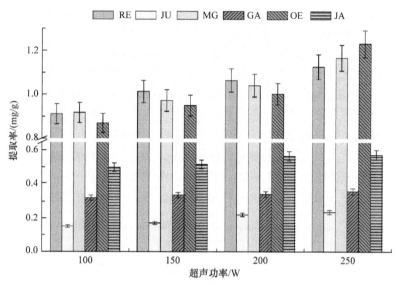

图 4-4　超声功率对目标化合物提取率的影响

6) 高速匀质-超声一体化提取工艺参数的 BBD 与响应面优化结果

在完成对匀质速率和超声功率的优化后，为了进一步提高青龙衣 6 种目标萘醌及二芳基庚烷的提取率，利用 BBD 实验设计与响应面分析相结合的方法对高速匀质-超声一体化提取工艺参数进行设计和优化。本研究选择乙醇浓度(X_1，%)、液固比(X_2，mL/g)和提取时间(X_3，min)作为 BBD 实验设计的三个优化因素，并结合响应面分析法对优化结果进行模型拟合和预测，17 组实验结果见表 4-2。

表 4-2　BBD 实验结果

次数	因素			提取率/(mg/g)					
	X_1^a	X_2^b	X_3^c	Y_1	Y_2	Y_3	Y_4	Y_5	Y_6
1	65(−1)	15(−1)	15(0)	0.825	0.188	1.089	0.301	1.077	0.501
2	95(1)	15(−1)	15(0)	1.007	0.269	1.105	0.305	1.412	0.591
3	65(−1)	25(1)	15(0)	1.075	0.208	0.854	0.309	1.153	0.578
4	95(1)	25(1)	15(0)	0.978	0.277	1.259	0.371	1.298	0.615
5	65(−1)	20(0)	5(−1)	1.052	0.176	0.927	0.308	0.879	0.509
6	95(1)	20(0)	5(−1)	0.934	0.251	1.177	0.329	1.345	0.573
7	65(−1)	20(0)	25(1)	0.781	0.158	0.861	0.272	0.989	0.432
8	95(1)	20(0)	25(1)	0.976	0.241	0.997	0.299	1.022	0.523

次数	因素			提取率/(mg/g)					
	X_1^a	X_2^b	X_3^c	Y_1	Y_2	Y_3	Y_4	Y_5	Y_6
9	80(0)	15(−1)	5(−1)	1.186	0.215	1.134	0.293	1.216	0.589
10	80(0)	25(1)	5(−1)	1.261	0.254	1.187	0.368	1.349	0.625
11	80(0)	15(−1)	25(1)	1.088	0.213	1.197	0.305	1.141	0.557
12	80(0)	25(1)	25(1)	1.101	0.211	1.009	0.327	1.145	0.542
13	80(0)	20(0)	15(0)	1.309	0.289	1.412	0.414	1.654	0.659
14	80(0)	20(0)	15(0)	1.320	0.282	1.404	0.398	1.661	0.652
15	80(0)	20(0)	15(0)	1.292	0.306	1.381	0.402	1.674	0.678
16	80(0)	20(0)	15(0)	1.282	0.294	1.369	0.403	1.702	0.664
17	80(0)	20(0)	15(0)	1.287	0.307	1.407	0.412	1.689	0.674

注：a. 乙醇浓度(%)；b. 液固比(mL/g)；c. 提取时间(min)。

通过对表 4-2 中的数据进行函数拟合，得到以胡桃酮(RE)的提取率 Y_1 为响应值的二次回归方程如下：

$$Y_1 = 1.30 + 0.020X_1 + 0.039X_2 - 0.061X_3 - 0.070X_1X_2 + 0.078X_1X_3 - 0.016X_2X_3$$
$$- 0.28X_1^2 - 0.052X_2^2 - 0.087X_3^2$$

以胡桃醌(JU)提取率 Y_2 为响应值的二次回归方程如下：

$$Y_2 = 0.30 + 0.039X_1 + 8.125 \times 10^{-3}X_2 - 9.125 \times 10^{-3}X_3 - 3.000 \times 10^{-3}X_1X_2 + 2.000$$
$$\times 10^{-3}X_1X_3 - 0.010X_2X_3 - 0.038X_1^2 - 0.022X_2^2 - 0.051X_3^2$$

以茸毛香杨梅苷元(MG)提取率 Y_3 为响应值的二次回归方程如下：

$$Y_3 = 1.39 + 0.10X_1 - 0.027X_2 - 0.045X_3 + 0.097X_1X_2 - 0.029X_1X_3 - 0.060X_2X_3$$
$$- 0.23X_1^2 - 0.088X_2^2 - 0.17X_3^2$$

以茸毛香杨梅酮(GA)提取率 Y_4 为响应值的二次回归方程如下：

$$Y_4 = 0.41 + 0.014X_1 + 0.021X_2 - 0.012X_3 + 0.014X_1X_2 - 1.500 \times 10^{-3}X_1X_3$$
$$- 0.013X_2X_3 - 0.053X_1^2 - 0.032X_2^2 - 0.051X_3^2$$

以 2-Oxatrycyclo [13.2.2.13,7] eicosa-3,5,7(20),15,17,18-hexaen-10-16-diol(OE) 提取率 Y_5 为响应值的二次回归方程如下：

$$Y_5 = 1.68 + 0.12X_1 + 0.012X_2 - 0.062X_3 - 0.048X_1X_2 - 0.11X_1X_3 - 0.032X_2X_3$$
$$- 0.30X_1^2 - 0.14X_2^2 - 0.32X_3^2$$

以胡桃宁 A(JA)提取率 Y_6 为响应值的二次回归方程如下：

$$Y_6 = 0.67 + 0.035X_1 + 0.015X_2 - 0.030X_3 - 0.013X_1X_2 + 6.750 \times 10^{-3} X_1X_3$$
$$- 0.013X_2X_3 - 0.082X_1^2 - 0.013X_2^2 - 0.075X_3^2$$

对 BBD 实验结果的方差分析见表 4-3。

表 4-3　胡桃酮、胡桃醌、茸毛香杨梅苷元、茸毛香杨梅酮、2-Oxatrycyclo[13.2.2.13,7]eicosa-3,5,7(20),15,17,18-hexaen-10-16-diol、胡桃宁 A 提取率的方差分析

来源	胡桃酮		
	F 值	P 值	
模型	110.25	<0.0001	显著
X_1^a	6.87	0.0343	
X_2^b	25.00	0.0016	
X_3^c	62.09	0.0001	
X_1X_2	40.76	0.0004	
X_1X_3	51.30	0.0002	
X_2X_3	2.01	0.1989	
X_1^2	666.90	<0.0001	
X_2^2	23.62	0.0018	
X_3^2	67.13	<0.0001	
失拟项	3.04	0.1551	不显著
R^2	0.9840		

来源	胡桃醌		
	F 值	P 值	
模型	51.22	<0.0001	显著
X_1^a	158.57	<0.0001	
X_2^b	7.06	0.0326	
X_3^c	8.91	0.0204	
X_1X_2	0.48	0.5101	
X_1X_3	0.21	0.6577	
X_2X_3	5.62	0.0496	
X_1^2	83.14	<0.0001	
X_2^2	26.45	0.0013	

续表

来源	胡桃醌		
	F 值	P 值	
X_3^2	114.59	<0.0001	
失拟项	0.15	0.9218	不显著
R^2	0.9658		

来源	茸毛香杨梅苷元		
	F 值	P 值	
模型	111.44	<0.0001	显著
X_1^a	140.77	<0.0001	
X_2^b	10.09	0.0156	
X_3^c	28.17	0.0011	
X_1X_2	65.42	<0.0001	
X_1X_3	5.62	0.0496	
X_2X_3	25.11	0.0015	
X_1^2	383.67	<0.0001	
X_2^2	56.77	0.0001	
X_3^2	221.84	<0.0001	
失拟项	2.56	0.1926	不显著
R^2	0.9842		

来源	茸毛香杨梅酮		
	F 值	P 值	
模型	63.01	<0.0001	显著
X_1^a	24.37	0.0017	
X_2^b	54.84	0.0001	
X_3^c	16.93	0.0045	
X_1X_2	12.62	0.0093	
X_1X_3	0.14	0.7241	
X_2X_3	10.54	0.0141	
X_1^2	175.95	<0.0001	
X_2^2	62.78	<0.0001	

续表

来源	茸毛香杨梅酮		
	F 值	P 值	
X_3^2	164.48	<0.0001	
失拟项	1.96	0.2618	不显著
R^2	0.9721		

来源	2-Oxatrycyclo[13.2.2.13,7] eicosa-3,5,7(20),15,17,18-hexaen-10-16-diol		
	F 值	P 值	
模型	155.26	<0.0001	显著
X_1^a	140.34	<0.0001	
X_2^b	1.44	0.2699	
X_3^c	35.44	0.0006	
X_1X_2	10.57	0.0140	
X_1X_3	54.91	0.0001	
X_2X_3	4.87	0.0630	
X_1^2	436.53	<0.0001	
X_2^2	101.57	<0.0001	
X_3^2	504.27	<0.0001	
失拟项	3.78	0.1158	不显著
R^2	0.9886		

来源	胡桃宁 A		
	F 值	P 值	
模型	43.59	<0.0001	显著
X_1^a	50.75	0.0002	
X_2^b	9.50	0.0178	
X_3^c	37.37	0.0005	
X_1X_2	3.58	0.1002	
X_1X_3	0.93	0.3669	
X_2X_3	3.32	0.1112	
X_1^2	143.04	<0.0001	

续表

来源	胡桃宁 A		
	F 值	P 值	
X_2^2	3.40	0.1078	
X_3^2	119.54	<0.0001	
失拟项	2.68	0.1821	不显著
R^2	0.9599		

注：a. 乙醇浓度(%)；b. 液固比(mL/g)；c. 提取时间(min)。

　　方差统计分析结果由 Design-Expert 8.0 软件得出，其中 F 值和 P 值用来表示因素(X)对响应值(Y)的显著性，F 值越大，P 值越小，相应变量表现出的显著性越高。由表 4-3 可知，RE、JU、MG、GA、OE、JA 这 6 组模型(model)的 P 值均小于 0.0001，表明 6 组模型的精准性和适用性都非常好。同时，6 组模型失拟项(lack of fit)的 P 值均大于 0.05(P 值分别为 0.1551、0.9218、0.1926、0.2618、0.1158、0.1821)，表明失拟项不显著，模型拟合成功。同时，6 组模型的 R^2 均较高，分别为 0.9840、0.9658、0.9842、0.9721、0.9886、0.9599，说明独立变量 X 与响应值 Y 之间的相关性较好，所建立的模型准确、可靠。以 RE 为响应值的模型中，X_1、X_2、X_3、X_1X_2、X_1X_3、X_1^2、X_2^2、X_3^2 的 P 值均小于 0.05，表明乙醇浓度、液固比、提取时间这三个因素对 RE 的提取率都有重要影响，且乙醇浓度与液固比、乙醇浓度与提取时间的交互作用对 RE 的提取率有显著影响，X_2X_3 的 P 值大于 0.05，表明液固比与提取时间的交互作用对 RE 的提取率影响不显著。以 JU 为响应值的模型中，X_1X_2、X_1X_3 对其作用均不显著。以 MG 为响应值的模型中，X_1、X_2、X_3 三个因素对 MG 的提取率有重要影响，且 X_1X_2、X_1X_3、X_2X_3 的 P 值均小于 0.05，表明乙醇浓度、液固比以及提取时间三者之间的交互作用对 MG 的提取率都有显著影响。以 GA 为响应值的模型中，仅有 X_1X_3 的 P 值大于 0.05，表明仅有乙醇浓度与提取时间的交互作用对 GA 的提取率影响不显著。以 OE 为响应值的模型中，乙醇浓度与液固比的交互作用、乙醇浓度与提取时间的交互作用都对 OE 的提取率有显著影响。以 JA 为响应值的模型中，X_1X_2、X_1X_3、X_2X_3 的 P 值大于 0.05，表明乙醇浓度、液固比、提取时间三者的交互作用对 JA 的提取率影响不显著。

　　图 4-5 为 BBD 试验的三个因素(乙醇浓度、液固比、提取时间)对青龙衣中 6 种目标化合物提取率的响应曲面图。其中，B 和 D 表示乙醇浓度和液固比之间的交互作用对 JU 和 GA 提取率的影响，从图中可以看出，当液固比一定时，随着乙醇浓度的不断增加，JU 和 GA 的提取率总体呈现先上升后下降的趋势。根据极性的相似相溶原理，可以通过调整乙醇浓度来改变提取溶剂的极性，因为 JU 和 GA 的极性偏小，增加乙醇浓度，可以降低溶剂体系的极性，有利于弱极性目标成分

提取，且适量水的加入有助于植物材料表面积的扩张，增加材料与提取溶剂的接触面积，从而增加提取率[49,50]。但当乙醇浓度过高时，溶剂体系极性过强，反而不利于目标化合物的提取，导致提取率下降。

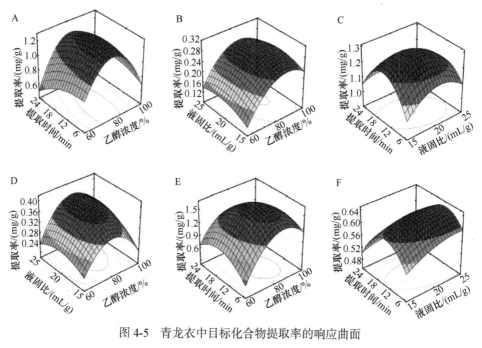

图 4-5　青龙衣中目标化合物提取率的响应曲面

　　图 4-5A 和 E 是乙醇浓度与提取时间的交互作用对 RE 及 OE 的响应曲面图。当乙醇浓度为固定值时，随着提取时间从 5 min 增加到 13 min，RE 及 OE 的提取率保持上升，因为从植物细胞壁受外力破裂，直至细胞中的有效成分释放到提取溶剂中，这个过程需要一定的时间，因此随着提取时间的增加，材料与提取溶剂的接触越来越完全，提取率越来越高。但当提取时间超过 13 min 时，目标化合物提取率出现了缓慢下降的趋势，可能是高速匀质分散刀头的剪切作用，致使材料进一步细化，易聚集成团，阻碍提取进行，并且过长的提取时间会导致目标成分的降解，提取率反而降低。

　　图 4-5C 和 F 展示了液固比和提取时间之间的交互作用对 MG 和 JA 提取率的影响。当固定提取时间时，发现随着液固比的增加，MG 和 JA 的提取率先升高后有所降低。这是因为青龙衣中的 MG 和 JA 的含量是一定的，当液固比较小时，提取溶剂用量少，原材料和溶剂的接触不充分，提取过程受到一定的限制，大量目标化合物残留在青龙衣样品中，提取率相应较低[51]。当液固比过大时，大量的溶剂会影响提取装置中剪切刀头的运转以及超声波的震动幅度，同时会造成资源与能源的浪费。

在经过模型拟合和回归方程的分析后，得到了青龙衣中 6 种目标化合物的最优提取条件。RE：乙醇浓度 78.69%，液固比 22.48 mL/g，提取时间 10.67 min；JU：乙醇浓度 87.36%，液固比 20.89 mL/g，提取时间 14.02 min；MG：乙醇浓度 83.53%，液固比 20.14 mL/g，提取时间 13.47 min；GA：乙醇浓度 82.84%，液固比 22.09 mL/g，提取时间 13.32 min；OE：乙醇浓度 83.43%，液固比 20.11 mL/g，提取时间 13.63 min；JA：乙醇浓度 82.29%，液固比 23.26 mL/g，提取时间 12.48 min。综合响应面分析结果，最佳提取条件为：乙醇浓度 82.89%，液固比 21.10 mL/g，提取时间 13.34 min，6 种目标化合物提取率的预期值分别为 1.300 mg/g、0.303 mg/g、1.405 mg/g、0.411 mg/g、1.688 mg/g、0.675 mg/g。为了实际操作方便，最终选择乙醇浓度 83%、液固比 21 mL/g、提取时间 13 min 进行重复试验，RE、JU、MG、GA、OE、JA 提取率的平均值分别为 1.304 mg/g、0.308 mg/g、1.401 mg/g、0.413 mg/g、1.692 mg/g、0.671 mg/g。相对标准偏差(RSD)分别为 1.62%、1.42%、1.35%、1.16%、1.29%、1.23%。验证结果表明模型拟合准确、合理，结果预测准确。此外，经过一次提取试验，6 种目标化合物的回收率均能达到 67%以上(分别为 75.76%、67.40%、74.24%、73.10%、73.18%、79.88%)，证明高速匀质-超声一体化工艺具有较高的提取效率，可以投入规模化生产。

7) 不同提取工艺的比较

研究比较了高速匀质提取、超声提取以及高速匀质-超声一体化提取技术对青龙衣中目标成分提取率的影响。如图 4-6 所示，高速匀质-超声一体化提取表现出

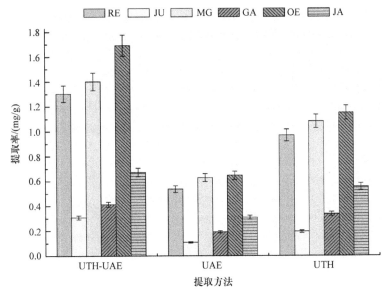

图 4-6　不同提取工艺对目标化合物提取率的影响

最强的提取效能，其对 2 种萘醌的总提取率是分别单独使用高速匀质提取技术和超声波提取技术的 1.39 倍和 2.49 倍。对 4 种二芳基庚烷的总提取率是分别单独使用高速匀质提取技术和超声波提取技术的 1.34 倍和 2.36 倍，实验结果证明，结合了高速匀质提取与超声提取优势的高速匀质-超声一体化提取技术，可以在较短的时间内充分提取目标成分，是一种快速高效、能源消耗低、工艺简单的新型提取技术，且不会影响目标化合物的稳定性，适用于植物基质中生物活性成分的高效提取。

研究还将高速匀质-超声一体化提取技术与已知的提取工艺做了比较。据文献报道，胡国军等以 95%乙醇为溶剂，用热回流法提取核桃青皮中的胡桃醌，但因胡桃醌对热不稳定，而热回流法提取温度较高、提取时间较长，因此所得提取物中检测不到胡桃醌。李秀凤等用碱提酸沉淀法对核桃青皮中胡桃醌的提取进行了研究，测定了胡桃醌 pK_a 值，确定了提取胡桃醌的最佳工艺条件为溶液 pH 10、提取温度 50℃、提取时间 40 min，胡桃醌得率为 0.062%[52]。魏赫楠等采用超声辅助法对青龙衣中的胡桃醌进行提取，试验表明最优工艺为：无水乙醇 10 倍量，常温静置 8 h，超声时长 40 min，胡桃醌的最终提取率为 0.006703%[53]。经比较，本实验所用的高速匀质-超声一体化技术相较于传统的提取技术，提取时间短 (13 min)，提取温度低 (25℃)，胡桃醌及其他萘醌和二芳基庚烷的提取率较高。

2. 表面活性剂超声辅助法对三七中主要皂苷类成分绿色提取富集工艺研究[54]

本研究采用表面活性剂超声辅助提取的方法(图 4-7)，高效地提取了三七中的 5 种主要皂苷，即三七皂苷 R1 和人参皂苷 Rg1、Re、Rb1 和 Rd。首先对表面活性剂的类型与提取过程中的工艺参数进行了优化，然后利用表面活性剂的浊点现象对提取液中的皂苷成分进行富集，并优化了富集工艺参数。最终确定了最佳的提取富集方案，为三七资源的开发与利用提供强有力的技术指导。

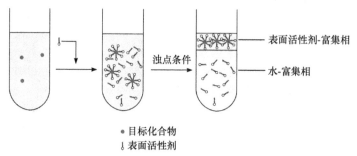

　　　　　　　　　　　　　　　　　　　　　　　　表面活性剂-富集相
浊点条件
　　　　　　　　　　　　　　　　　　　　　　　　水-富集相

● 目标化合物
↓ 表面活性剂

图 4-7　表面活性剂提取富集目标化合物的原理图

1) 表面活性剂-超声辅助提取三七中皂苷成分的工艺优化

(1) 三七中五种主要皂苷的 HPLC 分析

色谱条件：色谱柱 HIQ sil C18W column (250 mm × 4.6 mm i.d., 5 μm)；流动相乙腈(A)-水溶液(B)；流速 1.5 mL/min；柱温 30℃；检测波长 203 nm；进样量 5 μL。梯度洗脱条件：0～20 min，21% (A)；20～45 min，21%～46% (A)。

(2) 表面活性剂的筛选与优化

① 表面活性剂种类的筛选

取离子型表面活性剂十二烷基苯磺酸钠 (SDBS)、十二烷基硫酸钠(SDS)，非离子型表面活性剂吐温 20(Tween-20)、吐温 80(Tween-80)、十二烷基聚乙二醇 35(Brij-35)、十二烷基聚乙二醇 58(Brij-58)、曲拉通 100(Triton X-100)、曲拉通 114(Triton X-114)，配制成其相应 3 倍的 CMC 溶液，理化性质见表 4-4。然后准确称取三七粉 1.0 g，以液料比 20∶1 进行固液混合。将提取体系置于超声仪器中，以 250 W 提取 1 h，提取 3 次。提取结束后进行真空抽滤，合并 3 次提取液，滤液用 0.45 μm 微孔滤膜过滤，之后进行 HPLC 定量分析。

表 4-4　实验中所用表面活性剂的理化性质

表面活性剂类型	表面活性剂名称	分子质量/(g/mol)	CMC/(mmol/L)	CMC/wt%	CMT/℃
离子型表面活性剂	十二烷基苯磺酸钠	348.48	1.6	0.06	—
	十二烷基硫酸钠	288.38	8.2	0.24	—
非离子型表面活性剂	吐温 20	1227.50	0.05	0.006	95
	吐温 80	1310	0.01	0.001	>100
	十二烷基聚乙二醇 35	1199.57	0.06	0.007	>100
	十二烷基聚乙二醇 58	1123.49	0.006	0.0007	63
	曲拉通 100	646.86	0.24	0.016	64
	曲拉通 114	558.75	0.27	0.015	23

注：CMC，临界胶束浓度 (Critical Micelle Concentration)，指的是胶束开始形成时表面活性剂浓度的最低值，简称 CMC 值；CMT，临界胶束温度 (Critical Micelle Temperature)，指的是胶束开始形成时表面活性剂表面温度的最低值，简称 CMT 值。

② 表面活性剂浓度的优化

选取提取率最佳的表面活性剂，分别配制成浓度为 0.01%、1%、2%、3%、4%的溶液，准确称取三七粉 1.0 g，按照液料比 20∶1 加入到上述浓度的表面活性剂水溶液中。之后按照表面活性剂种类的筛选步骤进行，将提取体系进行超声处理，将滤液进行 HPLC 定量分析。

③ 表面活性剂配比的优化

经查阅文献发现，在表面活性剂溶剂中加入少量的十六烷基三甲基溴化铵

(CTAB)，可以大大提升提取效率。按照此思路，我们合成了与 CTAB 起到同等作用、甚至更增效的 Gemini 表面活性剂 16-5-16。为了使三七皂苷提取效率达到最高，我们又优化了 Gemini 表面活性剂浓度，将 Gemini 表面活性剂依次按照浓度 0.01%、0.02%、0.03%、0.04%、0.05%加入表面活性剂水溶液中。其他步骤同表面活性剂种类的筛选中所述。

(3) 超声辅助表面活性剂提取工艺的参数优化

① 提取液 pH 的优化

选出最佳表面活性剂种类、表面活性剂浓度后，继续优化提取溶液的 pH，分别选取 pH 为 5~9 的范围进行实验。其他步骤同表面活性剂种类的筛选中所述，250 W 超声处理 1 h，通过 HPLC 测定滤液中目标化合物的含量。

② 提取液固比的优化

固定已优化出的参数，考察表面活性剂水溶液与三七粉的液料比对三七中 5 种皂苷提取效率的影响，分别选取液料比 10∶1、20∶1、30∶1、40∶1、50∶1 进行实验，其他步骤同表面活性剂种类的筛选中所述。

③ 超声功率的优化

固定优化好的表面活性剂种类、表面活性剂浓度、提取液 pH、表面活性剂与材料间的液料比后，将提取体系置于超声中，分别调节超声功率至 100 W、150 W、200 W、250 W 进行超声功率的优化，其他步骤按照表面活性剂种类的筛选所述进行。

④ 超声时间的优化

在最优的表面活性剂种类、浓度、pH、液料比、超声功率基础上，对超声时间进行优化，分别选取 30 min、40 min、50 min、60 min 进行实验，其他步骤按照表面活性剂种类的筛选所述进行。

(4) 提取率计算

提取率的计算公式为

$$提取率(mg/g) = \frac{C \times V}{M}$$

式中，C 为样品溶液中目标化合物的浓度(mg/mL)；V 为样品溶液体积(mL)；M 为三七粉干重(g)。

(5) 表面活性剂富集工艺的参数优化

① 加盐量的优化

向上述提取溶液中加入一定量的电解质硫酸铵[$(NH_4)_2SO_4$]，将该溶液体系置于旋涡混合器上摇匀，使得 $(NH_4)_2SO_4$ 完全溶解。之后将该溶液体系置于离心机中，以 5000 r/min 离心 10 min。离心结束即可看到分层现象，取上层富集液，用色谱甲醇稀释以减少富集液的黏度，过 0.45 μm 微孔滤膜，之后进行 HPLC 定量分析。

② 富集倍数

富集倍数是用来评价表面活性剂富集目标化合物能力的一个重要参数，即富集前原始提取体积与富集分层后表面活性剂相的体积之比。为了测定富集倍数，取最优条件下实验的提取液 30 mL，按照上述优化出的提取富集参数进行实验，分别记录提取液总体积与富集后上层表面活性剂相体积，计算富集倍数。

(6) 回收率计算

回收率的计算公式为

$$回收率(\%) = \frac{C_b \times V_b}{C_a \times V_a} \times 100\%$$

式中，C_a，富集前提取液中目标化合物的浓度(mg/mL)；V_a，富集前提取液的体积(mL)；C_b，富集后提取液中目标化合物的浓度(mg/mL)；V_b，富集后提取液的体积(mL)。

(7) 不同提取溶剂的比较

为了突出表面活性剂在提取过程中起到的显著作用，将复配表面活性剂与水、常规的有机试剂(甲醇、70%乙醇)进行了对比实验。实验条件为：三七粉 1.0 g、液料比 30∶1、超声功率 250 W、超声时间 40 min。

2) 表面活性剂的选择结果

(1) 表面活性剂类型与配比的选择

① 表面活性剂类型的选择

表面活性剂的类型对最终提取效率的影响至关重要，实验时选取了 8 种不同的表面活性剂进行实验，并且选取水作为对比提取溶剂。通过图 4-8 可以看出，水溶液中加入表面活性剂后，无论哪种类型，提取效率都有所提高，说明表面活性剂对目标化合物确实有增溶的作用。而且，非离子型表面活性剂(Tween 系列、Brij 系列、Triton 系列)普遍要比离子型表面活性剂(SDBS、SDS)提取效果好，说明非离子型表面活性剂更适合皂苷的提取。另外，从结果中可看出 Triton 系列的

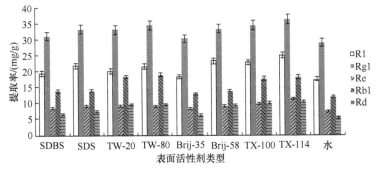

图 4-8　不同类型表面活性剂对三七中 5 种皂苷化合物提取率的影响

TW, Tween；TX, Triton X

非离子型表面活性剂提取效果最佳，尤其是 Triton X-114。分析其原因，可能是由于 Triton X-114 在浓度大于自身 CMC 时，较易形成热力学稳定的胶束，先是形成棒状结构胶束，之后胶束不断运动聚集成层状结构胶束，而这种层状结构胶束可大大增加皂苷这一类物质的溶解能力[55]。Triton X-114 正是因为本身特殊的结构特点，使得其提取效率优于其他类型表面活性剂。因此，本实验选取非离子表面活性剂 Triton X-114 与超声协同提取三七中的 5 种主要皂苷成分。

② 表面活性剂浓度的选择

除了表面活性剂的类型外，合适的表面活性剂浓度也是确保高提取效率的一个重要因素。本实验中，选取 Triton X-114 的浓度范围为 0.01%～4%。当表面活性剂的浓度不到其自身 CMC 值时(0.015%)，表面活性剂会无规律地分散在水溶液中，因此，从图 4-9 可看出，当表面活性剂浓度为 0.01%时，提取效率较低。当表面活性剂浓度到达自身 CMC 时，即图 4-9 中 1%～4%时，表面活性剂会逐渐从棒状胶束向层状胶束转变，其增溶效果也会显著增强。表面活性剂浓度达到 2%时，大部分胶束呈现层状胶团结构，因此该浓度下提取效率最高。表面活性剂浓度若是再增加，溶液的黏度就会增加，不利于分子运动，因此会影响目标化合物的溶出。所以选取 2%浓度的 Triton X-114 进行下面的实验。

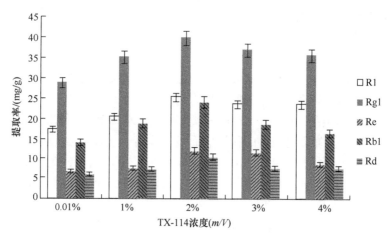

图 4-9　Triton X-114 的浓度对三七中五种皂苷化合物提取率的影响

③ 表面活性剂配比的选择

经过查阅文献与预实验，发现在 Triton X-114 表面活性剂中加入 CTAB，可以显著增强提取效率。按照此思路，我们合成了表面活性剂的二聚体 Gemini 16-5-16 以期达到双倍增效的结果。这种复配的表面活性剂可以增强提取效率，主要是因为 5 种三七皂苷化合物上有很多羟基，电子云密度大，化合物呈电负性，易与阳离子表面活性剂形成离子对，相比于目标化合物的极性形式，离子对形式更容易被非离子型表面活性剂 Triton X-114 捕捉，因此提取效率显著提高[56]。随后，我们优化了 Gemini 16-5-16 表面活性剂与非离子表面活性剂 Triton X-114 进行复配的浓度，选取的浓度范围为 0.01%～0.05%。从图 4-10 可以看出，Gemini 表面活性剂 16-5-16 确实对目标化合物起到了增溶的效果，且随着浓度的增大，效果更加明显。当浓度达到 0.03% 时，提取效率不再随着表面活性剂浓度的增高而发生显著提高，故我们认为此时达到了离子配对的饱和。因此，最终选取的 Gemini 表面活性剂 16-5-16 的浓度为 0.03%。

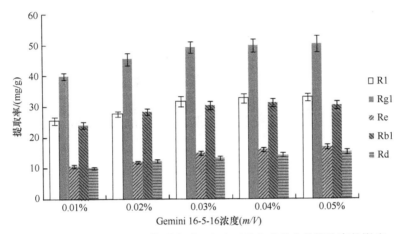

图 4-10　Gemini 16-5-16 的浓度对三七中五种皂苷化合物提取率的影响

(2) 表面活性剂提取条件的选择

① 提取液 pH 的选择

提取液的 pH 直接决定了目标化合物在表面活性剂胶束中的存在状态，因此提取液的 pH 也是需要考察优化的一个重要参数。当非离子表面活性剂 Triton X-114 与阳离子表面活性剂 Gemini 16-5-16 同时作为提取溶剂时，目标化合物呈现电负性更有利于提取效率的提高。本实验中，提取液的 pH 由 10 mmol/L 磷酸盐缓冲剂调节，调节范围为 5～9。由图 4-11 可以看出，当溶液 pH 中性稍偏碱性时，提取效率更高。分析其原因，是由于在偏碱性的条件下，目标化合物更容易呈现电负性，可以更好地和阳离子表面活性剂形成离子对，然后被非离子表面活性剂 Triton X-114 捕捉，最终将目标化合物提取出来。最终选取 pH 8 作为后续实验的最佳 pH。

② 提取液固比的选择

提取溶剂与材料的液固比对三七中 5 种皂苷提取率的影响如图 4-12。由实验结果可知，当液固比为 10∶1 时，三七中 5 种皂苷的提取效率较低，说明此时的液固比不足以让有效成分全部溶出。随着液固比的增加，三七中 5 种皂苷的含量也随之增加，但是当液料比超过 30∶1 时，皂苷的提取效率反而呈现下降的趋势。这种现象主要是由于当液固比为 30∶1 时，三七中皂苷的溶出达到饱和。综合提取效率与经济效益两者考虑，选取液料比为 30∶1 作为下面实验的参考值。

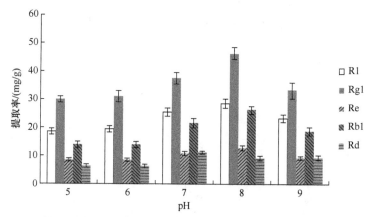

图 4-11　提取液 pH 对三七中 5 种皂苷化合物提取率的影响

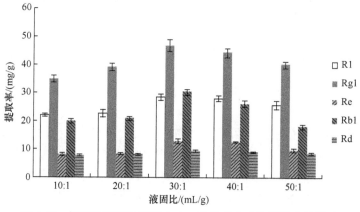

图 4-12　提取液液固比对三七中 5 种皂苷化合物提取率的影响

③ 超声功率的选择

超声功率也是工艺优化构成中的一个重要参数，其对三七中 5 种皂苷提取率的影响如图 4-13。由结果可知，三七皂苷的提取率随着超声功率的增加而增大，当超声功率达到自身最大限度即 250 W 时，三七中 5 种皂苷的提取效率达到最高。这主要是因为超声功率越强，产生的空化作用与机械振动作用越强，而这些因素都利于植物细胞壁的破裂，使得细胞内的有效成分更容易流出，从而增加了提取效率。所以，我们选取 250 W 作为超声最佳提取功率。

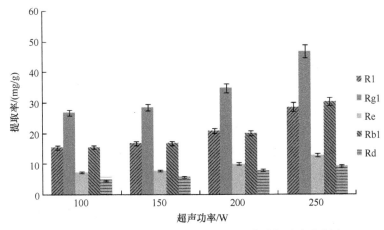

图 4-13　超声功率对三七中 5 种皂苷化合物提取率的影响

④ 超声时间的选择

将三七粉末 1.0 g 以 30∶1 的液固比放入上述优化好的复配的表面活性剂中，以 250 W 分别超声 30 min、40 min、50 min、60 min。不同超声时间对三七中 5 种皂苷提取率的影响如图 4-14 所示。由结果可知，随着时间的增长，提取效率呈现先迅速增加后趋于平稳的现象。这说明植物细胞壁的破碎、有效成分的溶出，若是达到饱和状态是需要一段时间的，而一旦超过这个饱和时间，提取效率波动就不会太大，过多的时间反而会造成能源浪费。所以，实验最优提取时间为 40 min。

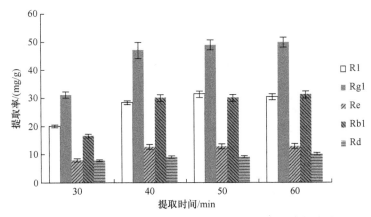

图 4-14　超声时间对三七中 5 种皂苷化合物提取率的影响

(3) 表面活性剂富集条件的选择

① 加盐量的选择

通过改变外界条件，使表面活性剂达到浊点，实现分层现象，是表面活性剂富集有效成分的前提。可以通过两种方式达到表面活性剂富集的目的：一是通过改变温度，使得表面活性剂达到自身的浊点温度；二是通过加入无机盐，离心后使得表面活性剂分层。但是第一种方法往往需要较长时间和较高温度，从而耗时耗能，增加实验成本。然而，在表面活性剂提取体系中加入无机盐，不但可以缩短相分离时间，还可以增加浓缩倍数[57]。故本实验选取通过加入无机盐$(NH_4)_2SO_4$的方式，实现表面活性剂对三七中五种皂苷的富集。通过预实验发现，当无机盐的浓度小于10%时，不会产生分层现象。因此，我们选取进行实验的无机盐浓度范围是10%～30%，结果如图4-15所示。由结果可知，当$(NH_4)_2SO_4$浓度达到20%时，5种皂苷的回收率最高，所以选取无机盐浓度为20%进行下面富集倍数的计算。

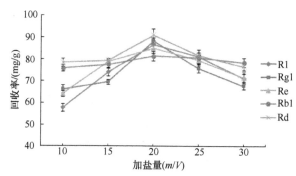

图 4-15　加盐量对三七中 5 种皂苷化合物回收率的影响

② 富集倍数

我们向 30 mL 表面活性剂提取液中加入 20%的$(NH_4)_2SO_4$，在 5000 r/min 的转速下离心 10 min，最终得到 2.6 mL 的富集相，所以浊点法的富集倍数为 11.5。由实验结果可知，通过改变外界条件，可以成功地使表面活性剂达到浊点，实现对有效成分的富集浓缩。

3) 不同提取溶剂的比较结果

为了突出表面活性剂高效的提取效率，我们将其与常规试剂 70%乙醇、甲醇、水的提取效率进行了对比。不同提取溶剂与超声协同对三七皂苷 R1、人参皂苷 Rg1、Re、Rb1 和 Rd 5 种皂苷的提取能力比较如图4-16所示。由结果可以看出，在水中加入低浓度的复配表面活性剂使得 5 种皂苷的提取率大大提升，其提取率甚至超过了有机试剂乙醇和甲醇，且提取效率是有机试剂的 1.13～1.52 倍。这主要是由于表面活性剂形成的胶团更易穿透细胞结构，增大传质效率，使得提取效率显著增加[58]。此外，表面活性剂水溶液相比于有机试剂，不但不影响目标化合物的稳定性，而且成本低、收益高，绿色环保，因此有着更广泛的应用前景。

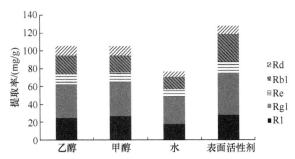

图 4-16　不同提取溶剂提取三七中 5 种皂苷的提取率比较

3. 低共熔溶剂结合负压空化技术提取蓝靛果中的花色苷

利用一种新型绿色的低共熔溶剂结合负压空化提取技术,对蓝靛果中的花色苷进行提取。在提取过程中,通过单因素实验优化,筛选出最适宜提取蓝靛果中花色苷的低共熔溶剂系统及最佳提取时间,并进一步通过 BBD(Box-Behnken design)实验设计对负压空化提取过程中的压力、液固比、温度等因素进行考察,确定最佳提取工艺,这对充分开发利用蓝靛果资源是非常必要的,并且对蓝靛果可持续发展具有十分重要的意义。

1) 提取工艺的优化

(1) 蓝靛果中花色苷的含量测定

蓝靛果中花色苷的含量通过 pH 示差法测定。首先配制缓冲液:分别配制浓度为 14.9 mg/mL 和 16.4 mg/mL 的 KCl 和 CH_3COONa,再用 HCl 调节 pH 至 1 和 4.5;然后取两组 200 μL 蓝靛果花色苷样品分别加入 5 mL pH 1 的 KCl 缓冲液和 5 mL pH 4.5 的 CH_3COONa 缓冲液,混匀,避光静置 15 min 后,分别在 510 nm 和 700 nm 下测定两组稀释液的吸光度 A,以矢车菊素-3-葡萄糖苷(C3G)为标准,蓝靛果花色苷的含量按如下公式计算

$$花色苷含量\,(\mathrm{mg/g}) = \frac{A \times \mathrm{MW} \times \mathrm{DF} \times V}{\varepsilon \times L \times W_t}$$

式中,A,吸光度,$A=(A_{510\,\mathrm{nm}\,\mathrm{pH}\,1.0}-A_{700\,\mathrm{nm}\,\mathrm{pH}\,1.0})-(A_{510\,\mathrm{nm}\,\mathrm{pH}\,4.5}-A_{700\,\mathrm{nm}\,\mathrm{pH}\,4.5})$;MW,矢车菊素-3-葡萄糖苷(C3G)分子质量(449.2 g/mol);DF,稀释倍数;V,最终体积(mL);ε,矢车菊素-3-葡萄糖苷(C3G)的摩尔消化系数(26 900);L,比色皿光程(1 cm);W_t,产品重量(g)。

(2) 低共熔溶剂负压空化辅助提取蓝靛果花色苷的单因素优化

① 低共熔溶剂种类的选择

首先选择氯化胆碱作为氢受体和不同种类的氢供体,在摩尔比为 1:2 的条件下,85℃水浴加热并进行搅拌,合成了 9 种低共熔溶剂,见表 4-5。

表 4-5　不同种类的低共熔溶剂

低共熔溶剂	氢受体	氢供体	摩尔比
DES-1	氯化胆碱	乙二醇	1 : 2
DES-2	氯化胆碱	1,3-丁二醇	1 : 2
DES-3	氯化胆碱	1,4-丁二醇	1 : 2
DES-4	氯化胆碱	葡萄糖	1 : 2
DES-5	氯化胆碱	果糖	1 : 2
DES-6	氯化胆碱	山梨醇	1 : 2
DES-7	氯化胆碱	苹果酸	1 : 2
DES-8	氯化胆碱	柠檬酸	1 : 2
DES-9	氯化胆碱	乳酸	1 : 2

精确称量蓝靛果鲜果，每份 2.0 g，分别加入不同种类低共熔溶剂 24 mL 和 6 mL 的蒸馏水。每组实验设置相同的提取条件：负压–0.07 MPa，温度 50℃，时间 30 min，每组实验重复 3 次。待反应结束后，用适当蒸馏水转移、离心、定量，备用于紫外分光光度计检测。

② 低共熔溶剂中配比的优化

将上述选择出提取率最高的低共熔溶剂系统，分别按照下列氯化胆碱与氢供体不同的摩尔比例(3 : 1、2 : 1、1 : 1、1 : 2、1 : 3)制备出同种、不同摩尔比例的低共熔溶剂。精确称量多份蓝靛果鲜果，每份 2.0 g，分别加入不同配比的低共熔溶剂 24 mL 和 6 mL 的蒸馏水，每组实验设置相同的提取条件：负压–0.07 MPa，温度 50℃，时间 30 min，每组实验重复 3 次。待反应结束后，用适当蒸馏水转移、离心、定量，备用于紫外分光光度计检测。

③ 低共熔溶剂中含水量的优化

将上述选择出提取效果最佳的低共熔溶剂，继续考察低共熔溶剂中蒸馏水的加入量。精确称量多份蓝靛果鲜果，每份 2.0 g，分别加入不同百分率蒸馏水(0%、20%、40%、60%、80%)的最佳低共熔溶剂各 30 mL。每组实验设置相同的提取条件：负压–0.07 MPa，温度 50℃，时间 30 min，每组实验重复 3 次。待反应结束后，用适当蒸馏水转移、离心、定量，备用于紫外分光光度计检测。

④ 提取时间的优化

精确称量多份蓝靛果鲜果，每份 2.0 g，分别加入已优化出的最佳低共熔溶剂 24 mL 和 6 mL 蒸馏水。每组实验设置不同的提取条件：负压–0.07 MPa，温度 50℃，时间分别为 15 min、20 min、25 min、30 min、35 min，每组实验重复 3 次。待反应结束后，用适当蒸馏水转移、离心、定量，备用于紫外分光光度计检测。

(3) 负压空化低共熔溶剂提取工艺参数 BBD 实验设计

为了充分发挥负压空化结合低共熔溶剂的优势，更有效地提取蓝靛果中的花色苷，在单因素优化实验结果的基础上，通过 BBD(Box-Behnken design)实验设计和响应面分析的方法对提取过程中的相关工艺参数进行系统分析，设计优化的参数有提取压力(X_1)、液固比(X_2)和提取温度(X_3)。因此，选择上述 3 个因素进行 3 因素 3 水平的 BBD 实验设计并结合响应面的方法做进一步系统分析。X_1、X_2、X_3 表示为独立变量，花色苷提取率的响应变量表示为 Y，花色苷的提取率的二阶多元回归方程为

$$Y = \beta_0 + \sum_{i=1}^{3} \beta_i X_i + \sum_{i=1}^{3} \beta_{ii} X_i^2 + \sum_{i=1}^{3} \sum_{j=i+1}^{3} \beta_{ij} X_i X_j$$

方程中 Y 表示响应变量，X_i、X_j 为独立变量，β_0、β_i、β_{ii}、β_{ij} 为常数项，其中 β_0 代表截距，β_i 代表线性，β_{ii} 代表线性平方，β_{ij} 代表交互作用的回归系数。设置的独立变量 X_1、X_2、X_3 的因素水平见表 4-6，每组实验重复 3 次，利用统计软件 Design-Expert 8.0 进行实验结果处理，三维响应面图用 Statistica 6.0 软件进行制作。

表 4-6　BBD 实验设计的因素水平

因素	水平		
	−1	0	1
提取压力(X_1)/MPa	−0.05	−0.07	−0.09
液固比(X_2)/(mL/g)	10	15	20
提取温度(X_3)/℃	40	50	60

(4) 不同提取方法的比较

低共熔溶剂结合负压空化提取法(DES-NPCE)：精确称量蓝靛果鲜果 2.0 g 置于负压空化提取设备中，加入 30 mL 已经优化选择出的低共熔溶剂与水的混合溶液。设置参数为：负压−0.07 MPa，温度 50℃，时间 30 min，每组实验重复 3 次。待反应结束后，用适当蒸馏水转移、离心、定量，备用于紫外分光光度计检测。

70%乙醇结合负压空化提取法(70% ethanol-NPCE)：精确称量蓝靛果鲜果 2.0 g 置于负压空化提取设备中，加入 30 mL 70%乙醇水溶液。设置参数为：负压−0.07 MPa，温度 50℃，时间 30 min，每组实验重复 3 次。待反应结束后将提取液转移置离心管中、离心、定量，备用于紫外分光光度计检测。

低共熔溶剂结合超声提取法(DES-UAE)：精确称量蓝靛果鲜果 2.0 g 置于50 mL 锥形瓶中，加入 30 mL 已经优化选择出的低共熔溶剂与水的混合溶液，于

超声清洗机中进行提取。设置参数为：功率 40 kHz，温度 50℃，时间 60 min，每组实验重复 3 次。待反应结束后，用适当蒸馏水转移、离心、定量，备用于紫外分光光度计检测。

2) 提取工艺优化结果

(1) 低共熔溶剂种类的选择

合理地选择提取方法及溶剂的体系对于高效提取样品中的目标活性成分至关重要。本研究采用的提取溶剂是自己实验室制备的新型绿色无毒低共熔溶剂，它们具有不同的物理性质，主要包括熔点、极性、扩散性、黏度、表面张力等，上述性质都是影响样品材料中活性成分提取率的关键因素[59]。因此，选择一种合适的低共熔溶剂用于蓝靛果中活性成分的提取非常必要。设置相同的提取条件：负压 –0.07 MPa，温度 50℃，时间 30 min，本研究选择以氯化胆碱作为氢受体，以多种类型（如多元醇类、糖类、羧酸类）作为氢供体，组成不同种类的低共熔溶剂，摩尔比例分别为 1 : 2 的 DES-1 到 DES-9，见图 4-17。从图 4-17 可知，DES-9 即氯化胆碱与乳酸配制而成的低共熔溶剂在提取蓝靛果中花色苷成分时，其提取效果显著高于其他 8 种低共熔溶剂。由氯化胆碱与乳酸配制而成的低共熔溶剂黏度较小，流动性较好，扩散性较大，表面张力更小，更有利于样品材料有效成分的溶出。因此，本研究选择 DES-9 即氯化胆碱与乳酸配制而成的低共熔溶剂作为提取溶剂进行蓝靛果中花色苷的提取。

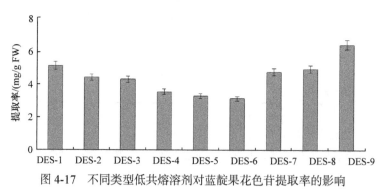

图 4-17　不同类型低共熔溶剂对蓝靛果花色苷提取率的影响

(2) 组成比例的选择

低共熔溶剂中氢供体和氢受体的配比对于有效提取样品中目标活性成分同样关键。将 DES-9 即氯化胆碱与乳酸配制而成的低共熔溶剂，氢供体与氢受体不同配比对蓝靛果中花色苷提取率的影响如图 4-18 所示。由图 4-18 可知，当配制的低共熔溶剂氯化胆碱与乳酸的摩尔比例由 3 : 1 变为 1 : 2 时，对蓝靛果中花色苷提取效果显著升高，这主要是由于随着乳酸量的提高，使低共熔溶剂的黏度和表面张力下降，扩散性增强，提高了样品材料的破壁速度，更有利于样品材料目标化合物的溶出。而当配制低共熔溶剂的氯化胆碱与乳酸的摩尔比例由 1∶2 降低到 1∶3 时，蓝靛果花色苷的提取率有所下降，这是由于随着乳酸量的提高，氢受体的比例相对下降，降低了目标活性成分与氢受体之间的相互作用，从而使提取率降低。因此，本研究最后选择摩尔比例为 1∶2 的 DES-9 即氯化胆碱与乳酸配制而成的低共熔溶剂作为提取溶剂。

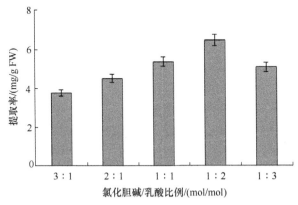

图 4-18　低共熔溶剂氯化胆碱与乳酸不同配比对蓝靛果中花色苷提取率的影响

(3) 含水量的筛选

实验表明，当单一使用由氢受体和氢供体按一定比例配制而成的低共熔溶剂时，具有黏度较大、扩散性较小等缺点，而当将制备好的低共熔溶剂与一定比例的水混合时，可以使低共熔溶剂的黏度下降，表面张力降低，扩散性增强，同时水的加入可以调节溶剂极性，既可以使提取率增加，又可以降低成本[60]。因此，我们制备了加入不同比例的水的低共熔混合溶剂，以如下负压空化提取条件(负压 −0.07 MPa，温度 50℃，时间 30 min)，分别对蓝靛果进行提取，考察低共熔溶剂中的含水量对花色苷提取率的影响，结果如图 4-19 所示。由图 4-19 结果可以

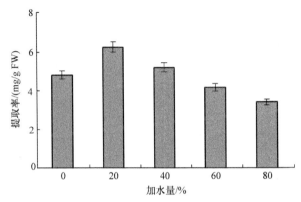

图 4-19　低共熔溶剂中的含水量对蓝靛果中花色苷提取率的影响

发现，随着低共熔溶剂中加入水的比例逐渐升高，花色苷的提取率呈现先增加后降低的趋势，而当含水量达 20%时，花色苷的提取率达最大，这更加说明在低共熔溶剂中加入一定比例的水能够降低溶剂体系的黏度，有助于花色苷有效成分的溶出。同时，随着低共熔溶剂中含水量的逐渐增大，花色苷的提取率有所下降，这是因为在低共熔溶剂中加入过量的水，容易降低活性成分与低共熔溶剂之间的相互作用，不利于活性成分的溶出。因此，我们最终选择氯化胆碱与乳酸摩尔比为 1∶2、含水量为 20%的低共熔溶剂作为最优提取溶剂。

(4) 提取时间的选择

提取时间对于有效提取活性成分是十分重要的。本研究分别考察了不同提取时间对花色苷提取率的影响，结果如图 4-20 所示。由图 4-20 可知，当提取时间由 15 min 到 30 min 时，花色苷的提取率显著增大，而当提取时间超过 30 min 时，花色苷的提取率并无明显变化，这是因为样品中的活性成分在提取时包括破壁、溶出、传质等，这些过程需要一定的时间，时间过短可能导致活性成分的传质没有达到平衡，而提取时间过长未能使活性成分的提取率显著增加，反而造成能源的浪费，因此，我们最终选择提取时间 30 min 时为最优时间。

(5) 低共熔溶剂负压空化提取工艺参数优化结果

在完成上述过程中对溶剂及提取时间的筛选后，为进一步优化负压空化低共熔溶剂的提取实验，获得最优的提取率，本实验采用 BBD(Box-Behnken design)实验设计和响应面分析法(response surface methodology, RSM)同时优化了蓝靛果中花色苷的提取工艺参数。选择对蓝靛果花色苷提取效果影响较显著的三个因素进行了模型拟合和条件预测。将实验条件中的提取压力(X_1)、液固比(X_2)和提取温度(X_3)进行了三因素三水平的 BBD 实验设计及响应面分析研究，其中响应值 Y 代表花色苷的提取率(mg/g FW)，17 组实验结果见表 4-7。

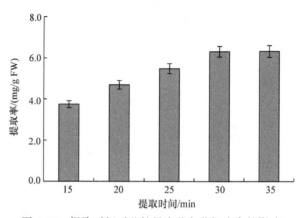

图 4-20　提取时间对蓝靛果中花色苷提取率的影响

表 4-7　低共熔溶剂负压空化提取响应面实验结果

次数	因素			提取率/(mg/g FW)
	提取压力/(-MPa)	液固比/(mL/g)	提取温度/℃	
1	0.05(-1)	10(-1)	50(0)	4.985
2	0.09(1)	10(-1)	50(0)	5.448
3	0.05(-1)	20(1)	50(0)	5.208
4	0.09(1)	20(1)	50(0)	5.969
5	0.05(-1)	15(0)	40(-1)	4.721
6	0.09(1)	15(0)	40(-1)	5.679
7	0.05(-1)	15(0)	60(1)	5.511
8	0.09(1)	15(0)	60(1)	6.108
9	0.07(0)	10(-1)	40(-1)	4.529
10	0.07(0)	20(1)	40(-1)	5.180
11	0.07(0)	10(-1)	60(1)	5.493
12	0.07(0)	20(1)	60(1)	5.925
13	0.07(0)	15(0)	50(0)	6.485
14	0.07(0)	15(0)	50(0)	6.522
15	0.07(0)	15(0)	50(0)	6.399
16	0.07(0)	15(0)	50(0)	6.595
17	0.07(0)	15(0)	50(0)	6.245

注：括号中的数字-1 代表低，0 代表中，1 代表高；下同。

对表 4-7 实验数据的方差分析见表 4-8。

表 4-8　花色苷提取率的方差分析

来源	花色苷		
	F 值	P 值	
模型	6.53	<0.0001	显著
X_1	0.96	0.0002	
X_2	0.42	0.0021	
X_3	1.07	0.0001	
X_1X_2	0.022	0.3090	
X_1X_3	0.033	0.2270	
X_2X_3	0.012	0.4481	
X_1^2	0.71	0.0004	
X_2^2	1.19	<0.0001	

续表

来源	花色苷		
	F 值	P 值	
X_3^2	0.13	<0.0001	
失拟项	0.058	0.4558	不显著
R^2	0.9805		

由表 4-8 蓝靛果中花色苷提取率的二次模型方差统计分析结果可知，实验建立的模型项(Model)的 P 值小于 0.01，证明实验模型显著且适用，同时失拟项(Lack of fit)的 P 值大于 0.05(P 值为 0.4558)，证明失拟项不显著，模型适用且拟合成功。由 P 值可知，三个因素对花色苷提取率的影响显著性程度为：$X_3 > X_1 > X_2$，并且，由表 4-8 结果可知，花色苷的实验模型的相关性较好，R^2 为 0.9805，证明所建立的实验模型可以准确地表达独立变量与响应值之间的关系。通过对表 4-8 中的数据进行函数拟合，最终得到以花色苷的提取率 Y(mg/g FW)为响应值的二次回归方程如下：

$$Y = 6.45 + 0.35X_1 + 0.23X_2 + 0.37X_3 + 0.075X_1X_2 - 0.090X_1X_3 - 0.055X_2X_3$$
$$- 0.41X_1^2 - 0.63X_2^2 - 0.53X_3^2$$

BBD 实验中所选择的三个因素(即提取压力、液固比和提取温度)对蓝靛果中花色苷提取率的响应面三维立体图见图 4-21。

图 4-21A 为液固比与提取压力之间的交互作用对花色苷提取率的响应面三维立体图。当提取压力为一定值时，花色苷的提取率随着液固比的增加先升高后降低。原因是液固比小，提取溶剂用量就少，致使样品和溶剂的接触面积小、接触不充分；然而液固比过大，大量的提取溶剂会降低空化作用，进而导致提取率下降。当液固比为一定值时，花色苷的提取率随着提取压力的增加而升高，当提取压力增加到一定值时，其提取率只有小幅的升高，甚至有些下降。当压力由−0.05 MPa 升高到−0.08 MPa 时，花色苷的提取率呈现明显升高的趋势，当其大于−0.08 MPa 时，提取率稍有下降，这证明−0.08 MPa 是最适宜的提取压力。当提取压力过高时，气体进入装置的速度变慢，不利于形成空泡，也就降低了空化空蚀作用，导致提取率下降。

图 4-21B 为提取温度与压力之间的交互作用对花色苷提取率的响应面拟合曲线图。当固定提取压力时，花色苷提取率随着提取温度的变化呈现先增高后降低的趋势。当温度从 40℃升高到 53℃时，提取率呈现明显的升高，但是当温度超过 53℃时，花色苷提取率开始下降，这证明 53℃是最适宜提取温度，可以使目标化合物从样品材料中快速地溶解在溶剂中，而当温度过高时会致使样品材料中的目标成分被破坏甚至分解，进而致使提取率下降。

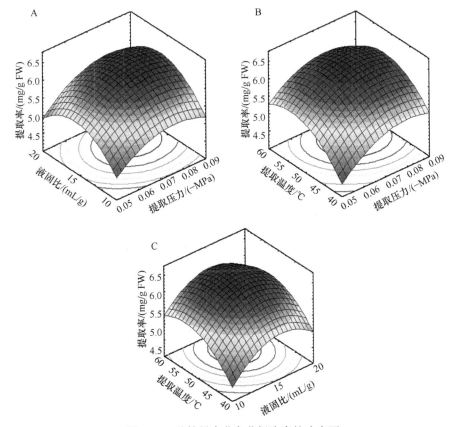

图 4-21　蓝靛果中花色苷提取率的响应面

图 4-21C 为提取温度与液固比之间的交互作用对花色苷提取率的响应面拟合曲线图。随着温度的升高，液固比增大，花色苷成分的提取率表现先增高到最大值后降低的趋势。

通过模型拟合和回归方程结合统计软件分析可知，蓝靛果中花色苷的最优提取条件是：提取压力–0.08 MPa，液固比 15.91 mL/g，提取温度 52.96℃。综合响应面分析结果和模拟方程，得到花色苷提取率的预期值为 6.595 mg/g。综合考虑到方便实际提取操作，最终选择的最佳条件是：提取压力–0.08 MPa，液固比 16 mL/g，提取温度 53℃。选择上述优化出的最优条件进行三组平行的验证性实验。蓝靛果中花色苷的平均提取率为 6.601 mg/g(n=3)，相对标准偏差值(RSD)为 3.27%，验证实验的结果表明 BBD 模型拟合合理可靠，结果预测准确。

3) 不同提取工艺的比较

本实验选择低共熔溶剂结合负压空化提取法(DES-NPCE)、70%乙醇结合负压空化提取法(70% ethanol-NPCE)和低共熔溶剂结合超声提取法(DES-UAE)三种提取方法来对比花色苷的提取效果,结果如图 4-22 所示。由图 4-22 结果可知,DES-NPCE 的提取率高于 70% ethanol-NPCE 的提取率,可以证明低共熔溶剂具有相当大的提取潜力。这可能是因为低共熔溶剂能够与目标活性成分产生强的分子间相互作用力,并且低共熔溶剂绿色环保,具有广泛的应用价值和开发前景。当我们利用 DES-UAE 时,发现其对花色苷提取率低于 DES-NPCE 的提取率,表明负压空化提取法具有提取率高、耗时短、能耗低的特点。因此,本实验选择绿色溶剂与高效方法相结合的低共熔溶剂结合负压空化提取法,该法具有绿色经济、高效节能等优势,可应用于其他天然植物目标活性成分的提取,且发展前景非常广阔。

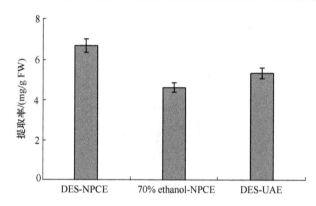

图 4-22　不同提取工艺对花色苷提取率的比较

4. 低共熔溶剂微波辅助提取黑加仑中主要的花色苷成分

本章采用低共熔溶剂微波辅助提取黑加仑中主要的花色苷成分,分别对其在提取过程中所用的低共熔溶剂的组成、配比及其含水量进行单因素条件实验的优化,并结合响应面试验设计,对微波辅助提取的液固比、提取时间和提取温度等参数进行优化,最终获得最优的提取参数。这是一种常用的实验设计与分析方法,该方法可以对实验所涉及的参数进行详细的优化分析,并且分析结果非常准确。

1) 提取工艺的优化

(1) 提取率计算

计算黑加仑花色苷的提取率的公式为

$$提取率(mg/g) = C \times V/M$$

式中,C,样品溶液中所测物质的浓度(mg/mL);V,样品溶液体积(mL);M,黑加仑果鲜重(g)。

(2) 低共熔溶剂的筛选与优化

① 低共熔溶剂种类的筛选

本实验采用 80℃水浴加热搅拌的方式制备低共熔溶剂。其中以氯化胆碱作为氢受体，分别与不同类型的氢供体结合形成一系列不同种类的低共熔溶剂，分别为：氯化胆碱/1,2-丙二醇(DES-1)、氯化胆碱/丙三醇(DES-2)、氯化胆碱/葡萄糖(DES-3)、氯化胆碱/乙二醇(DES-4)、氯化胆碱/1,3-丁二醇(DES-5)、氯化胆碱/1,4-丁二醇(DES-6)、氯化胆碱/1,6-己二醇(DES-7)、氯化胆碱/蔗糖(DES-8)、氯化胆碱/乳酸(DES-9)、氯化胆碱/柠檬酸(DES-10)，具体见表4-9。

表 4-9　不同类型的低共熔溶剂

缩写	氢供体	氢受体	摩尔比
DES-1	1,2-丙二醇	氯化胆碱	1∶2
DES-2	丙三醇	氯化胆碱	1∶2
DES-3	葡萄糖	氯化胆碱	1∶2
DES-4	乙二醇	氯化胆碱	1∶2
DES-5	1,3-丁二醇	氯化胆碱	1∶2
DES-6	1,4-丁二醇	氯化胆碱	1∶2
DES-7	1,6-己二醇	氯化胆碱	1∶2
DES-8	蔗糖	氯化胆碱	1∶2
DES-9	乳酸	氯化胆碱	1∶2
DES-10	柠檬酸	氯化胆碱	1∶2

精确称量多份经组织捣碎机制成的黑加仑浆液，每份 2.0 g 置于 50 mL 特制的微波反应瓶中，分别加入不同种类的低共熔溶剂(含 20%的去离子水)30 mL，放于微波反应器中进行提取，在恒定的搅拌速度下进行提取。提取各项参数设置为：微波功率 600 W，温度 50℃，时间 15 min，每组实验重复 3 次。当反应结束后，用去离子水转移、离心、取上层清液、量取体积，pH 示差法进行含量测定。

② 低共熔溶剂中配比的优化

黑加仑花色苷提取率最高的低共熔溶剂类型为氯化胆碱与氢供体(摩尔比3∶1、2∶1、1∶1、1∶2、1∶3、1∶4)制备出种类相同、摩尔比不同的低共熔溶剂。精确称量多份经组织捣碎机制成的黑加仑浆液，每份 2.0 g 置于特制的 50 mL 微波反应瓶中，分别加入不同比例的低共熔溶剂 30 mL(含 20%的去离子水)，放于微波反应器中进行提取，在恒定的搅拌速度下进行提取。提取各项参数设置为：微波功率 600 W，温度 50℃，时间 15 min，每组实验重复 3 次。提取反应结束后，用去离子水转移进行离心，然后取上层清液量取体积后，进行 pH 示差法含量测定。

③ 低共熔溶剂中水加入量的优化

精确称量多份经组织捣碎机制成的黑加仑浆液，每份 2.0 g 置于 50 mL 特制的微波反应瓶中，将各种不同含水率的低共熔溶剂(0%、20%、40%、60%、80%)的混合溶液各 30 mL 加入微波反应瓶中，在恒定的搅拌速度下进行提取。提取各项参数设置为：微波功率 600 W，温度 50℃，时间 15 min，每组实验重复 3 次。提取反应结束后，用去离子水转移、离心、取上层清液、量取体积，pH 示差法进行含量测定。

(3) 低共熔溶剂微波辅助提取工艺参数的 BBD 实验

本章为了能够使微波辅助提取与低共熔溶剂相结合的提取工艺的效率达到最优，使黑加仑中的花色苷的提取效果最好，在以上单因素优化实验结果的基础上，采用响应面试验设计对微波辅助提取黑加仑花色苷成分的相关因素进行系统的优化，包括有液固比(X_1)、提取温度(X_2)和提取时间(X_3)，考察在彼此水平组合下对黑加仑中的花色苷成分提取含量的相互影响。针对这三个因素进行了三因素三水平的 BBD 实验设计，X_1、X_2、X_3 为独立变量，Y 为黑加仑花色苷的提取率的响应变量，黑加仑花色苷的提取率的二阶多元回归方程为

$$Y = \beta_0 + \sum_{i=1}^{3} \beta_i X_i + \sum_{i=1}^{3} \beta_{ii} X_i^2 + \sum_{i=1}^{3} \sum_{j=i+1}^{3} \beta_{ij} X_i X_j$$

式中，Y 代表为预测的响应值；X_i、X_j 代表为自变量；β_0 为截距；β_i 为线性；β_{ii} 为线性平方；β_{ij} 为相互作用的回归系数。实验设计的因素水平表见表 4-10，每组实验重复 3 次，实验数据结果用统计软件 Design-Expert 8.0 进行数据分析处理，用 Statistica 6.0 软件处理制作三维响应面图型。

表 4-10　响应面实验设计的因素水平

因素	水平		
	−1	0	1
液固比(X_1)/(mL/g)	8	12	16
提取温度(X_2)/℃	40	50	60
提取时间(X_3)/min	5	10	15

(4) 不同提取方法的比较

分别将低共熔溶剂微波辅助提取法(DES-MAE)、低共熔溶剂超声提取法(DES-UAE)以及 80%乙醇微波辅助提取法(80% ethanol-MAE)进行提取比较。

低共熔溶剂微波辅助提取法过程：准确量取 2.0 g 黑加仑果浆 3 份，置于 50 mL 特制的微波反应瓶装置中，分别加入 30 mL 已经优化筛选出的一定含水率的低共熔溶剂，在固定的搅拌速度下，进行微波反应提取。在以上优化的反应条件下，每组实验重复 3 次。提取反应结束后，用去离子水转移、离心、取上层清

液、量取体积，pH 示差法进行花色苷含量测定。

低共熔溶剂超声提取法过程：准确量取 2.0 g 黑加仑果浆 3 份，置于 50 mL 三角瓶中，分别加入 30 mL 已经优化筛选出的一定含水率的低共熔溶剂，进行超声波辅助提取。提取参数设定为：超声功率 40 kHz，温度 40℃，时间 60 min。每组实验重复 3 次。提取反应结束后用去离子水转移、进行离心、取上层清液、量取体积，pH 示差法进行花色苷含量测定。

80%乙醇微波辅助提取法过程：将 2.0 g 黑加仑果浆加入特制的微波反应瓶装置中，加入 30 mL 80%乙醇，进行超声波辅助提取。提取参数设定为：微波功率 600 W，温度 50℃，时间 15 min。每组实验重复 3 次。提取反应结束后，用去离子水转移、离心、取上层清液、量取体积，pH 示差法进行花色苷含量测定。

2) 提取工艺优化结果

(1) 低共熔溶剂体系的选择

天然药物活性成分提取效率高低主要取决于提取溶剂的选择是否恰当，目标化合物通过相似相溶原理可以溶解到与其极性相似的提取溶剂中。因此，合适类型的提取溶剂能使目标成分的提取效率最大化。低共熔溶剂(DES)是一种新型的提取溶剂，具有非常好的理化性质，目前被广泛应用到各个领域。在本实验中选择一种常用的氢受体——氯化胆碱，结合多种不同的氢供体制备了 10 种不同的低共熔溶剂，在相同的条件下利用微波辅助提取，从中选择出最适的低共熔溶剂类型。不同类型低共熔溶剂对黑加仑花色苷的提取率如图 4-23 所示。比较这 10 种不同低共熔溶剂的提取效率，DES-9 即乳酸与氯化胆碱制备而成的低共熔溶剂对黑加仑花色苷的提取效果最好，明显高于其他 9 种类型的低共熔溶剂。经研究发现，当乳酸作为低共熔溶剂的氢供体时，pH 在 10 种低共熔溶剂中是最小的，研究表明花色苷在酸性条件的溶液中更加稳定，在溶剂中的分配系数会更高，非常有利于花色苷从细胞中释放到溶剂中[61]，花色苷是一种水溶性色素，极性较大。乳酸制成的低共熔溶剂具有较大的极性，因此综合上述原理，乳酸与氯化胆碱混

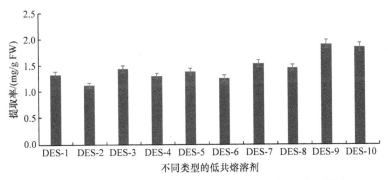

图 4-23 不同类型低共熔溶剂对黑加仑花色苷提取率的影响

合制备形成的低共熔溶剂 DES-9 作为黑加仑花色苷提取溶剂提取效率最好，因此，选择了 DES-9 即乳酸与氯化胆碱制备而成的低共熔溶剂，用于提取黑加仑中花色苷成分。

(2) 组成比例的筛选

将上述优化出的最优低共熔溶剂即 DES-9 分别按照不同摩尔比(3∶1, 2∶1, 1∶1, 1∶2, 1∶3, 1∶4)对黑加仑中花色苷提取率的影响作图，如图 4-24 所示。当氯化胆碱/乳酸形成低共熔溶剂氢供体与氢受体的摩尔比由 3∶1 变为 1∶2 时，黑加仑花色苷的提取率明显升高。分析其原因，当氯化胆碱与乳酸的比例由高变低时，制备形成的低共熔溶剂黏滞系数由大变小，表面张力也随之下降，增加了目标化合物的扩散系数，使细胞破壁效果更加明显，使花色苷成分溶出效果更好。当低共熔溶剂中的氯化胆碱/乳酸形成低共熔溶剂氢供体与氢受体摩尔比例由 1∶2 变为 1∶4 时，黑加仑花色苷的提取率有所下降。分析原因，是由于当乳酸比例增加时，氯化胆碱比例相对下降，目标化合物和氯离子之间的作用降低了其与目标成分的相互作用，使得黑加仑花色苷提取率有所下降。因此，将摩尔比例为 1∶2 的氯化胆碱/乳酸形成的低共熔溶剂作为最佳的提取溶剂。

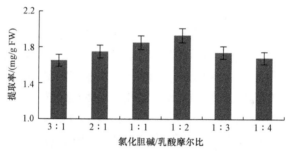

图 4-24　低共熔溶剂氯化胆碱/乳酸不同配比对黑加仑花色苷提取率的影响

(3) 含水量的优化

为了在微波辅助提取黑加仑花色苷过程中得到最高的提取率，我们对不同含水率的氯化胆碱/乳酸低共熔溶剂进行考察，结果如图 4-25 所示。纯低共熔溶剂作为提取溶剂时提取效率不高，因为低共熔溶剂其本身的黏度非常大，扩散性及流动性非常差，不利于进行提取。当氯化胆碱/乳酸低共熔溶剂含水量在 20%(V/V)时，我们可以观察到，黑加仑花色苷的提取率达到最大，因此说明水在低共熔溶剂微波辅助提取过程中起到了非常重要的作用。水的混入会使低共熔溶剂体系的黏度系数降低，流动性变大，可以使提取成分较为容易地扩散到溶剂中，因此提高了提取的效果。但当含水量由 40%升高到 80%(V/V)时，黑加仑花色苷的提取率会逐渐下降。这是由于加入过量的水到低共熔溶剂中会使溶剂体系的极性过大，破坏了低共熔溶剂体系内部的化学键，从而不利目标成分的溶出。根据图 4-25 结果可以得出，当选择低共熔溶剂氯化胆碱/乳酸摩尔比例为 1∶2、含水量 20%(V/V)时，黑加仑花色苷成分的提取率最高。

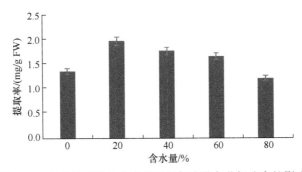

图 4-25　低共熔溶剂的含水量对黑加仑花色苷提取率的影响

(4) 低共熔溶剂微波辅助提取工艺参数优化实验结果

通过上述对溶剂的优化筛选后，我们又对微波辅助低共熔溶剂提取过程中的提取参数(X_1 液固比、X_2 提取温度和 X_3 提取时间)进行了三因素三水平的 BBD 实验设计、模型拟合及条件预测。一共进行了 17 组实验，其中 Y 值为黑加仑花色苷的提取率(mg/g)，实验结果见表 4-11。

表 4-11　微波辅助低共熔溶剂提取响应面实验结果

次数	因素			提取率/ (mg/g FW)
	液固比/(mL/g)	提取温度/℃	提取时间/min	
1	8(−1)	40(−1)	10(0)	1.11
2	16(1)	40(−1)	10(0)	1.33
3	8(−1)	60(1)	10(0)	0.88
4	16(1)	60(1)	10(0)	1.27
5	8(−1)	50(0)	5(−1)	0.74
6	16(1)	50(0)	5(−1)	0.99
7	8(−1)	50(0)	15(1)	1.35
8	16(1)	50(0)	15(1)	1.81
9	12(0)	40(−1)	5(−1)	1.37
10	12(0)	60(1)	5(−1)	0.94
11	12(0)	40(−1)	15(1)	1.85
12	12(0)	60(1)	15(1)	1.77
13	12(0)	50(0)	10(0)	2.00
14	12(0)	50(0)	10(0)	1.98
15	12(0)	50(0)	10(0)	2.03
16	12(0)	50(0)	10(0)	2.06
17	12(0)	50(0)	10(0)	1.96

从表 4-12 中可以看出，黑加仑花色苷提取含量的二次模型方差统计分析，模型显著($P<0.01$)，失拟项不显著($P>0.05$)，表明模型拟合成功。通过表 4-12 黑加仑花色苷的二次模型方差统计分析的结果，最终得到实验模型的相关性非常好，$R^2 = 0.9954$ 表明建立的模型能够准确描述独立变量与响应值之间的相互关系。通过函数拟合，其编码变量的二次回归方程如下：

$$Y = 2.01 + 0.17X_1 - 0.10X_2 + 0.34X_3 + 0.042X_1X_2 + 0.052X_1X_3 + 0.088X_2X_3 - 0.56X_1^2 - 0.30X_2^2 - 0.22X_3^2$$

Y 为黑加仑花色苷的提取率(mg/g FW)。

表 4-12　黑加仑花色苷提取率的方差分析

来源	花色苷		
	F 值	P 值	
模型	170.05	<0.0001	显著
X_1	98.87	<0.0001	
X_2	36.32	0.0005	
X_3	426.01	<0.0001	
X_1^2	597.81	<0.0001	
X_2^2	171.17	<0.0001	
X_3^2	96.12	<0.0001	
X_1X_2	3.28	0.1130	
X_1X_3	5.00	0.0603	
X_2X_3	13.90	0.0074	
失拟项	1.92	0.2679	不显著
R^2	0.9954		

提取中的 3 个实验因素(液固比、提取时间、提取温度)对黑加仑花色苷的提取率响应拟合曲线如图 4-26 所示，图 4-26A 为微波提取温度与液固比交互作用的响应面曲线图，从图中可以发现当提取温度恒定时，黑加仑花色苷的提取率开始时会随液固比的增加而升高，但是当液固比升高到 13∶1(mL/g)左右时，花色苷的提取率会随着液固比的增大呈现下降的趋势。分析其原因，是由于液固比较小时提取溶剂的量少，这样就会导致提取材料与提取溶剂的接触面积不足，提取不够充分，因此提取率不高，但是当提取溶剂的量过多时，过量的溶剂会使微波传质能量降低，导致黑加仑花色苷的提取率下降。液固比的值恒定不变时，黑加仑花色苷的提取率随着提取温度的变化而变化，当温度达到 46℃左右时提取率最高。当温度继续升高时，过高的温度会使植物样品中的目标成分遭到破坏，甚至分解，从而提取率会降低。通过以上数据可以发现，适当的液固比与合适的提取温度有

利于黑加仑中花色苷成分被提取出来。图 4-26B 为液固比和微波提取时间交互作用的响应面曲线图，从图中可以发现，随着液固比的增大与时间的增加，黑加仑花色苷成分提取率呈现先增高后降低的趋势。当液固比恒定时，微波提取时间在13 min 左右达到最大值，之后随时间的增加呈现下降的趋势。图 4-26C 为提取温度和提取时间之间交互作用的响应面曲线图。当提取时间一定时，提取率会随着温度升高呈现先增大后降低的趋势。当提取温度为恒定值时，黑加仑花色苷的提取率随时间的变化先增加后下降，当超过 13 min 时，花色苷的提取率下降幅度很小，分析原因是长时间提取会对植物材料中目标化合物造成降解。

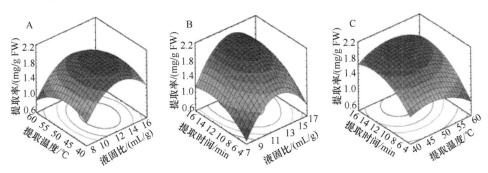

图 4-26　黑加仑花色苷提取率的响应面

　　通过上述分析以及对回归方程的计算可以得出，液固比为 12.98∶1 mL/g、提取温度为 46.31℃、提取时间为 13.93 min 时，黑加仑花色苷的提取率达到最大，为2.07 mg/g。为了便于在实际应用中操作，同时能保证较高的提取率，最终确定的最佳提取工艺参数为：液固比 13∶1(mL/g)，提取温度 45℃，提取时间 14 min。在上述优化条件下进行三组重复实验，得到黑加仑花色苷的平均提取率为 2.03 mg/g，相对标准偏差值 RSD 为 1.41%，与模拟回归方程产生的花色苷提取率的预测值是相似的，验证试验的结果表明模型拟合成功合理，结果预测准确可靠。

3) 不同提取工艺的比较

　　对比低共熔溶剂微波辅助提取法、低共熔溶剂超声提取法以及 80%乙醇微波辅助提取法的花色苷提取结果，三种提取方法都选择提取效果最佳的优化参数进行实验，结果如图 4-27 所示。从图中我们可以看出，低共熔溶剂微波辅助提取法的提取率优于低共熔溶剂超声提取法以及 80%乙醇微波辅助提取法提取结果，表明低共熔溶剂微波辅助提取法具有最好的提取效率。这可能是由于低共熔溶剂能与黑加仑花色苷之间产生强的分子间作用力及氢键作用力等，并且微波辐射可以提高目标化合物在溶剂中的传质速度，具有更短的提取时间使提取率达到最高，因此可以看出低共熔溶剂微波辅助提取法是一种高效率提取方法，提取工艺简单、绿色环保，是一种非常有应用价值的方法。

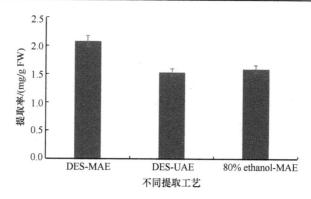

图 4-27　不同提取工艺对黑加仑花色苷提取率的比较

5. pH 依赖基于离子液体的双水相体系同时提取和富集无花果叶中的补骨脂素[62]

在本章我们主要是开发和优化这个整体的可持续 pH 依赖基于离子液体的双水相体系来同时从无花果叶中提取、转化和纯化补骨脂素。超声辅助是一种清洁高效的传质强化方法，具体过程如图 4-28 所示。首先是溴化 1-丁基-3-甲基咪唑-柠檬酸单相体系被用来同时提取和转化补骨脂素。提取完成后，往该体系中加入氢氧化钾水溶液用于调节 pH，将柠檬酸转变为柠檬酸钾，增强盐析能力，使单相体系转变为双水相体系从而达到纯化的目的。

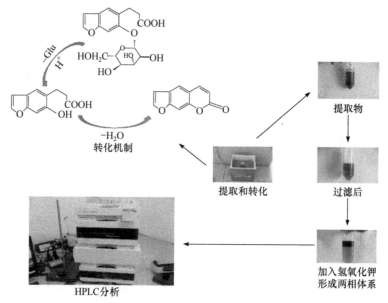

图 4-28　pH 依赖基于离子液体的双水相体系同时提取和富集无花果叶中补骨脂素的过程

1) pH 依赖基于离子液体的双水相提取工艺的优化

(1) 提取、转化和富集过程

取 4 mL 离心管，加入 1 mL 2 mol/L 的溴化 1-丁基-3-甲基咪唑-柠檬酸，准确称量 50 mg 无花果叶粉末置于离心管中，将离心管置于超声波清洗器中进行提取。基于预试验结果将提取条件设定为：提取温度 60℃，时间 30 min，超声功率 450 W。提取完成后，使用 0.45 μm 微孔滤膜过滤提取物并进行高效液相色谱检测。

(2) 高效液相色谱分析方法

色谱柱：Luna C$_{18}$ column(250 mm × 4.6 mm i.d., 5 μm)；流动相：0.1%甲酸水溶液(A)、乙腈(B)；洗脱梯度：0～10 min，13%～16% B；10～11 min，16%～17% B；11～25 min，17% B；25～55 min，17%～65% B；进样量：5 μL；流速：1 mL/min；检测波长：254 nm，柱温：30℃。

(3) 响应面法优化实验参数

Box-Behnken design 被用来优化提取和转化过程。对三个主要的参数，即 pH(1～3)、离子液体浓度(1.5～2.5 mol/L)和液固比(10～20 mL/mg)在三个水平(–1，0，1)上进行了优化。17 组实验如表 4-13 所示。Design-Expert Ver. 8.0.6.1 被用来分析实验结果。

表 4-13　Box-Behnken 设计实验安排及结果

次数	因素			补骨脂素的产量/(mg/g)
	pH	离子液体浓度/(mol/L)	液固比/(mL/g)	
1	2	2	15	30.11
2	3	2.5	15	26.04
3	2	2.5	10	26.39
4	2	2	15	30.19
5	1	2	20	24.11
6	1	2.5	15	23.15
7	1	2	10	23.76
8	2	2	15	31.27
9	2	1.5	10	24.31
10	3	1.5	15	25.48
11	1	1.5	15	24.32
12	2	2.5	20	25.45
13	2	1.5	20	25.97
14	2	2	15	30.61
15	3	2	10	26.32
16	3	2	20	27.57
17	2	2	15	31.08

2) pH 依赖基于离子液体的双水相纯化体系的考察和优化

使用溴化 1-丁基-3-甲基咪唑-柠檬酸([Bmim]Br)提取和转化完成后,过滤提取物,在 pH 计的监测下加入氢氧化钾水溶液调节 pH。当双水相体系形成时,记录离子液体富集的上相和盐富集的下相的体积。使用高效液相色谱检测上相中补骨脂素的含量。为了考察体系的相形成行为和最佳的纯化条件,配制了一系列组成和 pH 不同的双水相体系,考察对补骨脂素回收率的影响。所考察的体系的组成和 pH 见表 4-14。

表 4-14　在不同 pH 条件下双水相体系的组成

pH	组成	化合物 1	化合物 2	化合物 3	化合物 4	化合物 5
5	W_1	12.88	10.15	9.38	8.55	8.05
	W_2	48.83	53.34	54.48	55.78	56.59
6	W_1	36.43	25.22	17.01	10.05	5.74
	W_2	16.63	28.63	38.49	48.67	58.01
7	W_1	33.17	16.74	2.83	35.01	9.54
	W_2	15.87	37.04	63.65	14.05	48.99
8	W_1	32.5	22.89	6.37	22.89	4.22
	W_2	14.06	25.25	53.64	25.25	60.78

注:W_1,柠檬酸和柠檬酸盐的含量(wt%);W_2,溴化 1-丁基-3-甲基咪唑的含量(wt%)。

3) 提取工艺优化结果

(1) 离子液体类型对提取和转化的影响

离子液体的结构对提取效率有显著的影响[63]。为了考察离子液体结构对补骨脂素提取效率的影响,我们对侧链长度和阴离子类型组成不同的一系列咪唑类离子液体进行验证。如图 4-29 所示,侧链长度不同的溴化烷基咪唑类离子液体对补骨脂素提取效率的大小顺序为:溴化 1-丁基-3-甲基咪唑([Bmim]Br)>溴化 1-己基-3-甲基咪唑([Hmim]Br)>(溴化 1-辛基基-3-甲基咪唑[Omim]Br)>溴化 1-乙基-3-甲基咪唑([Emim]Br)。这是由于随着咪唑阳离子烷基侧链长度的增加,离子液体的疏水性增强,亲水性降低。当溴化咪唑离子液体的烷基侧链的长度从乙基增大到丁基时,疏水性增强,对补骨脂素的作用力增大,从而使提取效率增大。当烷基侧链长度继续增大到辛基时,疏水性增大的同时使离子液体的空间位阻增大,阻碍了离子液体与补骨脂素的相互作用,使提取效率降低,因此最佳的烷基侧链长度为丁基[64]。为了确定阴离子类型对提取效率的影响,我们选用了阴离子类型不同而阳离子组成相同的 3-丁基-1-甲基咪唑类离子液体进行提取。结果表明,不同离子液体对补骨脂素提取效率的大小顺序为:溴化 1-丁基-3-甲基咪唑([Bmim]Br)>四氟硼酸化 1-丁基-3-甲基咪唑([Bmim]BF₄)>硫酸氢化 1-丁基-3-甲基咪唑([Bmim]

HSO₄)＞氯化 1-丁基-3-甲基咪唑([Bmim]Cl)，并且阴离子类型的变化对提取效率
的影响显著大于咪唑阳离子上烷基侧链长度的改变。这些结果表明[Bmim]Br 是最
佳的提取补骨脂素的溶剂，并且对补骨脂素的提取是阴离子依赖型的。产生这个
结果的原因是由于和[Bmim]BF₄、[Bmim]Cl、[Bmim]HSO₄ 相比，[Bmim]Br 的空
间位阻和极性最适于补骨脂素的提取，所以我们选取[Bmim]Br 作为从无花果叶中
提取补骨脂素的溶剂。

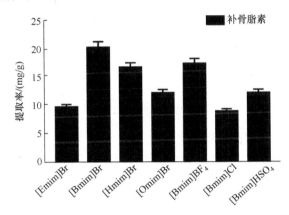

图 4-29　不同离子液体对无花果叶中补骨脂素提取率的影响

(2) pH 对提取和转化的影响

研究表明，离子液体-酸体系在温和的条件下具有很强的催化能力，显著强于
单纯的离子液体或酸。为了证明往离子液体中加入酸可以将无花果叶中的补骨脂
苷转化为补骨脂素而增加补骨脂素的提取率，我们选择[Bmim]Br 与柠檬酸(pH 2)
组成的混合溶剂作为提取溶剂，并选择[Bmim]Br、乙醇、乙醇+柠檬酸(pH 2)作为
对照进行试验。结果如图 4-30 所示，对比[Bmim]Br 和[Bmim]Br+柠檬酸(pH 2)，补
骨脂苷的提取率从 9.76 mg/g 降低到 0.098 mg/g，而补骨脂素的提取率从 20.89 mg/g
增大到 30.21 mg/g。对比乙醇和乙醇+柠檬酸(pH 2)，补骨脂苷的提取率从 15.32 mg/g
降低到 10.11 mg/g，而补骨脂素的提取率从 8.21 mg/g 增大到 12.34 mg/g。这些结
果表明，酸的加入可以将补骨脂苷转化为补骨脂素，增大补骨脂素的提取效率。
相比于乙醇+柠檬酸(pH 2)，[Bmim]Br+柠檬酸(pH 2)的转化效率更高，因为其具有
更强的催化能力和溶解能力。[Bmim]Br+柠檬酸(pH 2)体系是最佳的提取无花果
叶中补骨脂素溶剂体系。

(3) 提取和转化工艺优化

基于预试验，我们发现 pH、离子液体浓度和液固比是从无花果叶中提取和转
化补骨脂素的过程中影响最大的三个因素。所以我们首先进行了单因素试验以选
择参数的最佳范围，之后使用响应面法对参数进行更精确的优化。

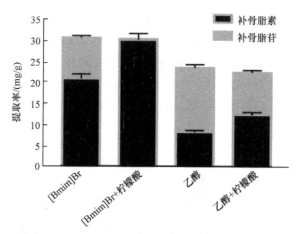

图 4-30　酸的加入对无花果叶中补骨脂苷的转化和补骨脂素提取率的影响

① 单因素试验优化提取和转化过程

[Bmim]Br-柠檬酸体系的 pH 会对提取和转化过程产生很大的影响。为了验证 pH 的影响，我们使用 pH 不同的[Bmim]Br-柠檬酸体系(pH=1，2，3，4，5)进行了提取和转化试验。如图 4-31 所示，当 pH 从 5 降低到 2 时，补骨脂素的提取和转化率逐渐变大。继续将 pH 从 2 降低到 1，补骨脂素的提取和转化率逐渐降低。当[Bmim]Br-柠檬酸体系为 pH 2 时，补骨脂素的提取率和转化率最高。产生这个现象的原因可能是由于随着 pH 的降低，体系的酸强度增强，催化能力增强，对细胞壁的破坏能力增强，导致补骨脂苷的转化率增大，补骨脂素的提取率增大。但是进一步降低至 pH 1，当酸性太强时可以增大补骨脂素在体系中的不稳定性，使其分解增多，导致补骨脂素的提取率降低。这些结果表明[Bmim]Br-柠檬酸体系(pH 2)是最佳的从无花果叶中提取和转化补骨脂素的溶剂体系。

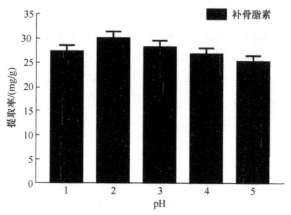

图 4-31　pH 对无花果叶中补骨脂素提取率的影响

　　离子液体浓度可以显著影响转化率和提取率。为了验证离子液体浓度的影响并确定最佳的离子液体浓度，我们选取了离子液体浓度不同的[Bmim]Br-柠檬酸体系(0.5 mol/L，1 mol/L，1.5 mol/L，2 mol/L，2.5 mol/L，3 mol/L)进行试验，结果如图 4-32 所示。随着离子液体浓度从 0.5 mol/L 增大到 2 mol/L，补骨脂素的提取率显著增大。随着离子液体浓度从 2 mol/L 继续增大到 3 mol/L，补骨脂素的提取率降低。这些结果表明离子液体浓度为 2 mol/L 时，最适合从无花果叶中提取补骨脂素，当浓度过大或过小时都会导致提取率的降低。产生这些结果的原因可能是由于当离子液体浓度从 0.5 mol/L 增大到 2 mol/L 时，[Bmim]Br-柠檬酸体系的疏水性增大，同时对超声波的吸收增强。这一方面使体系的极性更适于补骨脂素的提取；另一方面，对超声波吸收效率的增强使体系的传质过程得到强化，最终使补骨脂素的提取率增大。但是当离子液体浓度从 2 增大到 3 时，导致体系的黏度太大，不利于补骨脂素从无花果叶中扩散到溶剂中，使传质速率降低，最终导致提取率的降低[65]。类似的现象在之前已发表的研究中被观察到[66]。

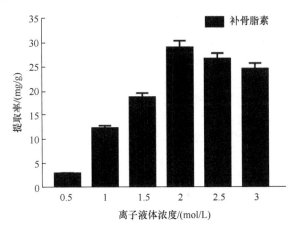

图 4-32　离子液体浓度对无花果叶中补骨脂素提取率的影响

　　液固比是影响提取和转化过程的一个重要因素。为了考察液固比对补骨脂素提取率的影响并确定最佳的液固比，我们选择了不同的液固比(5 mL/g、10 mL/g、15 mL/g、20 mL/g、25 mL/g、30 mL/g)进行试验。结果如图 4-33 所示，随着液固比从 5 mL/g 增大到 15 mL/g 时，补骨脂素的提取率显著增大，继续将液固比从 15 mL/g 增大到 30 mL/g 时，补骨脂素的提取率保持不变，因此最佳的液固比是 15 mL/g。这是因为当液固比低于 15 mL/g 时，由于溶剂的使用量少，对补骨脂素溶解能力小，当补骨脂素在无花果叶与溶剂间达到扩散平衡时，仍有大量的补骨脂素存在于无花果叶中，提取不彻底。另外，液固比小，在提取时溶剂和无花果叶间补骨脂素的浓度梯度小，传质速率慢。因此，随着液固比从 5 mL/g 增大到 15 mL/g 时，提取率显著增大。但是当溶剂用量足够大，达到扩散平衡时，无花果叶中补骨脂素便会被彻底提取出来，继续增大液固比不会再使提取率增大，所以当液固比从 15 mL/g 增大到 30 mL/g 时，补骨脂素的提取率保持不变。

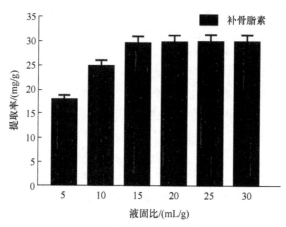

图 4-33　液固比对无花果叶中补骨脂素提取率的影响

② 响应面法优化提取和转化工艺

BBD(Box-Behnken design)是一种非常有效的优化方法，被广泛应用于复杂的提取过程中进行工艺参数的优化。在本文中我们使用 Design-Expert 8.0.6.1 软件进行 BBD 试验设计。经过对试验数据分析得到了一个描述补骨脂素提取率与 pH、离子液体浓度和液固比关系的二元多项式方程，公式如下。

$$Y = -54.64 + 10.84X_1 + 48.92X_2 + 3.146X_3 + 0.8650X_1X_2 + 0.0450X_1X_3$$
$$- 0.2600X_2X_3 - 2.997X_1^2 - 11.63X_2^2 - 0.0886X_3^2$$

式中，Y 是指补骨脂素的提取率(mg/g)；X_1 是指 pH；X_2 是指离子液体浓度(mol/L)；X_3 是指液固比(mL/g)。

该模型的方差分析(ANOVA)结果如表 4-15 所示，模型的 F 值为 41.92，P 值小于 0.0001，说明模型显著。失拟项 P 值为 1.45，说明失拟项不显著。这些结果表明模型拟合成功。X_1、X_2、X_2X_3、X_1^2、X_2^2、X_3^2 等项的 P 值小于 0.05，说明这些项是显著项，对补骨脂素的提取率有很大的影响。独立变量对提取率的影响可以从图 4-34 直观地观察到，如图 4-34A 所示，当 pH 保持不变，随着离子液体浓度从 1 mol/L 增加到 2 mol/L，补骨脂素的提取率也随着增大，继续增大离子液体浓度，提取率显著下降。这可能是因为离子液体浓度太大使提取溶剂的黏度增大，从而使传质速率降低。此外，当离子液体浓度保持不变时，随着 pH 从 1 增大到 2，补骨脂素的提取率也随之增大，继续增大 pH，提取率显著降低。这可能是由于补骨脂苷转化为补骨脂素受酸强度的影响较大，pH 越低，溶剂的酸强度越大。当 pH 小于 2 时，由于酸性太强，使补骨脂素的稳定性降低，从而使补骨脂素的提取率降低；但当 pH 大于 2 时，溶剂的酸强度太低，不利于补骨脂苷转化为补骨脂素而使补骨脂素的提取率降低。液固比与 pH(图 4-34B)、离子液体浓度与液固比(图 4-34C)的相互作用对补骨脂素提取率的影响和离子液体与 pH 的规律相似。模型所预测的最佳的提取条件为：pH 为 2.21，离子液体浓度为 2.01 mol/L，液固比为 15.35 mL/g，补骨脂素的提取率为 30.80 mg/g。为了对模型预测结果是否准确进行验证，我们在模型所预测的条件下对补骨脂素进行提取，重复试验三次，三次试验所得的补骨脂素的平均提取率为 31.22 mg/g。这些结果表明响应面模型对无花果叶中补骨脂素提取过程的模拟是十分成功的，提供了最佳的提取条件。

表 4-15　二元多项式的方差分析结果

变量	补骨脂素	
	F 值	P 值
模型	41.92	<0.0001
X_1^a	39.53	0.0004
X_2^b	24.35	<0.0001
X_3^c	2.10	0.1907
X_1X_2	2.33	0.1705
X_1X_3	0.63	0.4529
X_2X_3	5.27	0.0553
X_1^2	117.96	<0.0001
X_2^2	110.98	<0.0001
X_3^2	64.41	<0.0001
失拟项	1.45	0.3531
R^2	0.9818	

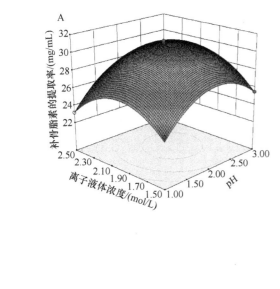

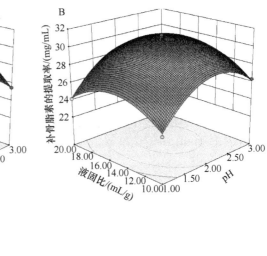

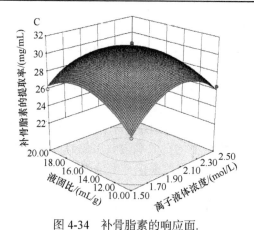

图 4-34　补骨脂素的响应面.
A. pH 和离子液体浓度；B. pH 和液固比；C. 离子液体浓度和液固比

4) 双水相纯化过程的考察和优化

(1) 相形成行为

为了验证[Bmim]Br-柠檬酸提取体系是否可以通过调节 pH 实现由单相至双水相的转换，我们对[Bmim]Br-柠檬酸提取体系的相形成行为进行了考察。在 pH 计的监测下，往[Bmim]Br-柠檬酸提取体系加入柠檬酸、氢氧化钾水溶液来准确调节体系的 pH。通过不断改变[Bmim]Br-柠檬酸提取体系中[Bmim]Br 的含量，验证在每一个含量下 pH 发生变化时相行为的变化。在这个过程中我们发现，当 pH 小于 5 时，无论[Bmim]Br-柠檬酸提取体系中离子液体的含量怎么变化都无法形成双水相体系。当 pH 为 5 时，双水相在特定的[Bmim]Br 的含量下可以形成。继续增大体系的 pH，双水相可以更容易的形成。研究表明，盐的电荷密度和阴离子所带的负电越大，水合作用和盐析能力也就越强。当 pH 从 2 增大到 8 时，柠檬酸由分子形态分别转变为 $C_6H_7O_7^-$、$C_6H_6O_7^{2-}$、$C_6H_5O_7^{3-}$，盐析能力也随之增强。柠檬酸有 4 个 pK_a 值，分别为 3.05、4.67、5.39 和 13.92。当 pH 低于 3.05 时，柠檬酸几乎不发生解离，主要以分子形式存在于提取溶剂体系中，没有盐析能力，因此提取溶剂以单相形式存在。当 pH 为 3.05~4.67 时，柠檬酸主要以分子和 $C_6H_7O_7^-$ 形式存在，盐析能力很弱，以至于不能形成双水相。当 pH 为 4.67~5.39 时，柠檬酸主要以 $C_6H_6O_7^{2-}$ 和 $C_6H_5O_7^{3-}$ 形式存在，盐析能力进一步增强，在特定的[Bmim]Br 的含量下开始形成双水相。当 pH 大于 5.39 时，柠檬酸以 $C_6H_5O_7^{3-}$ 形式存在，具有很强的盐析能力，使提取溶剂在更广的[Bmim]Br 的含量下形成双水相。这些结果表明[Bmim]Br-柠檬酸提取体系在 pH 大于 5 时，可以在特定[Bmim]Br 含量下形成双水相。

(2) 双水相体系的优化

在对[Bmim]Br-柠檬酸的相形成行为进行研究的基础上，调节[Bmim]Br-柠檬酸提取液的[Bmim]Br 含量和 pH，使[Bmim]Br-柠檬酸提取液由单相转变为双水相，并分别测定补骨脂素在离子液体富集的上相和盐富集的下相的含量，计算补骨脂素的回收率。为了获得最优的双水相组成使补骨脂素的回收率最高，对一系列[Bmim]Br 含量和 pH(5，6，7，8)不同的双水相进行了考察。为了能更好地反映双水相组成对补骨脂素回收率的影响，在每一个 pH 下，我们所考察的双水相体系的组成由高[Bmim]Br 含量和低柠檬酸含量到低[Bmim]Br 含量和高柠檬酸含量。不同双水相组成和 pH 条件下补骨脂素的回收率见图 4-35。如图 4-35A 所示，当 pH 为 5 时，随着柠檬酸的含量由 8.05(%wt)增大到 12.88(%wt)、[Bmim]Br 的含量由 56.59(%wt)降低到 48.83(%wt)时，补骨脂素的回收率由 60.42%增大到 75.32%。这是因为体系 pH 为 5 时，盐析能力很弱，[Bmim]Br 富集的上相中含有大量的水，使其极性变大，不利于疏水性的补骨脂素进入上相而导致回收率偏低。随着柠檬酸含量的增大，下相中柠檬酸盐的含量增大，使水分由[Bmim]Br 富集的上相中进入到下相，使上相极性降低，有利于补骨脂素进入上相，导致回收率的升高。如图 4-35B～D 所示，其所对应的 pH 分别为 6、7、8 时，相形成区域的[Bmim]Br 和柠檬酸组成更加广泛。因此，所考察的双水相体系组成为：[Bmim]Br 含量由 14(%wt)增大到 64(%wt)，柠檬酸含量由 5(%wt)增大到 37 (%wt)。与图 4-35A 中的规律相似，随着双水相体系中柠檬酸盐含量的增大，补骨脂素回收率呈现先增大后降低的趋势。这是由于随着双水相中柠檬酸含量的增大，柠檬酸盐的含量也随之增大，更多的水分由[Bmim]Br 富集的上相进入到盐富集的下相，使上相中疏水性增大，有利于补骨脂素的提取而使补骨脂素的回收率增大。然而，如果体系中柠檬酸盐的含量太高，过多的水分由上相进入到下相中，使上相体积显著减小的同时黏度显著增大，而补骨脂素的回收率降低。通过对比图 4-35B～D 可以发现，补骨脂素回收率的差异不大。这是因为在这些 pH(6、7、8)下，柠檬酸都是以 $C_6H_5O_7^{3-}$ 形式存在，盐析能力很强，从而使 pH 对补骨脂素回收率的影响不太明显。补骨脂素在 pH 为 7 时最佳的回收率为 96.32%，此时双水相体系中[Bmim]Br 含量为 37.04(%wt)，柠檬酸的含量为 30.21 (%wt)。在 pH 为 6 时，补骨脂素的最佳回收率为 94.21%，此时双水相体系中[Bmim] Br 含量为 38.49(%wt)，柠檬酸含量为 28.01(%wt)。在 pH 为 8 时，补骨脂素的最佳回收率为 96.04%，此时双水相体系中[Bmim]Br 含量为 38.64(%wt)，柠檬酸的含量为 30.32(%wt)。因此，我们选择 pH 为 7、[Bmim]Br 含量为 37.04(%wt)、柠檬酸的含量为 30.21(%wt)作为最佳的双水相体系，用于纯化[Bmim]Br-柠檬酸的无花果叶提取液中的补骨脂素。

6. 酶诱导结合负压空化提取桦褐孔菌中的三萜化合物[67]

本文采用酶诱导结合负压空化提取的方法，高效提取了桦褐孔菌中的三萜化合物。实验主要对酶的选择、乙醇浓度以及提取过程中的工艺参数进行了优化，另外对比了不同提取技术对桦褐孔菌中三萜化合物的提取率，为桦褐孔菌资源的开发与利用提供了一定的技术基础。

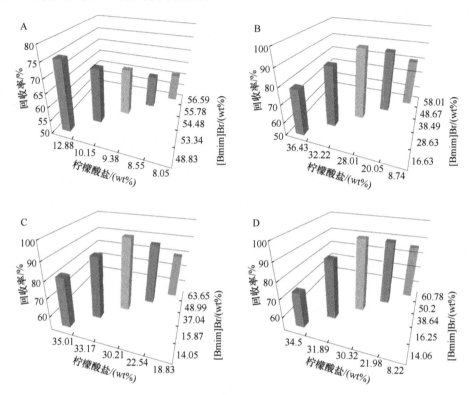

图 4-35　在不同 pH 条件下 pH 依赖的基于离子液体的
双水相体系的组成对补骨脂素回收率的影响

1) 提取工艺的研究与优化

(1) 提取工艺流程

为了提取桦褐孔菌中的三萜成分，现将桦褐孔菌置于 40℃的烘箱中干燥 12 h，再进行粉碎，过 40 目筛，获得原材料粉末。对其进行酶诱导后，利用一定浓度的乙醇溶液进行负压空化提取，另对提取过程的影响参数进行优化，将提取液过滤后，取上清液进行浓缩，对其中三萜化合物进行定量分析。提取工艺的流程如图 4-36 所示。

(2) 总三萜标准曲线的建立

精确称取 2 mg 的齐墩果酸，使其充分溶解在无水乙醇溶液中，并定容至 1 mL。对配制好的 2 mg/mL 溶液进行稀释，配制成 1 mg/mL、0.5 mg/mL、0.25 mg/mL、0.125 mg/mL、0.0625 mg/mL 的标准溶液，分别取每个浓度的标准溶液 0.5 mL 加入 10 mL 离心管中，再加入 0.3 mL 乙酸-香草醛溶液(称取香草醛 0.5 g，加入乙酸定容至 10 mL，当天使用)和 1 mL 高氯酸，水浴 60℃反应 20 min，加无水乙醇定容至 10 mL 后摇匀，测定溶液在 550 nm 波长处的吸光度。以齐墩果酸的浓度为横坐标、对应的吸光度为纵坐标，绘制总三萜含量测定的标准曲线。

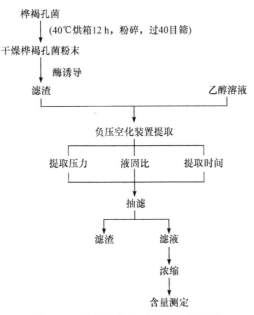

图 4-36　桦褐孔菌总三萜提取流程图

(3) 提取率的计算

精确称取粗提物 1 mg，使其充分溶解于 0.5 mL 的无水乙醇溶液，制备成样品溶液。再加入 0.3 mL 乙酸-香草醛溶液及 1 mL 高氯酸，充分混合。在 60℃条件下，使其反应 20 min。待反应完全后，加无水乙醇至 10 mL，充分混合，测定其在 550 nm 处波长的吸光度。依据制作的标准曲线，计算得到粗提物中总三萜的含量。

桦褐孔菌中总三萜的提取率的公式为

$$总三萜含量(mg/g) = \frac{C \times V}{M}$$

式中，C，样品溶液中目标化合物的浓度(mg/mL)；V，样品溶液体积(mL)；M，桦褐孔菌粉干重(g)。

(4) 提取条件的单因素优化

① 酶诱导工艺中酶的种类选择

称取 4 份干燥桦褐孔菌粉末 2 g，其中 3 份分别加入 20 mL 浓度为 1 mg/mL 的纤维素酶、β-葡萄糖苷酶以及果胶酶溶液，另 1 份加入 20 mL 水溶液，作为对照组。在 40℃下培养 12 h 后，过滤，取滤渣，待用。分别将 4 份滤渣加入 80%乙醇溶液，进行超声提取 30 min，每组实验重复 3 遍，获得的溶液抽滤后浓缩，进行总三萜含量测定。

② 酶诱导工艺中酶的浓度优化

称取 4 份干燥桦褐孔菌粉末 2 g，分别加入 0.25 mg/mL、0.5 mg/mL、1 mg/mL、1.5 mg/mL 的纤维素酶水溶液 20 mL，在 40℃下培养 12 h 后，过滤，取滤渣，待用。分别将 4 份滤渣加入 80%乙醇溶液，进行超声提取 30 min，每组实验重复 3 遍，将获得的溶液抽滤后浓缩，进行三萜含量测定。

③ 酶诱导时间的优化

称取 5 份 2 g 的干燥桦褐孔菌，再加入 1 mg/mL 的纤维素酶水溶液 20 mL，在 40℃下分别培养 6 h、12 h、18 h、24 h、30 h 后，过滤，取滤渣，待用。将 5 份滤渣加入 80%乙醇溶液，进行超声提取 30 min，每组实验重复 3 遍，共获得的溶液抽滤后浓缩，进行三萜含量测定。

④ 酶诱导温度的优化

称量 5 份 2 g 的干燥桦褐孔菌后，再加入 1 mg/mL 的纤维素酶水溶液 20 mL，置于 25℃、30℃、35℃、40℃、45℃条件下一天，过滤，取滤渣，待用。将 5 份滤渣加入 80%乙醇溶液，进行超声提取 30 min，每组实验重复 3 遍，共获得的溶液抽滤后浓缩，进行三萜含量测定。

⑤ 提取溶剂的优化

称量 2 g 桦褐孔菌 5 份，各加入 20 mL 的浓度为 55%、65%、75%、85%和 95%乙醇溶液，在负压空化装置压力–0.07 MPa 和室温下进行提取 30 min。每组实验重复 3 次，将 5 份提取液进行过滤，获得滤液后浓缩，进行三萜含量测定。

⑥ 提取时间的优化

称量 2 g 桦褐孔菌 5 份，各加入 20 mL 的浓度为 75%的乙醇溶液，在负压空化装置压力–0.07 MPa 和室温下分别提取 15 min、20 min、25 min、30 min 和 35 min。每组实验重复 3 次，将 5 份提取液进行过滤，获得滤液后浓缩，进行三萜含量测定。

(5) 负压空化提取参数的 BBD 实验优化

为有效地获得桦褐孔菌中三萜化合物，提取过程中的影响参数将通过 BBD(Box-Behnken design)设计进行优化。在优选出合适的乙醇溶液浓度和提取时间后，为系统优化负压空化提取桦褐孔菌中的三萜成分过程的工艺参数，采取了 BBD 实验设计方法，考察了 3 个对提取率影响较为显著的因素[包括提取压力(X_1)、液固比(X_2)、提取温度(X_3)]的彼此关系。在 BBD 设计实验中，X_1、X_2、X_3 分别为 3 个独立变量，提取率的响应变量表示为 Y，提取率的二阶多元回归方程为

$$Y = \beta_0 + \sum_{i=1}^{3} \beta_i X_i + \sum_{i=1}^{3} \beta_{ii} X_i^2 + \sum_{i=1}^{3} \sum_{j=i+1}^{3} \beta_{ij} X_i X_j$$

在回归方程内，Y 是预测的响应值，X_i、X_j 是自变量，β_0 是截距，β_i 是线性，β_{ii} 是线性平方，β_{ij} 为相互作用的回归系数。实验过程中的影响条件的水平见表 4-16，每组实验重复 3 次，通过统计软件 Design-Expert 8.0 得到分析结果。

表 4-16　BBD 实验设计的因素水平

因素	水平		
	−1	0	1
提取压力(X_1)/MPa	−0.05	−0.07	−0.09
液固比(X_2)/(mL/g)	10	15	20
提取温度(X_3)/℃	30	40	50

2) 不同提取方法的比较

分别利用负压空化提取法和超声提取法对酶诱导后的桦褐孔菌进行提取，利用负压空化提取法对未经处理的桦褐孔菌进行提取，对提取效率进行比较分析。

酶诱导结合负压空化提取法过程：精确称量 2.0 g 经酶诱导后的桦褐孔菌粉末 3 份，加入负压空化提取装置中，分别加入 30 mL 最佳浓度的乙醇溶液进行提取 30 min，在以上优化的反应条件下每组实验重复 3 次。将提取液进行过滤，获得滤液后浓缩，进行三萜含量测定。

酶诱导结合超声提取法过程：精确称量 2.0 g 经酶诱导后的桦褐孔菌粉末 3 份，加入至 50 mL 反应瓶中，分别加入 30 mL 最佳浓度的乙醇溶液提取 30 min，设置超声功率为 40 kHz，温度为 43℃，每组实验重复 3 次。将提取液进行过滤，获得滤液后浓缩，进行三萜含量测定。

负压空化提取法过程：精确称量 2.0 g 桦褐孔菌粉末 3 份，加入至 50 mL 反应瓶装置中，分别加入 30 mL 最佳浓度的乙醇溶液提取 30 min，在优化的反应条件下，每组实验重复 3 次。将提取液进行过滤，获得滤液后浓缩，进行三萜含量测定。

3) 最适提取工艺

(1) 标准曲线的绘制

利用标准品的浓度为横坐标、对应溶液的吸光度为纵坐标，得到总三萜含量测定的标准曲线，见图 4-37。

该标准曲线的回归方程为 $y = 0.7451x + 0.052$，$R^2 = 0.9991$，说明在 0～1 mg 的范围中，三萜化合物及其吸光度值线性关系良好。

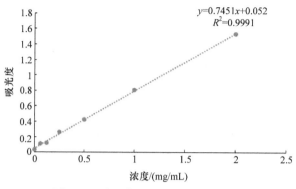

图 4-37　总三萜含量测定的标准曲线

(2) 提取工艺条件的单因素优化

① 不同种类的酶诱导对桦褐孔菌提取物中三萜含量的影响

桦褐孔菌经相同浓度的纤维素酶、β-葡萄糖苷酶和果胶酶的处理后，对提取物中三萜化合物含量进行了检测，并与未经酶处理的提取物进行了对比，结果见图 4-38。从图中可以看出，经过酶处理的提取物中三萜化合物含量都高于对照组含量，并且经纤维素酶和 β-葡萄糖苷酶处理所得提取物的三萜含量明显高于经果胶酶处理的含量。可能原因是在处理过程中，酶作用于细胞壁，使细胞壁遭到破坏，化学成分可以更高效地溶出。综合对经济成本的影响，纤维素酶价格较为低廉，因而被应用于对桦褐孔菌材料进行酶诱导处理。

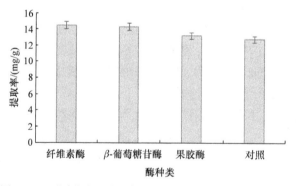

图 4-38　不同种类的酶对桦褐孔菌三萜化合物含量的影响

② 酶浓度对桦褐孔菌提取物中三萜含量的影响

在选择酶的种类后，对处理桦褐孔菌材料的纤维素酶浓度进行了考察，不同浓度的酶的影响结果见图 4-39。从图中可以看出，随着浓度的增加，桦褐孔菌中三萜化合物的含量也逐渐增加，至浓度为 1 mg/mL 时，含量达到了最大值，增加了 11.53%；随着酶浓度的继续增加，三萜化合物的含量也有所降低。可能原因是，过多的酶会在植物组织中发生其他的反应。因此，在纤维素酶诱导处理桦褐孔菌过程中，酶的浓度选择 1 mg/mL。

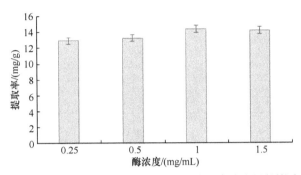

图 4-39　不同浓度的酶对桦褐孔菌三萜化合物含量的影响

③ 酶诱导时间对桦褐孔菌提取物中三萜含量的影响

不同诱导时间对桦褐孔菌中三萜化合物含量的影响见图 4-40。经过不同时间诱导的桦褐孔菌中，三萜化合物的含量有着明显的不同。随着诱导时间的增加，三萜化合物的含量也有明显的增大，但在诱导时间超过 24 h 后，三萜化合物含量的增加趋势并不明显，甚至几乎不变。由于过长的时间降低了其效率，因此选择 24 h 作为酶诱导处理时间。

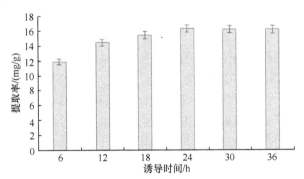

图 4-40　不同诱导时间对桦褐孔菌三萜化合物含量的影响

④ 酶诱导温度对桦褐孔菌提取物中三萜含量的影响

由于温度会影响酶的活性，酶诱导过程中的温度选择是至关重要的。因此，考察了不同诱导温度对桦褐孔菌中三萜化合物含量的影响，结果见图 4-41。三萜化合物的含量随着温度的增高而增大，当温度升高至 40℃后，三萜化合物的含量有所减少。原因是温度高会降低酶的活性，从而影响酶诱导的效果。因此，选择 40℃作为酶诱导处理的条件。

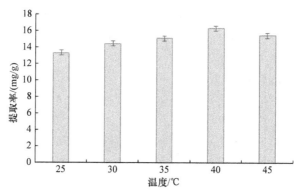

图 4-41　不同诱导温度对桦褐孔菌三萜化合物含量的影响

经过对酶诱导处理桦褐孔菌材料工艺条件的单因素优化，在选择的最优条件下，提取物中三萜化合物的含量达到 16.35 mg/g，比未处理的含量增加了 28.13%。

⑤ 提取溶剂浓度对桦褐孔菌三萜提取率的影响

根据"相似相溶"的原理，化学成分可以溶解到极性与之相近的溶液中，因此，提取溶剂的选择很大程度上影响着植物中药理活性成分的提取效率。当然，不同浓度的乙醇溶液对桦褐孔菌中三萜化合物的提取效率也大不相同。分别用浓度为 55%、65%、75%、85% 和 95% 的乙醇溶液作为提取溶剂，考察了其对桦褐孔菌三萜提取率的影响，结果见图 4-42。由图 4-42 可以看出，桦褐孔菌中三萜化合物的提取率随着乙醇溶液浓度的增加，呈现先增高后降低的趋势。当浓度在范围 55%～75% 内增加时，桦褐孔菌中三萜化合物的提取率逐渐增高。在乙醇溶液浓度为 75% 时，三萜化合物的提取率达到最大值。而当乙醇浓度继续提高时，三萜化合物的提取率也有所减小。这种变化趋势可能是由于三萜化合物在不同浓度的乙醇溶液中的溶解度不同导致的。乙醇浓度低于 75% 时，极性偏大，而高于 75% 时，极性偏小，使得三萜化合物在其高浓度的溶液中有较小的溶解度，导致提取率较低。因此，我们选择 75% 浓度的乙醇溶液作为提取桦褐孔菌中三萜化合物的提取溶剂。

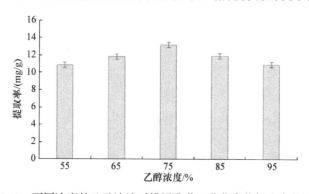

图 4-42　不同浓度的乙醇溶液对桦褐孔菌三萜化合物提取率的影响

⑥ 提取时间对桦褐孔菌三萜提取率的影响

在提取过程中，提取时间很大程度上会影响提取效率。实验中分别考察了提取时间为 15 min、20 min、25 min、30 min 及 35 min 条件下，对桦褐孔菌中三萜化合物提取率的影响。由图 4-43 可以看出，提取时间范围在 15～30 min 内，桦褐孔菌中三萜化合物的提取率随着时间的增加而有明显的增高趋势，当提取时间继续增加时，三萜化合物的提取率变化趋势并不明显。可能原因是较短的提取时间会造成提取过程不完全，使得部分目标化合物没有完全溶出，而较长的提取时间会导致提取过程效率低下且能源浪费。因此，选择 30 min 作为提取桦褐孔菌中三萜化合物的提取时间。

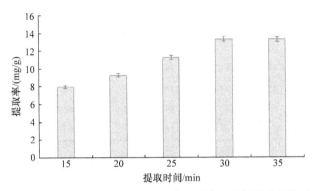

图 4-43 不同提取时间对桦褐孔菌三萜化合物提取率的影响

(3) 负压空化提取工艺参数的优化

在确定提取溶剂后，影响负压空化提取桦褐孔菌三萜化合物过程的工艺参数需要被进一步优化。在优化提取条件时，采用了 BBD 实验设计进行实验优化和响应面分析对数据结果进行处理分析。BBD 实验设计和响应面分析法在生物、药品和食物等领域都有广泛的应用。在本节实验中，比较了 3 个重要参数对三萜化合物提取率的影响，利用 BBD 实验设计法设计了提取压力(X_1，MPa)、液固比(X_2，mL/g)、提取温度(X_3，℃)的三因素三水平 BBD 实验，并采用响应面分析法实现了模型拟合和预测，其中响应值 Y 是总三萜的提取率，实验结果见表 4-17。

表 4-17 BBD 实验结果

次数	因素			提取率/(mg/g FW)
	X_1/MPa	X_2/(mL/g)	X_3/℃	
1	−0.05	10	40	15.87
2	−0.09	10	40	16.44
3	−0.05	20	40	16.20
4	−0.09	20	40	16.89

次数	因素			提取率/(mg/g FW)
	X_1/MPa	X_2/(mL/g)	X_3/℃	
5	−0.05	15	30	15.69
6	−0.09	15	30	16.59
7	−0.05	15	50	16.52
8	−0.09	15	50	17.10
9	−0.07	10	30	15.53
10	−0.07	20	30	16.13
11	−0.07	10	50	16.35
12	−0.07	20	50	16.87
13	−0.07	15	40	17.43
14	−0.07	15	40	17.47
15	−0.07	15	40	17.37
16	−0.07	15	40	17.27
17	−0.07	15	40	17.59

对 BBD 实验数据进行了方差分析，结果见表 4-18。

表 4-18 的二次模型方差统计分析结果表明，对桦褐孔菌中三萜化合物的提取率所建立的模型项(Model)的 P 值小于 0.01，说明建立的模型显著并适用，失拟项(Lack of fit)大于 0.05，说明失拟项不显著，建立的模型适用并拟合成功。综合表 4-18 可以看出，三萜化合物的实验模型相关性较好，R^2 为 0.9781，说明模型可以准确表达变量和响应值的关系。通过对表 4-17 的数据进行函数拟合后，得到了三萜化合物的提取率的二次回归方程如下：

$$Y = 17.43 + 0.34X_1 + 0.24X_2 + 0.36X_3 + 0.030X_1X_2 - 0.078X_1X_3 - 0.020X_2X_3 - 0.41X_1^2 - 0.67X_2^2 - 0.54X_3^2$$

表 4-18 三萜化合物提取率的方差分析

变量	三萜化合物		
	F 值	P 值	
模型	62.31	<0.0001	显著
X_1	77.54	<0.0001	
X_2	37.60	0.0005	
X_3	88.30	<0.0001	
X_1X_2	0.31	0.5978	

变量	三萜化合物		
	F 值	P 值	
X_1X_3	2.00	0.1998	
X_2X_3	0.13	0.7322	
X_1^2	59.42	0.0001	
X_2^2	156.88	<0.0001	
X_3^2	103.01	<0.0001	
失拟项	0.60	0.6150	不显著
R^2	0.9781		

　　在 BBD 实验设计中考察的三个因素(提取压力、提取时间和液固比)对桦褐孔菌中三萜化合物的提取率的响应面，结果见图 4-44。

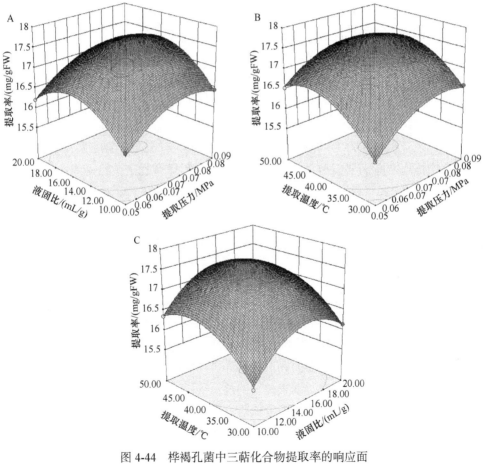

图 4-44　桦褐孔菌中三萜化合物提取率的响应面

图 4-44A 表明了液固比和提取压力两因素在影响三萜化合物提取率时的相互关系。可明显看出，提取压力为固定值时，随着液固比的逐渐增加，三萜化合物的提取率呈现出先升高后随之有所降低的趋势。因为在液固比较小，即固定原材料的提取溶剂的用量小时，原材料和提取溶剂的接触不充分，使得提取过程受到一定的限制；当液固比过大即固定原材料的提取溶剂的用量过多时，大量的溶剂会影响装置中空化作用，并且造成一定的浪费，使得提取效率也随之降低。而液固比为固定值时，随着提取压力的逐渐增加（至–0.08 MPa），三萜化合物的提取率呈现升高的趋势，而压力继续增加（＞–0.08 MPa），提取率的升高趋势并不明显，甚至有所降低。这是因为压力过大会导致装置中的气体流速慢，空化作用效果减小，导致提取率下降。

图 4-44B 表明了提取温度和提取压力两因素在影响三萜化合物提取率时的相互关系。可明显看出，提取压力为固定值时，随着液固比的逐渐增加，三萜化合物的提取率呈现先升高后随之有所降低的趋势，可能是因为过高的温度导致原材料中的生物活性成分被破坏，使得提取率下降。

图 4-44C 表明了提取温度和液固比两因素在影响三萜化合物提取率时的相互关系。可以看出，随着温度和液固比的增大，三萜化合物的提取率呈现先升高后随之降低的趋势。

在经过模型拟合和回归方程的分析后，得到了最佳的桦褐孔菌中三萜化合物的提取工艺：提取压力为–0.08 MPa，液固比为 15.91 mL/g，温度为 43.05℃，三萜化合物提取率的预期值为 17.57 mg/g。综合实际操作确定最终提取条件：提取压力为–0.08 MPa，液固比为 16 mL/g，温度为 43℃，并进行了提取实验进行验证（三组）。经实验得到桦褐孔菌中三萜化合物的提取率为 17.41 mg/g(n=3），相对标准偏差（RSD）是 0.85%。对比实验和模型的三萜化合物提取率的结果，说明所建立的模型拟合可靠，可对桦褐孔菌中三萜化合物的提取率进行准确的预测。

4) 不同提取工艺的比较

研究中比较了酶诱导结合负压空化提取技术、酶诱导结合超声辅助提取技术和负压空化提取技术的三萜化合物提取效率，所选择的提取技术均在其优化条件下进行，结果见图 4-45。从图中我们可以看出，酶诱导结合负压空化提取技术的提取率高于酶诱导结合超声辅助提取技术和负压空化提取技术的提取率，且负压空化提取技术耗能较小，表明本文提出的酶诱导结合负压空化提取法是一种提取效率高、工艺简单且具有一定应用价值的方法。

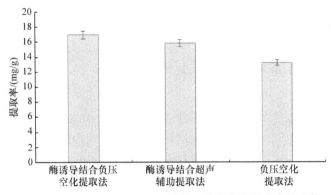

图 4-45　不同提取工艺对桦褐孔菌三萜化合物提取率的比较

4.2　森林资源功能成分的分离纯化技术

4.2.1　森林资源功能成分分离纯化的目的

植物的化学成分很复杂，普遍含有糖类、蛋白质、淀粉、纤维素、树脂、叶绿素及无机盐等。同时植物中还含有生物碱、多糖、苷类、酚酸类、挥发油、有机酸等一些次生代谢产物，这些次生代谢产物往往具有一定的生理活性，称为植物资源中的活性成分。然而来源于森林的产品大部分无法直接被利用，特别是一些活性成分含量较低的资源在利用时存在较大困难。随着人类对植物化学成分研究的逐渐深入，结合现在的研究情况，认为森林资源功能成分分离纯化的目的主要有以下几个方面。

(1) 降低原植物毒性并提高活性。寻找活性成分，能够去除植物中的无效和有毒成分，从而减低毒性，提高疗效。例如，从植物长春花中提取的化学成分长春碱(vinblastine)和长春新碱(vincristine)是两个抗癌的有效成分，目前在我国已经实际应用于临床治疗。其中，长春新碱每周只需注射 1 mg 的剂量，相当于 1 kg 原植物中长春新碱的含量。若将 1 kg 长春花做成制剂给患者使用，存在很大困难，并且毒性大、疗效差，但经分离提纯后降低了毒性、提高了疗效。

(2) 改进产品生产工艺，控制产品质量。林产功能产品的活性物质含量受产地、采收时间和加工方法的影响而有所变化，工业生产时质量较难控制，因此目前中药材的质量问题仍然很难解决，仅仅按照《中国药典》要求进行质量控制是不够的。所以对植物中的活性成分进行提取和分离纯化，能够保证质量的均一性和稳定性。

(3) 林产非木质资源的开发利用。森林资源不仅有木材，植物中含有的化学成分可用于医药工业，在材料、能源等领域也具有重要价值。例如，生物质柴油和纤维素材料的大量应用，对资源的可持续利用和现代社会的生态化发展具有重要意义。

4.2.2　森林资源功能成分分离纯化的经典方法

1. 溶剂法

溶剂法是提取森林资源植物中功能成分最常用的初步分离方法，是基于提取物中的各类成分在不同极性溶剂中的溶解度不同，分别选用多种不同极性的溶剂，由弱极性到强极性分步进行选择性溶解。依据具体原理与应用溶剂的种类不同，溶剂分离法主要分为以下几种。

1) 溶剂分配法

该法是利用植物提取物中各组成成分在两相溶剂中分配系数的不同而进行分离的方法，称为两相溶剂分配法，又简称为萃取法。溶剂分配法的两相往往是互相饱和的水相和有机相。提取物中各成分在两相溶剂中分配系数相差越大，则分离效率越高。可以用分离因子 β 值来表示分离的难易。分离因子可定义为 A、B 两种溶质在同一溶剂系统中分配系数的比值。就一般情况而言，$\beta \geqslant 100$，仅作一次简单萃取就可以实现基本分离；但 $100 > \beta \geqslant 10$，则须萃取 $10 \sim 12$ 次；$\beta \leqslant 2$ 时，要想实现基本分离，须作 100 次以上萃取才能完成；$\beta \approx 1$ 时，意味着两者性质极其相近，即使多次萃取也无法实现分离。一般根据提取物中成分的极性大小选择不同的两相溶剂系统，如分离极性较大的成分可以选用正丁醇-水，中等极性成分的分离选用乙酸乙酯-水，极性小的成分选用二氯甲烷(或氯仿、乙醚)-水。

在操作时首先将植物材料提取物浸膏加少量水分散后，利用各组分极性差别，在分液漏斗中依次用与水不相混溶的有机溶剂进行萃取，一般需要反复萃取多次，才能使化学成分得到较好的分离。例如，提取物中的有效成分是亲脂性的，一般多用亲脂性有机溶剂如石油醚、甲苯、二氯甲烷或乙醚等进行两相萃取；如果有效成分是偏于亲水性的，在亲脂性溶剂中难溶解，则需要用乙酸乙酯、正丁醇等有机溶剂进行萃取。如分离亲水性强的皂苷类成分时，将乙醇提取液浓缩后的浸膏，制成混悬液后依次用弱极性的溶剂如氯仿、乙酸乙酯进行萃取，除去亲脂性杂质，然后选用正丁醇等进行萃取，可使皂苷类成分富集于正丁醇部位，达到初步分离的作用。一般有机溶剂亲水性越大，萃取的效果就越不理想，因为能使较多的亲水性杂质也一并被萃取出，对有效成分进一步的精制纯化影响较大。

2) 酸碱溶剂法

利用混合物中各组分酸碱性的不同可进行分离。对于难溶于水的有机碱性成分，如生物碱类，可与无机酸成盐溶于水，借此可与非碱性难溶于水的成分分离；对于具有羧基或酚羟基的酸性成分，难溶于酸水，可与碱成盐溶于水；对于具有内酯或内酰胺结构的成分，可被皂化溶于水，借此与其他难溶于水的成分分离。

具体操作时，可将总提取物溶于亲脂性有机溶剂(常用乙酸乙酯)，用酸水、碱水分别萃取，将总提取物分成碱性、酸性、中性三个部分。也可将总提取物溶于水，调节 pH 后用有机溶剂萃取。如此所得碱性或酸性部位中，存在着碱度或酸度不同的成分，还可结合 pH 梯度法萃取进一步分离碱性或酸性不同的成分。

2. 沉淀法

沉淀法是基于有些植物活性成分能与某些试剂生成沉淀或加入某些试剂后可降低某些成分在溶剂中的溶解度而自溶液中析出的一种方法，也是一种初步分离的方法。如果将需要分离获得的成分生成沉淀，则这种沉淀反应必须是可逆的；如果生成沉淀的成分是不需要的，则将沉淀除去，因此所应用的沉淀反应可以是不可逆的。依据加入试剂或溶剂的不同，沉淀法主要分为专属试剂沉淀法、酸碱沉淀法和分级沉淀法。

1) 专属试剂沉淀法

利用某些试剂选择性地与某类化学成分反应生成可逆的沉淀而与其他成分分离的操作即为专属试剂沉淀法。例如，雷氏铵盐等生物碱沉淀试剂能与水溶性生物碱类生成沉淀，可用于生物碱与非生物碱类的分离，以及水溶性生物碱与其他生物碱的分离；胆甾醇能与甾体皂苷生成沉淀，可使其与其他苷类分离；明胶能沉淀鞣质，可用于分离或除去鞣质等。实际应用时，可根据植物活性成分和杂质的性质，选用适当的沉淀试剂。

2) 酸碱沉淀法

对酸性、碱性或两性有机化合物来说，常可通过加入酸或碱以调节溶液的 pH 来改变分子的存在状态(游离型或解离型)，从而改变其溶解度而实现与其他物质的分离。例如，一些生物碱类在用酸性水从药材中提出后，加碱调至碱性即可从水中沉淀析出(酸提碱沉法)。提取黄酮、蒽醌类酚酸性成分时，常采用碱提酸沉法。这种方法因为简便易行，在工业生产中应用广泛。但在应用时也要注意控制反应条件，防止某些化合物结构发生变化，或结构发生不可逆改变。

影响沉淀法分离效果的主要因素有沉淀剂或溶剂的选择及其添加量，以及原溶液中待分离物质的浓度、温度、pH 等。在沉淀分离时需要注意以下几点：①沉淀的方法和技术应具有一定的选择性，以使目标成分得到较好的分离；②活性物质的沉淀分离必须考虑沉淀方法对目标成分的活性和化学结构是否有破坏；③目标成分的沉淀分离必须充分估量残留物(如金属离子、有机溶剂)对人体的危害。

3) 分级沉淀法

在混合组分的溶液中加入与该溶液能互溶的溶剂，改变混合物组分溶液中某些成分的溶解度，可以使其从溶液中沉淀析出。改变加入溶剂的极性或数量而使沉淀逐步析出的方法称为分级沉淀法。例如，水提醇沉法即用水作为提取溶剂对植物材料进行提取，在水提浓缩液中加入乙醇使其含醇量达 80%以上，高浓度的醇可使多糖、蛋白质、淀粉、树胶、黏液质等沉淀下来，经滤过除去沉淀，即可达到分离的目的。在提取植物多糖成分时，常采用此法进行粗多糖的分离。对于在醇中溶解性较好的中药成分，可用醇提水沉法分离，即先用一定浓度的乙醇提取，在醇提取浓缩液中加入 10 倍量以上水，可沉淀亲脂性成分。

3. 结晶法

化合物由非晶形经过结晶操作形成有晶形的过程称为结晶。最初析出的结晶往往纯度较低，需要进行多次结晶，此过程称为重结晶。大多数植物活性成分可以通过结晶的方法达到分离纯化的目的。结晶是植物活性成分工业化制备分离的关键技术之一。

当某一活性成分在植物材料中含量很高时，以合适的溶剂提取后将提取液冷却或稍微浓缩，便可得到结晶。例如，香料荜茇中胡椒碱含量较高，荜茇乙醇提取液浓缩后放置一段时间，就有大量的胡椒碱结晶形成，但滤过得到的胡椒碱结晶纯度不高，还要进行反复的重结晶进行纯化。

结晶法的关键是选择适宜的结晶溶剂。对溶剂的要求一般包括：对被溶解成分的溶解度随温度不同应有显著差别、与被结晶的成分不应产生化学反应、沸点适中等。常用于结晶的溶剂有甲醇、乙醇、丙酮、乙酸乙酯、乙酸、吡啶等。当用单一溶剂不能达到结晶的目的时，可用两种或两种以上溶剂组成的混合溶剂进行结晶操作。有些化合物只在特定的溶剂中易于形成结晶，实际应用时需要合理选择。例如，大黄素在吡啶中易于结晶，葛根素、逆没食子酸在乙酸中易形成结晶，而穿心莲内酯亚硫酸氢钠加成物在丙酮中容易结晶。

4. 色谱法

色谱法是植物中化学成分纯化的最重要方法，具有重复性好、分离纯化效果好的特点。下面详细介绍几种常用的色谱分离方法。

1) 硅胶柱色谱

在硅胶柱色谱分离过程中，以单一溶剂为洗脱剂时，组成简单、分离重现性好，但往往分离效果不佳。因此，在实际工作中常采用二元、三元或多元溶剂系统作洗脱剂。在多元流动相中，不同的溶剂起到不同的作用。一般所占比例大的溶剂往往起到溶解样品和分离的作用，所占比例小的溶剂则起到改善 Rf 值的作用，有时在分离酸性或碱性成分时还需加入少量的酸或碱以改善被分离的某些极性物质的拖尾现象，提高分离程度。也可以在整个洗脱过程中，由小极性溶剂开始，逐渐增大洗脱剂的极性，使吸附在色谱柱上的各组分逐个被洗脱，这种洗脱方式称为梯度洗脱。洗脱溶剂极性的梯度增大应是一个较缓慢的过程，如果极性梯度变化过快，就很难获得满意的分离效果。

2) 大孔吸附树脂柱色谱

大孔吸附树脂(macroporous adsorption resin)是 20 世纪 70 年代发展起来的新型大孔吸附剂,具有简单方便、高效快速、重现性好等特点。其吸附性是由范德华力引力或形成氢键共同作用决定的,此外,在结构上的多孔性导致其具备分子筛的作用。因此,可以利用其吸附性及分子筛的原理来分离纯化样品中的有效成分。大孔吸附树脂性质稳定,耐酸、耐碱和耐有机溶剂,吸附选择性好且不受无机盐类及强离子低分子化合物的影响,同时具有多孔性、吸附速度快、选择性好、再生简便、安全性高等优点,还具有操作简单、可重复使用、再生处理方便、高效节能、成本低廉适合大规模工业化生产等特点。因此,大孔吸附树脂已广泛应用在处理工业废水、制药业等方面。更值得一提的是,大孔吸附树脂在天然产物分离纯化领域占有非常重要的位置,目前已广泛用来分离纯化植物天然活性成分中的黄酮、生物碱、皂苷、酚酸等化合物。几种常用的大孔吸附树脂见表 4-19。

表 4-19　大孔吸附树脂的物理参数

树脂类型	表面积/(m²/g)	孔径/nm	粒径/mm	极性
NKA-9	250～290	15.0～16.5	0.3～1.25	极性
AB-8	480～520	13.0～14.0	0.3～1.25	弱极性
DM-130	500～550	9.0～10.0	0.3～1.25	弱极性
SA-3	500～600	15.0～25.0	0.3～1.20	非极性
D-101	400～600	10.0～12.0	0.2～0.6	非极性
D-3520	480～520	8.5～9.0	0.3～1.25	非极性

(1) 大孔吸附树脂的预处理方法

由于新买的大孔吸附树脂中可能含有未聚合单体、制孔剂、交联剂等物质和有机溶剂残留等毒性杂质,如果不进行适当处理直接使用,会对富集与分离造成影响。因此在使用前通常需要先后以静态法与动态法进行除杂。静态法处理是将新买的树脂浸泡在 95%乙醇溶液中 24 h,进行搅拌及更换溶液;在 4% HCl 溶液中浸泡 3 h,用蒸馏水重复冲洗至中性;在 5% NaOH 溶液中浸泡 3 h,用蒸馏水重复冲洗至中性;在蒸馏水中浸泡 24 h,充分溶胀,备用。动态处理法是将浸泡在乙醇溶液中的树脂,混合装入干净的色谱柱中;用大约 2 倍树脂床体积的 95%乙醇溶液洗脱数次,直至加蒸馏水后的树脂柱流出的液体无浑浊为止,用蒸馏水重复洗脱至无醇味,且水液透明澄清,备用。

(2) 树脂筛选

分别称取预处理好的树脂干重各 1.0 g,放置于 150 mL 带塞锥形瓶中,然后分别加入 60 mL 待分离的样品溶液,放置恒温摇床中,设置参数为:转速 100 r/min,温度 25℃,进行 5 h 的振荡吸附。当吸附达到平衡后,通过抽滤将树脂与溶液分离，树脂用一定量蒸馏水冲洗，合并吸附后溶液与冲洗液，并通过适当的分析方法分析检测树脂对目标产物的吸附能力。较多采用的方法是紫外分光光度法。

将 80 mL 的乙醇溶液加入到上述通过抽滤与溶液分离开来的树脂中，放置恒温摇床中，设置参数为：转速 100 r/min，温度 25℃，进行 5 h 的振荡解吸。当解吸完成后，进行抽滤，将树脂与溶液分离，得到的解吸液通过与吸附过程相同的检测方法进行分析检测。样品溶液与大孔吸附树脂的吸附能力、解吸能力和解吸率的计算公式分别如下。

大孔吸附树脂的吸附能力(Q_e)

$$Q_e = \frac{V(C_a - C_b)}{M}$$

式中，V，加入样品溶液的体积(mL)；C_a，样品溶液中目标成分的浓度(mg/mL)；C_b，样品溶液中目标成分在吸附平衡后的浓度(mg/mL)；M，树脂干重(g)。

大孔吸附树脂的解吸能力(Q_d)

$$Q_d = \frac{V_i C_i}{M}$$

大孔吸附树脂的解吸率(D)

$$D = \frac{V_i C_i}{V(C_a - C_b)}$$

其中 V_i，解吸液的体积(mL)；C_i，解吸液中目标化合物的浓度(mg/mL)；V，加入样品溶液的体积(mL)；C_a，样品溶液中目标化合物在吸附前的浓度(mg/mL)；C_b，样品溶液中目标化合物在吸附平衡后的浓度(mg/mL)。

称取多份优化出的树脂，每份干重 1.0 g，放置于 150 mL 带塞锥形瓶中，然后分别加入 60 mL 待分离的样品提取物溶液，放置恒温摇床中，设置参数为：转速 100 r/min，温度 25℃，进行 5 h 的振荡吸附。当吸附达到平衡后，通过抽滤将树脂与溶液分离，并用一定量的蒸馏水对树脂进行冲洗，合并吸附后溶液与冲洗液，并通过分析测定吸附量。分别将 80 mL 的 10%～70%乙醇加入到上述通过抽滤与溶液分离开来的树脂中，放置恒温摇床中，设置参数为：转速 100 r/min，温度 25℃，进行 5 h 的振荡解吸。当解吸完成后，通过抽滤将树脂与溶液分离，得到的解吸液进行分析检测。以洗脱液的乙醇浓度作为横坐标、洗脱液中目标样品的解吸率作为纵坐标，绘制出树脂的洗脱曲线，确定最佳洗脱梯度。

根据实验中优化出的树脂进行动态吸附的研究，绘制泄露曲线，确定上样体积。将干重 5 g 树脂装入玻璃层析柱(14 mm × 500 mm)中，柱体积(BV)为 30 mL。加入一定量的待分离的样品提取溶液，以流速为 1 BV/h 通过树脂柱，每隔 1/3 BV 取 1 mL，采用紫外分光光度计分析测定流出液中目标产物的浓度。以上样体积作为横坐标、所采样溶液中目标产物的浓度作为纵坐标，绘制树脂的泄漏曲线，确定最佳上样体积。

在确定这些参数后进行大孔树脂柱的装柱、上样、洗脱过程，完成柱分离。大孔树脂柱层析在林产工艺中应用广泛，具有处理量大、重复性好、可反复使用等特点。

3) 凝胶滤过色谱

凝胶滤过色谱(gel filtration chromatography，GFC)是一种以凝胶为固定相的液相色谱方法，其原理主要是分子筛作用，根据凝胶的孔径和被分离化合物分子的大小而达到分离目的。凝胶滤过色谱是 20 世纪 60 年代发展起来的一种分离技术，在中药化学成分的研究中，主要用于分离蛋白质、酶、多肽、氨基酸、多糖、苷类、甾体，以及某些黄酮、生物碱等。

商品凝胶的种类较多，可根据葡聚糖上修饰基团的性质分为亲水性凝胶和疏水性凝胶。不同种类凝胶的性质和应用范围有所不同，常用的有葡聚糖凝胶(Sephadex G)和羟丙基葡聚糖凝胶(Sephadex LH)。

(1) 葡聚糖凝胶

葡聚糖凝胶是由葡聚糖和甘油基通过醚键(-O-CH$_2$-CHOH-CH$_2$-O-)交联而成的多孔性网状结构物质，由于其分子内含大量羟基而具亲水性，在水中溶胀。凝胶颗粒网孔大小取决于制备时所用交联剂的数量及反应条件。交联结构直接影响凝胶网状结构中孔隙的大小，加入交联剂越多，交联度越高，网状结构越紧密，孔径越小，吸水膨胀也越小；交联度越低，则网状结构越稀疏，孔径越大，吸水膨胀也越大。葡聚糖凝胶的商品型号按交联度大小进行分类，并以吸水量(每克干凝胶吸水量×10)来表示，如 Sephadex G-25 表示该凝胶吸水量为 2.5 mL/g，Sephadex G-75 的吸水量为 7.5 mL/g。Sephadex G 系列的凝胶只适合在水中应用，可用于蛋白质、多糖等大分子物质的分离。不同规格的凝胶可用于分离不同分子质量的物质。此外，聚丙烯酰胺凝胶(Sephacrylose，商品名 Bio-Gel P)、琼脂糖凝胶(Sepharose，商品名 Bio-Gel A)等都适用于分离水溶性大分子化合物，不同凝胶性质见表4-20。

表 4-20　Sephadex G 的性质

型号	吸水量/ (mL/g)	床体积/ (mL/g)	分离范围(相对分子质量)		最少溶胀时间/h	
			蛋白质	多糖	室温	沸水浴
G-10	1.0±0.1	2～3	<700	<700	3	1
G-15	1.5±0.2	2.5～3.5	<1 500	<1 500	3	1
G-25	2.5±0.2	4～6	1 000～1 500	100～5 000	6	2
G-50	5.0±0.3	9～11	1 500～30 000	500～10 000	6	2
G-75	7.5±0.5	12～15	3 000～70 000	1 000～50 000	24	3

续表

型号	吸水量/(mL/g)	床体积/(mL/g)	分离范围(相对分子质量)		最少溶胀时间/h	
			蛋白质	多糖	室温	沸水浴
G-100	10.0±0.1	15～20	4 000～150 000	1 000～100 000	48	5
G-150	15.0±1.5	20～30	5 000～400 000	1 000～150 000	72	5
G-200	20.0±2.0	30～40	5 000～800 000	1 000～200 000	72	5

　　(2) 羟丙基葡聚糖凝胶

　　羟丙基葡聚糖凝胶是在 Sephadex G 分子中的羟基上引入羟丙基而呈醚键(-OH→-OCH$_2$CH$_2$CH$_2$OH)结合状态，既具亲水性，又具亲脂性。与 Sephadex G 相比，Sephadex LH-20 分子中羟基总数不变，但碳原子所占比例相对增加，故这种凝胶不仅可在水中应用，也可在极性有机溶剂或它们与水组成的混合溶剂中膨胀后使用。其相应的洗脱剂范围也较广，可以是含水的醇类(甲醇、乙醇)，也可使用单一有机溶剂(甲醇、二甲基甲酰胺、三氯甲烷等)，还可以使用混合溶剂(三氯甲烷与甲醇的混合液等)。同时 Sephadex LH-20 在极性与非极性溶剂组成的混合溶剂中常起到反相分配色谱的效果，适于分离不同类型化合物。另外，还可在洗脱过程中改变溶剂极性组成，类似梯度洗脱，以达到较好的分离效果。

　　Sephadex LH-20 可用于分离多种化学成分，如黄酮类、生物碱、有机酸、香豆素等。其既可以作为一种有效的初步分离手段，也可用于最后的纯化与精制，以除去最后微量的固体杂质、盐类或其他外来的物质。当化合物的量很少时，可使用 Sephadex LH-20 凝胶过滤法进行最后阶段的分离纯化，以减少样品损失。从产业化角度来说，它具有重复性好、纯度高、易于放大、易于自动化等优点。使用过的 Sephadex LH-20 可以反复再生使用，而且柱子的洗脱过程往往就是凝胶的再生过程。短期不用时，可以将 Sephadex LH-20 先用水洗，然后用不同梯度的醇洗(醇的浓度逐步增加)，最后放入装有醇的磨口瓶中密闭保存。如长期不用时，可以在上述处理的基础上，减压抽干，再用少量乙醚洗净抽干，室温下挥干乙醚，在 60～80℃干燥后保存。

　　除上述两种凝胶外，在葡聚糖凝胶分子上还可引入各种离子交换基团，使凝胶具有离子交换剂的性能，同时仍保持凝胶本身的一些特点，如羧甲基交联葡聚糖凝胶(CM-Sephadex)、二乙氨基乙基交联葡聚糖凝胶(DEAE-Sephadex)、磺丙基交联葡聚糖凝胶(SP-Sephadex)、苯胺乙基交联葡聚糖凝胶(QAE-Sephadex)等。

4) 离子交换色谱

　　离子交换色谱(ion exchange chromatography，IEC)是利用混合物中各成分解离度差异进行分离的方法。该方法以离子交换树脂为固定相，用水或与水混合的溶剂为流动相,在流动相中存在的离子性成分因与树脂进行离子交换反应而被吸附。离子交换树脂色谱法主要适合离子性化合物的分离,如生物碱、有机酸和黄酮类成分。化合物与离子交换树脂进行离子交换反应的能力强弱,主要取决于化合物解离度的大小和带电荷的多少等因素,解离度大(酸性或碱性强)的化合物易交换在树脂上,相对来说也难被洗脱下来。因此,当两种具有不同解离度的化合物被交换在树脂上时,解离度小的化合物先于解离度大的化合物被洗脱,从而达到分离的目的。

(1) 离子交换树脂的类型

离子交换树脂为球形颗粒,不溶于水但可在水中膨胀,由母核和可交换离子组成。母核部分是苯乙烯通过二乙烯苯交联而成的大分子网状结构,网孔大小用交联度表示(即加入交联剂的百分数)。交联度越大则网孔越小、越紧密,在水中膨胀越小;反之亦然。不同交联度适于不同大小分子的分离。

根据交换离子的不同,可将离子交换树脂分为阳离子交换树脂和阴离子交换树脂。阳离子交换树脂包括强酸型($-SO_3H$)和弱酸型($-COOH$),阴离子交换树脂包括强碱型$[-N(CH_3)_3X、-N(CH_3)_2(C_2H_4OH)X]$和弱碱型($NR_2$、$-NHR$ 和$-NH_2$)。根据上述原理,可以用不同型号的离子交换树脂分离酸碱性与中性成分。

(2) 离子交换树脂的选择

在离子交换树脂中,强酸型和强碱型的应用范围最广。被分离的物质为生物碱阳离子时选用阳离子交换树脂,为有机酸阴离子时选用阴离子交换树脂。被分离物质的离子吸附性强(交换能力强)时选用弱酸或弱碱型离子交换树脂,否则会由于吸附力过强而较难洗脱;被分离物质的离子吸附性弱时应选用强酸或强碱型离子交换树脂,否则不能很好地交换或交换不完全。被分离物质分子质量大时选用低交联度的树脂,分子质量小时选用高交联度的树脂。例如,分离生物碱、大分子有机酸、多肽类时采用 2%~4%交联度的树脂为宜,分离氨基酸或小分子肽时则以 8%交联度的树脂为宜,制备无离子水或分离无机成分需用 16%交联度的树脂。用于分离的离子交换树脂颗粒要求较细,一般用 200 目左右。用于提取离子性成分的树脂粒度可较粗,可用 100 目左右。但无论作什么用途,都应选用交换容量大的树脂。

(3) 洗脱剂的选择

水是优良的溶剂并具有电离性,大多数离子交换树脂色谱都选用水为洗脱剂,有时也可采用水-甲醇混合溶剂。也常采用各种不同离子浓度的含水缓冲溶液为洗脱剂,如在阳离子交换树脂中常用乙酸、枸橼酸、磷酸缓冲液,在阴离子交换树脂中则使用氨水、吡啶等缓冲液。对复杂的多组分则可采用梯度洗脱方法,即规律地随时间而改变溶剂的某些性质,如 pH、离子强度等。例如,分离生物碱时可用强酸型树脂,以氨水或氨性乙醇溶液洗脱。

5) 分配色谱

分配色谱法有正相与反相色谱之分。在正相分配色谱法中，流动相的极性小于固定相的极性。常用的化学键合固定相有氰基与氨基的键合相，主要用于分离极性及中等极性的分子型化合物。在反相分配色谱法中，流动相的极性大于固定相的极性。常用的键合固定相有十八烷基硅烷(octadecane silicane，ODS)或C8键合相。流动相常用甲醇-水或乙腈-水，主要用于非极性及中等极性的各类分子型化合物的分离。反相色谱是应用最广的分配色谱法，因为键合相表面的官能团不会流失，流动相的极性可以在很大的范围内调整，加之由它派生的反相离子对色谱和离子抑制色谱，可用于分离有机酸、碱、盐等离子型化合物。分配色谱法通常可使用柱色谱、薄层色谱、纸色谱等操作方式。

分配色谱中常用的载体有硅胶、硅藻土、纤维素粉等。这些物质能吸收其本身重量50%～100%的水而仍呈粉末状，涂膜或装柱时操作简便，作为分配色谱载体效果较好。含水量在17%以上的硅胶因失去了吸附作用可作为分配色谱的载体，是使用最多的一种分配色谱载体。纸色谱是以滤纸的纤维素为载体、滤纸上吸着的水分为固定相的一种特殊分配色谱。

在分配色谱中，由于固定相和流动相均为液体，选用的溶剂应该符合互不相溶且两者极性应有较大的差异，此外，被分离物质在固定相中的溶解度应适当大于其在流动相中的溶解度。

4.2.3　森林资源功能成分分离纯化新方法

1. 中压快速制备色谱

富集纯化是天然产物化学最主要的研究内容之一，常见的方法主要有两相溶剂萃取法、盐析法、升华法、沉淀法和色谱法等。其中色谱法是目前最常用、最快速、最有效的分离手段，适用于各种天然产物样品的分离。而色谱法的高效化、自动化发展也为快速高效地分离纯化天然产物提供了新的技术。中压快速制备色谱(flash chromatography)是利用泵产生的压力，使流动相加速通过预分离样品的柱子，按照设定的洗脱条件进行等度洗脱或者梯度洗脱，通过目标化合物的不同极性等理化性质和目标化合物与填料之间作用力的不同实现分离。在洗脱过程中，欲分离的物质在填料和流动相之间发生吸附、解吸附、再吸附、再解吸附的过程。与传统常压柱层析相比，该法具有快速、高效、简单、成本低等优势，并且能够根据需求获得不同尺寸的预装柱，自动、定量收集不同阶段被分离的组分，节约时间、减少能耗、制备量大、分离效果好，更适用于天然产物的大规模工业化分离。

2. 高效液相色谱法

高效液相色谱(high performance liquid chromatography，HPLC)是在经典的常

规柱色谱的基础上发展起来的一种新型快速分离分析技术，其分离原理与常规柱色谱相同。高效液相色谱采用了粒度范围较窄的微粒型填充剂(颗粒直径 5～20 µm)和高压匀浆装柱技术，洗脱剂由高压输液泵压入柱内，并配有高灵敏度的检测器和自动描记及收集装置(制备型高效液相色谱系统组成如图 4-46 所示)，从而使它在分离速度和分离效能等方面远远超过常规柱色谱，具有高效化、高速化和自动化的特点。制备型高压液相色谱的应用对植物化学成分的高效分离纯化起到了推进作用。在许多植物活性成分的分离中，需要从大量的粗提物中分离出微量成分，通常是在制备分离的最后阶段采用高压液相色谱分离制备纯度较高的样品。制备型高效液相色谱法中最常用的是以 C18 为代表的反相色谱方法。

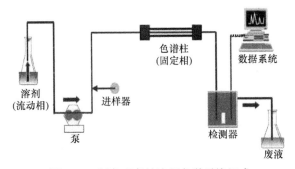

图 4-46 制备型高效液相色谱系统组成

高效液相色谱常用的检测器主要有紫外检测器、示差检测器等，但都有一定的局限性。示差检测器对温度变化很敏感，对小量物质的检测不理想，且不能采用梯度洗脱。紫外检测器则对无紫外吸收的样品无法检测。近年来，蒸发光散射检测器(ELSD)作为质量型的检测器，不仅能检测无紫外吸收的样品，也可采用梯度洗脱，适于检测大多数非挥发性成分。

大部分的检测器存在容易饱和的问题，适用于分析性检测，不适合大量的制备型分离。现有专门的、用于制备型分离的、带有样品槽的检测器出售，允许洗脱液的流速达 500 mL/min。

3. 高速逆流色谱法

高速逆流色谱法(high speed counter current chromatography，HSCCC)也是一种液-液分配色谱方法。该法利用聚氟乙烯螺旋分离柱的方向性和在特定的高速行星式旋转过程中所产生的离心力作用，使无载体支持的固定相稳定地保留在分离柱中，并使样品和流动相单向、低速通过固定相，使互不相溶的两相不断充分的混合，随流动相进入螺旋分离柱的混合物中的各化学成分在两相之间反复分配，按分配系数的不同而逐渐分离，并被依次洗脱。在流动相中，分配系数大的化学成分先被洗脱；反之，在固定相中，分配系数大的化学成分后被洗脱。

选择合适的溶剂体系要根据目标化合物在两相溶剂中的分配系数(K)，取适量的粗提物，溶解在两相溶剂体系中，分别对两相进行高效液相色谱分析，得到目标化合物在两相中的峰面积，上相中目标化合物的峰面积与下相中目标化合物的峰面积之比即为分配系数。两相溶剂需要进行筛选。

4.2.4 组合分离纯化策略

植物材料通过提取得到的粗提物中常含有多种类型的成分，而每一个类型又可能含有少则几种，多则十几种不同结构的同类化学成分。最大限度地富集和保留活性成分或活性部位并将无效和有害成分除去是选择分离纯化方法的基本思路。理想的分离方法应具有工艺简便、研究周期短、成本低廉、效率高、应用范围广、绿色环保等特点，然而目前不存在适用于所有植物化学成分分离纯化的单一技术与方法。

在首次对植物材料进行分离纯化时，可以通过预试验对材料中的化学成分类型进行辨识，例如，可先通过两相溶剂萃取法或大孔吸附树脂色谱法将粗提物按极性顺序初步拆分成若干个组分，结合生物活性筛选方法指导有效成分的追踪分离，结合不同分离手段对粗品进行精细分离纯化，最后经制备型 HPLC 和结晶法纯化获得有效成分单体化合物。在粗提物化学组成明确的情况下，如果被分离成分有特殊的理化性质，可考虑采用适合的专属性分离方法。

植物化学成分的分离没有固定的模式，一定要根据需要达到的目标和化学成分的物理化学性质选择并组合分离方法，只有在参照同科、属植物和同类化合物研究文献的基础上，不断地摸索、探寻，反复预实验，才能找到最简易、最有效的分离方案。采用多种分离模式均可以达到获得不同层次药效物质基础的目标，例如，有效部位既可以通过去除杂质来制备，也可以通过富集有效成分来实现；在全成分拆分之后结合药活性测试可以确定有效成分，与系统化学成分分离相比，基于生物活性导向的有效成分拆分可显著提高效率、降低分离难度和缩短研究周期。

一般情况下，分离方法的选择需要考虑目标成分的极性、酸碱性、分子质量、溶解度、稳定性及在粗提物中的含量等，同时也要充分考虑分离技术的衔接和互补性。

此外，分离的难易程度还取决于粗提物中其他化合物的理化性质相似程度、复杂程度等。例如，槐米中芦丁含量可高达 20%以上，只需要将槐米沸水提取液放置、冷却、过滤得到沉淀，重结晶即可制得芦丁。但是通常遇到的情况要复杂得多，要从含有几千种成分的植物提取物中分离出一种有效成分是一项十分艰巨的任务，联合使用各种分离方法是制备有效部位或单体化合物的最佳途径。

在确定分离工艺流程时，结合一些选择性差别尽可能大的方法通常是有益的，这可通过变换分离模式来实现，如硅胶正相色谱和 ODS 反相色谱配合使用、硅胶吸附色谱和分配色谱配合使用、分配色谱和凝胶过滤色谱配合使用、pH 梯度萃取法和硅胶吸附色谱配合使用、硅胶吸附色谱和结晶法配合使用等。如果在色谱分离过程中只用一种固定相，则可通过采用粒度较细的填料提高理论板数来改善分离度，或变换洗脱剂条件来最大限度地增加其选择性。例如，硅胶柱色谱用于初步分离时吸附剂的颗粒大小一般应在 80～100 目，用于细分时颗粒大小一般在 200～300 目，而难分离化合物可选择颗粒大小 300～400 目的硅胶作为吸附剂。

在分离纯化过程中，随着目标组分的不断富集、单体纯度的不断提高，样本的消耗会逐渐增加，操作规模会不断减小，分离难度逐渐增加。这意味着前期步骤应采用成本低廉、高载样量的分离方法，如两相溶剂萃取法、沉淀法或盐析法等，色谱填料通常选择廉价的硅胶、氧化铝、聚酰胺、大孔吸附树脂或离子交换树脂等。后期步骤常使用适合于小量样品的高效色谱技术，如采用粒度较细的填料进行制备型中压液相色谱分离。在分离的初始阶段使用 ODS 和葡聚糖凝胶要比用正相硅胶昂贵许多，但这两类填料较少产生不可逆吸附，且可反复使用，近年来也逐渐流行起来。制备型高压液相色谱的分离效率很高，通常作为最后的单体化合物纯化手段。

由粗提物获得单体的过程常常复杂而漫长，没有一条固定的分离途径可循。尽管从理论上可有多种分离方法的不同组合，但只有某些策略是行之有效的，因而常被采用。下一节实例中介绍了基于不同分离目标的诸多有效分离工艺流程，基本的步骤和程序可为实际应用提供参考。

4.2.5 现代森林资源功能成分分离纯化综合案例分析

1. 高速逆流色谱制备分离青龙衣萘醌及二芳基庚烷类成分[68]

本研究中，建立了一种能够高效快速分离纯化青龙衣中萘醌及二芳基庚烷类成分的高速逆流色谱分离方法[1]。实验对高速逆流色谱的两相溶剂体系进行了筛选，找到了适合小分子萘醌类成分以及具有 C6-C7-C6 母核结构的二芳基庚烷类化合物分离纯化的逆流色谱溶剂体系。此外，我们对分离得到的单体成分进行了质谱、核磁等一系列分析鉴定。

1) 粗提物制备

将 30 g 青龙衣粉末按照最优工艺参数进行提取，为了最大限度地利用原材料，将目标化合物完全提取出来，提取实验共重复 3 次，合并滤液，减压旋蒸得到青龙衣提取物浸膏，将浸膏混悬于适量的温水中，依次用正己烷、乙酸乙酯、水饱和正丁醇萃取，保留各萃取相，于旋转蒸发仪上旋至无溶剂。

2) 高速逆流色谱溶剂体系的选择

目标成分能否成功分离很大程度上取决于两相溶剂体系的选择，本实验通过高效液相法测定目标化合物的分配系数(K)以及不同化合物之间的分离因子(α)。首先按照不同的两相比配制溶剂体系，充分混合，静置分层，备用。从已配制好的两相溶剂体系中取等量的上、下相，加入适量的青龙衣样品，充分振荡以溶解样品，待溶剂体系平衡分层后，分别吸取等体积的上、下两相溶液进行 HPLC 检测，根据以下公式计算分配系数(K)及分离因子(α)。

分配系数 K 计算公式：

$$K=A_U/A_L$$

式中，A_U 和 A_L 分别表示上、下相中目标化合物的峰面积。

分离因子 α 计算公式：

$$\alpha=K_2/K_1(K_2 \geqslant K_1)$$

3) 高速逆流色谱两相溶剂体系及样品溶液的制备

室温下将筛选得到的两相溶剂体系按比例配制于 2 L 分液漏斗中，充分振荡混合，静置分层。平衡后，分离上、下相于不同的溶剂瓶中，上相作固定相，下相作流动相，超声脱气 1 h，备用。

精确称取 200 mg 的粗提物于 25 mL 离心管中，分别加入 5 mL 的上、下相溶液，充分振荡溶解，过 0.45 μm 的微孔滤膜，备用。

4) 高速逆流色谱分离过程

本实验采用正向洗脱的方式分离目标化合物。首先打开恒温水浴，设定好温度(25℃)，打开紫外检测器，设定 254 nm 以及 280 nm 双波长。当温度稳定后，将上相以 20 mL/min 的速度泵入螺旋管内，当检测器出口端有液体流出时，即为固定相充满管路，继续泵入一段时间固定相后，停泵。打开主机，将主机转速调至 850 r/min，以适当的流速泵入流动相，待两相平衡后，将样品通过进样环注入主机，通过逆流色谱工作站实时监测紫外吸收峰，手动收集流出液并进行 HPLC 检测。逆流分离结束后，将主机停止运转，通入氮气以排空管路中残留的液体。

(1) HPLC 分析

色谱柱：Diamonsil C18V(5 μm, 250 mm × 4.6 mm i.d.)，进样量 5 μL，柱温 30℃，流速 1.0 mL/min；流动相为乙腈(A)-0.1%甲酸水溶液(B)。梯度洗脱条件为 0～28 min, 23%～41%A；28～30 min, 41%A；30～35 min, 41%～45%A；35～53 min, 45%A；检测波长：254 nm(0～28 min)和 280 nm(28～53 min)。

(2) 粗提物制备分析

将青龙衣粗提物依次通过不同极性的有机溶剂萃取，得到正己烷萃取层(n-He)、乙酸乙酯萃取层(EA)、正丁醇萃取层(n-Bu)。取等量的各萃取层样品溶于色谱甲醇中，通过 HPLC 分析。其中，粗提物浸膏中 6 种目标化合物 RE、JU、MG、GA、OE、JA 的含量分别为 1.643 mg/g、0.421 mg/g、1.729 mg/g、0.539 mg/g、2.115 mg/g、

0.849 mg/g，其相对于青龙衣药材的回收率分别为 95.47%、92.12%、97.57%、95.40%、98.10%、97.36%。经过液-液萃取后，6 种目标化合物在各层的含量分布见表 4-21。从表中可以看出，胡桃醌和 4 种二芳基庚烷主要集中分布在正己烷层，而乙酸乙酯层中分布较少，正丁醇层则基本检测不到。胡桃酮的极性较其他待分离成分偏大，在正己烷层和乙酸乙酯层均有分布。考虑到 6 种目标化合物在正己烷层中均有较高的含量分布，且正己烷层杂质较少，因此选择正己烷萃取层浸膏进行后续色谱分离实验。

表 4-21　青龙衣中 6 种目标成分在各萃取层的相对含量

分析样品	质量/(g/30 g)	RE		JU		MG		GA		OE		JA	
		相对含量/%	回收率/%	相对含量/%	回收率/%	相对含量/%	回收率/%	相对含量/%	回收率/%	相对含量/%	回收率/%	相对含量/%	回收率/%
提取物	3.62	1.361		0.349		1.433		0.447		1.753		0.704	
正己烷层	0.44	5.039	44.98	2.448	85.28	8.645	73.33	2.830	77.01	10.445	72.43	4.350	75.15
乙酸乙酯层	0.29	7.421	43.66	0.289	6.64	2.690	15.04	0.816	14.64	3.538	16.17	1.438	16.37
正丁醇层	0.46	0.126	1.18										

注：回收率(yield)为各萃取层富集物中目标成分相对于粗提物的占比。

5) 高速逆流色谱分离条件的优化

(1) 溶剂系统筛选

HSCCC 分离的关键是选择一个合适的溶剂系统，在 HSCCC 中，通过分配系数 K 及分离因子 α 来选择两相溶剂体系。HSCCC 目标化合物的理想 K 值应在 0.2～2.0 之间。$K<0.2$ 时，目标成分出峰时间过早，容易与杂质混杂；$K>2.0$ 时，分离时间延长，峰形变宽，峰拖尾。此外，为了使目标化合物实现完全分离，相邻目标峰之间的分离因子 α 最好大于 1.5。

根据文献查阅以及对目标化合物的极性判断，共制备了 13 种两相溶剂体系，如表 4-22 所示。一般来说，在 HSCCC 分离过程中，K 值越小的组分越早被收集到，根据图表中的 K 值显示，胡桃酮 RE 应最早出峰，接着是 4 种二芳基庚烷，最后被收集到的是胡桃醌 JU。原则上，HSCCC 的分离系数 K 应小于 2，而在 7～13 这几组两相体系中，JU 的 K 值均大于 2，可能是由于编号 7～13 的两相体系极性偏小，JU 主要集中溶解在上相中，使得其 K 值偏高，因此，溶剂体系 7～13 不适合胡桃醌的分离。对于 RE，其在编号 2 的两相溶剂体系中 K 值为 0.165，小于 0.2，因此，溶剂体系 2 不适合胡桃酮的分离。对于溶剂体系 1 和 6，RE 和 JU 的 K 值均在 0.2～2 之间，两个化合物之间的分离因子 α 也同样大于 1.5，表明 RE 和 JU 可以达到完全分离，但这两组溶剂体系的 RE 与二芳基庚烷 OE 的 K 值均比较接近，其 α 也均小于 1.5，表明溶剂体系 1 和 6 将无法实现 RE 与 4 种二芳基庚烷的完全分离。对于溶剂体系 5，JU 与 JA 之间的分离因子小于 1.5，表明溶剂体系 5 无法实现二芳基庚烷 JA 与 JU 的完全分离。对于溶剂体系 3 和 4，K 值计算结果表明，RE 与 JU 之间、RE 与 4 种二芳基庚烷之间、JU 与 4 种二芳基庚烷之间均可以实现完全分离，考虑到体系 4 中 RE 的 K 值(0.297)较小，可能会导致其与杂质峰部分重合，所以，经过综合分析，最终选择两相体系 3，即正己烷：乙酸乙酯：乙醇：水=8：7：7：4 进行两种萘醌的逆流分离。

表 4-22   六种目标化合物在不同两相溶剂体系中的分配系数

序号	溶剂体系	体积比	K 值					
			RE	JU	MG	GA	OE	JA
1	正己烷-乙酸乙酯-乙醇-水	16：14：10：5	0.405	1.537	0.566	0.813	0.510	0.935
2	正己烷-乙酸乙酯-乙醇-水	16：14：14：5	0.165	0.789	0.273	0.407	0.255	0.412
3	正己烷-乙酸乙酯-乙醇-水	8：7：7：4	0.355	1.462	0.547	0.826	0.543	0.895
4	正己烷-乙酸乙酯-乙醇-水	8：7：7：3	0.297	1.205	0.500	0.756	0.502	0.799
5	正己烷-乙酸乙酯-乙醇-水	5：5：6：4	0.256	1.511	0.576	0.852	0.461	1.090
6	正己烷-乙酸乙酯-乙醇-水	5：5：7：3	0.399	1.104	0.639	0.632	0.530	0.731
7	正己烷-乙酸乙酯-乙醇-水	5：5：5：5	0.464	2.773	1.331	1.624	0.675	1.688
8	正己烷-乙酸乙酯-乙醇-水	6：5：5：4	0.465	2.299	0.930	1.482	0.726	1.963
9	正己烷-乙酸乙酯-乙醇-水	6：4：5：5	0.501	3.223	1.395	1.654	0.998	2.150
10	正己烷-乙酸乙酯-乙醇-水	5：4：6：5	0.391	2.282	0.553	1.099	0.527	1.263
11	正己烷-乙酸乙酯-乙醇-水	4：5：6：5	0.411	2.347	0.829	1.241	0.626	1.655
12	正己烷-乙酸乙酯-甲醇-水	5：5：5：5	0.449	4.867	1.886	3.215	1.406	3.852
13	正己烷-乙酸乙酯-甲醇-水	5：4：6：5	0.262	3.424	0.873	1.169	0.641	1.923

根据 K 值和 α 值判断，上述溶剂体系可以实现萘醌类成分与二芳基庚烷类成分的分离，但无法实现 4 种二芳基庚烷的完全分离，所以接下来需要选择合适的两相溶剂体系分离四种二芳基庚烷。由表 4-22 可知，只有溶剂体系 13，即正己烷：乙酸乙酯：甲醇：水=5：4：6：5 体系可以满足 GA 与 JA 的分离因子(α=1.645)，其余 12 组体系中 GA 与 JA 的分离因子均小于 1.5，但是对于 MG 和 OE 来说，其在溶剂体系 13 中的分离因子为 1.362，小于 1.5，所以通过降低流速的方法来增强 MG 和 OE 的分离效果。综上所述，选择正己烷：乙酸乙酯：甲醇：水=5：4：6：5 的两相溶剂体系进行第二次逆流分离制备 4 种二芳基庚烷。

(2) 青龙衣中萘醌及二芳基庚烷的分离结果

第一次逆流分离条件为：溶剂体系：正己烷：乙酸乙酯：乙醇：水=8：7：

7∶4；主机转速：850 r/min；洗脱流速：2.0 mL/min；固定相保留率：83%；上样量：200 mg；检测波长：254 nm，280 nm。分离结果如图 4-47 所示，在 200 min 内，共收集到 3 组馏分，其中馏分Ⅰ为胡桃酮，馏分Ⅲ为胡桃醌，而馏分Ⅱ则为四种二芳基庚烷的混合物。

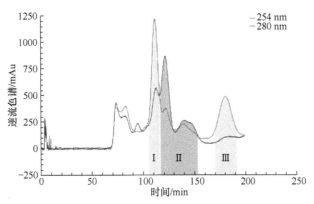

图 4-47　第一步分离的逆流色谱图(彩图请扫封底二维码)

收集馏分Ⅱ进行第二次逆流分离,分离条件为:溶剂体系:正己烷：乙酸乙酯：甲醇：水=5∶4∶6∶5；主机转速：850 r/min；洗脱流速：1.5 mL/min；固定相保留率：90%；检测波长：280 nm。结果如图 4-48 所示，一次逆流实验共收集到 4 个馏分，其中馏分Ⅰ为 2-Oxatrycyclo[13.2.2.13,7] eicosa-3,5,7(20),15,17,18-hexaen-10-16-diol，馏分Ⅱ为茸毛香杨梅苷元，馏分Ⅲ为茸毛香杨梅酮，馏分Ⅳ为胡桃宁 A。

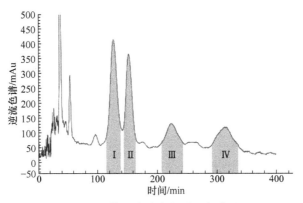

图 4-48　第二步分离的逆流色谱图

(3) HPLC 检测分析

用正己烷对第一次逆流分离得到的 RE 和 JU 的馏分进行反复萃取，自然挥干，称重。对第二次逆流分离得到的 4 个二芳基庚烷馏分进行减压浓缩干燥，称重。对两次逆流得到的 6 个化合物通过 HPLC 进行纯度检测，结果见图 4-49。经过分析，两次逆流分离所获得的 6 个化合物的纯度均大于 95%，RE、JU、MG、GA、OE、JA 的质量分别为 8.87 mg、4.58 mg、15.13 mg、5.31 mg、18.25 mg 和 7.77 mg，HSCCC 分离过程的回收率分别为 86.11%、92.09%、85.25%、89.46%、84.71%、87.45%。

HSCCC 分离过程的回收率=(高速逆流色谱处理获得量×样品纯度)/(正己烷层样品浸膏中目标成分的含量×上样量)×100%。

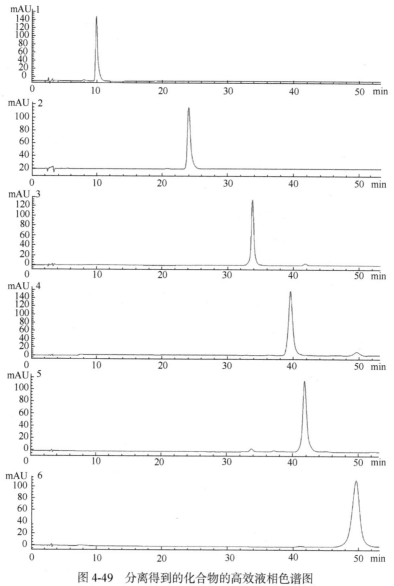

图 4-49　分离得到的化合物的高效液相色谱图

1 为胡桃酮，2 为胡桃醌，3 为茸毛香杨梅苷元，4 为茸毛香杨梅酮，
5 为 2-Oxatrycyclo [13.2.2.13,7] eicosa-3,5,7(20),15,17,18-hexaen-10-16-diol，6 为胡桃宁 A

目前，胡桃属植物中萘醌及二芳基庚烷类成分的分离纯化方法大都采用树脂柱-硅胶联合法，或通过多次硅胶柱色谱进行分离，对分离得到的馏分再采用聚酰胺色谱、薄层色谱、半制备液相色谱等技术手段进一步纯化[23,57,58]。该法步骤繁琐，溶剂消耗大，且树脂、硅胶等填料存在不可逆吸附，大大降低了生物活性化合物的产量。本实验首次采用高速逆流色谱对青龙衣中萘醌及二芳基庚烷类成分进行同时分离，与传统的硅胶柱层析等分离方法相比，高速逆流色谱分离得到的单体成分纯度高(>95%)、回收率高(>80%)、操作简单且有机试剂消耗低。

2. 高速逆流色谱制备无花果叶中的补骨脂素和佛手柑内酯[62]

补骨脂素和佛手柑内酯因具有良好的生物学活性被用于治疗多种疾病。由于两种化合物见光易分解，其制备过程要避免光照，难度大。传统的分离方法在制备过程中需使用填料，易产生不可逆吸附，耗时长、不稳定化合物在分离过程中分解、需要使用大量的挥发性有机溶剂而造成环境污染，因此不适于分离补骨脂素和佛手柑内酯。而高速逆流色谱在分离过程中不使用填料，回收率高，分离效率高，有机溶剂消耗量少，同时其分离过程是在封闭的主机内进行的，避免了光照，尤其适合分离见光易分解的补骨脂素和佛手柑内酯。因此，本文采用高速逆流色谱来制备提取物中的补骨脂素和佛手柑内酯[2]。

1) 粗提物制备

取 50 g 无花果叶粉末置于 2 L 的烧杯中，以[Bmim]Br-柠檬酸作为提取溶剂，将提取溶剂的 pH 调节为 2.21，离子液体浓度 2.01 mol/L，液固比 15.35 mL/g。将烧杯置于超声波清洗器中进行提取，提取条件设定为提取温度 60℃、时间 30 min和超声功率 450 W。提取完成后，对粗提物进行过滤。调节滤液的 pH 至 7，[Bmim]Br 含量为 37.04 (%wt)，柠檬酸的含量为 30.21 (%wt)。待双水相形成后，分离离子液体富集相，使用石油醚与乙酸乙酯组成的混合溶剂进行萃取，回收补骨脂素和佛手柑内酯。在旋转蒸发仪上，回收石油醚与乙酸乙酯组成的混合溶剂，得到待分离样品。

2) 溶剂体系的选择

选择合适的溶剂体系要根据目标化合物在两相溶剂中的分配系数(K)，取适量的粗提物，溶解在两相溶剂体系中，分别对两相进行高效液相色谱分析，得到目标化合物在两相中的峰面积，上相中目标化合物的峰面积与下相中目标化合物的峰面积之比即为分配系数。配制不同组成和比例的两相溶剂体系，计算补骨脂素和佛手柑内酯在各个溶剂体系中的分配系数。

本文中选择了正己烷-乙酸乙酯-甲醇-水(7∶3∶5∶5; $V∶V∶V∶V$)组成的两相溶剂系统用于高速逆流色谱分离。室温下将 4 种溶剂按比例加入分液漏斗中，反复振摇后放置，使溶剂体系完全平衡。平衡后分离上相和下相，上相为固定相，下相为流动相，超声脱气 15 min。取 10 mL 上相和 10 mL 下相，准确称取 200 mg 粗提物，溶于上相和下相中，使用 0.45 μm 滤膜过滤得到样品溶液。

3) 高速逆流色谱分离过程

打开恒温水浴，将温度升至 25℃。以 15 mL/min 的流速往螺旋管(300 mL)泵流动相，检测器出口端流出 20 mL 流动相时停泵。打开紫外检测器开始预热，将检测波长调为 254 nm。主机正转至 800 r/min，同时以 3 mL/min 的流速将流动相泵入管中，至出口端有流动相流出。此时紫外检测器信号稳定，体系达到平衡，对已制备好的样品溶液进行进样，检测器和工作站开始调零，在紫外检测器的指导下手动收集馏分。将制得的目标化合物进行高效液相色谱和质谱分析。

高效液相色谱分析条件：色谱柱：Luna C18 column(250 mm × 4.6 mm i.d., 5 μm)；流动相：0.1% 甲酸水溶液(A)、乙腈(B)；洗脱梯度：0～10 min, 13%～16% B; 10～11 min, 16%～17% B; 11～25 min, 17% B; 25～55 min, 17%～65% B；进样量：5 μL；流速：1 mL/min；检测波长：254 nm，柱温：30℃。

在高速逆流色谱溶剂体系中正己烷-乙酸乙酯-甲醇-水组成的溶剂系统适于分离中等极性的化合物，因此被选为分离溶剂，考察了该溶剂体系中 4 种组分在不同比例下对补骨脂素和佛手柑内酯分配系数(K)及分离因子(α)的影响，结果如表 4-23 所示。

表 4-23　补骨脂素和佛手柑内酯在不同溶剂比例下的分配系数和分离因子

溶剂体系	K		α
($V:V:V:V$)	补骨脂素	佛手柑内酯	
8 : 2 : 5 : 5	0.71	0.94	0.92
7 : 3 : 5 : 5	1.18	1.87	1.58
6 : 4 : 5 : 5	1.08	1.35	1.25
5 : 5 : 5 : 5	1.11	0.99	0.89
5 : 5 : 3 : 7	8.71	10.70	1.23
4 : 6 : 3 : 7	10.87	10.54	0.97
3 : 7 : 3 : 7	13.22	15.07	1.14

对于高速逆流色谱来说，最佳的 K 值为 0.5～2 之间，α 值越大越好。由表 4-23 可知，当溶剂中正己烷-乙酸乙酯-甲醇-水的比例为 7 : 3 : 5 : 5($V:V:V:V$) 时，α 值最大为 1.58，并且补骨脂素和佛手柑内酯的 K 值分别为 1.18 和 1.87，均在 0.5～2 之间，因此选择该溶剂系统作为分离溶剂。此外，流动相的流速和主机的转速也会对分离效果产生影响。流动相的流速对固定相的保留率和分离时间有很大的影响，主机的转速对固定相的保留率也有较大的影响。固定相的保留率越大，分离效果越好，同时分离的时间也会变大。通过对流速和转速的优化，发现

在流动相流速和固定相转速分别为 2 mL/min 和 800 r/min 时，对补骨脂素和佛手柑内酯的分离效果最好。

基于以上结果，我们选择正己烷-乙酸乙酯-甲醇-水的比例 7∶3∶5∶5(V∶V∶V∶V)为溶剂系统、转速 800 r/min、流速 2 mL/min 和上样量 200 mg 进行制备分离。高速逆流色谱分离结果如图 4-50 所示。

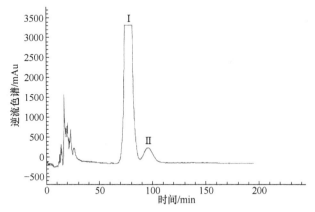

图 4-50　高速逆流色谱制备分离补骨脂素的佛手柑内酯的色谱图

由图 4-50 可知，在以上条件下，补骨脂素和佛手柑内酯基本上达到基线分离，分离效果好。将峰Ⅰ和峰Ⅱ所对应的馏分减压浓缩干燥，称重，其质量分别为 40.93 mg 和 4.09 mg。峰Ⅰ和峰Ⅱ分别对应补骨脂素和佛手柑内酯。

高效液相色谱分析结果表明分得的补骨脂素的纯度为 97.9%、回收率为 99.1%、得率为 3.01%，佛手柑内酯的纯度为 96.76%、回收率为 98.8%、得率为 0.644%。这些结果表明无花果叶可以作为补骨脂素和佛手柑内酯的原料来源，高速逆流色谱可以高回收率制得高纯度的天然活性化合物，且在制备过程中化合物不易分解。

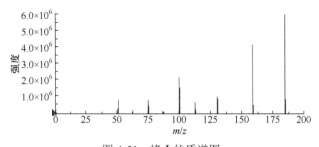

图 4-51　峰Ⅰ的质谱图

峰Ⅰ的离子峰(m/z)包括：186.1，158.3，130.6，102.2，76.0，63.2，51.3(图 4-51)。

峰Ⅱ的离子峰(m/z)包括：216.3，201.2，173.5，145.7，89.1，83.2，63.0，51.4(图 4-52)。

通过分析以上数据，比对标准品的结果，确定峰Ⅰ和峰Ⅱ分别为补骨脂素和佛手柑内酯。

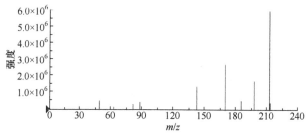

图 4-52　峰 II 的质谱图

3. 大孔吸附树脂联合中压制备分离纯化花色苷的工艺研究[69]

　　大孔吸附树脂可以有效富集分离天然植物中的目标成分，具有快速的吸附性和良好的选择性，且具有吸附能力强、再生处理方便、成本低廉等优势，目前已广泛应用于化工业、制药业、食品等各个领域，同时在植物材料活性成分富集分离方面起到重要的作用。大孔吸附树脂种类颇多，所以可以为不同类型的目标成分提供巨大的选择空间，从而筛选出合适的树脂，有效地富集分离。与其他分离技术相比，大孔吸附树脂一般采用绿色溶剂作为洗脱剂，同时具有操作简便、可重复使用、高效节能适合大规模工业化生产等独特的优势。本实验选择了 NKA-9、AB-8、DM-130、SA-3、D101、D3520 这 6 种不同型号的树脂，研究了它们对蓝靛果中花色苷的吸附率与解吸率，对树脂进行了筛选，利用其对提取液中的花色苷进行了富集分离[3]。

　　目前，国内外研究蓝靛果中的花色苷大部分都局限于花色苷粗提物的制备和成分分析，对花色苷单体的制备研究很少。此外，蓝靛果中花色苷的结构非常复杂，仅仅通过大孔吸附树脂分离富集很难得到单体成分。蓝靛果花色苷中矢车菊素-3-葡萄糖苷(cyanidin-3-glucoside, C3G)占总花色苷含量的 79%～88%，还包括少量的矢车菊素-3,5-二葡萄糖苷(cyaniding-3,5-diglucoside)、矢车菊素-3-芸香糖苷(cyanidin-3-rutinoside)、芍药素-3-葡萄糖苷(peonidin-3-glucoside)、天竺葵素-3-葡萄糖苷(pelargonidin-3-glucoside)等，其中矢车菊素-3-葡萄糖苷(C3G)具有最高的抗氧化活性。因此，本实验室对经过大孔吸附树脂分离后的花色苷样品，利用中压快速制备色谱进行分离纯化，制备矢车菊素-3-葡萄糖苷(C3G)，并对其进行了抗氧化活性测定与评估，为蓝靛果花色苷深度研究和合理开发创造条件，同时也为矢车菊素-3-葡萄糖苷(C3G)的制备工艺提供技术支持。

1) 大孔树脂花色苷富集

　　(1) 大孔吸附树脂的物理性质

　　NKA-9、AB-8、DM-130、SA-3、D101、D3520 型号的树脂物理参数见表 4-24。

表 4-24　大孔吸附树脂的物理参数

树脂类型	表面积/(m²/g)	平均孔径/nm	粒径/mm	极性
NKA-9	250～290	15.0～16.5	0.3～1.25	极性
AB-8	480～520	13.0～14.0	0.3～1.25	弱极性
DM-130	500～550	9.0～10.0	0.3～1.25	弱极性
SA-3	500～600	15.0～25.0	0.3～1.20	非极性
D101	400～600	10.0～12.0	0.2～0.6	非极性
D3520	480～520	8.5～9.0	0.3～1.25	非极性

(2) 大孔吸附树脂的预处理

因为首次使用的大孔吸附树脂中可能含有未聚合单体、制孔剂等有机溶剂残留的毒性杂质，如果不适当处理而直接使用，会对富集与分离造成影响，因此在使用前通常需要先后以静态法与动态法进行除杂。静态法处理：将新买的树脂浸泡在 95%乙醇溶液中 24 h，搅拌及更换溶液；在 4% HCl 溶液中浸泡 3 h，用蒸馏水重复冲洗至中性；在 5%的 NaOH 溶液中浸泡 3 h，用蒸馏水重复冲洗至中性；在蒸馏水中浸泡 24 h，充分溶胀，备用。动态处理法：将浸泡在乙醇溶液中的树脂，混合装入干净的色谱柱中；用大约两倍树脂床体积的 95%乙醇溶液洗脱数次，直至加蒸馏水后的树脂柱流出的液体无浑浊为止，用蒸馏水重复洗脱至无醇味且水液透明澄清，备用。

(3) 蓝靛果中花色苷的含量测定

蓝靛果中花色苷的含量通过 pH 示差法测定。首先配制缓冲液：分别配置浓度为 14.9 mg/mL 和 16.4 mg/mL 的 KCl 和 CH₃COONa，再用 HCl 调节 pH 至 1 和 4.5；然后取两组 200 μL 蓝靛果花色苷样品分别加入 5 mL pH 1 的 KCl 缓冲液和 5 mL pH 4.5 的 CH₃COONa 缓冲液，混匀，避光静置 15 min 后，分别在 510 nm 和 700 nm 下测定两组稀释液的吸光度 A，以矢车菊素-3-葡萄糖苷(C3G)为标准，蓝靛果花色苷的含量按如下公式计算。

$$花色苷含量(mg/g) = \frac{A \times MW \times DF \times V}{\varepsilon \times L \times W_t}$$

式中，A，吸光度，$A = (A_{510\,nm,\,pH\,1.0} - A_{700\,nm,\,pH\,1.0}) - (A_{510\,nm,\,pH\,4.5} - A_{700\,nm,\,pH\,4.5})$；MW，矢车菊素-3-葡萄糖苷(C3G)分子质量(449.2 g/mol)；DF，稀释倍数；V，最终体积(mL)；ε，矢车菊素-3-葡萄糖苷(C3G)的摩尔消化系数(26 900)；L，比色皿光程(1 cm)；W_t，产品重量(g)。

2) 大孔吸附树脂对蓝靛果中花色苷的富集分离

(1) 蓝靛果样品溶液的制备

将 200 g 的蓝靛果鲜果采用上述优化出的最优提取工艺进行提取，利用紫外分光光度计检测，制得花色苷浓度为 0.501 mg/mL 的样品溶液，放入 4℃冰箱中冷藏封存以备用。

(2) 大孔吸附树脂的筛选

分别称取预处理好的 NKA-9、AB-8、DM-130、SA-3、D101、D3520 型树脂干重各 1.0 g，放置于 150 mL 带塞锥形瓶中，然后分别加入 60 mL 待分离的蓝靛果样品溶液，放置恒温摇床中，设置参数为：转速 100 r/min，温度 25℃，进行 5 h的振荡吸附。当吸附达到平衡后，通过抽滤将树脂与溶液分离，树脂用一定量蒸馏水冲洗，合并吸附后溶液与冲洗液，并通过紫外分光光度计分析检测蓝靛果中花色苷的吸附能力。

将 80 mL 的乙醇溶液加入到上述通过抽滤与溶液分离开来的树脂中，放置恒温摇床中，设置参数为：转速 100 r/min，温度 25℃，进行 5 h 的振荡解吸。当解吸完成后，进行抽滤，将树脂与溶液分离，得到的解吸液通过紫外分光光度计分析检测。

蓝靛果样品溶液与大孔吸附树脂的吸附能力、解吸能力与解吸率的计算公式如下。

$$大孔吸附树脂的吸附能力(Q_e) = \frac{V(C_a - C_b)}{M}$$

式中，V，加入蓝靛果样品溶液的体积(mL)；C_a，蓝靛果样品溶液中花色苷的浓度(mg/mL)；C_b，蓝靛果样品溶液中花色苷在吸附平衡后的浓度(mg/mL)；M，树脂干重(g)。

$$大孔吸附树脂的解吸能力(Q_d) = \frac{V_i C_i}{M}$$

$$大孔吸附树脂的解吸率(D) = \frac{V_i C_i}{V(C_a - C_b)}$$

式中，V_i，蓝靛果解吸液的体积(mL)；C_i，蓝靛果解吸液中花色苷的浓度(mg/mL)；V，加入蓝靛果样品溶液的体积(mL)；C_a，蓝靛果样品溶液中花色苷在吸附前的浓度(mg/mL)；C_b，蓝靛果样品溶液中花色苷在吸附平衡后的浓度(mg/mL)。

3) 大孔吸附树脂富集蓝靛果中的花色苷

根据优化出的树脂 D101 进行洗脱梯度的研究。称量多份优化出的树脂 D101，每份干重 1.0 g，放置于 150 mL 带塞锥形瓶中，然后分别加入 60 mL 待分离的蓝靛果样品提取溶液，放置恒温摇床中，设置参数为：转速 100 r/min，温度 25℃，进行 5 h 的振荡吸附。当吸附达到平衡后，通过抽滤将树脂与溶液分离，并用一定量的蒸馏水对树脂进行冲洗，合并吸附后溶液与冲洗液，并通过紫外分光光度计分析测定花色苷的吸附量。分别将 80 mL 的 10%～70%乙醇加入到上述通过抽滤与溶液分离开来的树脂中，放置恒温摇床中，设置参数为：转速 100 r/min，温度 25℃，进行 5 h 的振荡解吸。当解吸完成后，通过抽滤将树脂与溶液分离，得到的解吸液通过紫外分光光度计分析检测。以洗脱液的乙醇浓度作为横坐标、洗脱液中蓝靛果花色苷的解吸率作为纵坐标，绘制出树脂的洗脱曲线，确定最佳洗脱梯度。

针对实验中优化出的树脂 D101 进行动态吸附的研究，绘制泄漏曲线，确定上样体积。将干重 5 g 树脂装入玻璃层析柱(14 mm × 500 mm)中，柱体积(BV)为 30 mL。加入一定量的待分离的样品提取溶液，以流速为 1 BV/h 通过树脂柱，每隔 1/3 BV 取 1 mL，采用紫外分光光度计分析测定流出液花色苷的浓度。以上样体积作为横坐标、所采样溶液中蓝靛果花色苷的浓度作为纵坐标，绘制树脂的泄漏曲线，确定最佳上样体积。

在确定最佳洗脱梯度和最佳上样体积的基础上，进一步对洗脱体积进行研究。当蓝靛果样品溶液在优化出的树脂 D101 上达到吸附平衡后，首先以蒸馏水作为洗脱液，以 3 BV/h 的流速洗脱树脂柱上极性较大的杂质，每隔 1/3 BV 取 1 mL，采用紫外分光光度计分析测定流出液花色苷的浓度。再以上述优化出的解吸乙醇溶液作为洗脱液，以 3 BV/h 的流速通过树脂柱洗脱花色苷，每隔 1/3 BV 取 1 mL，采用紫外分光光度计分析测定流出液花色苷的浓度。以洗脱体积作为横坐标、所采样溶液中蓝靛果花色苷的浓度作为纵坐标，绘制树脂的洗脱曲线，确定最佳洗脱体积。

4) 大孔吸附树脂对蓝靛果中花色苷富集分离

(1) 大孔吸附树脂的筛选

为了有效地富集分离蓝靛果中花色苷，考察了 6 种不同大孔吸附树脂的吸附能力、解吸能力及解吸率，筛选出最优的树脂类型。由图 4-53 可知，与 NKA-9、AB-8、DM-130、D3520 相比较，SA-3 和 D101 对花色苷具有较好的吸附能力，但是 SA-3 对花色苷的解吸性能较差，综合以上分析，最终选择了吸附与解吸综合效果较优的 D101 型树脂用于蓝靛果中花色苷的富集分离。

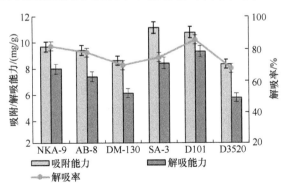

图 4-53 花色苷在 6 种大孔吸附树脂中的吸附能力、解吸能力及解吸率

　　当蓝靛果样品提取溶液在 D101 树脂柱上达到吸附平衡后，考察了洗脱液乙醇浓度从 10%到 70%对花色苷洗脱效果的影响，结果如图 4-54 所示。从图中结果能够发现，随着乙醇浓度的提高，花色苷的解吸率先升高后平缓。当洗脱溶液的浓度为 30%乙醇时，花色苷的解吸率可达 90.25%，可以证明 30%的乙醇溶液能够将大部分的花色苷洗脱下来；当继续增加乙醇浓度时，花色苷的解吸率只有微小的上升趋势，考虑到溶液的成本以及过高的乙醇浓度容易将黄酮类的成分洗脱下来从而达不到有效分离的效果，因此，选用 30%乙醇溶液作为最佳洗脱梯度。

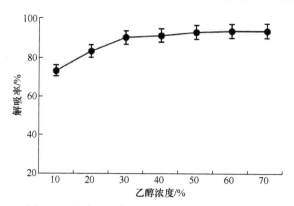

图 4-54　花色苷在树脂 D101 上的静态解吸曲线

　　随着上样量的逐渐增大，大孔吸附树脂对溶质的吸附力将减弱甚至消失，使溶质不能被吸附，导致溶质的回收率下降，造成浪费。因此，确定大孔吸附树脂柱泄漏点，从而确定最佳上样体积，是十分重要的。根据上样体积和树脂流出液中花色苷的浓度，获得了花色苷在 D101 树脂柱上的动态泄漏曲线(图 4-55)。通常，当流出液中目标化合物的浓度是样品溶液浓度的 10%时，认为大孔吸附树脂柱达到了泄漏点。从图中可以发现，当上样量不超过 50 mL 时，溶液中的花色苷几乎被 D101 树脂柱全部吸附；然后随着上样量的提高，流出液中花色苷的浓度

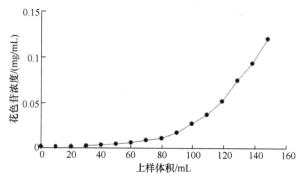

图 4-55　花色苷在 D101 树脂柱上的动态泄漏曲线

开始渐渐升高。本实验中，花色苷的泄漏点是 120 mL(4 BV)。因此，选择 4 BV 为最佳上样体积。

(2) 最佳洗脱体积

在确定了洗脱溶液梯度的基础上，再对 D101 树脂的最佳洗脱体积进行研究，结果见图 4-56。从图中能够发现，当蒸馏水洗脱体积超过 3 BV 时，流出液中花色苷的浓度显著提高。因此，3 BV 蒸馏水用于除去非目标物。6 BV 30%乙醇可以洗脱绝大部分吸附于 D101 树脂柱上的花色苷。因此，优化的梯度洗脱流程为 3 BV 蒸馏水和 6 BV 30%乙醇。

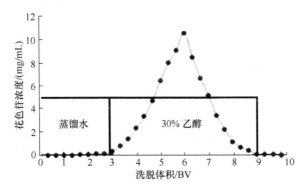

图 4-56　优化条件下花色苷在 D101 树脂柱上的解吸附轮廓

在上述优化的树脂条件下，对蓝靛果中花色苷进行了放大实验，获得 3.99 g 富集产物。在最优条件下，经过 D101 树脂富集后，花色苷纯度 24.8%，回收率达到 81.3%。经过大孔吸附树脂 D101 的处理，蓝靛果中花色苷被简单、有效地富集。

最终得到的大孔吸附树脂富集分离花色苷的工艺条件如下：

树脂类型：D101 型；

上样浓度：花色苷为 0.501 mg/mL；

上样体积：4 BV；

上样流速：1 BV/h；

解吸溶液及体积：3 BV 蒸馏水和 6 BV 30%乙醇；

解吸流速：3 BV/h。

经过大孔吸附树脂分离后的花色苷样品，利用中压快速制备色谱进行分离纯化，制备矢车菊素-3-葡萄糖苷(C3G)。

5) 中压制备纯化部分

(1) HPLC 分析

色谱柱：Luna C18 column (250 mm × 4.6 mm i.d.，5 μm)；流动相：5%甲酸水溶液(A)-甲醇(B)；流速：1 mL/min；柱温：30℃；检测波长：520 nm；进样量：

5 μL。梯度洗脱条件：0～4 min，15%～20%(B)；4～6 min，20%～22%(B)；6～14 min，22%～24%(B)；14～24 min，24%～26%(B)；24～32 min，26%～30%(B)；32～37 min，30%～35%(B)。

(2) 中压快速色谱分离纯化

取一定量 ODS-C18(反相硅胶)置于 500 mL 烧杯中，加入适量溶剂进行充分搅拌，超声脱气后边搅拌边装入色谱仪自带玻璃柱中，使 ODS 自然沉降，制得快速分离色谱柱。使用之前要用 20%甲醇平衡色谱柱。称取一定量大孔吸附树脂富集物溶于 20%甲醇溶液中，用微孔滤膜过滤后，备用。打开计算机，待系统就绪后，进行湿法上样。流动相：5%甲酸水溶液(A)-甲醇(B)；等度洗脱条件：0～60 min，20%(B)，洗脱流速保持在一定值，采用自动收集器进行收集。然后在检测波长 520 nm 下进行 HPLC 的检测，并以花色苷的回收率作为指标，确定最优的中压快速制备色谱的分离纯化工艺，将样品与 ODS 的比和流速进行优化。

在进行柱层析分离纯化时，过量的 ODS 可以影响峰形甚至导致分离效率明显下降。所以研究样品与硅胶的比例对于有效分离来说是非常必要的。在其他条件不变的情况下，选择样品与硅胶的质量比为 1∶60、1∶80、1∶100、1∶120 进行优化，结果如图 4-57 所示。从图中可以发现，当样品与 ODS 的比例从 1∶60 减少到 1∶100 时，矢车菊素-3-葡萄糖苷(C3G)的回收率也随之增大。当样品量过多时，硅胶达到吸附饱和，对目标化合物吸附力基本消失，进而导致目标化合物的回收率下降。当样品与 ODS 的比减少至 1∶120 时，矢车菊素-3-葡萄糖苷(C3G)的回收率有轻微的下降，因此，选择样品与 ODS 的比为 1∶100 时，蓝靛果中矢车菊素-3-葡萄糖苷(C3G)的分离可以达到较好的分离效果。

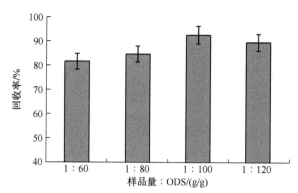

图 4-57　样品量与 ODS 的质量比对矢车菊素-3-葡萄糖苷回收率的影响

洗脱流速既可以影响保留时间，又可以影响分离效率和系统压力。所以优化洗脱流速对于中压快速制备分离纯化蓝靛果中矢车菊素-3-葡萄糖苷(C3G)是十分重要的。选择洗脱流速 20 mL/min、30 mL/min、40 mL/min、50 mL/min 进行优

化，结果如图 4-58 所示。从图中可以发现，当洗脱流速从 20 mL/min 升高到
30 mL/min 时，矢车菊素-3-葡萄糖苷(C3G)的回收率也随之增加。当洗脱流速较低
时，目标化合物吸附在固定相上的时间较长，导致目标化合物较难被洗脱。当洗
脱流速升高到 40 mL/min 时，矢车菊素-3-葡萄糖苷(C3G)的回收率明显下降。当
洗脱流速较高时，柱压变大，导致极性相近的化合物容易被一起洗脱下来，达不
到有效分离的效果。而且如果洗脱流速过快，会致使洗脱溶剂使用量增大，成本
变高。因此，选择洗脱流速为 30 mL/min 作为中压快速制备分离纯化蓝靛果中矢
车菊素-3-葡萄糖苷(C3G)的最优参数。

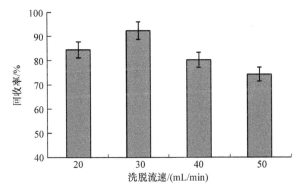

图 4-58　洗脱流速对矢车菊素-3-葡萄糖苷回收率的影响

　　称取大孔吸附树脂富集物 0.8 g，在上述优化的中压快速制备色谱条件下，对
蓝靛果中花色苷纯化进行实验。花色苷粗提物和 ODS 快速色谱纯化后的 HPLC 色
谱图如图 4-59 所示。在最优条件下，经过一次中压快速制备色谱纯化后，用 55%
乙醇重结晶后得到纯度可达 96.6%以上的矢车菊素-3-葡萄糖苷 157.53 mg，回收
率可达 90.3%。因此，建立的 ODS 快速色谱非常适用于蓝靛果中矢车菊素-3-葡萄
糖苷(C3G)的快速分离纯化。

　　(3) 分离纯化单体的结构验证

　　分离纯化单体的 HPLC 色谱图如图 4-59C 所示。纯化后的矢车菊素-3-葡萄糖
苷(C3G)的保留时间为 15.27 min 与标准品的基本一致。分离纯化单体矢车菊素-3-
葡萄糖苷(C3G)的 ESI-MS(图 4-60)给出准分子离子峰 m/z 449.2[M+H]$^+$，与文献报
道一致。

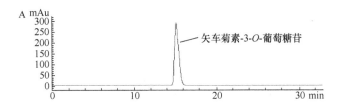

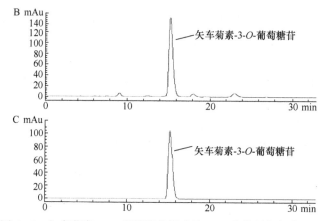

图 4-59 矢车菊素-3-O-葡萄糖苷标准品(A)、蓝靛果粗提物(B)和
纯化后矢车菊素-3-O-葡萄糖苷(C)的 HPLC 色谱图

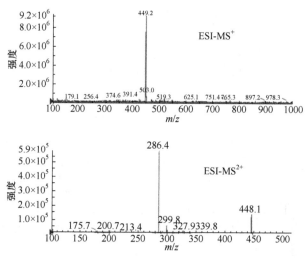

图 4-60 从蓝靛果中纯化矢车菊素-3-葡萄糖苷的 ESI-MS 谱图

4. 大孔吸附树脂富集结合 ODS-C18 反相硅胶快速色谱制备分离黑加仑花色苷[70]

本实验中我们首次采用大孔吸附树脂富集结合 ODS-C18 反相硅胶快速色谱分离纯化，对黑加仑 4 种主要花色苷成分进行分离纯化工艺研究[4]。通过实验优化 NKA-9、D101、AB-8、D4020、ADS-17、ADS-5 这六种不同型号的大孔吸附树脂，筛选出吸附能力和解吸率最好的大孔吸附树脂类型用来最大化富集黑加仑花色苷。随后结合中压快速制备色谱分离纯化黑加仑中 4 种主要花色苷，该分离纯化工艺具有产品纯度高、收率大、易于放大的特点，为其他花色苷的分离提供了新思路。

1) 待分离样品溶液的制备

将新鲜的黑加仑果实用组织捣碎机制成匀浆，用电子天平称取黑加仑浆液 2 kg，按照最优工艺条件下进行低共熔溶剂微波辅助提取。合并提取得到的黑加仑花色苷提取液，经 pH 示差法测定提取液花色苷含量为 0.20 mg/mL，低温保存备用。

2) 6 种大孔吸附树脂理化参数

6 种大孔吸附树脂的理化参数见表 4-25。

表 4-25　6 种大孔吸附树脂的理化参数

树脂类型	官能团	表面积/(m²/g)	平均孔径/nm	直径/mm	极性
NKA-9	交联聚苯乙烯	250～290	15.0～16.5	0.3～1.25	极性
D101	交联聚苯乙烯	400～600	10.0～12.0	0.2～0.6	非极性
AB-8	交联聚苯乙烯	480～520	13.0～14.0	0.3～1.25	弱极性
D4020	交联聚苯乙烯	540～580	10.0～10.5	0.3～1.25	非极性
ADS-17	酯基	90～150	25.0～30.0	0.3～1.25	非极性
ADS-5	聚苯乙烯	520～600	25.0～30.0	0.3～1.25	非极性

3) 大孔吸附树脂的预处理

新购买的大孔吸附树脂中会有其生产合成时的聚合体、致孔剂、分裂物等杂质，不经过预处理直接使用会导致样品污染，所以在使用前需进行预处理。预处理过程包括"静态法"处理和"动态法"处理。

静态法预处理过程如下：用 95%乙醇溶液将大孔吸附树脂浸泡 24 h，每 15 min搅拌一次，搅拌充分。每隔 2 h 换新的醇溶液，之后用去离子水将大孔吸附树脂洗脱至无醇味；酸处理时用 4% HCl 溶液浸泡 3 h，然后使用去离子水洗脱至中性；然后进行碱处理，用 5% NaOH 溶液浸泡 3 h 后，再用去离子水洗脱树脂至中性；最后使用去离子水进行浸泡，充分溶胀树脂。

动态法预处理过程如下：首先清洗色谱柱，用乙醇混合大孔吸附树脂进行装柱；用两倍柱体积的乙醇溶液洗脱数次，直至流出溶液为澄清透明无混浊现象，最后再用去离子水将醇溶液洗脱至无味备用。

4) 大孔吸附树脂对黑加仑花色苷吸附性能研究

(1) 大孔吸附树脂的静态吸附和解吸附测定

预先准确称量 6 种不同类型大孔吸附树脂(相当于 1 g 干树脂)，装入 100 mL的三角瓶，取 60 mL 黑加仑花色苷提取溶液倒入带塞子的三角瓶中，放入 25℃恒温摇床中进行吸附，控制摇床的转速为 120 r/min，放置 6 h，在达到吸附饱和后，进行抽滤，转移滤液到三角瓶中，通过 pH 示差法进行花色苷含量测定。随后将

90 mL 的 90%乙醇加入欲解吸分离的大孔吸附树脂，放摇床解吸附，解吸时间为 8 h，解吸温度设定为 25℃，转速 120 r/min。解吸附完成后将滤液与树脂分离，通过 pH 示差法进行花色苷含量测定。

大孔吸附树脂的吸附量

$$Q_e = (C_0 - C_e)V_i/E$$

大孔吸附树脂解吸率

$$D = C_d \times V_d/[(C_0 - C_e)V_i] \times 100\%$$

式中，V_i，加入的样品液的体积(mL)；C_0，黑加仑提取液花色苷的初始浓度(mg/mL)；C_e，吸附饱和后黑加仑样品溶液花色苷的浓度(mg/mL)；E，大孔吸附树脂的干重(g)；V_d，花色苷解吸液的体积(mL)；C_d，黑加仑解吸液中花色苷的浓度(mg/mL)。

(2) 解析溶剂乙醇浓度的确定

花色苷的 D101 树脂 1 g(干重)放于 100 mL 的三角瓶中，分别加入 20%、30%、40%、50%、60%、70%、80%的乙醇溶液 90 mL 置于摇床中振荡解吸 8 h，采取恒温 25℃、转速 120 r/min。当解吸完成后进行抽滤，将滤液与树脂分离，通过 pH 示差法分别进行不同浓度的乙醇解吸液的花色苷含量测定。

(3) 大孔吸附树脂柱动态吸附、解吸附实验

对 D101 型树脂进行动态吸附、解吸附实验测试。通过动态吸附测试得出动态泄漏曲线来确定最佳的上样体积。将干重 5.0 g 树脂装进玻璃层析柱(500 mm × 14 mm)中，柱体积(BV)为 30 mL。将黑加仑样品溶液上样流入树脂柱，每隔 10.0 mL 取样 1 mL(1/3 BV)，使用 pH 示差法分别进行不同浓度的乙醇解吸溶液的花色苷的含量进行测定。以上样体积为横坐标、上样样品溶液中黑加仑花色苷的浓度为纵坐标，绘制树脂柱的泄漏曲线用来确定最合适的上样量。

当树脂柱吸附黑加仑花色苷溶液达到平衡后，先使用去离子水进行冲洗至流出液澄清无色，然后依次用上述优化出的解吸乙醇溶液洗脱黑加仑花色苷至流出液无色，然后采用 pH 示差法分别进行乙醇解吸液的花色苷含量测定。以洗脱液乙醇体积为横坐标、洗脱液中黑加仑花色苷浓度作为纵坐标，绘制出洗脱曲线，确定洗脱体积。

5) 中压制备色谱分离

此部分采用 ODS-C18 反相硅胶快速色谱对 D101 大孔吸附树脂富集得到产物进行分离和纯化。取一定量的 ODS-C18 反相硅胶(约 80 g)，湿法装入快速分离色谱自带玻璃柱规格为 350 mm × 30 mm i.d.制得快速分离色谱柱。接好柱子后，使用纯甲醇进行冲洗平衡中压快速色谱柱，平衡完成后用初始流动相 A[水：甲酸(90：10)]、流动相 B[乙腈：甲醇(85：15)](A：B=93：7)进行色谱柱平衡。通过上

述经过优化后的大孔吸附树脂条件下，将通过 D101 树脂富集后低温旋干后得到的富集物用一定量的初始流动相进行溶解，之后进行 0.45 μm 滤膜过滤。当快速色谱系统就绪后完成后，取一定体积的溶解过滤后的样品溶液进行湿法上样。之后选用流动相 A[水∶甲酸(90∶10)]、流动相 B[乙腈∶甲醇(85∶15)](A∶B=93∶7)等梯度洗脱，洗脱流速为 20～30 mL/min。使用自动收集器进行全收集，每试管收集的体积为 20 mL。用高效液相色谱在检测波长 520 nm 处检测收集物，合并相同部分，然后分别进行低温减压浓缩至干。为确定最佳的中压快速色谱的分离工艺，分别进行了上样量与流速的优化。

6) 黑加仑花色苷的大孔吸附树脂富集分离

(1) 大孔吸附树脂类型筛选

经过静态吸附及解吸附实验，从 6 种类型的大孔吸附树脂中筛选出了吸附含量及解吸率最好的树脂。6 种大孔吸附树脂对黑加仑花色苷的吸附能力和解吸率的结果如图 4-61 所示。对比后发现 6 种不同类型的大孔吸附树脂对黑加仑花色苷的吸附能力有很大的差别，其中 D4020 和 D101 型大孔吸附树脂对黑加仑花色苷具有很高的吸附能力。大孔吸附树脂的吸附能力和解吸率与其物理及化学性质有关系，也受到被吸附物质化学特性所影响。D4020 和 D101 之所以具有较高的吸附能力，可能与黑加仑花色苷具有相似的极性，以及树脂本身较大的比表面积有关。大孔吸附树脂的解吸率也是衡量树脂分离效果的重要参数。从图 4-61 中可以看出 D101 和 ADS-5 型树脂的解吸率最高，综合数据分析表明，D101 树脂具有最优的吸附能力、解吸能力与解吸率。因此，本实验选择 D101 型树脂进行黑加仑花色苷的富集实验。

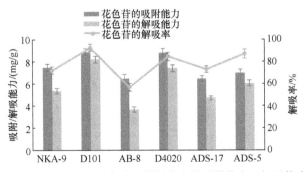

图 4-61　黑加仑花色苷在不同大孔吸附树脂中的吸附能力、解吸能力和解吸率

(2) 解吸溶剂乙醇浓度的确定

在 D101 树脂柱吸附达到平衡时，依次用 20%～70% 的乙醇(体积为 90 mL)进行震荡解吸附，结果如图 4-62 所示。从图中可以发现，随着乙醇浓度的增加，黑加仑花色苷的解吸率会随之增加，当乙醇浓度达到 40% 时，已经有 93% 以上的花

色苷被解吸下来，当乙醇浓度继续增加时，花色苷的解吸率升高的不明显。因此，考虑到溶剂成本，选用40%乙醇溶液进行解吸附实验。

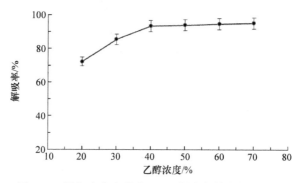

图4-62 黑加仑花色苷在D101树脂的静态解吸曲线

(3) D101树脂动态泄漏曲线

大孔树脂的吸附作用主要是通过表面吸附、静电力及氢键等作用力，当吸附量达到饱和时，上样体积继续增加会导致大孔吸附树脂吸附能力下降，超过了大孔吸附树脂柱的泄漏点。图4-63为D101树脂柱的动态泄漏曲线。当流出液中目标成分的浓度达到初始样品溶液中浓度的10%时，被当作达到了大孔吸附树脂柱的泄漏点。如图4-63所示，当上样量增加到180 mL时，流出液中的黑加仑花色苷浓度达到了样品浓度的10%，之后随着上样量的增加，流出液中花色苷素浓度开始逐渐升高。因此，180 mL(6 BV)的上样量被选为最佳上样体积。

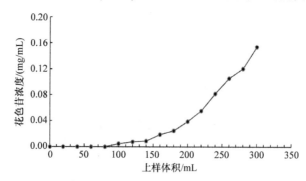

图4-63 黑加仑花色苷在D101树脂柱上的动态泄漏曲线

通过以上树脂优化条件，当黑加仑花色苷提取液样品溶液在D101树脂柱上达到吸附平衡后，首先以去离子水作为洗脱液洗脱极性较大的杂质(如糖类及低共熔溶剂等)，每隔10 mL取流出液1 mL，采用pH示差法测定流出液黑加仑花色苷的浓度。当去离子水洗脱体积达到3 BV时，流出的去离子水中花色苷的含量有所增加。因此，使用 3 BV 去离子水除去杂质化合物。然后，40%乙醇作为洗脱液进行黑加仑花色苷的洗脱，每隔 10 mL 取样 1 mL，采用 pH 示差法测定流出液黑加仑花色苷的浓度。如图 4-64 所示，当时用 5 BV 的 40%乙醇洗脱时，吸附于 D101 树脂柱上的黑加仑花色苷几乎全被洗脱下来。最后将得到的洗脱液进行低温蒸发除去溶剂，得到了花色苷的富集物。

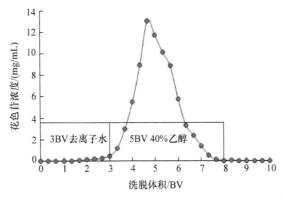

图 4-64　优化条件下黑加仑花色苷在 D101 树脂柱上的解吸附轮廓

通过以上实验，最终优化出大孔吸附树脂富集黑加仑花色苷的最佳条件如下。树脂型号：D101 型树脂；上样量：6 BV；梯度洗脱流程：使用 3 BV 去离子水冲洗杂质和 5 BV 40%乙醇冲洗目标化合物。在上述条件下放大化实验，获得 13.51 g 花色苷富集产物，得率为 0.6%。用 pH 示差法测定和计算，结果表明黑加仑花色苷富集物中花色苷含量为 24.36%，最后通过大孔吸附树脂的富集，得到了纯度较高的黑加仑花色苷富集产物。

7) 黑加仑 4 种主要花色苷的快速色谱分离纯化

黑加仑花色苷的提取液经 D101 型树脂富集后得到的富集产物通过 HPLC 检测后得到如图 4-65 所示的色谱图。通过标准品的对比，其中色谱峰从左至右依次为飞燕草素-3-*O*-葡萄糖苷、飞燕草素-3-*O*-芸香糖苷、矢车菊素-3-*O*-葡萄糖苷、矢车菊素-3-*O*-芸香糖苷。将得到的黑加仑花色苷富集物用初始流动相进行溶解，进行 0.45 μm 滤膜过滤上样。中压层析柱填料为 ODS-C18 反相硅胶，选用流动相 A[水∶甲酸(90∶10)]、流动相 B[乙腈∶甲醇(85∶15)](A∶B=93∶7)等梯度洗脱 80 min，洗脱流速为 20 mL/min。用 HPLC 在检测波长 520 nm 检测流出物成分，合并相同部分，然后分别减压浓缩至干，用 50%乙醇作为溶剂饱和溶解中压柱层析得到的花色苷组分，然后进行低温晶析，重结晶得到飞燕草素-3-*O*-葡萄糖苷、飞燕草素-3-*O*-芸香糖苷、矢车菊素-3-*O*-葡萄糖苷、矢车菊素-3-*O*-芸香糖苷。

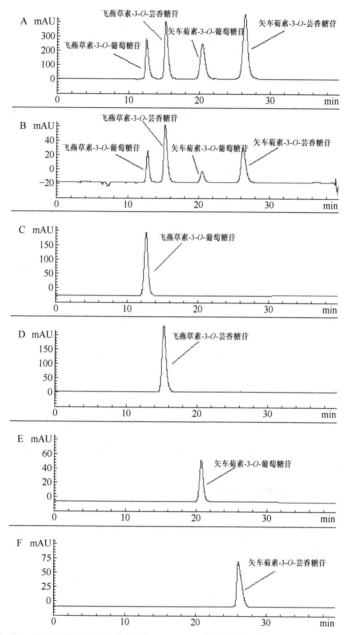

图 4-65　黑加仑 4 种主要花色苷标准品图(A)、D101 树脂富集产物(B)，以及分离纯化飞燕草
素-3-*O*-葡萄糖苷(C)、飞燕草素-3-*O*-芸香糖苷(D)、矢车菊素-3-*O*-葡萄糖苷(E)、
矢车菊素-3-*O*-芸香糖苷(F)HPLC 色谱图

8) 样品与 ODS-C18 反相硅胶的比值

过高的样品负载量会使 ODS-C18 反相硅胶的分离效果变弱，可能会使目标成分分不开，也就是说 ODS-C18 反相硅胶柱过载导致整体分离效率下降，回收率变低。因此，考察了样品上样量与 ODS-C18 反相硅胶量的比值为 1/100、1/150、1/200、1/250(g/g)，对分离效率的影响也进行了研究。洗脱过程条件不变，结果见图 4-66。当样品/ ODS-C18 反相硅胶的值从 1/100(g/g) 增加到 1/150(g/g) 时，黑加仑 4 种主要花色苷的回收率变化不是特别明显，当样品/ODS-C18 反相硅胶的值从 1/150 增加到 1/250(g/g) 时，黑加仑 4 种主要花色苷回收率明显降低，因此，选择样品/ODS-C18 反相硅胶的值为 1/150(g/g) 是最佳上样量，对于黑加仑 4 种主要花色苷分离可以达到较好的分离效果。

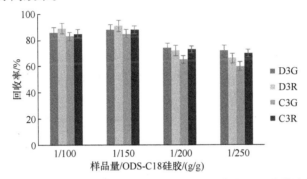

图 4-66　样品量与 ODS-C18 硅胶的比值对分离飞燕草素-3-*O*-葡萄糖苷(D3G)、
飞燕草素-3-*O*-芸香糖苷(D3R)、矢车菊素-3-*O*-葡萄糖苷(C3G)、矢车菊素-3-*O*-芸香糖苷(C3R)
回收率的影响

(1) 洗脱流速的优化

中压快速色谱法分离黑加仑 4 种主要花色苷的实验中，流速对分离效果的影响是一个非常重要的参数，柱子理论塔板高度会受到流速的影响进而影响分离效果。本实验选择了不同的洗脱流速(15 mL/min、25 mL/min、35 mL/min、45 mL/min)来考察洗脱流速对中压快速色谱分离黑加仑 4 种主要花色苷效果的影响。实验结果如图 4-67 所示，当流速从 15 mL/min 增加到 25 mL/min 时，黑加仑 4 种主要花色苷的回收率也随之增加。分析其原因，是因为流速过慢，目标化合物接触固定相时间较长，增大了物质的扩散，达不到理想的分离效果。当流速从 25 mL/min 增加到 45 mL/min 时，黑加仑 4 种主要花色苷的得率会降低。分析其原因，当流速过快时，目标化合物和 ODS-C18 反相硅胶的接触时间变短，导致各组分在固液两相中平衡时间缩短，没有吸附完全甚至仍以混合组分流出，造成损失，浪费溶剂；此外，当流速过高时会产生较大的压力，可能会使层析柱破裂，选择合适的流速对分离纯化黑加仑花色苷具有重要的意义。因此，本实验选择 25 mL/min 的流速为最佳的分离参数。

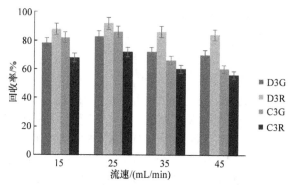

图 4-67　洗脱流速对分离飞燕草素 3-*O*-葡萄糖苷、飞燕草素 3-*O*-芸香糖苷、
矢车菊素 3-*O*-葡萄糖苷、矢车菊素 3-*O*-芸香糖苷回收率的影响

(2) 验证实验

通过以上中压快速色谱的优化条件，即选用流动相 A[水：甲酸(90：10)]、流动相 B[乙腈：甲醇(85：15)](A：B=93：7)等梯度洗脱 80 min，样品/ODS-C18 硅胶比例为 1/150 (g/g)，洗脱流速为 25 mL/min，进行黑加仑 4 种主要花色苷的分离纯化。将得到的各组分分别减压浓缩至干，用 50%乙醇作为溶剂饱和溶解中压柱层析得到的花色苷组分，然后进行低温晶析，重结晶得到纯度为 95.6%飞燕草素 3-*O*-葡萄糖苷 25.31 mg、纯度为 96.2%飞燕草素 3-*O*-芸香糖苷 38.47 mg、纯度为 95.5%矢车菊素 3-*O*-葡萄糖苷 14.83 mg 和纯度为 95.8%矢车菊素 3-*O*-芸香糖苷 34.36 mg，回收率分别为 92.1%、91.3%、90.3%、90.7%。

9) 分离纯化单体的结构验证

分离纯化单体飞燕草素 3-*O*-葡萄糖苷、飞燕草素 3-*O*-芸香糖苷、矢车菊素 3-*O*-葡萄糖苷、矢车菊素 3-*O*-芸香糖苷峰保留时间分别为 12.87 min、15.63 min、20.84 min、26.34 min 与花色苷标准品基本一致。分离纯化单体飞燕草素 3-*O*-葡萄糖苷、飞燕草素 3-*O*-芸香糖苷、矢车菊素 3-*O*-葡萄糖苷、矢车菊素 3-*O*-芸香糖苷的 ESI-MS$^+$和 ESI-MS2$^+$分别给出准分子离子峰 *m/z* 465.1[M-H]$^+$、611.3[M-H]$^+$、449.2[M-H]$^+$和 595.3[M-H]$^+$(图 4-68)，与文献报道一致。

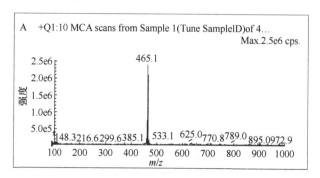

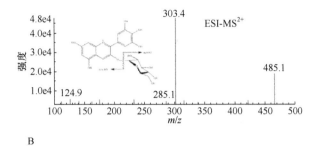

B

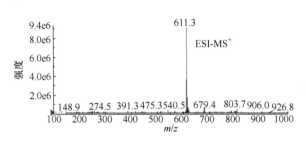

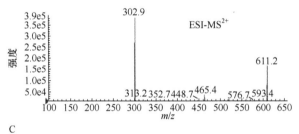

C

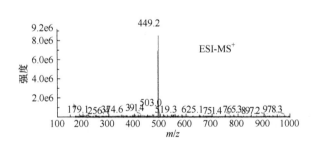

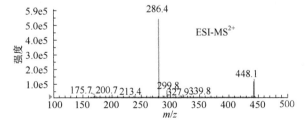

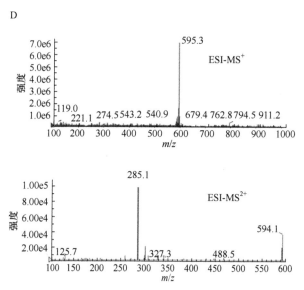

图 4-68　纯化出的(A)飞燕草素-3-*O*-葡萄糖苷、(B)飞燕草素-3-*O*-芸香糖苷、(C)矢车菊素-3-*O*-葡萄糖苷、(D)矢车菊素-3-*O*-芸香糖苷的 ESI-MS$^+$和 ESI-MS^{2+}谱图

5. 多孔纤维素基白藜芦醇分子印迹靶向富集分离虎杖苷[71]

　　白藜芦醇属于二苯乙烯类化合物，在多种植物如虎杖、花生及葡萄中均有分布。它具有诸多方面的药理活性，如抗癌、抗菌及抗炎等。作为一种具有广阔市场前景的药用活性成分，其在各个领域均有广泛的应用。但由于其在植物中的含量低，且传统的用于提取分离植物中的白藜芦醇的方法存在溶剂消耗量大、环境污染严重、操作过程复杂、产率低、产物杂质较多等问题，所以亟须寻找一种高效、方便、绿色、环保的方法对植物中的白藜芦醇进行靶向分离，为植物活性成分的高效分离提供科学基础[5]。

　　本研究以白藜芦醇为模板分子，以功能化的多孔纤维素微球为载体，制备出了一种对目标分子白藜芦醇具有较高选择吸附能力的多孔纤维素基白藜芦醇分子印迹聚合物(Res-MIP)，确定了白藜芦醇 Res-MIP 的最佳制备条件及吸附条件，并对其吸附机制进行了深入研究。最后研究了 Res-MIP 在虎杖提取液中对白藜芦醇的靶向分离能力。

1) 标准曲线的绘制

　　本实验使用 Agilent 1260 高效色谱仪对目标化合物白藜芦醇进行检测。所使用的分析柱是内径尺寸为 250 mm×4.6 mm 的 C18 柱；流动相由体积比为 35∶65 的乙腈与水组成，流速设定在 1 mL/min，紫外检测波长设定在 303 nm。首先称取一定质量的白藜芦醇于乙腈溶液中进行溶解，配制出白藜芦醇标准溶液的浓度为 1.0 mg/mL，再使用乙腈溶液依次对该浓度进行稀释，得到浓度由高到低的白藜芦醇标准溶液分别为 0.5 mg/mL、0.25 mg/mL、0.125 mg/mL、0.0625 mg/mL 及 0.0325 mg/mL，经 0.22 μm 有机滤膜过滤后注入高效液相色谱仪中，根据各浓度所对应的不同色谱峰面积绘制出散点图，经回归分析后便可得到白藜芦醇的标准曲线。

2) 吸附性能的研究方法

通常以吸附容量 Q 来评价分子印迹聚合物的吸附性能。其方程式如 F：

$$Q = \frac{(C_0 - C)V}{W}$$

式中，Q，Res-MIP(NIP)的吸附容量(mg/g)；C_0，目标化合物的初始浓度(mg/mL)；C，目标化合物在吸附平衡时溶液中的剩余浓度(mg/mL)；V，目标化合物标准溶液的体积(mL)；W，Res-MIP(NIP)的质量(g)。

3) 多孔纤维素基 Res-MIP 制备条件的优化

实验中，改性多孔纤维素微球(p-CM@MPS)、模板分子白藜芦醇(Res)和功能单体 4-乙烯吡啶(4-VP)通过引发剂偶氮二异丁腈(AIBN)的引发，在交联剂乙二醇二甲基丙烯酸酯(EGDMA)的作用下可以发生自由基聚合反应，制备得到白藜芦醇分子印迹聚合物(Res-MIP)/非分子印迹聚合物(NIP)。具体实验步骤为：将 0.1 mmol 的白藜芦醇与 0.5 mmol 的 4-VP 加至含有 40 mL 乙腈溶液的 100 mL 圆底烧瓶中，在避光条件下进行磁力搅拌 6 h 后依次加入 p-CM@MPS、EGDMA 及 AIBN，整个体系通氮气 10 min 后，将油浴的温度设定为 60℃，整个体系在氮气保护下反应 20 h。聚合结束后，用由甲醇与乙酸组成的洗脱液(V：V=9：1)对模板分子 Res 进行去除，直到 Res 不能被检测出来为止，再用甲醇洗至中性，在真空干燥箱中对终产物进行干燥处理，即可得白藜芦醇分子印迹聚合物(Res-MIP)。制备非分子印迹聚合物(NIP)的方法与上述步骤相同，只是在制备过程中不需要加入模板分子 Res。

在制备过程中，功能单体的种类、反应溶剂的种类、模板分子和功能单体与交联剂的摩尔比、改性多孔纤维素微球与交联剂的质量比及反应温度对制备得到的分子印迹聚合物的吸附性能存在重要影响，为了制备吸附性能最佳的 Res-MIP，需要对制备条件进行优化。

(1) 功能单体的选择：使用 Gaussian 09 软件并采用从头计算理论，选择甲基丙烯酸(MAA)、丙烯酰胺(AM)、2-乙烯基吡啶(2-VP)及 4-乙烯基吡啶(4-VP)作为进行实验的功能单体，通过分析它们的 Mulliken 电荷可以比较出这四种功能单体活性位点的多少，从理论上筛选出制备分子印迹聚合物的最佳功能单体，并通过实验分别选取 4 种功能单体进行 Res-MIP 的制备，通过比较制备出的 Res-MIP 吸附容量进行验证。

(2) 反应溶剂的选择：在合成反应过程中保持参与反应的物质质量与反应条件不变，选取 4 种常见的反应溶剂乙醇、乙腈、甲苯及氯仿进行 Res-MIP 的制备，通过对制备出的 Res-MIP 的吸附容量进行比较，选择出最优的反应溶剂种类。

(3) 模板分子、功能单体与交联剂摩尔比的选择：保持制备过程中的反应条件不变，选择摩尔比例分别为 1∶5∶10、1∶5∶20、1∶5∶30、1∶5∶40 及 1∶5∶50 进行 Res-MIP 的制备，使用哪一个比例所制备出的 Res-MIP 吸附容量最大，即选择该比例作为实验的最佳比例。

(4) 改性多孔纤维素微球与交联剂质量比的选择：在合成反应过程中保持参与反应的物质质量与反应条件不变，选取 5 种改性多孔纤维素微球与交联剂的质量比分别为 3∶1、3∶2、3∶3、3∶4 及 3∶5 进行 Res-MIP 的制备，利用光镜观察以不同质量比制备出的 Res-MIP 的形貌变化，再进一步通过实验进行 Res-MIP 的制备，并对比在不同质量比下制备的 Res-MIP 吸附容量，进而选择出最优的改性多孔纤维素微球与交联剂质量比。

(5) 温度的选择：在合成反应过程中保持参与反应的物质质量与反应条件不变，在 4 种不同的温度下(55℃、60℃、65℃及 70℃)进行 Res-MIP 的制备，通过对制备出的 Res-MIP 的吸附容量进行比较选择出最佳的温度。

4) 多孔纤维素基 Res-MIP 的表征

(1) 傅里叶红外光谱分析(FTIR)

实验使用日本岛津公司傅里叶红外光谱仪，采用溴化钾压片法对制备的功能化多孔纤维素微球、多孔纤维素基白藜芦醇分子印迹聚合物(Res-MIP)及多孔纤维素基非分子印迹聚合物(NIP)在波长范围为 4000～500 cm^{-1} 内对官能团进行分析。

(2) 扫描电镜分析(SEM)

为了更清晰地观察到材料的形貌变化，实验中使用日立 S-520 扫描电镜，对制备的功能化多孔纤维素微球、多孔纤维素基白藜芦醇分子印迹聚合物(Res-MIP)及多孔纤维素基非分子印迹聚合物(NIP)样品表面进行喷金处理，在不同放大倍数下对样品的形貌特征进行观察。

(3) 热重分析(TGA)

为了研究所制备的材料的热稳定性，实验中对各材料进行了热重的表征。用高纯氮气作为保护气，将测试参数设定为：流速 20 mL/min，测试温度范围 50～800℃，以 10℃/min 的速度进行升温。

(4) XRD 晶体结构测试

以功能化多孔纤维素微球、多孔纤维素基白藜芦醇分子印迹聚合物(Res-MIP)及多孔纤维素基非分子印迹聚合物(NIP)作为待测物，采用型号为 D/max-2400 的日本清水 X 射线衍射仪进行扫描测定，使用 Cu-Ka 射线作为射线源。测试参数设定为：电压 30 kV，电流 10 mA，以 10°/min 的速度在 10°～80°的范围内进行扫描。

5) Res 标准曲线的绘制

采用高效液相色谱法绘制白藜芦醇的标准曲线，结果如图 4-69 所示。

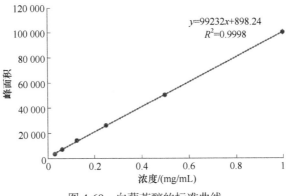

图 4-69　白藜芦醇的标准曲线

6) 多孔纤维素基 Res-MIP 的最佳制备条件

(1) 功能单体的选择

为了研究甲基丙烯酸、丙烯酰胺、2-乙烯基吡啶及 4-乙烯基吡啶中的活性位点，实验中利用 Gaussian 09 PM 算法对 4 种功能单体的电荷进行了计算，表 4-26 展示了 4 种功能单体中各原子的 Mulliken 电荷。

表 4-26　甲基丙烯酸、丙烯酰胺、2-乙烯基吡啶及 4-乙烯基吡啶的 Mulliken 电荷

分子	序号	元素	电荷
甲基丙烯酸	1	C	−0.027 046
	2	C	0.778 497
	3	C	−0.519 337
	4	C	−0.380 093
	5	O	−0.736 707
	6	O	−0.598 415
	7	H	0.228 276
	8	H	0.174 116
	9	H	0.174 126
	10	H	0.200 672
	11	H	0.232 447
	12	H	0.473 464
丙烯酰胺	1	C	−0.327 523
	2	C	−0.286 216

分子	序号	元素	电荷
	3	C	0.791 594
	4	N	−0.955 989
	5	O	−0.640 508
	6	H	0.193 156
	7	H	0.249 774
	8	H	0.191 923
	9	H	0.402 213
	10	H	0.381 576
2-乙烯基吡啶	1	C	0.389 756
	2	C	−0.268 640
	3	C	−0.142 223
	4	C	−0.273 423
	5	C	0.082 654
	6	N	−0.617 117
	7	C	−0.235 673
	8	C	−0.380 125
	9	H	0.211 785
	10	H	0.211 701
4-乙烯基吡啶	1	C	0.065 466
	2	C	−0.271 822
	3	C	0.082 897
	4	C	−0.286 638
	5	C	0.071 623
	6	N	−0.520 583
	7	C	−0.143 037
	8	C	−0.397 154
	9	H	0.202 411
	10	H	0.209 229
	11	H	0.209 066
	12	H	0.202 290
	13	H	0.197 731
	14	H	0.191 772
	15	H	0.186 750

为了寻找到各分子上的活性位点，本研究使用两种不同的颜色对各原子进行标注，将质子受体与质子供体分别用红色与绿色进行标注，图 4-70 为各功能单体的电荷分布图。

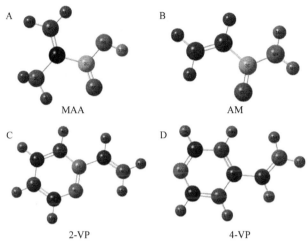

图 4-70　各个功能单体的电荷分布图

功能单体的活性位点分布情况可以通过对 4 种功能单体的 Mulliken 电荷的分析得到，如图 4-70 和表 4-26 所示。MAA 中 C2 和 H12 是质子供体，O5 是质子受体；AM 中有三个质子供体分别为 C3、H9 和 H10，只有一个质子受体是 N4；2-VP 中 C1 是质子供体，N6 是质子受体；4-VP 中 H14 和 H15 是质子供体，C8和 N6 是质子受体，分子印迹聚合物的主要活性位点即为几种功能单体中所对应的这些质子的供体与受体。

为了进一步验证上述结论，实验中分别使用 MAA、AM、2-VP 和 4-VP 这四种功能单体制备了多孔纤维素基白藜芦醇分子印迹聚合物(Res-MIP)，考察了四种功能单体在进行 Res-MIP 合成时对其吸附容量的影响。如图 4-71 所示，当选取MAA、AM、2-VP 和 4-VP 作为反应的功能单体时，所制得的 Res-MIP 吸附容量分别为 4.18 mg/g、3.24 mg/g、7.43 mg/g 及 9.62 mg/g，可以看出，当选择 4-VP 作为反应的功能单体时，所制得的 Res-MIP 吸附容量最大，所以最终选择 4-VP 作为进行本实验的最佳功能单体。

(2) 反应溶剂的选择

模板分子与功能单体间形成的氢键在适合的反应溶剂中可以变得更加牢固，进而可以促进反应的进行。实验分别选择了 4 种反应溶剂(乙醇、乙腈、甲苯及氯仿)制备多孔纤维素基白藜芦醇分子印迹聚合物，并比较了在不同反应溶剂中制备的 Res-MIP 吸附容量大小。图 4-72 展示出了实验结果，当选取 4 种不同的反应溶剂进行反应时，所制得的 Res-MIP 吸附容量分别为 3.21 mg/g、9.64 mg/g、7.32 mg/g 及 5.28 mg/g，可以看出，当选择乙腈作为反应溶剂时，所制得的 Res-MIP 吸附容量最大，所以最终选择乙腈作为进行本实验的最佳反应溶剂。

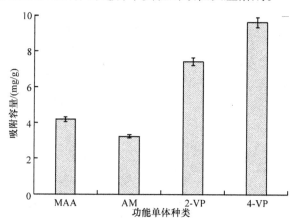

图 4-71　不同功能单体种类对吸附容量的影响

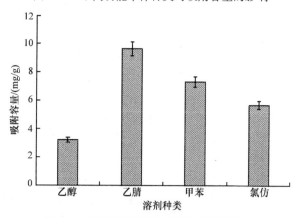

图 4-72　不同溶剂种类对吸附容量的影响

(3) 模板分子、功能单体与交联剂摩尔比的选择

实验使用 1∶5∶10、1∶5∶20、1∶5∶30、1∶5∶40 及 1∶5∶50 这五种不同的摩尔比进行多孔纤维素基白藜芦醇分子印迹聚合物(Res-MIP)的制备，比较以这五种不同的摩尔比制备的 Res-MIP 的吸附容量。图 4-73 展示了实验结果，当使用 1∶5∶30 作为模板分子、功能单体与交联剂的摩尔比进行反应时，所制得的 Res-MIP 吸附容量最大，其数值为 10.12 mg/g，所以最终 1∶5∶30 作为制备 Res-MIP 的最佳摩尔比。

(4) 改性多孔纤维素微球与交联剂质量比的选择

图 4-74 为以不同质量比的改性多孔纤维素微球与 EGDMA 制备的 Res-MIP

的光镜图。从图中可以看出，未发生聚合反应的 p-CM@MPS 的形貌为半透明的球形(图 4-74A)，当以 p-CM@MPS 与 EGDMA 的质量比为 3∶1 制备得到 Res-MIP 后，半透明的球形变得更加透明(图 4-74B)，说明在此条件下 p-CM@MPS 发生了一定程度的变性；当以质量比分别为 3∶2、3∶3 及 3∶5 进行反应时，p-CM@MPS 的球形结构不再完整，均发生了一定程度的破裂(图 4-74D、E 与 F)；只有在质量比为 3∶4 时，制备得到的 Res-MIP 形状规则，且由于发生了聚合反应，半透明的 p-CM@MPS 被聚合层包裹住进而变为实心的球形(图 4-74E)。因此，初步认为可以将 p-CM@MPS 与 EGDMA 的质量比 3∶4 确定为反应最佳的比例。

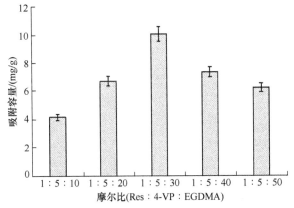

图 4-73　不同摩尔比(Res∶4-VP∶EGDMA)对吸附容量的影响

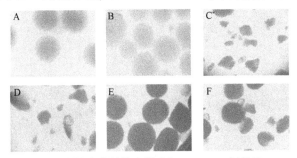

图 4-74　不同质量比的改性多孔纤维素微球与 EGDMA 制备的 Res-MIP 的光镜图

(A) p-CM@MPS; (B) p-CM@MPS/EGDMA=3∶1; (C) p-CM@MPS/EGDMA=3∶2;
(D) p-CM@MPS/EGDMA=3∶3; (E) p-CM@MPS/EGDMA=3∶4; (F) p-CM@MPS/EGDMA=3∶5

为了验证上述的推测结果，实验在 5 种不同的质量比下进行了多孔纤维素基白藜芦醇分子印迹聚合物(Res-MIP)的制备。如图 4-75 所示，当选择质量比为 3∶4 进行 Res-MIP 的制备时，所得到的聚合物吸附容量最大为 9.83 mg/g。所以最终确定了 p-CM@MPS 与 EGDMA 的质量比为 3∶4 是进行本实验的最佳比例。

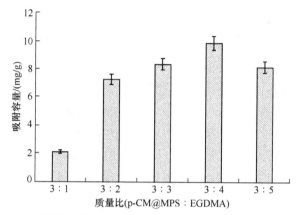

图 4-75　不同质量比(p-CM@MPS∶EGDMA)对吸附容量的影响

(5) 温度的选择

实验中采取 AIBN 作为聚合反应的引发剂，由于分子印迹聚合物的制备过程属于热引发的聚合反应，所以该反应能否顺利进行，关键看引发剂是否可以在适合的温度下发挥作用。实验选取了 4 种不同的温度(分别为 55℃、60℃、65℃及70℃)进行多孔纤维素基白藜芦醇分子印迹聚合物(Res-MIP)的制备。如图 4-76 所示，在 4 种不同温度下所制得的 Res-MIP 吸附容量分别为 2.2 mg/g、9.8 mg/g、10.4 mg/g 及 7.1 mg/g，由此可以确定 65℃是进行本实验的最佳温度。

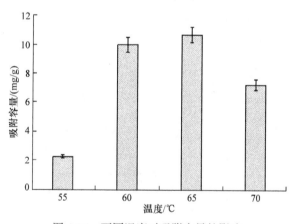

图 4-76　不同温度对吸附容量的影响

7) 多孔纤维素基 Res-MIP(NIP)的表征

(1) 傅里叶红外光谱分析

为了比较聚合反应发生前后材料表面官能团的变化，本研究进行了傅里叶红外光谱的表征。图 4-77 为多孔纤维素基材料的红外光谱图。其中，曲线 a、b 与 c 分别对应于 p-CM@MPS、Res-MIP 及 NIP 的红外光谱。通过分析可以发现，曲线 a 中在 1100 cm^{-1} 与 1680 cm^{-1} 处所对应的峰分别为 Si—O 键及 C=C 键的特征峰，说明硅烷化试剂 MPS 已经成功接枝在了多孔纤维素微球上。曲线 b 中在 1730 cm^{-1} 及 2985 cm^{-1} 处还出现了交联剂 EGDMA 中的 C=O 键及 C—H 键所对应的特征峰，说明分子印迹聚合物已经成功地包裹在了功能化的多孔纤维素微球 p-CM@MPS 上。对比曲线 b 与曲线 c 可以发现，曲线 b 在 3500～3300 cm^{-1} 的范围内出现了一段吸收峰，这是 Res-MIP 中模板分子和功能单体间的氢键作用所导致的，而在 NIP 的制备过程中，由于没有模板分子的参与，所以 NIP 中并不存在模板分子与功能单体间的这种氢键作用，导致在曲线 c 中在 3500～3300 cm^{-1} 范围内的吸收峰不是很明显。基于以上对红外光谱的分析，可以确定多孔纤维素基材料 p-CM@MPS、Res-MIP 及 NIP 均被成功制备出来了。

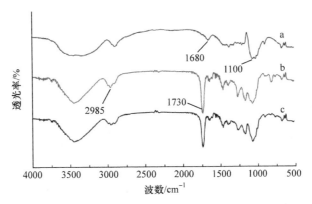

图 4-77　多孔纤维素基材料的红外光谱图

(a) p-CM@MPS; (b) Res-MIP; (c) NIP

(2) 扫描电子显微镜分析

为了更清晰地观察到所制备的材料的形貌变化，本实验对 p-CM@MPS、Res-MIP 及 NIP 进行了扫描电子显微镜的表征，表征结果如图 4-78 所示。从图 4-78A 与 D 中可以观察到，p-CM@MPS 仍呈现出一个完整的球形结构，且硅烷化试剂的成功接枝使得其表面的孔结构并不是十分丰富；当在 p-CM@MPS 表面上进行分子印迹聚合物的制备后，多孔纤维素微球的球形结构得到了完整的保留 (图 4-78B)，并且可以观察到 Res-MIP 的结构中出现了较多的空穴(图 4-78E)，这也是 Res-MIP 对模板分子白藜芦醇具有良好的选择吸附性的原因；观察图 4-78C 与 F 可以发现，多孔纤维素微球表面形成了一层较厚的聚合物层，且由于 NIP 的制备过程中没有模板分子的参与，在其结构中观察不到与 Res-MIP 结构中类似的空穴。基于以上分析，扫描电子显微镜的分析结果进一步证明了多孔纤维素基材料的成功制备。

(3) 热重分析

本实验中所制备的各材料的热稳定性可以通过热重分析得出结果。图 4-79 为 p-CM@MPS(a)、Res-MIP(b) 和 NIP(c) 三种材料在 50～800℃范围内的质量损失情况。从图中可以看出，三种材料的质量在温度范围为 50～300℃的初始阶段均有轻微程度的损失，这是材料中的水分蒸发所导致的。在温度为 300～450℃范围内时，Res-MIP(b) 和 NIP(c) 的质量损失速率明显加快，这是由于 p-CM@MPS 表面上的聚合物层受热分解所导致的，该现象说明在 p-CM@MPS 表面上成功聚合上了 Res-MIP 与 NIP。对比 p-CM@MPS(a)、Res-MIP(b) 和 NIP(c) 三条热重曲线可以发现，在温度为 350℃左右时 p-CM@MPS 的大部分质量已经损失完毕，而 Res-MIP 与 NIP 在此温度下的质量损失分别为 50.4%与 60.6%左右，且 Res-MIP 与 NIP 的大部分质量在温度为 450℃左右时才基本损失完毕，这说明实验制备的 Res-MIP 及 NIP 化学键结合牢固，热稳定性强。

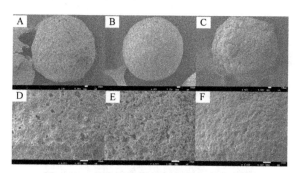

图 4-78 多孔纤维素基材料的扫描电镜图

(A) p-CM@MPS (×400); (B) Res-MIP(×400); (C) NIP(×400);
(D) p-CM@MPS (×1000); (E) Res-MIP(×1000); (F) NIP(×1000)

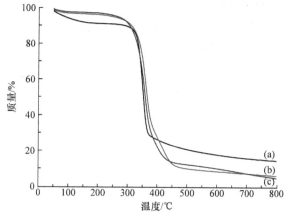

图 4-79 多孔纤维素基材料的热重分析曲线

(a) p-CM@MPS; (b) Res-MIP; (c) NIP

(4) XRD 分析

多孔纤维素基材料的物相组成可以通过 X 射线衍射图谱进行表征。分析图 4-80 可知，三种材料 p-CM@MPS(a)、Res-MIP(b)和 NIP(c)在 $2\theta=20.2°$、$22.5°$处均出现了两个明显的衍射峰，这两个峰对应为 II 型纤维素的衍射峰，表明在功能化纤维素微球 p-CM@MPS 及聚合物 Res-MIP 与 NIP 的制备过程中，纤维素基质的晶体结构均得到了完整的保留。将 Res-MIP(b)与 NIP(c)和 p-CM@MPS(a)进行对比可以发现，虽然纤维素的两个衍射峰的位置未发生变化，但在 Res-MIP(b)与 NIP(c)中，两个峰的强度相对减弱了，这是由于功能化纤维素微球表面包裹了聚合物层后，聚合物层具有一定的厚度，使得衍射峰的强度有所减弱。以上这些结果均证明成功合成了多孔纤维素基 Res-MIP 与 NIP。

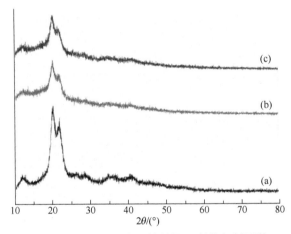

图 4-80　多孔纤维素基材料的 X 射线衍射图谱
(a) p-CM@MPS; (b) Res-MIP; (c) NIP

本实验对制备 Res-MIP 过程中的各个参数进行了优化，并对制备得到的各种材料进行了表征，最终得到以下结论。

确定了制备 Res-MIP 的最佳反应条件：功能单体为 4-乙烯基吡啶，反应溶剂为乙腈，Res、4-VP 与 EGDMA 的摩尔比为 1：5：30，p-CM@MPS 与 EGDMA 的质量比为 3：4，反应温度为 65℃，在此条件下制备的 Res-MIP 的吸附容量可达 10.15 mg/g。分析傅里叶红外光谱表征结果可知：功能化的多孔纤维素微球 p-CM@MPS 被成功地制备出来，并且红外光谱图中出现的 Res-MIP 特征吸收峰说明了 Res-MIP 也制备成功。通过对扫描电镜的结果进行分析可知：功能化的多孔纤维素微球，其形貌为一个球形形状，在其表面进行聚合物的接枝后，对比 Res-MIP 与 NIP 的微观结构可以看出，Res-MIP 较 NIP 相比具有更丰富的、可以特异性识别模板分子的空穴。分析热重曲线可知：与 p-CM@MPS 的大部分质量在温度为 350℃左右时就已经基本损失完毕相比，Res-MIP 和 NIP 的大部分质量在温度为 450℃左右时才基本损失完毕，这说明实验在 p-CM@MPS 表面上成功制备了 Res-MIP 和 NIP，且二者的热稳定性很强。分析 X 射线衍射图谱可知：在 Res-MIP 和 NIP 的图谱中出现了代表着 II 型纤维素的衍射峰，且这些衍射峰的强度相比于 p-CM@MPS 有所减弱，这说明本实验在 p-CM@MPS 表面成功制备了多孔纤维素基 Res-MIP 和 NIP，且在制备过程中纤维素基的晶体结构得到了完整的保留。

8) 多孔纤维素基 Res-MIP 吸附性能及识别机制研究

(1) 多孔纤维素基 Res-MIP 吸附条件的优化

吸附时间的选择：称取 15 mg 已制备好的 Res-MIP(NIP)于具塞样品瓶中，移取 2 mL 浓度为 0.125 mg/mL 预先配制好的白藜芦醇乙腈溶液将 Res-MIP(NIP)完全浸没，调节恒温振荡箱的温度为室温，将样品瓶放置其中进行吸附。在吸附进行的 240 min 内每隔 30 min 将样品瓶取出，样品瓶中的上清液经注射器抽取后，使用 0.22 μm 的有机滤膜对其进行过滤，经高效液相色谱分析后便可得到每个时间点所对应的乙腈溶液中白藜芦醇的剩余浓度，进而计算出每个时间点 Res-MIP(NIP)的吸附容量。

吸附温度的选择：称取 15 mg 已制备好的 Res-MIP(NIP)于具塞样品瓶中，移取 2 mL 浓度为 0.125 mg/mL 预先配制好的白藜芦醇乙腈溶液将 Res-MIP(NIP)完全浸没，将其放入恒温振荡箱中进行吸附。将恒温振荡箱的温度分别设定为 15℃、20℃、25℃、30℃及 35℃，在不同的温度吸附 3 h，结束后将样品瓶取出，样品瓶中的上清液经注射器抽取后使用 0.22 μm 的有机滤膜对其进行过滤，经高效液相色谱分析后便可得到在每个温度下进行吸附后所对应的乙腈溶液中白藜芦醇的剩余浓度，进而计算出每个温度下 Res-MIP(NIP)的吸附容量。

Res-MIP 用量的选择：分别称取 4 mg、6 mg、8 mg、10 mg、12 mg、14 mg 及 16 mg 已制备好的 Res-MIP(NIP)于具塞样品瓶中，移取 2mL 浓度为 0.125 mg/mL 预先配制好的白藜芦醇乙腈溶液将 Res-MIP(NIP)完全浸没，调节恒温振荡箱的温度为室温，将样品瓶放置其中进行吸附。3 h 吸附结束后将样品瓶取出，样品瓶中的上清液经注射器抽取后使用 0.22 μm 的有机滤膜对其进行过滤，经高效液相色谱分析后便可得到使用不同量的 Res-MIP(NIP)进行吸附后所对应的乙腈溶液中白藜芦醇的剩余浓度，进而计算出使用不同量的 Res-MIP(NIP)进行吸附后所得到的聚合物的吸附容量。

(2) 多孔纤维素基 Res-MIP 的吸附动力学研究

A. 吸附动力学研究实验方法

吸附动力学主要研究在吸附过程中 Res-MIP(NIP)的吸附容量随时间变化的规律。实验中首先配制了浓度为 0.125 mg/mL 的白藜芦醇的乙腈溶液作为吸附溶液，再分别称取 10 mg 的 MIP 与 NIP 加入至具塞样品瓶中，移取 2 mL 上述的吸附溶液将 Res-MIP(NIP)完全浸没，调节恒温振荡箱的温度为室温，将样品瓶放置其中进行吸附，将样品瓶于合适的时间点进行取出，样品瓶中的上清液经注射器抽取后使用 0.22 μm 的有机滤膜对其进行过滤，经高效液相色谱分析后便可得到每个时间点所对应的乙腈溶液中白藜芦醇的剩余浓度，进而计算出每个时间点 Res-MIP(NIP)的吸附容量。

B. 吸附动力学模型

a. 准一级动力学模型研究

准一级动力学模型是进行动力学相关研究时常用的模型之一，其方程如下所示：

$$\ln(Q_e - Q_t) = \ln Q_e - K_1 t$$

式中，Q_e，平衡时 Res-MIP(NIP)的吸附容量(mg/g)；Q_t，在时间 t(min)时 Res-MIP(NIP)的吸附容量(mg/g)；K_1，一级反应速率常数(1/h)；t，吸附过程中的测试时间点(min)。

b. 准二级动力学模型研究

准二级动力学模型是另一种进行动力学的相关研究时常用的模型，其方程如下所示：

$$\frac{t}{Q_t} = \frac{1}{K_2 Q_e^2} + \frac{t}{Q_e}$$

式中，Q_e，平衡时 Res-MIP(NIP)的吸附容量(mg/g)；Q_t，在时间 t(min)时 Res-MIP(NIP)的吸附容量(mg/g)；K_2，二级反应速率常数[g/(mg·h)]；t，吸附过程中的测试时间点(min)。

(3) 多孔纤维素基 Res-MIP 的吸附热力学研究

实验中首先配制几种不同浓度的白藜芦醇乙腈溶液作为吸附溶液，其浓度分别为 0.013 mg/mL、0.023 mg/mL、0.047 mg/mL、0.061 mg/mL、0.078 mg/mL、0.100 mg/mL、0.150 mg/mL 及 0.200 mg/mL，再分别将 10 mg 的 Res-MIP 和 NIP 加入至含有 2 mL 不同浓度吸附溶液的具塞样品瓶中，将样品瓶密封后放入恒温振荡箱中进行吸附 3 h，每组实验结束后将样品瓶取出，样品瓶中的上清液经注射器抽取后使用 0.22 μm 的有机滤膜对其进行过滤，经高效液相色谱分析后便可得到 Res-MIP 和 NIP 在不同浓度的吸附溶液中进行吸附后溶液中所剩余的白藜芦醇的浓度，进而利用公式计算出 Res-MIP 和 NIP 在不同浓度的吸附溶液中的吸附容量。

A. Langmuir 等温吸附模型

Langmuir 等温吸附模型作为一种最简单的单分子吸附模型常被应用于吸附热力学的研究中。其方程如下所示：

$$\frac{C_e}{Q_e} = \frac{C_e}{Q_{max}} + \frac{1}{K_L Q_{max}}$$

式中，C_e，Res 在吸附平衡时溶液中的剩余浓度(mg/mL)；Q_e，Res-MIP(NIP)在吸附平衡时的吸附容量(mg/g)；Q_{max}-Res-MIP(NIP)的饱和吸附容量(mg/g)；K_L，吸附系数(mL/mg)。

B. Freundlich 吸附等温模型

Freundlich 吸附等温模型是在 Langmuir 等温吸附模型的基础上经过大量实验的探究与数据的总结而得到的，其方程如下所示：

$$Q_e = K_F C_e^{1/n}$$

式中，Q_e，Res-MIP(NIP)在吸附平衡时的吸附容量(mg/g)；K_F，吸附系数(mg/g)(mL/ mg)$^{1/n}$；C_e，Res 在吸附平衡时溶液中的剩余浓度(mg/mL)；n，Freundlich 特征吸附参数。

C. Scatchard 模型研究

为了进一步研究 Res-MIP(NIP)的吸附位点结合种类，本文引入了 Scatchard 模型，重新将上述实验中吸附等温线研究中所得到的数据进行整合，进而通过 Scatchard 模型对所得数据进行分析，其方程如下所示：

$$\frac{C_e}{C_e} = \frac{Q_m - Q_e}{K_d}$$

式中，Q_e，Res-MIP(NIP)在吸附平衡时的吸附容量(mg/g)；C_e，Res 在吸附平衡时溶液中的剩余浓度(mg/mL)；Q_m，Res-MIP(NIP)的最大表观结合量(mg/g)；K_d，平衡吸附解离常数(mg/mL)。

(4) 解吸-再生性能研究

为了达到节约生产成本和实现吸附剂可循环利用的目的，本文对 Res-MIP(NIP)的再生性能进行了考察。称取 10 mg 已制备好的 Res-MIP(NIP)于具塞样品瓶中，移取 2 mL 浓度为 0.125 mg/mL 预先配制好的白藜芦醇乙腈溶液将 Res-MIP(NIP)完全浸没，将其放入恒温振荡箱中于室温下吸附 3 h。吸附结束后，使用由甲醇与乙酸(体积比为 9:1)组成的溶液进行模板分子的解吸，直到白藜芦醇不能被检测出来为止，用甲醇冲洗聚合物至中性，在真空干燥箱中对终产物进行干燥处理以便用于下次吸附实验。将上述步骤循环 5 次，每次再吸附实验结束后将样品瓶于恒温振荡箱中取出后静置，样品瓶中的上清液经注射器抽取后使用 0.22 μm 的有机滤膜对其进行过滤，经高效液相色谱分析后便可得到 Res-MIP 和 NIP 每次进行再吸附后溶液中所剩余的白藜芦醇的浓度，进而计算出 Res-MIP 和 NIP 每次进行再吸附后的吸附容量。

9) 多孔纤维素基 Res-MIP 的最佳吸附条件

(1) 吸附时间的选择

动态平衡存在于多数化学反应过程中，分子印迹聚合物的吸附过程也不例外，分子印迹聚合物的吸附容量是随着时间的增加而逐渐趋于饱和的。本实验在 30～240 min 范围内每隔 30 min 对 Res-MIP 及 NIP 的吸附容量进行了考察，实验结果如图 4-81 所示。可以看出，Res-MIP 及 NIP 吸附容量是随着时间的增加而逐渐增大的，二者的吸附容量在时间为 180 min 时均达到最大值，此时 Res-MIP 及 NIP 的吸附过程达到平衡，继续延长时间，Res-MIP 及 NIP 的吸附容量均有一定程度的减小，因此选取 180 min 作为最佳吸附时间。

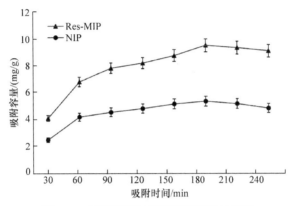

图 4-81 不同吸附时间对吸附容量的影响

(2) 吸附温度的选择

温度是影响分子印迹聚合物吸附过程的另一重要因素，较高的温度可以促进分子间的传质过程，从而使得分子印迹聚合物达到吸附平衡的时间缩短。图 4-82 展示了不同温度对 Res-MIP 及 NIP 吸附容量的影响。从图中可以看出，Res-MIP

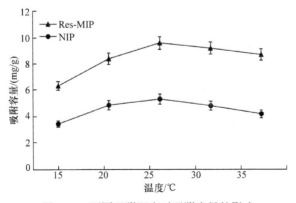

图 4-82 不同吸附温度对吸附容量的影响

及 NIP 的吸附容量在温度为 25℃时达到最大值，继续升高温度，二者的吸附容量均有一定程度的下降，因此选取 25℃作为最佳吸附温度。

（3）Res-MIP 用量的选择

实验中分别考察了使用不同量的 Res-MIP 及 NIP 进行分子印迹聚合物制备时对聚合物吸附容量的影响，其结果如图 4-83 所示。理论上，吸附剂的用量与聚合物的吸附容量成正比，但若从单位吸附剂用量对应的吸附容量这一角度考虑，从图中可以看出，当吸附剂用量从 4 mg 增加至 16 mg 时，Res-MIP 及 NIP 的吸附容量均呈现出先增加后减小的变化趋势，当吸附剂用量为 10 mg 时，Res-MIP 及 NIP 的吸附容量达到最大值，因此选择 10 mg 作为最佳吸附剂用量。

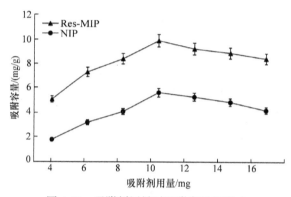

图 4-83　吸附剂用量对吸附容量的影响

10）多孔纤维素基 Res-MIP 的吸附动力学研究

（1）吸附动力学曲线

为了深入研究多孔纤维素基 Res-MIP 及 NIP 的吸附机理，本实验对 Res-MIP 及 NIP 的吸附动力学过程进行了考察。在吸附过程中适当的时间点用注射器对样品瓶中的溶液进行取样后，使用 0.22 μm 的有机滤膜对其进行过滤，经高效液相色谱分析后便可得到每个时间点对应的溶液中所剩余的白藜芦醇的浓度，进而计算出每个时间点分子印迹聚合物的吸附容量。吸附动力学研究的结果如图 4-84 所示。可以从图中看到，在实验进行的前 120 min 内，Res-MIP 及 NIP 吸附容量的上升速率要远高于后 120 min 内上升的速率，且每一个时间点 Res-MIP 所对应的吸附容量都要比 NIP 大很多。当吸附进行到 180 min 时，Res-MIP 及 NIP 的吸附过程达到平衡，二者的吸附容量达到最大值且 Res-MIP 的吸附容量为 NIP 的 2 倍，这是由于在 Res-MIP 的制备过程中有模板分子白藜芦醇的参与，使得 Res-MIP 具备特异性识别白藜芦醇的能力，并可以通过氢键的作用来实现对白藜芦醇的特异性吸附，而 NIP 在制备过程中没有模板分子的参与，所以其只能通过范德华力来吸附溶液中的白藜芦醇。

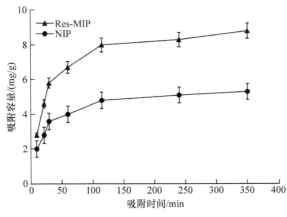

图 4-84　Res-MIP(NIP)的吸附动力学曲线

(2) 吸附动力学模型拟合

本文选择准一级、准二级动力学模型对上述的吸附动力学过程进行模拟分析，对所得到的实验数据进行拟合分析，图 4-85 为 Res-MIP 及 NIP 动力学模型拟合结果。从图中可以看出，由实验数据所绘制出的 Res-MIP 及 NIP 动力学曲线均与准二级动力学模型的曲线吻合程度较高，为了进一步确定 Res-MIP 及 NIP 吸附动力学过程更符合准二级动力学模型，本文通过计算得到了两种模型所对应的相关参数并进行了比较，其结果如表 4-27 所示。将表中的各参数进行对比可以发现，针对线性相关系数这一参数，使用准二级动力学模型进行拟合后所得到的结果要大于准一级动力学的结果，且聚合物的理论最大吸附容量在使用准二级动力学模型计算后所得到的数值与实际数值接近程度更高，因此本实验中 Res-MIP 及 NIP 的吸附动力学过程与准二级吸附动力学模型相吻合。

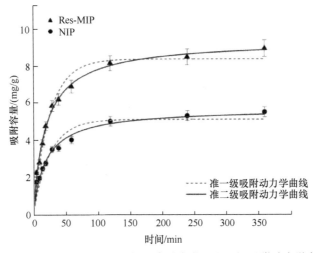

图 4-85　Res-MIP(NIP)准一级吸附动力学和准二级吸附动力学曲线

表 4-27　准一级吸附动力学与准二级吸附动力学模型拟合参数

样品	准一级吸附动力学			准二级吸附动力学		
	Q_e	K_1	R_2	Q_e	K_2	R_2
Res-MIP	8.41	0.0388	0.9799	9.76	0.0132	0.9950
NIP	4.05	0.0382	0.9449	4.28	0.0222	0.9891

11) 多孔纤维素基 Res-MIP 的吸附热力学研究

(1) 吸附等温曲线

本文对 Res-MIP(NIP)进行了吸附热力学的研究，考察了不同浓度白藜芦醇的乙腈溶液对聚合物吸附容量的影响，并绘制了 Res-MIP(NIP)在不同浓度白藜芦醇的乙腈溶液中进行吸附时的吸附等温曲线，如图 4-86 所示。从图中可以看出，随着白藜芦醇乙腈溶液浓度的增加，Res-MIP(NIP)的吸附容量均出现了上升的趋势，二者的吸附能力在白藜芦醇乙腈溶液浓度为 0.10 mg/mL 时已达到饱和，并且 Res-MIP 在每个不同的白藜芦醇乙腈溶液浓度所对应的吸附容量均大于 NIP，这一现象也进一步验证了上述吸附动力学研究中得到的结论：Res-MIP 由于氢键的作用，其对 Res 的特异性吸附能力要远强于 NIP。

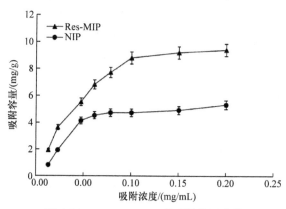

图 4-86　Res-MIP(NIP)的吸附等温曲线

(2) 吸附热力学模型拟合

最常被用来进行吸附热力学模型拟合的两种模型分别为 Langmuir 吸附等温模型和 Freundlich 吸附等温模型，它们所描述的吸附过程分别是单分子层吸附和多层吸附。本文通过使用 Langmuir 吸附等温模型和 Freundlich 吸附等温模型对上述的吸附热力学曲线进行模拟分析，并通过对得到的实验数据进行拟合，得到了 Res-MIP 及 NIP 的热力学模型拟合结果图，如图 4-87 所示。对两种热力学模型拟合后得到的数据进行进一步计算，得到了两种模型所对应的相关参数，其结果如

表 4-28 所示。从 Res-MIP 的角度进行分析,针对线性相关系数这一参数,Freundlich 模型拟合的结果要大于 Langmuir 模型拟合的结果, 因此, 用 Freundlich 吸附等温模型对 Res-MIP 的吸附过程进行拟合更为准确, 说明该吸附过程的本质为多分子层吸附, 这可能是由 Res-MIP 中非匀质的吸附位点所导致的。而从 NIP 的角度进行分析,针对线性相关系数这一参数,Langmuir 模型拟合的结果要大于 Freundlich 模型拟合的结果, 所以 NIP 吸附过程的本质应为单分子层吸附。

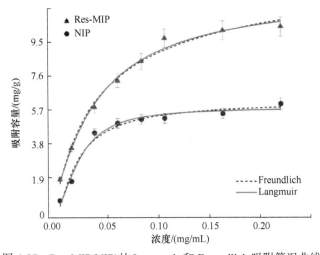

图 4-87　Res-MIP(NIP)的 Langmuir 和 Freundlich 吸附等温曲线

表 4-28　Langmuir 和 Freundlich 模型拟合参数

样品	Langmuir 模型			Freundlich 模型		
	Q_m	K_L	R^2	n	K_F	R^2
Res-MIP	11.87	20.244	0.944	1.58	16.623	0.995
NIP	5.57	16.619	0.989	1.17	9.253	0.986

(3) Scatchard 模型研究

利用 Scatchard 模型可以进一步分析模板分子吸附结合位点的种类, 进而可以更深入地研究分子印迹过程中的识别机制, 利用对所得的热力学数据进行整合得到了 Scatchard 模型的拟合曲线。从图 4-88 中可以看出, Res-MIP 的 Scatchard 拟合曲线不同于 NIP, 其拟合曲线在整个拟合过程中呈现出两种线性关系, 这说明 Res-MIP 在吸附过程中其吸附位点并不是一成不变的, 而是随着吸附过程的进行发生了一定程度的改变。但对于 NIP 来说, 其拟合曲线则为一条直线。对 Scatchard 模型拟合后得到的数据进行进一步计算, 得到了表 4-29 所示的结果。可以看出, Res-MIP 在第一阶段的最大吸附量 Q_{max} 是其在第二阶段的 2 倍, 说明其在第一阶段时的亲和位点要远高于第二阶段。而对于 NIP 来说，其 Q_{max} 仅略高于 Res-MIP 在低亲和位点进行吸附所得到的值，原因是 NIP 在制备过程中缺乏了模板分子的参与，导致其特异性结合位点较少。

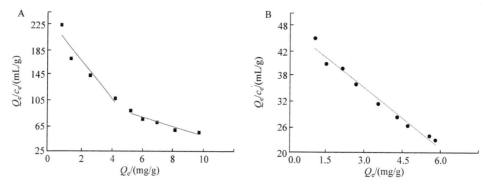

图 4-88 Res-MIP(NIP)的吸附性能 Scatchard 拟合曲线
A.Res-MIP；B.NIP

表 4-29 Scatchard 拟合曲线参数

样品	K_d/(mg/mL)	Q_{max}/(mg/g)
Res-MIP1	0.017	12.261
Res-MIP2	0.024	6.079
NIP	0.028	7.297

Res-MIP1：高亲和位点；Res-MIP2：低亲和位点。

(4) 解吸-再生性能研究

Res-MIP 的再生性能也是评价其是否具有良好的机械稳定性的一个重要指标，图 4-89 为对 Res-MIP 进行再生性能考察的实验结果。Res-MIP 的吸附容量在经过 5 次循环实验后为 9.89 mg/g，仍可保持在第一次循环实验后所得的吸附容量的 90%以上，说明 Res-MIP 具有良好的再生性能。

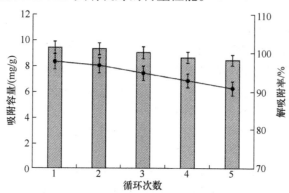

图 4-89 Res-MIP(NIP)的循环吸附次数

本实验优化了 Res-MIP 吸附过程中的各实验参数并确定了 Res-MIP 的最佳吸附条件，对 Res-MIP(NIP) 的吸附性能及其识别机制进行了深入研究，最后考察了 Res-MIP 的再生性能，得到应用分子印迹材料进行白藜芦醇富集纯化的最佳条件：

(1) Res-MIP(NIP) 的最佳吸附条件：吸附时间为 3 h，吸附温度为 25℃，Res-MIP 的用量为 10 mg；

(2) 对 Res-MIP 的再生性能进行了研究，Res-MIP 在经过 5 次循环实验后仍可保持较高的吸附容量，说明其机械稳定性及再生性能良好。

多孔纤维素基 Res-MIP 的应用操作如下：实验中首先对虎杖的干样品进行粉碎过筛，再向 100 mL 的圆底烧瓶中加入 5.0 g 粉末，使用 80%乙醇溶液作为提取溶剂，设定油浴的温度为 50℃，在加热回流的条件下提取 2 h。为了使虎杖中的白藜芦醇被充分地提取出来，一次提取后将提取溶剂进行过滤得到较干燥的虎杖粉末置于圆底烧瓶后，再使用同体积的提取溶剂进行二次提取。充分进行提取后，将两次的提取溶剂进行合并，减压浓缩后便可得到含有白藜芦醇的浸膏，在乙酸乙酯的作用下对浸膏中的白藜芦醇进行萃取后将乙酸乙酯挥干，将终产物在乙腈溶液中进行充分溶解，通过高效液相色谱分析便可计算出虎杖提取液中白藜芦醇的浓度。

称取相同质量的 Res-MIP 与 NIP 于具塞样品瓶中，移取相同体积的、含有终产物的乙腈溶液将 Res-MIP 与 NIP 完全浸没，Res-MIP 与 NIP 在最佳条件下进行吸附反应，用由甲醇与乙酸组成的溶液对吸附后的 Res-MIP 与 NIP 进行解吸，直到白藜芦醇被检测不出来为止，最后用甲醇冲洗聚合物，将 Res-MIP 与 NIP 解吸后的溶液进行减压浓缩，用适量的乙腈溶解后通过高效液相色谱分析便可计算出解吸溶液中白藜芦醇的浓度。本实验对虎杖提取液、Res-MIP 解吸液与 NIP 解吸液中的白藜芦醇含量进行了比较，其表达式如下所示：

$$a = \frac{c \cdot V}{M} \times 100\%$$

式中，c，虎杖提取液或 Res-MIP 与 NIP 解吸液中白藜芦醇的浓度(mg/mL)；V，虎杖提取液或 Res-MIP 与 NIP 解吸液的体积(mL)；M，减压浓缩后所得浸膏的质量(mg)。

通过计算比较，其结果如表 4-30 所示。从表中可以看出，由于虎杖提取液的组成成分比较复杂，除白藜芦醇外，还存在着其他干扰物如大黄素、白藜芦醇苷等，使得采用乙醇进行提取后虎杖提取液中白藜芦醇含量的平均值仅为 4.23%。将 Res-MIP 及 NIP 应用于虎杖提取液中对白藜芦醇进行靶向富集后可以发现，在 Res-MIP 的洗脱液中，白藜芦醇的含量平均值可提高至 23.74%，而在 NIP 的洗脱液中，白藜芦醇的含量平均值仅提高至 14.67%，这说明本研究制备的 Res-MIP 对目标化合物白藜芦醇具有优良的靶向富集和分离能力，将其作为吸附剂对虎杖提取液中的白藜芦醇进行富集与分离可以大大提高白藜芦醇的含量，这使得 Res-MIP 能更好地应用于虎杖样品的提取液中。

表 4-30   白藜芦醇在不同溶液中的含量

溶液名称	白藜芦醇含量/%
虎杖提取液	4.23
Res-MIP 洗脱液	23.74
NIP 洗脱液	14.67

4.3   森林资源功能成分的生物转化技术

4.3.1   生物转化基本概述

1. 概述

森林资源功能成分是一类具有药理活性的天然活性成分，是人类长期以来用于预防与治疗疾病的有力武器。天然活性成分往往含量很低，如紫杉醇、喜树碱、人参皂苷 Rh2 等在植物中的含量仅为万分之几或更低，且很难通过常规化学方法进行合成、结构改造而得到具有新活性的化合物，而且纯化学方法也费时费力，因此可采用生物转化法对其化学结构进行修饰[72]。生物转化是指通过酶、微生物、植物细胞、植物组织，对外源底物进行结构修饰而获得有价值产物的一种技术。它的实质是生物体系中的酶对外源性底物的催化反应。生物转化现已广泛应用于医药研究的诸多领域，如在复杂化合物的结构修饰、不对称基团的引入、药物代谢研究等方面，生物转化技术具有明显优势，尤其是在化学反应难以实现的反应中，因而越来越受到重视与关注[73]。生物转化技术能够大大地增加衍生物的多样性，可以充实新化合物的资源，为新药的研制提供了极为有价值的先导化合物，具有反应条件温和、催化活性高、可固定化、可完全降解、反应范围广、定向选择、一步实现反应等优点，并且过程中一般无污染或污染较少、能耗较低，是一种环境友好的合成方法[74]。

森林资源功能成分的生物转化是根据功能成分的结构、理化性质、结构鉴定、提取分离方法、结构修饰以及合成途径，利用生物体(离体培养的细胞或器官等)对功能成分进行结构修饰，从而获得高活性的先导化合物，其本质是利用生物体系自身所产生的酶系对功能成分进行酶催化反应[75]。

通过生物转化对活性成分进行结构修饰，其反应类型涉及各类化学反应，其中羟基化反应、糖苷化反应、水解反应、氧化反应等是中药化学成分生物转化过程中较为常见的反应。

1) 羟基化反应

立体选择性和立体专一性地在某一分子的各个部分引入羟基是对天然产物进行生物转化的一类重要反应。羟基化酶普遍存在于微生物与植物细胞中，通过选择性羟基化作用，可以将化学性质不活泼的 C-H 键激活，从而在该位点进行一系列的化学反应[68]。在短刺小克银汉霉(*Cunninghamella blakesleana*)转化雷公藤甲素的反应中，羟基化酶起了主要作用，分别在雷公藤甲素不同的甲基、亚甲基和次甲基位点上进行了单羟基化反应，得到 7 个极性皆大于底物的化合物，其中 1β-羟基雷公藤甲素、5-羟基雷公藤甲素、19β-羟基雷公藤甲素和 19α-羟基雷公藤甲素为新化合物，对某些人肿瘤细胞系表现出强大的体外细胞毒性[76]。

雷公藤甲素 → *Cunninghamella blakesleana*

1 R_1=OH R_2=R_3=R_4=R_5=R_6=R_7=H
2 R_2=OH R_1=R_3=R_4=R_5=R_6=R_7=H
3 R_3=OH R_1=R_2=R_4=R_5=R_6=R_7=H
4 R_4=OH R_1=R_2=R_3=R_5=R_6=R_7=H
5 R_5=OH R_1=R_2=R_3=R_4=R_6=R_7=H
6 R_6=OH R_1=R_2=R_3=R_4=R_5=R_7=H
7 R_7=OH R_1=R_2=R_3=R_4=R_5=R_6=H

2) 糖基化反应

在天然药物利用中，一般要通过酶自身调节机制作用，使化合物由非结合态转化为结合态。糖基化就是其中主要的转化方式，经糖基化修饰后，其生物活性会发生改变，结合态的稳定性强且细胞毒性降低[68]。经糖基化修饰后，化合物的水溶性会发生较大的改变，使其生物利用率相应提高。植物细胞中含有丰富的糖基转移酶，悬浮培养细胞则是最常见的糖基化反应器，以橙皮素作为底物，利用甘薯(*Ipomoea batatas*)和桉属 *E. perriniana* 的细胞培养物对橙皮素进行生物转化，生成多种糖苷化衍生物[77]。白僵菌(*Beauveria bassiana*)对大黄酸的羧基具有还原以及葡萄糖基化生物转化作用，可以将大黄酸转化为 3-羟甲基-β-D-葡萄糖基-芦荟大黄素苷。

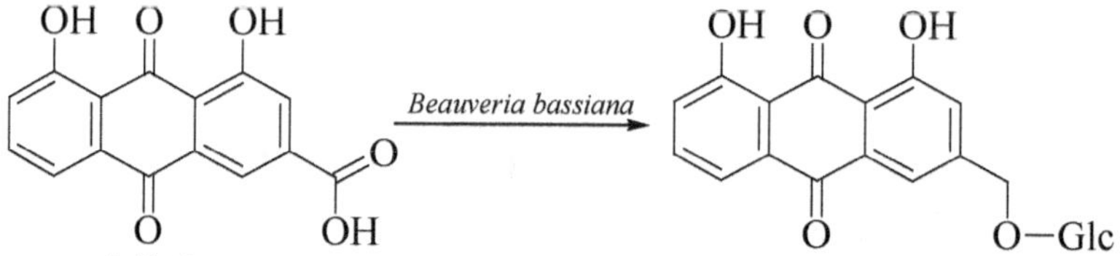

大黄酸 → 3-羟甲基-β-D-葡萄糖基-芦荟大黄素苷

Beauveria bassiana

3) 水解反应

生物转化中发生水解作用常见的酶类有糖苷水解酶与脂肪酶等。

在对紫杉烷类化合物进行生物转化时，经常遇到水解及羟基化反应。尽管化合物有多个酰氧基可被水解，但生物转化总是能选择性地水解其中的一个或几个酰基，即具有较高的区域和立体选择性。从云南红豆杉树皮分离出的内生菌中发现 3 株具有转化紫杉烷类化合物的能力，其中的真菌 *Microsphaeropsis onychiuri* 和毛霉(*Mucor* sp.)都可水解 10-去乙酰-7-表紫杉醇的 13 位侧链并可使 7 位羟基差向异构化。尽管化合物 1β羟基巴卡亭 I 中有多个酰氧基可被水解，但链格孢 (*Alternaria alternata*)对其的生物转化只选择性地水解其中的一个或几个酰基。

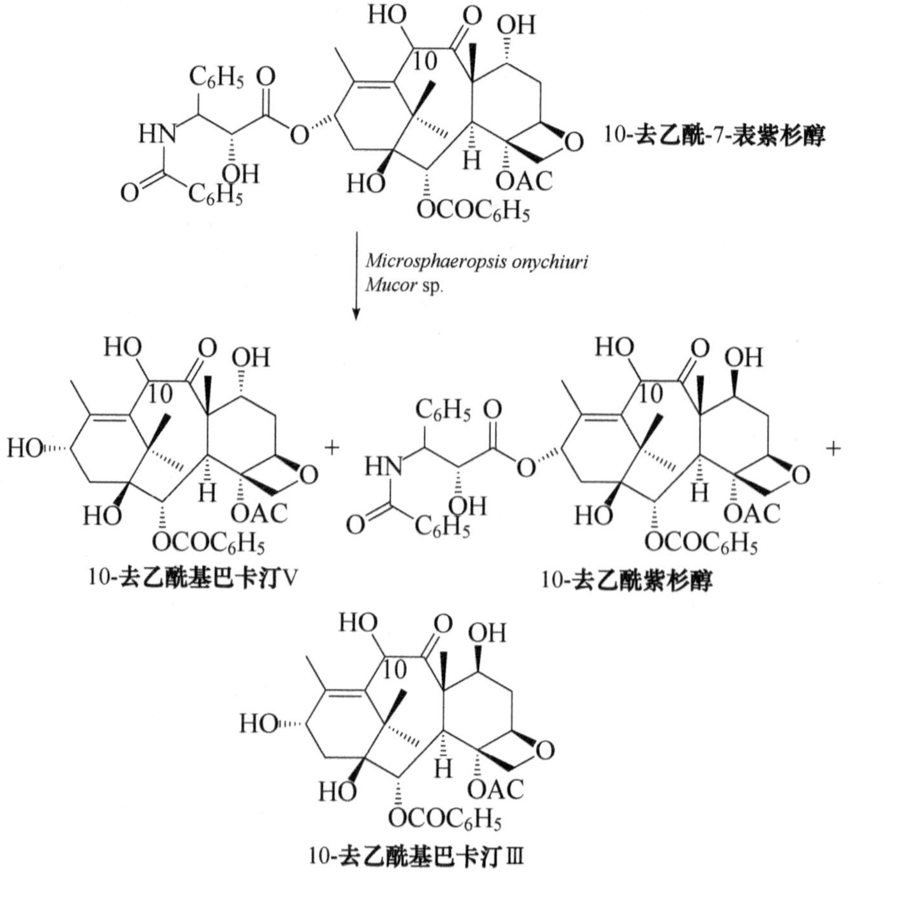

10-去乙酰-7-表紫杉醇

Microsphaeropsis onychiuri
Mucor sp.

10-去乙酰基巴卡汀V + 10-去乙酰紫杉醇 +

10-去乙酰基巴卡汀Ⅲ

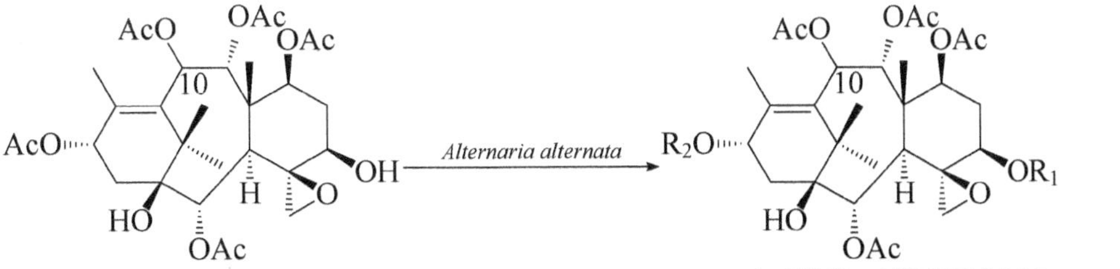

1β-羟基巴卡汀 I

5-去乙酰基-1β-羟基巴卡汀 I
13-去乙酰基-1β-羟基巴卡汀 I
5,13-二去乙酰基-1β-羟基巴卡汀 I

4) 氧化反应

(1) 羟基氧化反应

生物转化反应可以将醇类化合物氧化为相应的酮类化合物。某些植物细胞可以专一性地将一些单萜醇类化合物转化为相应的酮类化合物。例如，烟草细胞可将对薄荷-2-醇的羟基转化为相应的酮羰基，将(R,S)龙脑和(R,S)-异龙脑转化为(1R,4R)-樟脑。

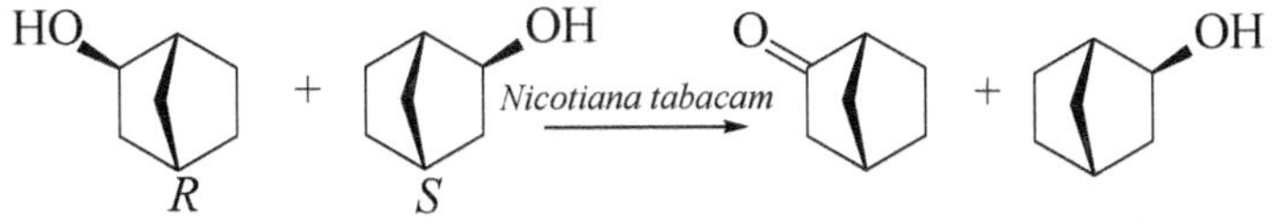

RS-龙脑　　　　　　　　　　　　　　　　1R, 4R-樟脑

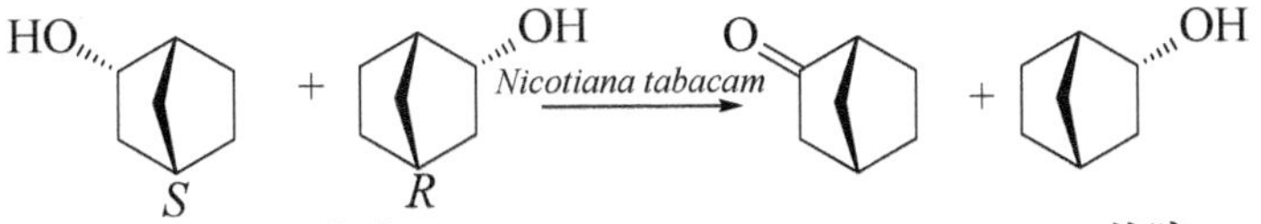

RS-异龙脑　　　　　　　　　　　　　　　1R, 4R-樟脑

(2) 环氧化反应

双键环氧化物多为植物对底物进行羟基化的中间体产物，但是植物细胞对于某些底物只能将其转化成相应的环氧化物，并不产生相应的羟基化产物。例如，金银花悬浮细胞培养体系可以将莪术二酮的 C-1 和 C-10 位间的双键氧化，得到两个环氧化的转化产物。环氧化作用在对萜类化合物进行结构修饰中比较普及，利用毛霉(Mucor genevensis)对从红豆杉愈伤组织培养中分离出的 sinenxan A[2,5,10,14-tetraacetoxy-taxa-4(20),11-diene]进行生物转化，用肿瘤细胞 A549 评估了紫

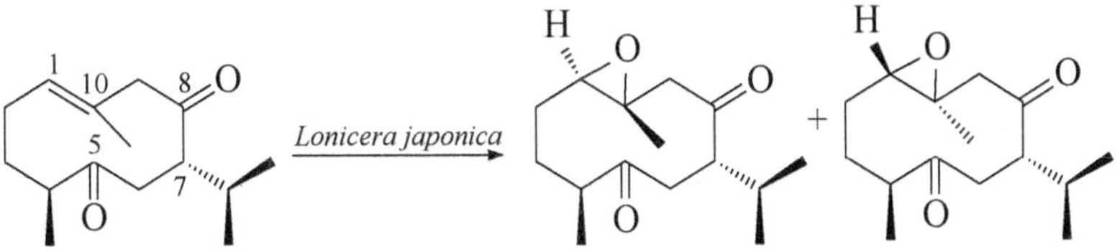

莪术二酮

杉醇耐药性，发现新生成的紫杉烷类衍生物抗耐药性是维拉帕克的两倍[78]。

5) 其他反应

在对天然产物进行生物转化的研究中，异构化作用及其他氧化、酰基化与烷基化作用也可对天然产物进行结构修饰。

2. 主要研究方法

天然产物生物转化研究的一般程序是先将所使用的生物体系接种于培养液中进行预培养，调节生物体的生长状态，待其中的酶系具有较高的反应活性后投加待转化的化学成分，根据所选转化体系的特点共培养一定时间，最后分离鉴定转化产物，进行生物活性研究。

天然产物成分转化用到的生物体系主要有真菌、细菌、藻类、植物悬浮细胞、组织或器官，以及动物细胞、组织等，其中应用最多的是微生物体系和植物细胞悬浮培养体系。生物转化种类根据所用生物体系的来源及作用特点主要分为微生物转化(microbial transformation)、植物细胞组织培养转化(plant cell transformation)及酶转化(enzymatic transformation)三大类。

1) 微生物转化

微生物转化是利用细菌、霉菌、酵母菌等微生物体系对外源性底物进行结构修饰所发生的化学反应，实质是利用微生物代谢过程中产生的酶对底物进行催化反应。由于微生物种类繁多(10万种以上)、分布广、繁殖快及容易变异，因此微生物酶系极其丰富，具有产生一些新型酶和特异性酶的巨大潜力，作为生物转化体系具有独特的优势。微生物转化技术以其反应周期短、专一性强、条件易控、易于放大等优点而受到青睐，成为生物转化技术中发展最迅速的分支之一。现代提取、分离和结构鉴定技术的发展，进一步拓宽了该技术的应用范围。微生物转化的主要方法有以下几种。

(1) 分批培养转化法。一般在通气的条件下将微生物培养至适当时期，加入底物，在摇瓶或发酵罐中进行培养转化。底物加入时间因菌种和底物不同而异，一般取对数生长期，但也有在延迟期和稳定期加入的。在转化过程中酌情加入酶诱导剂或抑制剂等。取样测定转化情况，当转化产物不再增加时停止转化反应，进行产物的分离和鉴定。

(2) 静息细胞转化法。静息细胞是有生命、很少或不分裂的细胞，它保持着原有各种酶的活力。静息细胞转化法是将培养至一定阶段的菌丝体分离，将其悬浮于缓冲液或不完全的培养基(缺少某种营养，如氮源等)中，然后加入底物，在一定温度、pH和振荡条件下进行转化的方法。与生长细胞相比，静息细胞转化法可自由改变转化体系中底物和菌体的比例，从而提高转化效率。

(3) 渗透细胞转化法。该技术主要是促使底物渗入细胞内和酶充分接触，同时便于转化产物透出细胞外，因此更适合于胞内酶作用的生物转化。通常采用表面活性剂或有机溶媒来增大细胞渗透性或改变细胞膜孔，有时也使用作用于细胞膜的抗生素来增加膜的渗透性，但用量须控制，不能杀死转化微生物。

(4) 固定化细胞转化法。该方法分为两大类：一是将细胞与固定材料通过化学反应相结合或通过分子键的形式缔合；另一类是将整个细胞包埋在胶基(如角叉菜胶)内，称为包埋法。固定化细胞在适宜的转化条件下进行转化能保持细胞相对活的状态，同时使用固定化细胞还使得产物提取简单，也可以长期反复使用，便于自动化和大规模工业生产。目前常用的固定化方法有聚丙烯酰胺聚合法和卡拉胶包埋法。

(5) 干燥细胞法。该法实际上是另一种静息细胞转化法，便于储备和随时使用。干燥细胞的制备有以下两种常用方法。①冷冻干燥法：将培养好的菌丝液通过离心或过滤，洗涤后获得干净的菌丝体并重新悬浮于稀的缓冲液或纯水中，冰冻后抽真空，直接升华除去水分，得到蓬松的粉末。这种干燥菌丝体在冰冻保存的条件下可以保持活力达数年之久，适合于大规模的工业化生产。②丙酮干粉制备法：将菌丝体悬浮于-20℃的丙酮中处理 3 次，过滤收集，最后用冷乙醚洗涤，以帮助洗去残余的丙酮。丙酮干粉制备剂必须冰冻储藏，以供随时使用。

2) 植物细胞生物转化

植物细胞生物转化系统是建立在植物细胞培养技术的基础上，发展也比较迅速。常用于生物转化研究的植物体系主要有细胞、原生质体、组织器官与游离酶等，是基础的生物反应器。细胞的重现性好、生长周期短，便于底物累积与发生转化[67]。目前，普遍应用的植物细胞转化体系有悬浮细胞培养、毛状根培养和固定化细胞培养。植物细胞作为生物催化剂的一种，以其丰富的资源和操作方便的可利用性，近年来引起了生物学家和化学家的广泛关注。

(1) 悬浮细胞培养。植物细胞悬浮培养是将植物体的各个部位从母体植株上取下，分割成一定的大小以后，再解离或分离成细胞团和细胞，转移这些细胞团和细胞，悬浮在无菌的液体培养基中，使之在体外生长、发育的一种技术[79]。在过去的 20 年里，植物细胞培养已应用于转变一些重要种类的化合物，如苯基酮、萜类化合物、生物碱的合成等，这些利用植物细胞悬浮培养进行生物转化的化合物，可广泛应用于药物前体化合物的转化、生物催化的不对称合成、光活性化合物的拆分等领域。另外，植物细胞培养对次生代谢物中的酮和醛还原具有立体选择性，而且由于有一些次生代谢物不能直接在植物悬浮培养液中生成，植物悬浮培养对异种物质进行生物转化的方法也有很高的研究价值[79]。近年来关于植物细胞悬浮培养的研究日益增多，也取得了较好的成果。

(2) 固定化细胞培养。1979 年 Brodelius 等首次报道了高等植物细胞的固定化研究。固定化细胞培养就是把植物细胞用琼脂凝胶、硅藻、有机橡胶等包埋后，再用交联剂进行渗透交联处理以提高细胞通透性的一种培养技术，采用离子交换、聚合、微囊化作用等措施，使细胞内的酶通过氢键、疏水作用力、偶极作用力等吸附在固体支持物上，可以有效地防止胞内酶的渗漏。植物细胞培养的最大问题是培养中细胞遗传和生理的高度不稳定性，固定化细胞培养可以在一定程度上克服这种倾向。迄今，通过植物细胞固定化培养生产次生代谢产物的研究已取得了重大进展，如固定化细胞反应器已用于辣椒、胡萝卜、长春花、毛地黄等植物细胞的培养。

(3) 毛状根培养。毛状根是指利用发根农杆菌侵染离体植物伤口以后，诱导植物形成快速的、非向地性的、高度分支的无规则根团。20 世纪 80 年代以来，随着植物生物技术的发展，有关毛状根的研究进展十分迅速，应用毛状根生物技术诱导植物次生代谢产物的形成与生物转化等均有长足的进展。植物毛状根培养具有产生特定次生代谢产物的潜力，同时也有将外源底物转化为有用产物的能力。植物中具有丰富的酶体系，可以催化多种反应，如糖基化反应、还原反应、羟基化反应等。例如，利用转基因何首乌(*Polygonum multiflorum*)毛状根对青蒿酸进行生物转化研究，得到 4 个转化产物分别为异青蒿内酯、3β-羟基青蒿酸、去氧青蒿素 B、青蒿内酯[80]。该研究一方面填补了植物器官对青蒿素类化合物生物转化的空白，另一方面也丰富了转基因何首乌毛状根的转化类型。利用黄芪毛状根可以将外源的对苯二酚生物转化成熊果苷[81]。

对苯二酚   熊果苷

3) 酶生物转化

微生物及植物细胞组织进行的生物转化最终都要通过各自具有的酶系来实现，因此它们生物转化反应的实质均是酶催化反应。利用酶进行的生物转化，可以定向、定量地进行，且后处理容易。因此，使用酶选择性地产生单一或某一类的转化产物是最佳选择。与上述生物反应体系相比，以酶为转化体系的制备技术更适合于工业化大生产。但与细胞系统比起来，酶在分离纯化的过程中，其活性会有一定的损失。

根据酶催化反应的类型，可将酶分为 6 类，即氧化还原酶、转移酶、水解酶、裂解酶、异构酶和连接酶，其中氧化还原酶和水解酶在中药化学成分的生物转化反应中应用最多。一些从植物中分离出来的以游离或固定状态存在的酶，可催化一些重要反应。主要的酶包括木瓜蛋白酶、氧腈酶、环化酶、酚氧化酶、卤化过氧化酶、脂氧酶、细胞色素 P450 单加氧酶及α-氧化酶、莨菪酶、6β-羟化酶和葡萄糖苷酶等，其中区域选择性羟基化、糖基化酶的应用已为改良药物的制备提供了有力的手段。微生物及其酶作为催化剂已经被应用于大规模化生产，如在精细化学品、药物及高分子材料等领域中的应用。植物细胞中存在的多种参与催化反应的酶，是药物活性成分生物转化所必需的催化剂，能将许多天然活性成分转化为具有较高生物活性的物质。

从经济学上来看，酶生物转化法最适合于商业药物的生产，但与细胞系统相比，其应用的关键在于分离过程中酶的活性没有大的损失且能制备出足够量的酶。只有满足上述条件，才能更好地利用酶制剂进行有效和特异的生物转化反应。由于酶在制备过程中或多或少会有一定的活性损失且大量制备难度较大，这在一定程度上限制了酶生物转化法在森林资源化学成分生物转化中的广泛应用。

4.3.2　森林资源功能成分萜类化合物的生物转化

萜类化合物是由异戊二烯或异戊烷以各种方式连接而成的一类天然化合物。微生物转化可使单萜、倍半萜、二萜、三萜等萜类及其苷类化合物发生羟基化、环氧化、过氧化、双键还原等氧化反应和还原反应。迄今已对穿心莲内酯、青蒿素、芍药苷、栀子苷、人参皂苷、柴胡皂苷等数十种萜类化合物的微生物转化进行了研究。紫杉醇是萜类化合物家族中的明星抗肿瘤药物，紫杉醇的工艺改造涉及紫杉烷水解、酯化、羟基化、脱氢、差向异构化等反应，利用微生物转化改造攻克了多个紫杉醇化学合成中的难题，从云南红豆杉中发现 3 株能转化紫杉烷类化合物的内生真菌，*Microsphaeropsis onychiuri* 和毛霉(*Mucor* sp.)都可水解 10-去乙酰-7-表紫杉醇[82]。皂苷类化合物的生物转化方法包括酶催化、微生物和肠道菌群转化，皂苷的生物酶和微生物转化工艺的研究与优化，是目前规模化制备活性次级皂苷的主要途径，反应类型大多是去糖基化和水解反应[83]。苏玲等[84]利用人参-灵芝双向发酵(发酵基质为人参水提液，发酵菌种为灵芝)，将原人参二醇型及原人参三醇型人参皂苷转变为稀有人参皂苷 Rg3、20s-Rg3、Rf，共发酵提升了抗氧化活性和稀有人参皂苷的含量。以甘草内生真菌 RE4、RE11 混合液体培养转化处理甘草后，得到的甘草次酸含量是未转化前的 30 倍[85]。目前已发现的能成功转化穿心莲二萜内酯类的真菌主要有黑曲霉镰刀菌、刺孢小克银汉霉、短刺小克银汉霉和匍枝根霉，穿心莲新苷在黑曲霉的作用下可发生水解、氧化和羟基化等生物转化反应，从其发酵液中分离鉴定了 5 个转化产物，如下所示[86]。

4.3.3　森林资源功能成分黄酮类化合物的生物转化

黄酮类化合物种类繁多，代表化合物包括黄芩苷、槲皮素、芦丁、水飞蓟素、葛根素等。黄酮类化合物在植物体中通常与糖结合成苷类，小部分以游离态(苷元)的形式存在，分子中有一个酮式羰基[87]。利用微生物转化的方法对黄酮类化合物进行结构修饰，结合药理活性的筛选方法，可以增加天然活性先导化合物的来源，改善黄酮类化合物的生物活性。Sordon 等[88]利用酵母对柚皮素、橙皮素、白杨素、木犀草素成功进行了微生物转化，分别得到 4 个转化产物(6, 8-二羟基柚皮素、8-羟基橙皮素、8-羟基白杨素和 8-羟基木犀草素)。尹云泽等[84]利用植物组织细胞生物转化的方法，对黄酮类化合物进行定向异戊烯基化反应，获得生物活性更强的异戊烯基黄酮类化合物，分别建立桑树、柘树和苦参细胞悬浮体系，并对 12 个不同

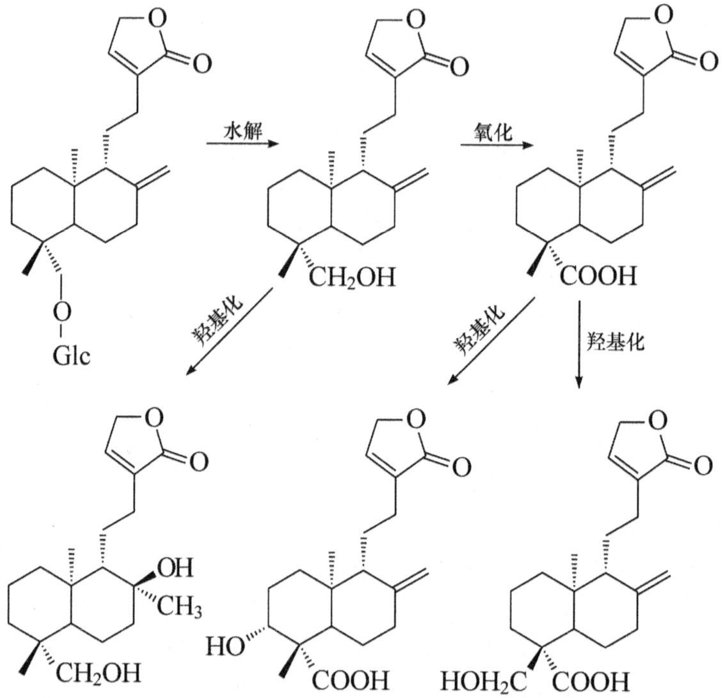

种类的黄酮化合物进行生物转化研究。王园园等[89]利用灰色链霉菌对芦丁进行微生物转化，分离鉴定了6个代谢产物，除了槲皮素，还有槲皮素-3-O-β-D-葡萄糖苷、山奈酚-3-β-D-芸香糖苷、异鼠李素、异鼠李素-3-O-葡萄糖苷和山奈酚，此转化过程涉及糖苷水解、甲基化和去羟基化反应。将生物转化技术融入黄酮类化合物的研究，在很大程度上加速了新药的开发和现代化的进程。目前，对黄酮的微生物转化主要集中在利用水解酶将黄酮苷转化为黄酮苷元，以增强药理活性和提高生物利用度。这些转化反应改善了黄酮类化合物溶解性差、生物利用度低的问题。但是，微生物转化在黄酮结构修饰中的应用仍存在一些问题，例如，对生物转化机制的研究尚待深入，有关生物转化底物的立体选择性、规律性的研究较少，难以达到有目的地定向转化。纵观全局，绝大部分研究工作仍停留在实验室阶段，缺乏工业化生产的范例，且原始创新项目少。因此，针对以上问题有目的地进行研究，可有效促进生物转化技术在黄酮类化合物中的应用[84]。

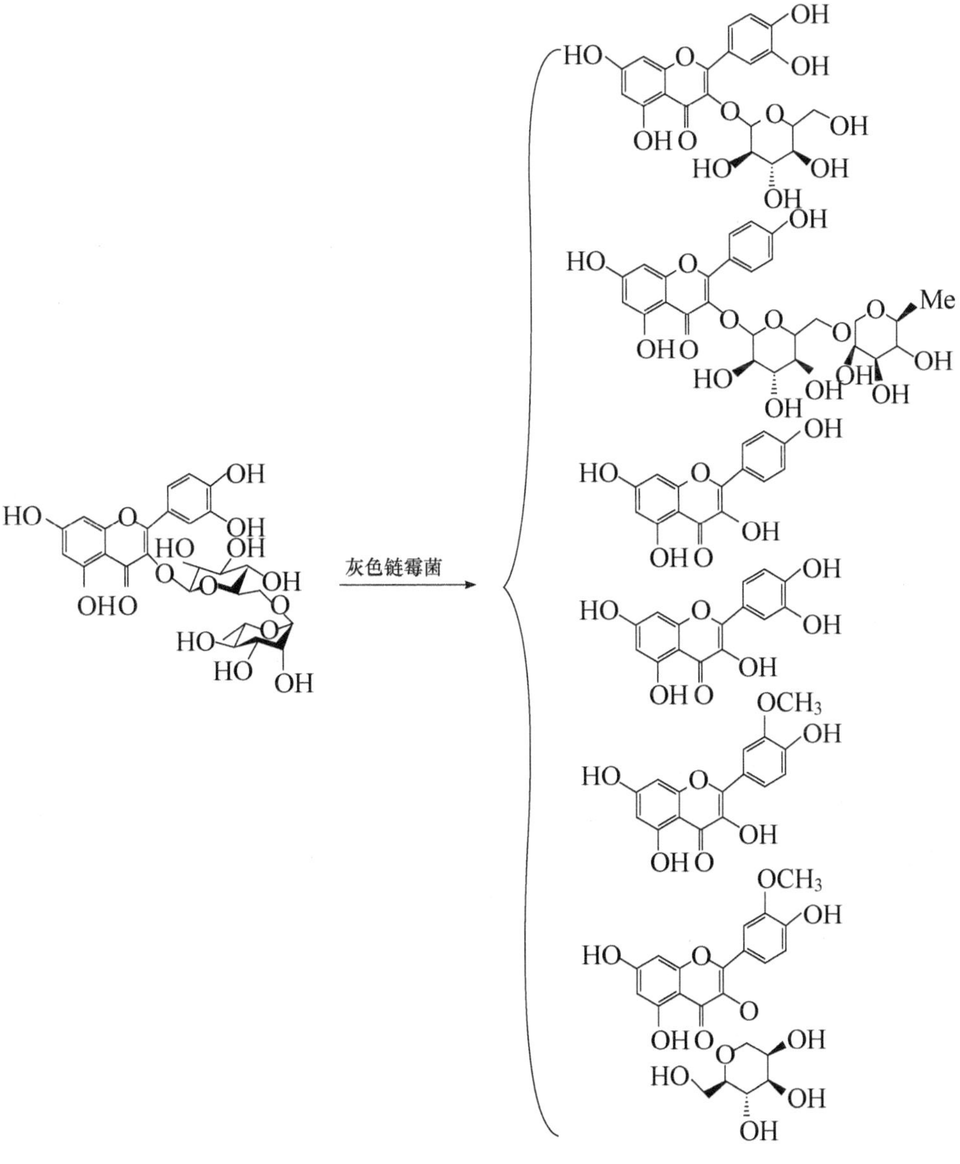

4.3.4　森林资源功能成分生物碱类化合物的生物转化

生物碱是一类含氮有机化合物,大多数有较复杂的环状结构,多呈碱性,具有显著的生理活性,代表化合物包括喜树碱、小檗碱、乌头碱、延胡索乙素等。生物碱的结构改造研究是中药现代化研究的重要方向之一,化学反应改造往往存在反应类型不确切、作用位点不专一的缺陷,通过微生物转化对生物碱进行结构改造或者合成其他药物活性成分,具有较高的理论价值和应用前景[90]。喜树碱是从中药喜树中分离得到的单体成分,作为世界上第三大植物抗癌药,喜树碱及其多种衍生物是临床常用的广谱抗癌药物，利用假单胞菌 B1、毛霉和禾谷镰刀菌均可以将喜树碱转化为 10-羟基喜树碱，10-羟基喜树碱比喜树碱的抗肿瘤效果更好、毒性更低[85]。小檗碱是从黄连等植物中提取分离得到的一类异喹啉类生物碱。

参 考 文 献

[1] 段金廒, 吴启南, 宿树兰, 等. 中药资源化学学科的建立与发展[J]. 中草药, 2012, 43(09): 1665-1671.

[2] YANG N-Y, ZHOU G-S, TANG Y-P, et al. Two new α-pinene derivatives from Angelica sinensis and their anticoagulative activities[J]. Fitoterapia, 2011, 82(4): 692-695.

[3] 陶永元, 蔡晨波, 舒康云, 等. 减压升华法从低等级绿茶中提取茶多酚[J]. 河南农业科学, 2012, 41(05): 53-55, 60.

[4] 王玉涛, 张广超, 李勉, 等. 微量升华法在中药材鉴别中的应用[J]. 中国药师, 2003, (09): 559-560.

[5] 王丽, 徐珽, 樊新星, 等. 升华原理及其在药学领域的应用进展[J]. 华西医学, 2008, (01): 201-202.

[6] 郑红富, 廖圣良, 范国荣, 等. 水蒸气蒸馏提取芳樟精油及其抑菌活性研究[J]. 林产化学与工业, 2019, 39(03): 108-114.

[7] 黄强, 李伟光, 刘雄民, 等. 水扩散蒸汽蒸馏提取八角茴香油的工艺研究[J]. 应用化工, 2015, 44(06): 1109-1110, 1129.

[8] 杨蓉, 郑虎占. 中药煎煮法的现代研究概况[J]. 中国医药科学, 2012, 2(17): 44-46.

[9] 易跃能, 杨华, 赵勇, 等. 渗漉法提取广枣中黄酮类成分的工艺研究[J]. 中国中药杂志, 2010, 35(14): 1806-1808.

[10] HADIDI M, IBARZ A, PAGáN J. Optimisation and kinetic study of the ultrasonic-assisted extraction of total saponins from alfalfa (Medicago sativa) and its bioaccessibility using the response surface methodology[J]. Food Chemistry, 2020, 309: 125786.

[11] WANG Y, LIU J, LIU X, et al. Kinetic modeling of the ultrasonic-assisted extraction of polysaccharide from Nostoc commune and physicochemical properties analysis[J]. International Journal of Biological Macromolecules, 2019.

[12] GANZLER K, SALGó A, VALKó K. Microwave extraction. A novel sample preparation method for chromatography[J]. Journal of Chromatography, 1986, 371: 299-306.

[13] 何荣海, 马海乐. 大蒜辣素超声辅助提取的试验研究[J]. 食品科学, 2006, (02): 147-150.

[14] 范琳. 微波法提取迷迭香精油的工艺研究[J]. 科技风, 2020, (10): 158.

[15] 景永帅, 孙丽丛, 程文境, 等. 微波辅助法提取多糖的研究进展[J]. 食品与机械, 2020, 36(10): 234-238.

[16] 王润坤, 石绍奎, 宋玲祥. 响应面法优化半枝莲总黄酮微波提取工艺及其体外活性研究[J]. 中国药业, 2020, 29(15): 37-41.

[17] 李新蕊, 司明东, 谢振元, 等. 响应面法优化地骨皮总生物碱微波提取工艺研究[J]. 亚太传统医药, 2020, 16(06): 72-75.

[18] 高子涵, 陈健, 吴友根, 等. 响应面优化油茶果壳中皂苷的微波提取工艺[J]. 热带农业科学, 2019, 39(02): 74-80.

[19] 于德涵, 苏适, 王喜庆, 等. 响应曲面优化离子液体-微波辅助提取黑豆皮中花青素的工艺研究[J]. 食品研究与开发, 2020, 41(16): 120-125.

[20] NAUSHAD M, ALOTHMAN Z A, KHAN A B, et al. Effect of ionic liquid on activity, stability, and structure of enzymes: a review[J]. Int J Biol Macromol, 2012, 51(04): 555-560.

[21] MA C H, LIU T T, YANG L, et al. Ionic liquid-based microwave-assisted extraction of essential oil and biphenyl cyclooctene lignans from Schisandra chinensis Baill fruits[J]. Journal of chromatography A, 2011, 1218(48): 8573-8580.

[22] MA C H, LIU T T, YANG L, et al. Study on ionic liquid-based ultrasonic-assisted extraction of biphenyl cyclooctene lignans from the fruit of Schisandra chinensis Baill[J]. Analytica Chimica Acta, 2011, 689(01): 110-116.

[23] DELGADO-POVEDANO M D M, LUQUE DE CASTRO M D. Ultrasound-Assisted Extraction of Food Components [M]. Reference Module in Food Science. Elsevier, 2017.

[24] 林志銮, 金晓怀, 张传海, 等. 离子液体超声波辅助提取白花葛茎多糖工艺优化[J]. 江苏农业学报, 2020, 36(01): 187-193.

[25] 贾晓丽, 刘改梅, 赵三虎. 咪唑类离子液体提取沙棘叶总黄酮的研究[J]. 中国食品添加剂, 2020, (08): 1-8.

[26] ZUROB E, CABEZAS R, VILLARROEL E, et al. Design of natural deep eutectic solvents for the ultrasound-assisted extraction of hydroxytyrosol from olive leaves supported by COSMO-RS[J]. Separation and Purification Technology, 2020: 117054.

[27] BI W, TIAN M, ROW K H. Evaluation of alcohol-based deep eutectic solvent in extraction and determination of flavonoids with response surface methodology optimization[J]. Journal of Chromatography A, 2013, 1285: 22-30.

[28] TEKIN Z, UNUTKAN T, ERULA S F, et al. A green, accurate and sensitive analytical method based on vortex assisted deep eutectic solvent-liquid phase microextraction for the determination of cobalt by slotted quartz tube flame atomic absorption spectrometry[J]. Food Chem, 2020, 310: 125825.

[29] DAI Y, VERPOORTE R, CHOI Y H. Natural deep eutectic solvents providing enhanced stability of natural colorants from safflower (Carthamus tinctorius)[J]. Food Chem, 2014, 159: 116-121.

[30] LI L, LIU J Z, LUO M, et al. Efficient extraction and preparative separation of four main isoflavonoids from Dalbergia odorifera T. Chen leaves by deep eutectic solvents-based negative pressure cavitation extraction followed by macroporous resin column chromatography[J]. Journal of Chromatography B, 2016, 1033-1034: 40-48.

[31] CUI Q, LIU J Z, Yu L, et al. Experimental and simulative studies on the implications of natural and green surfactant for extracting flavonoids[J]. Journal of Cleaner Production, 2020, 274:122652.

[32] JIN S, YANG B, CHENG Y, et al. Improvement of resveratrol production from waste residue of grape seed by biotransformation of edible immobilized *Aspergillus oryzae* cells and negative pressure cavitation bioreactor using biphasic ionic liquid aqueous system pretreatment[J]. Food & Bioproducts Processing, 2016, 102: 177-185.

[33] WANG G, CUI Q, YIN L J, et al. Negative pressure cavitation based ultrasound-assisted extraction of main flavonoids from Flos Sophorae Immaturus and evaluation of its extraction kinetics[J]. Separation and Purification Technology, 2019, 224: 115805.

[34] 杨明非, 苏雯, 寇萍, 等. 高速匀质—微波辅助提取红松籽油工艺及其品质评价[J]. 植物研究, 2017, 37(05): 789-796.

[35] 简悦. 银杏叶渣中双黄酮成分提取分离工艺研究 [D]. 北京: 北京林业大学硕士学位论文, 2019.

[36] 石莹莹. 超临界流体萃取技术提取中草药活性成分的研究进展[J]. 河南化工, 2019, 36(12): 3-6.

[37] 高宇明, 刘健, 李国栋, 等. 二氧化碳超临界萃取薄荷油的工艺研究[J]. 皮革与化工, 2020, 37(03): 33-37.

[38] 杨岩, 肖佳妹, 易子漾, 等. 厚朴超临界 CO_2 提取工艺优化及提取物抗氧化活性研究[J]. 中草药, 2020, 51(02): 381-386.

[39] 何勇, 张晓虎, 张峻伟. 连翘精油萃取及其在荔枝保鲜中的应用研究[J]. 陕西农业科学, 2019, 65(12): 76-80.

[40] 王世伦, 金键. 人参主要化学成分及皂苷提取方法研究进展[J]. 人参研究, 2019, 31(03): 54-57.

[41] 韩世芬. 雪灵芝主要成分提取条件的研究[D]. 西宁: 青海师范大学硕士学位论文, 2013.

[42] 耿鹏飞, 刘家伟, 胡传荣, 等. 榛子油 3 种提取方法的对比及超临界 CO_2 萃取工艺优化[J]. 中国油脂, 2018, 43(05): 7-10, 15.

[43] 李娜, 赵文婧, 燕平梅, 等. 超声辅助纤维素酶提取青龙衣多糖工艺条件优化[J]. 农产品加工, 2020, (14): 34-37, 41.

[44] 孟永海, 付敬菊, 秦蓁, 等. 超声技术辅助酶技术提取中草药有效成分的研究进展[J]. 化学工程师, 2020, 34(07): 51-57.

[45] 舒友琴, 张贺凡, 胡平, 等. 花生叶中白藜芦醇的酶与超声协同提取及抗氧化研究[J]. 现代牧业, 2020, 4(02): 24-29.

[46] 董宇, 林翰清, 缪松, 等. 酶法提取多糖的研究进展[J]. 食品工业科技: 1-14.

[47] 丁倩, 殷钟意, 郑旭煦. 响应面法优化纤维素酶辅助提取柑橘皮渣果胶工艺及产品质量研究[J]. 安徽农业科学, 2020, 48(14): 162-165.

[48] 芦静. 响应面优化纤维素酶辅助提取玉米苞叶黄酮及抗氧化、抑菌活性研究 [D]. 吉林: 吉林化工学院硕士学位论文, 2020.

[49] DUAN M, XU W, YAO X, et al. Homogenate-assisted negative pressure cavitation extraction of active compounds from *Pyrola incarnata* Fisch. and the extraction kinetics study[J]. Innovative Food Science & Emerging Technologies, 2015, 27: 86-93.

[50] ZHANG D, ZU Y, FU Y, et al. Negative pressure cavitation extraction and antioxidant activity of biochanin A and genistein from the leaves of *Dalbergia odorifera* T[J]. Chen. Separation and Purification Technology, 2011, 83: 91-99.

[51] WANG T, GUO N, WANG S, et al. Ultrasound-negative pressure cavitation extraction of phenolic compounds from blueberry leaves and evaluation of its DPPH radical scavenging activity[J]. Food and Bioproducts Processing, 2018, 108: 69-80.

[52] 李秀凤, 张艳舫, 刘淑萍. 碱提酸沉淀法提取核桃青皮中胡桃醌的研究[J]. 食品科技, 2014, 39(03): 173-175.

[53] 魏赫楠, 谭红, 包娜, 等. 核桃青皮中胡桃醌的提取工艺. 江苏农业科学, 2014, 42(02): 215-217.

[54] 徐文婧. 三七中主要皂苷类成分的绿色提取富集工艺研究[D]. 哈尔滨: 东北林业大学硕士学位论文, 2017.

[55] 兀浩. 表面活性剂提取薯蓣皂苷及薯蓣皂苷元水解工艺的研究[D]. 西安: 陕西科技大学硕士学位论文, 2013.

[56] KUKUSAMUDE C, SANTALAD A, BOONCHIANGMA S, et al. Mixed micelle-cloud point extraction for the analysis of penicillin residues in bovine milk by high performance liquid chromatography[J]. Talanta, 2010, 81(01): 486-492.

[57] 朱晓敏. 中药的浊点萃取——液相色谱分析方法研究[D]. 保定: 河北大学硕士学位论文, 2007.

[58] SUN C, LIU H. Application of non-ionic surfactant in the microwave-assisted extraction of alkaloids from Rhizoma Coptidis[J]. Analytica Chimica Acta, 2008, 612(02): 160-164.

[59] 赵晶晶, 刘宝友, 魏福祥. 低共熔离子液体的性质及应用研究进展. 河北工业科技, 2012, 29(03): 184-189.

[60] BI W, TIAN M, ROW K H. Evaluation of alcohol-based deep eutectic solvent in extraction and determination of flavonoids with response surface methodology optimization[J]. Journal of Chromatography A, 2013, 1285: 22-30.

[61] 赵旭彤. 蓝莓加工废弃物中花青素提取纯化及抗氧化活性研究[D]. 长春: 吉林大学硕士学位论文, 2015.

[62] 王通. 无花果叶中补骨脂素的绿色高效提取富集及纯化工艺研究[D]. 哈尔滨: 东北林业大学硕士学位论文, 2018.

[63] LU Y, MA W, HU R, et al. Ionic liquid-based microwave-assisted extraction of phenolic alkaloids from the medicinal plant *Nelumbo nucifera* Gaertn[J]. Journal of Chromatography A, 2008, 1208(01): 42-46.

[64] DU F, XIAO X, LUO X, et al. Application of ionic liquids in the microwave-assisted extraction of polyphenolic compounds from medicinal plants[J]. Talanta, 2009, 78(03): 1177-1184.

[65] CAO X, YE X, LU Y, et al. Ionic liquid-based ultrasonic-assisted extraction of piperine from white pepper[J]. Analytica Chimica Acta, 2009, 640(01): 47-51.

[66] MA C, LIU T, YANG L, et al. Ionic liquid-based microwave-assisted extraction of essential oil and biphenyl cyclooctene lignans from *Schisandra chinensis* Baill fruits[J]. Journal of Chromatography A, 2011, 1218(48): 8573-8580.

[67] 王隋鑫. 桦褐孔菌中主要三萜类成分的高效提取分离新工艺[D]. 哈尔滨: 东北林业大学硕士学位论文, 2019.

[68] 高明珠. 青龙衣中萘醌及二芳基庚烷类主要成分的提取与纯化工艺研究[D]. 哈尔滨: 东北林业大学硕士学位论文, 2020.

[69] 李璐. 蓝靛果中花色苷的提取分离及富集纯化工艺研究[D]. 哈尔滨: 东北林业大学硕士学位论文, 2017.

[70] 黄玉岩. 黑加仑中四种主要花色苷成分提取纯化工艺的研究 [D]. 哈尔滨: 东北林业大学

硕士学位论文, 2017.

[71] 沈忱. 多孔纤维素基白藜芦醇分子印迹材料的构建、表征及识别机制研究 [D]. 哈尔滨: 东北林业大学硕士学位论文, 2020.

[72] 贺赐安, 余旭亚, 孟庆雄, 等. 生物转化对天然药物进行结构修饰的研究进展[J]. 天然产物研究与开发, 2012, 24(06): 843-847.

[73] 欧阳立明, 许建和. 生物催化与生物转化研究进展[J]. 生物加工过程, 2008, (03): 1-9.

[74] 王文学. 生物催化技术在化学制药中的应用研究进展[J]. 北方药学, 2013, 10(06): 65-66.

[75] 张翠利, 付丽娜, 徐秀云. 天然药物化学成分的生物转化研究进展[J]. 广东化工, 2014, 41(23): 91, 95.

[76] NING L, ZHAN J, QU G, et al. Biotransformation of triptolide by *Cunninghamella blakesleana*[J]. Tetrahedron, 2003, 59(23): 4209-4213.

[77] SHIMODA K, HAMADA H, HAMADA H. Glycosylation of hesperetin by plant cell cultures[J]. Phytochemistry, 2008, 69(05): 1135-1140.

[78] YANG L, QU R J, DAI J G, et al. Specific methylation and epoxidation of sinenxan A by Mucor genevensis and the multi-drug resistant tumor reversal activities of the metabolites[J]. Journal of Molecular Catalysis B Enzymatic, 2007, 46(01-04): 8-13.

[79] 曹梦竺. 利用植物细胞悬浮培养物进行生物转化的研究进展[J]. 广西轻工业, 2011, 27(11): 6, 9.

[80] 朱建华, 于荣敏. 转基因何首乌毛状根生物转化青蒿酸的研究[J]. 中草药, 2012, 43(06): 1065-1067.

[81] 彭飞宇. 利用黄芩毛状根生物合成熊果苷工艺研究[D]. 西安: 陕西科技大学硕士学位论文, 2012.

[82] 蒋彭成, 陈碧峰, 郑水, 等. 紫杉醇微生物转化研究进展[J]. 长沙医学院学报, 2014, 12(01): 9-12.

[83] 周中流, 李春燕, 陈林浩, 等. 天然产物皂苷类化合物生物转化的研究进展[J]. 中国实验方剂学杂志, 2019, 25(16): 173-192.

[84] 尹云泽, 陈日道, 王春梅, 等. 植物悬浮细胞对黄酮类化合物的异戊烯基化[C]//加快转变医药发展方式, 占领科学技术制高点. 烟台: 中国药学大会暨第 11 届中国药师周, 2011.

[85] 王宇晴, 孙雅北, 矫佳陈琦, 等. 微生物转化法提高甘草中甘草次酸的质量分数[J]. 哈尔滨商业大学学报(自然科学版), 2017, 33(05): 537-540, 555.

[86] 王杰华, 王峥涛, 王莉莉, 等. 四种穿心莲二萜内酯类化合物的生物转化[J]. 第二军医大学学报, 2013, 34(10): 1130-1136.

[87] 关松磊, 吴雅馨, 孙赫, 等. 微生物转化技术在中药开发中的应用进展[J]. 微生物学通报, 2018, 45(04): 900-906.

[88] Sordon S, Madej A, J Popłoński, et al. Regioselective ortho-hydroxylations of flavonoids by yeast[J]. Journal of Agricultural & Food Chemistry, 2016:5525.

[89] 王园园, 余伯阳, 李里, 等. 灰色链霉菌对芦丁的生物转化及产物的抗氧化活性[J]. 中国天然药物, 2006, 4 (01) :66.

[90] 刘召明, 朱雅琪, 魏雪琴. 微生物转化生物碱的研究进展[J]. 生物技术世界, 2015, (08): 189.

第 5 章　森林资源功能成分加工未来趋势

我国森林资源丰富，种类繁多，但对其功能成分的研究相对较少，开发潜力非常巨大。森林资源功能成分已经逐渐走进人们的生活，人们开始注重森林资源功能成分的作用。随着人类对天然产品认知度的提高、科学技术的发展，以及世界卫生组织的大力提倡和推动，与其他天然产品一样，我国森林资源功能成分正在成为被消费者普遍认识的产品。作为 21 世纪大农业的重要组成部分，森林资源功能成分加工利用可望发展成为日益兴旺的新兴产业[1]。

5.1　加强技术创新研究和引用，开发深加工产品

我国森林资源丰富，应用广泛，但是大多数森林资源产品加工粗糙，或者出口原料换取低额外汇，有的资源甚至还没有开发利用，所以在今后市场竞争中，森林资源功能成分加工产业能否进一步发展壮大，取决于能否将这一资源优势尽快转化成经济优势，产生显著的经济效益。传统森林资源的开发方式浪费严重，为实现现代林业高值化精深加工，森林资源功能成分的开发利用必须加强技术创新与引用。在未来的发展中，森林植物资源开发利用应广泛利用高新技术，提高森林资源的综合利用水平，并且与产业化密切联系，加快森林资源开发成果的产业化进程，促进森林资源开发利用不断向前发展，保证生产速度及质量统一，实现森林资源开发成果的产业化转化[2, 3]。

森林资源功能成分也是人类保健医药的重要来源。目前临床应用的紫杉醇、喜树碱、美登素、苦杏仁苷等抗癌药物，杜仲、槐米芦丁、龙脑等治疗心脑血管病药物，单宁酸及衍生物的抗艾滋病毒都来自于森林资源功能成分[4]，如果进一步深加工制成药物制剂再出口，则经济价值将增加百倍、千倍，甚至万倍。所以，坚持创新，不断开发具有自主知识产权的深加工产品，开拓国内外市场，进一步提高经济效益和出口创汇能力，保持在激烈竞争中不断壮大、持久不衰，是发展森林资源功能成分加工产业的关键。

森林资源功能成分的开发利用应该向广度和深度发展，这是一项系统工程，包含了植物化学以及化工技术、生物技术、医药技术等多学科的参与和配合。其广度发展是挖掘和筛选更多高附加值的森林资源功能成分，需要加强研究有效成分的化学结构、理化特性、功能特性、分布规律等，为拓宽森林资源的利用提供基础依据。其深度发展是实现对森林资源功能成分的利用从粗放式转向精细化转

变，包括：加强森林资源功能成分的高效提取分离技术研究，解决含量低、体系复杂、不稳定等难点；加强研究森林资源功能成分化学转化关键技术，延伸森林资源功能成分的利用方向和途径；加强森林资源功能成分的生物活性、安全稳定性及新型生物制剂制备技术研究。加大森林资源功能成分的开发利用的重视程度，通过国家攻关计划、国家自然科学基金、科技基础性工作专项基金等众多科技项目管理渠道支持该领域的研究[1]。

5.2　开发生物质能源将成为森林资源功能成分加工产业的一项重要内容

能源是各国经济和社会发展的重要物质基础。目前石油、天然气和煤炭不能持久地支撑现代工业发展需求，迫切需要开发可再生能源，这是解决世界能源问题的一项战略措施。生物质能源最大的特点就是具有可再生性，它是一种可以同环境协调发展的天然可持续能源。同时，生物质能源的开发和利用具有分散性和规模小的特点，基本建设投资少，有利于为农村和偏远山区提供廉价能源[5]。森林资源功能成分加工产业今后的发展应以继续开发高效的生物质能源和转换技术为重点，并扩大规模，加强综合利用，将森林生物质能源的开发利用投入到国家能源建设规划当中。

5.3　坚持市场需求、绿色经济为原则，实现森林资源可持续发展

在森林资源功能成分的加工利用上，必须始终坚持市场需求、绿色经济的原则。要考虑眼前市场需求，更要兼顾长远发展。加强指导监管部门在宏观上进行监管指导，使森林资源功能成分尽可能高附加值利用[2]。应以绿色标准的要求规范森林资源功能成分及相关产品的生产和流通，减少化学试剂的使用，达到世界环保标准要求。遵循规律，更新观念，树立"点绿成金"的经济观：变高消费、高排放的传统经济为低消耗、低排放的"循环式经济"，变污染浪费的传统加工方式为文明、节约资源的绿色加工方式[6]。森林资源加工相关产业应该以森林资源种植、加工为载体，充分利用森林资源副产物，设计循环方式。以森林资源回收、生物肥料和饲料加工利用等为辅助单元，形成实际组合循环模式，促进森林资源功能成分商品化。废渣也可回收加工成生物肥料，返回农田系统，减少污物排放量，补充农田肥力，减少森林资源运输成本，提高效益，实现森林资源可持续发展[7]。调整结构，树立"绿色加工"的制造观：在采用森林资源循环利用模式中走新型工业化道路，优化技术结构和产业结构，应对世界经济结构调整和产业结构

转移[8]。

　　森林资源加工利用是森林资源高效和持续利用的一个方面，是我国森林资源可持续性发展的重点内容。森林资源加工利用是指将可再生的木质和非木质森林资源，经化学加工，生产各种国民经济发展和人民生活所需要的产品，是我国森林资源高效和可持续利用的一个重要组成部分[9]。我国生产的森林资源功能产品按使用原料不同可分为两大类：一是木质原料的化学利用产品，主要为木浆、木质活性炭和能源产品；二是非木质林业原料的化学利用产品，主要为松香、松节油、植物单宁、芳香油、生物活性提取物等。从化学的观点来看，前者主要利用木材的三大组分，即纤维素、半纤维素和木质素；而后者主要利用存在于原料中的各种森林资源功能成分，如萜类化合物、生物碱、黄酮类化合物、植物多酚、脂肪酸、多糖及其他天然化合物[9]。进入 21 世纪，森林资源功能成分加工产业的发展将面临新的机遇和挑战，只有不断创新，才能使森林资源功能成分在市场上占有应有的位置。现如今，森林资源功能成分已广泛应用于制药行业，是植物性新药的主要原料。但随着进一步对森林资源功能成分等的相关深入研究，森林资源功能成分应该在美容化妆品、农作物杀虫剂、保健食品、饲料添加剂、防腐剂、苦味剂、食用色素、香料和调味剂等行业多用途、多层次、多产业开发，加强森林资源功能成分的综合利用研究，达到物尽其用，使得森林资源功能成分在许多领域中表现出其良好的发展前景，以及对区域和地方经济的巨大拉动作用[10-13]。

　　森林资源由于其生物多样性，无疑是天然产物的宝库，给天然产物化学家提供了广阔的舞台。森林资源的有效利用和天然产物的开发技术具有广阔的技术发展空间与商业市场。自改革开放以来，我国森林资源的开发与利用有了很大的进展，已成为各地脱贫致富、发挥地产优势的重要途径[14]。例如，在抗肿瘤药物和神经药物的研究中，发现了一些新的药用植物资源，扩大了森林资源的利用范围，使森林资源功能成分的研究开发向综合利用的方向发展。通过植物生理、化学、药理及临床多方面的比较研究，成功地在我国植物区分中找到一批进口药的国产资源并已大部分投产[7]。森林资源功能成分加工作为资源型化工，其优势是原料为可再生资源，不足之处是其产品往往是供其他行业使用的原料。因此，必须根据国内外市场变化，加强研究开发和技术创新，不断适应新的形势和市场需求，才能促进行业的健康发展。同时，森林资源功能成分加工作为森林资源利用的一个方面，必须与林业各领域科研和生产密切配合，建立相应的基地，提供优质的原料，才能保证林业可持续发展和生产质优价廉的林产品，参与市场竞争，从而促进森林资源的高效利用和林业产业的发展[9]。

　　人类将来的生存和健康大部分依赖于森林药用植物资源的合理开发与利用。植物中众多的化学成分有许多已阐明了化学结构和药理作用，有的已采用化学的或生物的方法进行合成[15]。可以相信，以新兴技术推动的森林资源功能成分的开发利用和天然药物加工技术的进步，将使我国的森林资源功能成分在未来竞争中占据渐进式优势地位[7]。未来，如何降低深加工产品成本，开拓国内外市场并不断创新，开发具有自主知识产权的深加工产品是森林资源功能成分加工产业发展的关键，如何提高加工技术水平，以达到使用安全、质量稳定，是高附加值林业产品开发的主要方向。

参 考 文 献

[1] 陈笳鸿. 我国树木提取物开发利用现状与展望[J]. 林产化学与工业, 2008, (03): 111-116.

[2] 王英伟. 中国药用植物资源的开发与利用[J]. 林业勘查设计, 2017, (01): 16-17.

[3] 苏航. 小议森林资源的深加工技术[J]. 科技视界, 2013, (30): 340.

[4] 金振辉, 何丽芳. 植物化学的研究进展[J]. 云南农业大学学报, 2005, (01): 114-119.

[5] 宋湛谦. 加快林产化学工业发展, 促进森林资源高效利用[J]. 中国林业产业, 2004, (01): 6-8.

[6] 段新芳, 周泽峰, 徐金梅, 等. 我国林业剩余物资源、利用现状及建议[J]. 中国人造板, 2017, 24(11): 1-5.

[7] 蒋立宪, 刘爱莲. 野生药用植物资源利用与天然药物加工技术现代化[J]. 辽宁丝绸, 2001, (02): 26-29.

[8] 欧阳静, 韩轶, 刘勇. 浅议药用植物资源可持续发展的实施途径[J]. 卫生软科学, 2008, (02): 124-126.

[9] 沈兆邦. 我国森林资源化学利用的发展前景[J]. 林产化学与工业, 1999, (04): 3-5.

[10] 范建华. 福建省药用植物产业发展现状与对策[D]. 福州: 福建农林大学硕士学位论文, 2014.

[11] 王承南. 我国木本药用植物开发利用发展思路[J]. 中南林业科技大学学报, 2011, 31(03): 71-75.

[12] 张晓燕, 龚苏晓, 张铁军, 等. 药用植物废弃物再利用研究现状[J]. 中草药, 2016, 47(07): 1225-1229.

[13] 李权, 林金国. 树木提取物用作木材防腐剂的研究进展[J]. 广东农业科学, 2012, 39(15): 96-99.

[14] 陈大鹏. 林业发展与森林资源利用[J]. 中国科技投资, 2013, (33): 427-437.

[15] 洪启勇. 我国天然药物研究的发展趋势[J]. 医药产业资讯, 2006, (19): 89-90.